清华科技大讲堂丛书

"十三五"江苏省高等学校重点教材

编号 2019-1-079

# 人工智能

第3版·微课视频版

丁世飞◎编著

U0344719

清華大学出版社

北京

## 内 容 简 介

本书主要阐述人工智能的基本原理、方法和应用技术。全书共 13 章,除第 1 章讨论人工智能的基本概念、第 13 章讨论人工智能的争论与展望外,其余 11 章均按照"基本智能＋典型应用＋计算智能"三个模块编写。第一个模块为人工智能经典的三大技术,分别为知识表示技术、搜索技术和推理技术,主要包括知识表示、搜索策略、确定性推理和不确定性推理;第二个模块为人工智能的典型应用领域,包括机器学习、支持向量机和专家系统;第三个模块为计算智能与群智能,包括神经计算、进化计算、模糊计算和群智能。

本书力求科学性、模块化、实用性。内容由浅入深、循序渐进、条理清晰,能让读者在有限的时间内掌握人工智能的基本原理、基本方法和应用技术。本书为教师提供习题答案。

本书可作为计算机科学与技术、智能科学与技术、人工智能、数据科学与大数据技术、自动化、机器人工程等专业的教材,也可供从事人工智能研究与应用的科技工作者学习参考。

**图书在版编目(CIP)数据**

人工智能:微课视频版/丁世飞编著. —3 版. —北京:清华大学出版社,2021.12
(清华科技大讲堂丛书)
ISBN 978-7-302-59620-2

Ⅰ. ①人… Ⅱ. ①丁… Ⅲ. ①人工智能 Ⅳ. ①TP18

中国版本图书馆 CIP 数据核字(2021)第 242343 号

责任编辑:黄 芝 李 燕
封面设计:刘 键
责任校对:刘玉霞
责任印制:宋 林

出版发行:清华大学出版社
  网  址:http://www.tup.com.cn,http://www.wqbook.com
  地  址:北京清华大学学研大厦 A 座  邮  编:100084
  社 总 机:010-62770175  邮  购:010-83470235
  投稿与读者服务:010-62776969,c-service@tup.tsinghua.edu.cn
  质量反馈:010-62772015,zhiliang@tup.tsinghua.edu.cn
  课件下载:http://www.tup.com.cn,010-83470236
印 装 者:三河市铭诚印务有限公司
经  销:全国新华书店
开  本:185mm×260mm  印 张:22.25  字  数:542 千字
版  次:2011 年 11 月第 1 版 2021 年 12 月第 3 版  印  次:2021 年 12 月第 1 次印刷
印  数:14001～15500
定  价:69.80 元

产品编号:092717-01

序

　　人工智能是一门研究机器智能的学科,即用人工的方法和技术,研制智能机器或智能系统,以模仿、延伸和扩展人的智能,实现智能行为。作为一门前沿和交叉学科,人工智能被认为是 21 世纪三大尖端技术(基因工程、纳米科学、人工智能)之一。随着大规模并行计算、大数据、深度学习算法和人脑芯片这四大"催化剂"的发展,以及计算成本的降低,人工智能已经成为这个时代最激动人心、最值得期待的技术,将成为未来 10 年乃至更长时间内 IT 产业发展的焦点。

　　计算机科学和人工智能的发展,让机器变得越来越聪明。1997 年,会下国际象棋的机器 Deep Blue 战胜人类国际象棋冠军卡斯帕罗夫;2016 年,会下围棋的机器 AlphaGo 战胜了人类围棋冠军李世石;2017 年,谷歌公司成功完成对不配备安全驾驶员的无人驾驶汽车的测试;2018 年,宇通客车公司宣布完全具备面向高速结构化道路和园区开放通勤道路的 Level 4 级别自动驾驶能力。这些都预示着人类迎来了人工智能新时代。

　　2017 年,国务院印发并实施《新一代人工智能发展规划》,主要强调促进技术进步和产业应用,标志着人工智能的发展成为国家战略。目前,中国人工智能技术研究与运用正处于高速发展期,在技术发展与市场应用方面已经进入国际领先行列,呈现中美"双雄并立"的竞争格局。科技、制造等业界巨头公司布局深入,众多垂直领域的创业公司不断诞生和成长,人工智能产业级和消费级应用精品相继诞生。随着移动互联网的迅速发展,技术和数据的积累将给人工智能研究带来继续增长的动能。

　　我们要客观看待人工智能的发展,抓住人工智能深刻发展变革的机遇,进一步推动我国人工智能的研究与发展。人工智能已经成为时代需求的核心生产力,正改变着人类的生产方式、社会生活和经济活动,将成为人类认知自然与社会、扩展智力、走向智慧生活的重要工具。但是,智能时代领军人杰瑞·卡普兰指出,"智能时代的到来,给人类社会带来了两大灾难性冲击:持续性失业与不断加剧的贫富差距"。人工智能之路注定是艰难而曲折的。今天的人工智能,离不开科学工作者脚踏实地、辛勤耕耘的付出。人工智能需要我们充满前行的勇气。

　　中国矿业大学丁世飞教授编著、中国科学院计算技术研究所史忠植研究员主审的《人工智能(第 3 版)》,系统地阐述了人工智能的基本原理、方法和应用技术,全面反映了人工智能领域国内外的最新研究进展与动态。该书是在编著者多年教学与科研工作基础上,按照"基本智能+典型应用+计算智能"三个模块,以逐层深入的策略撰写而成的,内容丰富,结构合理,深入浅出,学用结合,体现了"严肃、严密、严格"的编写风格,达到了不同专业取舍、不同层次教学研究的需要。

此书可作为我国智能科学与技术、人工智能、数据科学与大数据技术、自动化、机器人工程等新工科专业的高年级本科生的"人工智能"教材,也可供从事人工智能研究与应用的科技工作者学习参考。

王万森

中国人工智能学会原秘书长

中国人工智能学会教育工作委员会主任

2021 年 6 月

  人工智能的诞生与发展是 20 世纪最伟大的科学成就之一,也是新世纪引领未来发展的主导学科之一。人工智能作为一门新理论、新方法、新技术、新思想不断涌现的前沿交叉学科,相关研究成果已经广泛应用到国防建设、工业生产、国民生活中的各个领域。人工智能自 2016 年起进入国家战略;2017 年 3 月,在十二届全国人大五次会议的政府工作报告中,"人工智能"首次被写入政府工作报告;2018 年,政府工作报告再次强调要加强新一代人工智能研发应用;2019 年,政府工作报告将人工智能升级为"智能+";进入 2020 年,国家大力推进并强调要加快 5G 网络、人工智能、数据中心等新型基础设施建设进度。人工智能作为一项基本技术,在国家相关政策的支持下正在全面推进与高质量发展,助力提高经济社会发展的智能化水平、有效增强公共服务和城市管理能力做出努力。

  人工智能是一门研究机器智能的学科,即用人工的方法和技术,研制智能机器或智能系统,以模仿、延伸和扩展人的智能,实现智能行为。作为一门前沿和交叉学科,它的研究领域十分广泛,涉及专家系统、模式识别、自然语言处理、智能决策支持系统、神经网络、自动定理证明、博弈、分布式人工智能与 Agent、智能检索、机器人学、机器视觉、进化计算、模糊计算等领域。人工智能的长期目标是建立人类水平的人工智能。

  与第 2 版相比,本书的主要改进如下。

  本次修订在原书 11 章的基础上,对其进行内容的补充,更新了一些最新的概念描述,增加了模糊计算与群智能两个章节。同时,对第 2 版出现的错误进行了修正,并对不合理之处进行了删减、增加或修改。对书中涉及的所有图、表进行了重新绘制,统一了公式格式、符号表达以及一些表述,修正了错别字与语义不通顺的部分。

  具体修改如下。

  第 1 章:重新划分原 1.2 节人工智能的发展,对每个时期的内容进行对应增删、修改与调整,并增加了 1.2.6 节中国的人工智能发展,以帮助读者更全面地了解。增加了 1.4 节人工智能的主要内容,修改原 1.4 节人工智能的应用领域为 1.5 节人工智能的主要应用领域,调整了原有小节的名称与相应内容,更新了应用领域,与后文中增加的章节相对应,增强内容的连贯性,使本书更加贴近当前科技的实际发展。

  第 2 章:修改了章节的引言部分,突出知识表示的研究意义。统一了 2.3.1 节中规则与事实的先后顺序。对每个小节标题都进行了更新修订,简化了小节中小标题与内容的描述,使章节结构更加清晰,易于读者理解。

  第 3 章:进行了大幅修改,增加了重要算法的描述、代价树搜索等,使内容更加深入。原 3.1 节引言改为搜索策略概述,删除原 3.4.3 节中 A* 算法,增加了 3.4.4 节 A* 算法,帮助读者更好地理解 A* 算法的原理。将原 3.4.5 节回溯策略和爬山法改为 3.5 节,并增加了相关算法的具体描述,使得内容更加合理充分。

第4章:将原4.1.1节推理的概述和类型拆分成4.1.1节推理的概念和4.1.2节推理的分类,使读者更易理解。拆分原4.2节推理的逻辑基础为4.2.1节谓词公式的永真性和可满足性以及4.2.2节置换与合一,使得内容更有条理、更通顺。

第5章:将不确定性推理中"知识的不确定性"统一为"规则的不确定性",增加5.3节概率方法,同时对其余章节进行丰富和完善,主要涉及不确定性知识的表示问题和推理算法的描述问题,重点对可信度方法和证据理论章节中的内容进行细化,使其条理清晰、易懂。

第6章:重新编写了6.1节机器学习概述内容以及小结部分,更新了一些概念描述,以增强本书内容的时效性,紧跟人工智能相关技术的发展趋势。

第7章:对7.1节进行了调整,增加了支持向量机的概念,使读者在阅读本章前先对支持向量机的概念有一定了解,为下文做铺垫。将图7.1和图7.2分开并放在更合理的位置,使其更符合正文描述。丰富了7.1节的内容,使结构更合理。

第8章:对本章涉及的专家系统中的概念和表述进行了校正,根据内容对每个小节标题都进行了更新修订,修订了小节中的内容描述,提高了本书的可读性与可理解性。

第9章:首先对原有的神经网络模型做了更新,增加了不同类型的激活函数,阐述了传统神经网络模型存在的问题,根据这些问题引出了当前广泛应用的深度神经网络,从时序神经网络(包括RNN和LSTM的模型和算法)到应用于图像数据的卷积神经网络以及当前引起广泛关注的注意力机制模型,通过对本领域前沿模型的介绍提高了本书内容的前沿性。

第10章:将流程图改为中文版本,增强了整体的统一性,提高了本书的可读性与可理解性。

第11章:本章模糊计算为新增章节,与第9章神经计算、第10章进化计算共同构成计算智能的主要内容,并称为人工智能领域的"三驾马车"。

第12章:群智能为新增章节。群智能优化作为一种新兴的演化计算技术,在实际中得到了广泛的应用,是人工智能应用的典型领域之一,本章内容有助于读者理解人工智能的真谛。

本书对第2版中所有课后习题进行了更新,增删、修改、调整了部分习题,以帮助读者更熟练地掌握教材内容。并在配套的电子资源中给出了习题解答,弥补了目前大部分人工智能教材缺少习题答案的不足。

本书共13章,主要内容如下。

第1章绪论,主要讨论人工智能的概念、诞生与发展、研究内容、学派之争、应用领域和发展趋势等。

第2~5章为人工智能经典的三大基本技术,包括知识表示技术、搜索技术及推理技术,主要为知识表示、搜索策略、确定性推理和不确定性推理。

第6~8章为人工智能的典型应用领域,包括机器学习、支持向量机、专家系统。

第9~11章为典型的计算智能方法,包括神经计算、进化计算和模糊计算。

第12章为群智能,主要阐述蚁群算法、粒子群算法等群智能优化算法。

第13章为人工智能的争论与展望,重点讨论人工智能存在的不同观点,以及人工智能对人类的影响与对人工智能未来发展的展望。

本书力求科学性、模块化、实用性,内容由浅入深、循序渐进,条理清晰,按照"基本智能＋

典型应用＋计算智能"三个模块,以逐层深入的策略组织内容,以期达到不同专业取舍、不同层次教学研究的需要。

本书包含了编著者多年的科研成果,也汲取了国内外同行的同类教材和有关文献的精华,这些丰硕成果是本书学术思想的重要源泉,为本书的编写提供了丰富的营养,在此谨向这些教材和文献的作者致以崇高的敬意。

本书的编写得到了中国矿业大学、中国科学院计算技术研究所等各级领导的支持与帮助,中国矿业大学-中国科学院智能信息处理联合实验室的老师、同学自始至终做了大量的工作,特别是青年教师张健、徐晓,博士生王艳茹、张子晨、王丽娟、张成龙、孙玉婷、杜威、杜淑颖等,在此一并表示感谢。

本书得到了国家自然科学基金项目"复杂大场景感知的广义深度认知模型与学习研究"(61976216)、"基于谱粒度的广义深度学习与应用研究"(61672522)等的资助。

本书由 IFIP 人工智能专业委员会机器学习和数据挖掘组主席、中国人工智能学会副理事长、中国计算机学会会士、中国人工智能学会会士、中国矿业大学兼职教授、中国科学院计算技术研究所博士生导师史忠植研究员担任主审。

由于人工智能是一门正在快速发展的年轻学科,新的理论、方法、技术及新的应用领域不断涌现,对其中的不少问题,编著者还缺乏深入研究,再加上编著者的学识水平有限、时间仓促,本书不可避免地存在疏漏,敬请各位专家和读者不吝指教。

为方便读者学习,本书配套微课视频,请读者扫描封底刮刮卡内二维码获得权限,再扫描书中章名旁的二维码,即可观看视频。为方便教师教学,本书配套教学课件、习题答案和教学质量标准,可扫描下方二维码下载。

丁世飞

2021 年 6 月

人工智能的诞生与发展是 20 世纪最伟大的科学成就之一,也是新世纪引领未来发展的主导学科之一。它是一门新理论、新方法、新技术、新思想不断涌现的前沿交叉学科,相关研究成果已经广泛应用到国防建设、工业生产、国民生活中的各个领域。在信息网络和知识经济时代,人工智能科学与技术正在引起越来越广泛的重视,必将为推动科学技术的进步和产业的发展发挥更大的作用。

人工智能是一门研究机器智能的学科,即用人工的方法和技术,研制智能机器或智能系统来模仿、延伸和扩展人的智能,实现智能行为。作为一门前沿和交叉学科,它的研究领域十分广泛,涉及机器学习、数据挖掘、计算机视觉、专家系统、自然语言理解、智能检索、模式识别、规划和机器人等领域。人工智能的长期目标是建立人类水平的人工智能。

本书为第 2 版,与第 1 版相比,主要改动如下。

首先,将第 1 版的"篇-章-节"排序方式,改为"章-节"排序。

其次,第 1 章的绪论部分在第 1 版的基础上重新编写,使得内容更加合理;第 2 章的谓词逻辑表示法重新组织与整理,使得内容更条理、更通顺;删除了第 1 版 2.7 节的状态空间表示法,其部分内容与 3.2 节基于状态空间图的搜索进行了合并;第 4 章中,推理的逻辑基础,删除了第 1 版中有关谓词的概念描述,从而避免了与第 2 章的谓词逻辑表示法的概念重复;第 5 章中,删除了第 1 版的 5.2 节,其部分内容融于 5.1 节,增加了模糊推理一节,同时删除了第 1 版的模糊计算;第 6 章中,重新编写了 6.1 节机器学习概述内容,吸收了最新的一些研究进展;增加了第 7 章专家系统,这是人工智能应用的典型领域之一,有助于读者理解人工智能的真谛;删除了第 1 版的粒度计算等。

最后,在全书内容中对第 1 版出现的错误进行了纠正,对出现的不足进行了改进。

本书分为 11 章。主要包括:

第 1 章绪论,主要讨论了人工智能的定义、形成过程、研究内容、学派之争、应用领域和发展趋势等。

第 2~5 章为人工智能经典的三大基本技术,即知识表示技术、搜索技术以及推理技术。包括第 2 章的知识表示法、第 3 章的搜索策略、第 4 章的确定性推理、第 5 章的不确定性推理。

第 6~8 章为人工智能的典型应用领域,包括第 6 章的机器学习、第 7 章的专家系统、第 8 章的支持向量机。

第 9 章和第 10 章为典型的计算智能方法,包括第 9 章的神经计算与第 10 章的进化计算。

第 11 章为人工智能的争论与展望,讨论了人工智能对人类的影响与展望。

本书力求科学性、实用性、可读性好，内容由浅入深、循序渐进，条理清晰，按照"基本智能＋典型应用＋计算智能"三个模块，以逐层深入的策略撰写，以期达到不同专业之取舍、不同层次的教学研究之需要。

本书包含了作者多年的科研成果，也吸取了国内外同类教材和有关文献的精华，他们的丰硕成果和贡献是本书学术思想的重要源泉，为本书的撰写提供了丰富的营养，在此谨向这些教材和文献的作者致以崇高的敬意。

本书的撰写得到了中国矿业大学、清华大学出版社等各级领导的支持与帮助，同时中国矿业大学-中国科学院智能信息处理联合实验室的老师、同学自始至终做了大量的工作，特别是博士生黄华娟、贾洪杰，硕士生赵晗、韩有振、鲍丽娜等，在此一并表示感谢。

本书得到了国家自然科学基金项目"面向大规模复杂数据的多粒度知识发现关键理论与技术研究"(61379101)、国家重点基础研究发展计划(973计划)课题"脑机协同的认知计算模型"(2013CB329502)、江苏省基础研究计划(自然科学基金)项目(BK20130209)的支持。

本书承蒙国际信息处理联合会人工智能专业委员会机器学习和数据挖掘组主席、中国人工智能学会副理事长、中国科学院计算技术研究所博士生导师史忠植研究员担任主审，在此深表谢意。

由于人工智能是一门正在快速发展的年轻学科，新的理论、方法和技术及新的应用领域不断涌现，对其中的不少问题，作者还缺乏深入研究，再加上我们的学识水平有限、时间仓促，可能本书没有完全达到我们所希望的目标，也不可避免地存在各种错误和疏漏，敬请各位专家和读者不吝指教。

丁世飞

2014 年 6 月

# 第1版 前 言

　　人工智能的诞生与发展是 20 世纪最伟大的科学成就之一,也是新世纪引领未来发展的主导学科之一。它是一门新思想、新观点、新理论、新技术不断涌现的前沿交叉学科,相关研究成果已经广泛应用到国防建设、工业生产、国民生活中的各个领域。在信息网络和知识经济时代,人工智能科学技术正在引起越来越广泛的重视,必将为推动科学技术的进步和产业的发展发挥更大的作用。

　　人工智能是一门研究机器智能的学科,即用人工的方法和技术,研制智能机器或智能系统模仿、延伸和扩展人的智能,实现智能行为。作为一门前沿和交叉学科,它的研究领域十分广泛,涉及机器学习、数据挖掘、计算机视觉、专家系统、自然语言理解、智能检索、模式识别、规划和机器人等领域。人工智能的长期目标是建立人类水平的人工智能。

　　本书是作者在自编《人工智能讲义》的基础上,结合多年的教学与科研实践经验,吸取国内外人工智能教材的优点,参考国际上最新的研究成果,由多年从事《人工智能》教学的专家、教授撰写而成。其中,第 1、2 章由夏战国编著,第 3 章由毛磊编著,第 6 章由朱红编著,第 8、9 章由许新征编著,其他各章由丁世飞教授编著,最后由丁世飞教授全面负责通稿、定稿。

　　本书系统地阐述了人工智能的基本原理、方法和应用技术,比较全面地反映了国内外人工智能研究领域的最新进展和研究动态。

　　全书分为 3 篇,共 13 章。

　　第 1 篇:基本人工智能。论述了人工智能的基本理论与技术,包括 6 章。第 1 章简要介绍了人工智能的发展状况以及各个学派的观点,并对它的研究与应用领域进行了必要的讨论。第 2～6 章阐述了人工智能的基本原理,包括经典的知识表示、搜索策略、确定性推理、不确定性推理以及机器学习等基本应用领域。

　　第 2 篇:高级人工智能。论述了人工智能的高级理论与技术,主要涉及粗糙集与软计算、进化计算、模糊计算,以及粒度计算等人工智能的研究热点,包括 6 章。第 7 章阐述支持向量机,第 8 章阐述神经计算,第 9 章阐述进化计算,第 10 章阐述粗糙集,第 11 章阐述模糊集,第 12 章阐述粒度计算。

　　第 3 篇:人工智能的展望。讨论人工智能对人类的影响与展望,即第 13 章。

　　本书力求科学性、实用性、可读性好,内容由浅入深、循序渐进,条理清晰,采用逐层深入的策略撰写,以达到适合于不同专业之取舍、不同层次的教学研究之需要。

　　本书包含了作者多年的科研成果,也吸取了国内外同类教材的有关文献的精华,他们的丰硕成果和贡献是本书学术思想的重要源泉,在此谨向这些教材和文献的作者致以崇高的敬意。特别感谢张钹院士、李德毅院士、王守觉院士、陆汝钤院士、史忠植教授、张铃教授、钟义信教授、王国胤教授、蔡自兴教授、焦李成教授、周志华教授、马少平教授、梁吉业教授、苗夺谦教授、姚一豫教授、刘清教授以及 L. A. Zadeh,V. N. Vapnik,Z. Pawlak 等专家的支持与帮助,他们的著作为本书提供了丰富的营养,使我们受益匪浅。

本书的顺利撰写得到了中国矿业大学计算机学院、中国矿业大学教务处等各级领导的支持与帮助,同时中国矿业大学-中国科学院智能信息处理联合实验室的老师、同学在文字录入、图表制作、校对等方面自始至终做了大量的工作,特别是苏春阳、张禹、李剑英、陈锦荣、顾亚祥、徐丽、齐丙娟、钱钧、马刚、佟畅、张文涛等,在此一并表示感谢。

本书得到了国家自然科学基金项目(60975039)、江苏省基础研究计划(自然科学基金)项目(BK2009093)的支持。

本书由国际信息处理联合会人工智能专业委员会机器学习和数据挖掘组主席、中国人工智能学会副理事长、中国科学院计算技术研究所研究员、博士生导师、中国矿业大学兼职教授史忠植担任主审。

由于人工智能是一门不断发展的学科,新的理论、方法和技术及新的应用领域不断涌现,再加上我们的学识水平及时间有限,可能本书没有完全达到我们所希望的目标,也不可避免地存在各种错误和疏漏,敬请读者给予批评指正。

丁世飞

2010 年 8 月

# 目　录

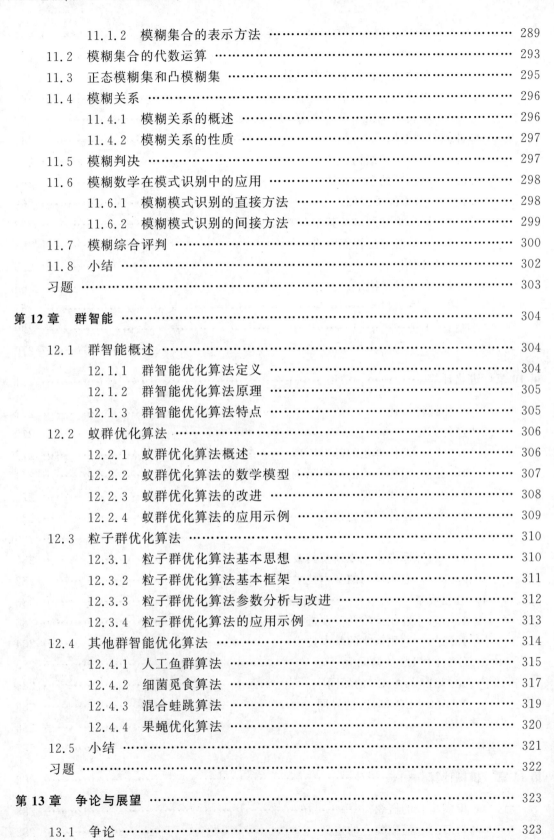

# 第1章

# 绪　　论

人工智能(Artificial Intelligence,AI)是当前科学技术迅速发展及新思想、新理论、新技术不断涌现的形势下产生的一门学科,也是一门涉及数学、计算机科学、哲学、心理学、信息论、控制论等学科的交叉和边缘学科。人工智能主要研究用人工的方法和技术,模仿、延伸和扩展人的智能,实现机器智能。人工智能的长期目标是实现人类水平的人工智能。人工智能诞生以来,取得了许多令人瞩目的成果,并在很多领域得到了广泛的应用。本章主要介绍人工智能的概念、人工智能的诞生与发展、人工智能的主要研究学派、人工智能的主要研究内容以及主要应用领域。

## 1.1　人工智能的概念

### 1.1.1　智能的定义

什么是智能? 智能的本质是什么? 这是古今中外许多哲学家、脑科学家一直在努力探索和研究的问题,但至今仍然没有完全解决,因此被列为自然界四大奥秘(物质的本质、宇宙的起源、生命的本质、智能的发生)之一。

目前,人们大多是把对人脑的已有认识与智能的外在表现结合起来,从不同的角度、不同的侧面,用不同的方法对智能进行研究,提出的观点亦不相同。其中,影响较大的主要有思维理论、知识阈值理论和进化理论。

#### 1. 思维理论

思维理论(Thinking Theory)来自认知科学。认知科学又称为思维科学,它是研究人们认识客观世界的规律和方法的一门科学,其目的在于揭开大脑思维功能的奥秘。该理论认为,智能的核心是思维,人的一切智慧或智能都来自大脑的思维活动,人类的一切知识都是人们思维的产物,因而通过对思维规律与方法的研究有望揭示智能的本质。

**2．知识阈值理论**

知识阈值理论(Knowledge Threshold Theory)着重强调知识对智能的重要意义和作用,认为智能行为取决于知识的数量及其一般化的程度,一个系统之所以有智能是因为它具有可运用的知识。在此认识的基础上,它把智能定义为:智能就是在巨大的搜索空间中迅速找到一个满意解的能力。这一理论在人工智能的发展史上有着重要的影响,知识工程、专家系统等都是在这一理论的影响下发展起来的。

**3．进化理论**

进化理论(Evolutionary Theory)是由美国麻省理工学院(Massachusetts Institute of Technology,MIT)的布鲁克(R. A. Brook)教授提出来的。该理论认为,人的本质能力是在动态环境中的行走能力、对外界事物的感知能力、维持生命和繁衍生息的能力,正是这些能力为智能的发展提供了基础,因此智能是某种复杂系统所浮现的性质。该理论的核心是用控制取代表示,从而取消概念、模型及显式表示的知识(Intelligence without representation,Intelligence without reasoning),否定抽象对智能及智能模拟的必要性,强调分层结构对智能进化的可能性与必要性。

综合上述各种观点,可以认为:智能是知识与智力的总和。其中,知识是一切智能行为的基础,智力是获取知识并运用知识求解问题的能力,即在任意给定的环境和目标的条件下,正确制订决策和实现目标的能力,它来自人脑的思维活动。

智能具有下列能力。

1)感知能力

感知能力(Perceiving Ability)是指人们通过感知器官感知外部世界的能力。它是人类最基本的生理、心理现象,也是人类获取外界信息的基本途径。这种感知能力的大小一般为

$$感知能力 = 视觉(80\%) + 听力(10\%) + 触觉 + 嗅觉 + \cdots$$

也就是说,80％以上的信息通过视觉得到,10％的信息通过听觉得到。

2)记忆与思维能力

记忆与思维能力(Memorizing and Thinking Ability)是人脑最重要的功能,也是人类智能最主要的表现形式。

记忆是对感知到的外界信息或由思维产生的内部知识的存储过程。

思维是对所存储的信息或知识的本质属性、内部规律等的认识过程。人类基本的思维方式有形象思维、抽象思维和灵感思维。

形象思维也称直感思维,是一种基于形象概念,根据感性形象认识材料,对客观现象进行处理的一种思维形式,如视觉信息加工、图像或景物识别等。神经生理学认为,形象思维是由右半脑实现的。

形象思维一般具有下列特征。

(1)依据直觉。

(2)思维过程是并行协同式的。

(3)形式化困难。

(4)在信息变形或缺乏的情况下仍有可能得到比较满意的结果。

抽象思维也称逻辑思维,是一种基于抽象概念,根据逻辑规则对信息或知识进行处理的理性思维形式,如推理、证明、思考等活动。神经生理学认为,抽象思维是由左半脑实现的。

抽象思维一般具有下列特征。

(1) 依靠逻辑进行思维。

(2) 思维过程是串行的。

(3) 容易形式化。

(4) 思维过程具有严密性、可靠性。

灵感思维也称顿悟思维,是一种显意识与潜意识相互作用的思维方式。平常,人们在考虑问题时往往会因获得灵感而顿时开窍。这说明人脑在思维时,除了那种能够感觉到的显意识在起作用外,还有一种感觉不到的潜意识在起作用,只不过人们意识不到而已。

灵感思维一般具有下列特征。

(1) 不定期的突发性。

(2) 非线性的独创性及模糊性。

(3) 穿插于形象思维与逻辑思维之中。

记忆与思维能力可表示为

记忆与思维能力＝分析＋计算＋对比＋判断＋推理＋关联＋决策＋…

3) 学习和自适应能力

学习是一个具有特定目的的知识获取过程。学习和自适应能力(Learning and Self-Adapting Ability)是人类的一种本能,一个人只有通过学习,才能增加知识、提高能力、适应环境。尽管不同人在学习方法、学习效果等方面有较大差异,但学习却是每个人都具有的一种基本能力。

4) 行为能力

行为能力(Acting Ability)是指人们对感知到的外界信息做出动作反应的能力。引起动作反应的信息可以是由感官直接获得的外部信息,也可以是经思维加工后的内部信息。完成动作反应的过程一般通过脊髓控制,并由语言、表情、体姿等实现。

## 1.1.2　人工智能的定义

人工智能的发展虽然已走过了几十年的历程,但是对"人工智能"至今尚无统一的定义,人们试图用下列四种方法定义人工智能。

**1. 类人行为系统(Systems that Act Like Human)**

**定义 1.1**　人工智能是制造能够完成需要人的智能才能完成的任务的机器的技术(The art of creating machines that perform functions that requires intelligence when performed by people),R. Kurzweil,1990。

**定义 1.2**　人工智能是研究如何让计算机做现阶段人类才能做得更好的事情(The study of how to make computers do things at which,at the moment,people are better),M. Rick and J. Knight,1991。

这种观点与图灵测试的观点很吻合,是一种类人行为定义的方法。1950 年,阿兰·图灵(A. Turing)提出图灵测试,为智能提供了一个满足可操作要求的定义。图灵测试用人类的表现衡量假设的智能机器的表现,这无疑是评价智能行为的最好且唯一的标准。

图 1.1　图灵测试

"模仿游戏"的图灵测试是这样进行的:将一个人与一台机器置于一个房间,而与另一个人分开,并把后者称为询问者,如图 1.1 所示。

询问者不能直接见到屋中任一方,也不能与他们说话,因此,他不知道到底哪一实体是机器,只可以通过一个类似终端的文本设备与他们联系。然后,让询问者仅根据通过这个仪器提问后收到的答案辨别出哪个是计算机、哪个是人。如果询问者不能区别出机器和人,那么根据图灵的理论,就可以认为这台机器是智能的。

一台机器要通过图灵测试,它需要具备下面的能力。

(1) 自然语言处理:实现用自然语言与计算机进行交流。

(2) 知识表示:能存储它知道的、听到的或看到的。

(3) 自动推理:能根据存储的信息回答问题,并提出新的结论。

(4) 机器学习:能适应新的环境,并能检测和推断新的模式。

当然,要完全通过图灵测试,计算机还需要具备下面的能力。

(5) 计算机视觉:可以感知物体。

(6) 机器人技术:可以操纵和移动物体。

这六个领域构成了人工智能的大部分内容。

图灵测试的重要特征如下。

(1) 它给出了一个客观的智能概念,也就是根据事物对一系列特定问题的反应决定其是否为智能体的行为。这为判断智能提供了一个标准,从而避免了有关智能"真正"特征的必然争论。

(2) 这项实验使我们免于受到诸如以下目前无法回答的问题的牵制:计算机使用的内部处理方法是否恰当,或者机器是否真的意识到其动作。

(3) 通过使询问者只关注回答问题的内容,消除了有利于生物体的偏置。

因为图灵测试具有这些重要特征,所以它成为许多现代人工智能程序评价方案的基础。如果一个程序已经有可能在某个专业领域实现了智能,那么可以通过把它对一系列给定问题的反应与人类专家的反应相比较来对其进行评估。这种评估技术只是图灵测试的一个变体:请一些人对计算机和人类专家对特定问题的反应结果做出封闭式比较。

尽管图灵测试具有直观上的吸引力,但这种方法仍然受到了很多批评。其中最重要的质疑是它偏向于纯粹的符号问题求解任务,并不测试感知技能或实现手工灵活性所需的能力,而这些都是人类智能的重要组成部分。有人提出图灵测试没有必要把机器智能强行套入人类智能的模具之中,或许机器智能就是不同于人类智能,试图按照人类的方法来评估它,可能根本上就是一个错误。

**2. 类人思维系统(Systems that Think Like Humans)**

**定义 1.3**　人工智能是一种使计算机能够思维、使机器具有智力的激动人心的新尝试(The exciting new effort to make computers think ... machines with minds,in the full and literal sense），J. Haugeland，1985。

**定义 1.4** 人工智能是那些与人的思维、决策、问题求解和学习等有关活动的自动化（The automation of activities that we associate with human thinking，activities such as decision making，problem solving，learning …），R. Bellman，1978。

主要采用的是认知模型的方法——关于人类思维工作原理的可检测的理论。认知科学是研究人类感知和思维信息处理过程的一门学科，它把来自人工智能的计算机模型和来自心理学的实验技术结合在一起，目的是对人类大脑的工作原理给出准确和可测试的模型。

**3. 理性思维系统（Systems that Think Rationally）**

**定义 1.5** 人工智能是用计算模型对智力行为进行的研究（The study of mental faculties through the use of computational models），E. Charniak and D. McDermoth，1985。

**定义 1.6** 人工智能是研究那些使理解、推理和行为成为可能的计算（The study of the computations that make it possible to perceive，reason，and act），P. H. Winston，1992。

一个系统如果能够在它所知范围内正确行事，它就是理性的。古希腊哲学家亚里士多德（Aristotle）是首先试图严格定义"正确思维"的人之一，他将其定义为不能辩驳的推理过程。他的三段论方法给出了一种推理模式，当已知前提正确时总能产生正确的结论。例如，专家系统是推理系统，所有的推理系统都是智能系统，所以专家系统是智能系统。

**4. 理性行为系统（Systems that Act Rationally）**

**定义 1.7** 人工智能是一门通过计算过程力图解释和模仿智能行为的学科（A field of study that seeks to explain and emulate intelligent behavior in terms of computational processes），Schalkoff，1990。

**定义 1.8** 人工智能是计算机科学中与智能行为自动化有关的一个分支（The branch of computer science that is concerned with the automation of intelligent behavior），Luger and Stubblefield，1993。

行为上的理性指的是基于某些信念（如个人价值观或关于社会价值取向的信念等），执行某些动作以达到某些目标。主体（Agent）是可以进行感知和执行动作的某个系统，在这种方法中，人工智能被认为是研究和建造理性的主体。

简言之，人工智能主要研究用人工的方法和技术，模仿和扩展人的智能，实现机器智能。人工智能的长期目标是实现人类水平的人工智能。

# 1.2 人工智能的诞生与发展

从 1956 年"人工智能"概念在达特茅斯会议上首次提出至今，人工智能的发展已历经 60 余年。作为一门极富挑战性的学科，虽然人工智能的发展比预想的要慢，但一直在前进，至今已经出现许多成果，并且它们也影响着其他技术的发展。人工智能的产生和发展过程可大致分为孕育期、形成期、萧条期、第二个兴旺期和稳步增长期。

### 1.2.1　孕育期

人工智能的孕育期主要是指20世纪50年代中期以前。自古以来,人们就一直试图用各种机器代替人的部分脑力活动,以提高人们征服自然的能力。这个时期的主要成就是数理逻辑、自动机理论、控制论、信息论、神经计算、电子计算机等学科的建立和发展,为人工智能的诞生准备了理论和物质的基础。

这个时期最早可以追溯到公元前的古希腊时代,古希腊著名哲学家亚里士多德写了《工具论》一书,为后来"人工智能"的形式逻辑奠定了基础。在书中,亚里士多德总结了以三段论为核心的演绎法,这应该是一切推理活动最早和最基本的出发点。三段论的推理由大前提、小前提和结论三个判断构成,大前提是一个一般性原则,小前提是一个附属于大前提的特殊化陈述,如果同时满足了大前提和小前提,那么一定会满足结论。后来,英国哲学家和自然科学家培根(F. Bacon)提出了归纳法并强调了知识的作用,归纳法成为与亚里士多德的演绎法相辅相成的思维法则。至此,形式逻辑系统已经比较严密了,将它进一步符号化,可以实现对人的思维进行运算和推理。最终形成数理逻辑的是德国数学家、哲学家莱布尼茨(G. W. Leibniz),数理逻辑也成为日后人工智能符号主义学派的重要理论基础。而后,英国数学家、逻辑学家布尔(G. Boole)进一步将莱布尼茨的数理逻辑思维符号化和数学化的思想发扬光大,提出了一种崭新的代数系统——布尔代数,布尔代数已成为现代计算机软硬件中逻辑运算的基础。在这段时期还有一个重要人物,即美籍奥地利数理逻辑学家哥德尔(K. Gödel),他提出了著名的哥德尔不完全性定理,研究了数理逻辑中的根本性问题——形式系统的完备性和可判断性。这些理论基础对人工智能的创立发挥了重要作用。

虽然计算机为人工智能提供了必要的技术基础,但直到20世纪50年代早期人们才注意到人类智能与机器之间的联系。维纳(N. Wiener)是较早研究反馈理论的学者之一。最熟悉的反馈控制的例子是自动调温器。它将收集到的房间温度与希望的温度相比较,并做出反应,对加热器进行调节,从而控制环境温度。这项对反馈回路的研究的重要性在于:维纳从理论上指出,所有的智能活动都是反馈机制的结果,而反馈机制是有可能用机器模拟的。这项发现对早期人工智能的发展影响很大。

图灵(A. Turing)证明了使用一种简单的计算机制从理论上能够处理所有问题,从而奠定了计算机的理论基础,因此他被称为"人工智能之父"。不仅如此,他在1950年预言,简单的计算机能够回答人的提问,并且能够下棋。MIT的香农(C. E. Shannon)于1949年提出了能下国际象棋的计算机程序的基本结构。卡内基梅隆大学(Carnegie Mellon University, CMU)的纽厄尔(A. Newell)和西蒙(H. A. Simon)从心理学的角度研究人是怎样解决问题的,提出了问题求解模型,并用计算机加以实现。他们发展了香农的设想,编写了下国际象棋的程序。

1955年年末,纽厄尔和西蒙编写了一个名为"逻辑专家"(Logic Theorist, LT)的程序,被许多人认为是第一个人工智能程序。它将每个问题都表示成一个树状模型,然后选择最可能得到正确结论的那一枝来求解问题。LT对公众和人工智能研究领域产生了巨大影响,从而成为人工智能发展中一个重要的里程碑。

## 1.2.2　形成期

人工智能的形成期主要是指 20 世纪 50 年代中期至 60 年代中期。为使计算机变得更"聪明",或者说使计算机具有智能,1956 年夏季,当时在达特茅斯大学的年轻数学家、计算机专家麦卡锡(J. McCarthy,后为 MIT 教授)和他的 3 位朋友——哈佛大学数学家和神经学家明斯基(M. L. Minsky,后为 MIT 教授)、IBM 公司信息中心负责人罗切斯特(N. Rochester)、贝尔实验室信息部数学研究员香农共同发起,并邀请了 IBM 公司的莫尔(T. More)和塞缪尔(A. L. Samuel)、MIT 的塞尔弗里奇(O. Selfridge)和索罗蒙夫(R. Solomonff)、CMU 的纽厄尔和西蒙(共 10 人),在美国达特茅斯大学举行了一个为期两个月的夏季学术研讨会(Workshop)。

在这次会议之后的 10 多年间,人工智能的研究取得了许多引人注目的成就。虽然这个领域还没明确定义,但会议中的一些思想已被重新考虑和使用了。特别是这次会议后,在美国很快形成了 3 个从事人工智能研究的中心:以纽厄尔和西蒙为首的卡内基梅隆大学研究组;以塞缪尔为首的 IBM 公司研究组;以麦卡锡和明斯基为首的麻省理工学院研究组。

CMU 和 MIT 组建了人工智能研究中心,研究面临新的挑战:下一步需要建立能够更有效解决问题的系统,例如在"逻辑专家"中减少搜索,建立可以自我学习的系统。

1957 年开发了一个新程序,即"通用解题机"(General Purpose Solver,GPS)的第一个版本。这个程序是由制作"逻辑专家"的同一个小组开发的。GPS 扩展了维纳的反馈原理,可以解决很多常识问题。两年以后,IBM 公司成立了一个 AI 研究组。同时,赫伯特(G. Herbert)用 3 年时间编写了一个解几何定理的程序。

麦卡锡在理论研究的基础上,于 1960 年开发了 LISP 程序设计语言,适合字符串处理。字符串处理的重要性是在纽厄尔等编写问题求解程序时认识到的。那时他们使用的语言后来成为 LISP 的前身。LISP 成为后来人工智能研究所用语言的基础。

在 MIT,专家使用 LISP 编制了几个问答系统。博布罗(D. Bobrow)开发了解决用英文书写代数应用问题的 STUDENT 系统。问题本身是高中程度的,采用自然语言描述。拉斐尔(B. Raphael)开发了能够存储知识并回答问题的语义信息检索系统(Sematic Information Retrieval,SIR)。如果告诉它"人有两个胳臂""一个胳臂连着一只手"和"一只手有五个手指",它就能够正确地回答"一个人有几个手指"等问题。虽然输入句型受到严格的限制,但它能够通过推理回答问题。

在逻辑学方面,鲁滨逊(J. A. Robinson)发表了使用逻辑表达式表示的公理,这种可以机械地证明给定的逻辑表达式的方法,被称为归结原理,对后来的自动定理证明和问题求解的研究产生了很大的影响。现在著名的程序设计语言 PROLOG 也是以归纳原理为基础的。

当人工智能各领域的基础建立起来时,美国各主要研究所开始研究综合了各种技术的智能机器人。以明斯基为指导者的 MIT、麦卡锡所在的斯坦福大学、从 MIT 转来的拉斐尔率领的 SRI(当时的斯坦福研究所,现为国际 SRI)成为研究的中心。在各研究所,智能机器人的研究目标有所不同:MIT 和斯坦福大学着重于观察、识别积木和制作简单的结构件等;而 SRI 研究的机器人 Shakey 能够观察房间、躲开障碍物、移动与推运物体等,给机器人下达简单的命令,如"把物体 B 拿到房间 A 去",机器人自己就能制订详细的作业计划。研究智能机器人的目的不在于创造能够代替人工作的机器人,而在于证实人工智能的能力。同时,问题求解的理论研究也在发展,与机器人没有直接关系的复杂作业过程的研究也在发展。此外,利用积木的边线确定三维积木的理论也建立了。

该时期最大的人工智能研究成果是涉及语义处理的自然语言处理(英语)的研究。MIT的研究生威诺格拉德(T. Winograd)开发了能够在机器人世界进行会话的自然语言系统SHRDLU。它不仅能分析语法,还能分析语义解释不明确的句子,对提问通过推理进行回答。

斯坦福大学成立了人工智能实验室,SRI 也成立了推进人工智能课题的组织,CMU 稍晚一些,从 1970 年左右开始在计算机系内研究人工智能。MIT、斯坦福大学和 CMU 被称为人工智能和计算机科学的三大中心。

### 1.2.3　萧条期

人工智能的萧条期主要是指 20 世纪 60 年代中期至 70 年代中期。科学的发展往往不是一帆风顺的,人工智能也不例外。许多人工智能理论和方法未能得到通用化,在推广和应用方面也困难重重。

上一个 10 年的成果丰富,初战告捷的欢乐只是暂时的,当人们进行了比较深入的工作以后,发现这里的困难比原来想象的严重得多。就定理证明来说,1965 年发明的消解法曾给人们带来了希望,可是很快就发现消解法的能力有限。用消解法证明两个连续函数之和还是连续函数,推导了 10 万步还没有推导出来。塞缪尔的跳棋程序打败了州冠军后并没有更进一步打败全国冠军。GPS 的研究也只持续了 10 年。从神经生理学角度研究人工智能的人们也发现他们遇到了几乎不可能逾越的困难。

最糟糕的恐怕还是机器翻译。原先人们以为只要用一部双向字典和某些语法知识即可很快地解决自然语言之间的互译问题,结果发现机器翻译的文字阴差阳错、颠三倒四。最著名的例子是: The spirit is willing but the flesh is weak(心有余而力不足)翻译后会变成 The vodka is good but the meat is spoiled(酒是好的,肉变质了)。再如,英语句子"Out of sight,out of mind"(眼不见心不烦),译成俄文却成了"又瞎又疯"。

因此有人挖苦说,美国花 2000 万美元为机器翻译立了一块墓碑。1971 年剑桥大学的应用数学家威尔金森(J. H. Wilkinson)在应政府要求起草的一份报告中指责人工智能的研究即使不是骗局,至少也是庸人自扰。这种情况使英国、美国政府撤销了所有对于学术翻译项目的资助。甚至在人工智能研究方面颇有影响的 IBM 公司也取消了所有的人工智能研究项目。人工智能在世界范围内陷入困境,处于低潮。

但是这个时期还是取得了一些重要成果,具体如下。

(1) 1968 年,在美国斯坦福大学费根鲍姆(E. A. Feigenbaum)的主持下,第一个成功的专家系统 DENDRAL 投入使用。

(2) 在世界范围内成立国际人工智能联合会议(International Joint Conference on Artificial Intelligence,IJCAI),从 1969 年开始,每两年召开一次国际会议。这是人工智能发展史上的一个重要里程碑,标志着人工智能这门新兴学科已经得到了世界的肯定。

(3) 1970 年,国际性人工智能杂志 *Artificial Intelligence*(AI)创刊,它对推动人工智

能的发展、促进研究者的交流起到了重要作用。

(4) 1972 年，法国马赛大学的卡麦劳（A. Cohermer）和他领导的研究小组研制成功第一个 PROLOG 系统，成为继 LISP 后的另一种重要的人工智能程序语言；斯坦福大学的肖特利夫（E. Shortliff）研制了用于诊断和治疗感染性疾病的专家系统 MYCIN。

(5) 1974 年，明斯基提出了框架理论；肖特利夫于 1975 年提出并在 MYCIN 中应用了不精确推理；杜达（R. O. Duda）于 1976 年提出并在 PROSPECTOR 中应用了贝叶斯（T. Bayes）方法等。

### 1.2.4　第二个兴旺期

第二个兴旺期是指 20 世纪 70 年代中期至 20 世纪 80 年代中期。尽管社会的压力很大，却没能动摇人工智能研究先驱者的信念。经过认真的反思、总结前一时期的经验和教训，费根鲍姆重新举起了培根的旗帜："知识就是力量！"他的关于以知识为中心开展人工智能研究的观点被许多人接受。从此，人工智能的研究又迎来了蓬勃发展的新时期，即以知识为中心的时期。

从 1970 年年初到 1979 年前后，人工智能得到了广泛的研究。在计算机视觉的研究中，人工智能不仅为机器人研究积木和室内景物的识别方法，还处理机械零件、室外景物、医学用相片等对象所使用的视觉信息。这种视觉信息不仅包括颜色深度，而且包括不同的颜色和距离。在机器人控制方面，人工智能通过触觉信息和受力信息控制机械手的速度和力度。

受威诺格拉德研究的影响，自然语言研究也多了起来。与 SHRDLU 那样局限于机器人世界的系统相比，后来的研究则把重点放在处理较大范围的自然语言。人在使用语言交流的时候，是以对方具有某种程度的知识为前提的。因此，会话中省略了对方能够正确推断的内容。而计算机为了理解人的语言，需要具备很多知识。因此，要研究如何在计算机内有效地存储知识，并且根据需要使用它。

在自然语言理解和计算机视觉的领域，明斯基考查了知识表示和使用的各种实现方法，于 1975 年提出名为"框架"的知识表示方法，作为各种方法共同的基础。框架理论为许多研究者所接受，出现了适合使用框架的程序设计语言（Frame Representation Language，FRL）。转入斯坦福大学的威诺格拉德和附近 Xerox 研究所的博布罗共同开发了基于框架的知识表示语言（Knowledge Representation Language，KRL）。作为其应用，他们开发了用自然语言回答问题、制订旅行计划的系统。

以知识利用为中心的另一研究领域是知识工程，如通过把熟练技术人员或医生的知识存储在计算机中，进行故障诊断或者医疗诊断。1973 年，费根鲍姆在斯坦福大学开始研究启发式程序设计计划（Heuristic Programming Plan，HPP），研究人工智能在医学方面的应用，并成功研制了几个系统，其中最有名的是肖特利夫开发的 MYCIN 系统。MYCIN 系统是一种帮助医生对住院的血液感染患者进行诊断和用抗生素类药物进行治疗的专家系统，用 LISP 编写。同时，与费根鲍姆等协作，肖特利夫用 3 年时间完成了 MYCIN 系统的研究，采用与自然语言相近的语言进行对话，具有解释推理过程的功能，为后来的研究提供了一个样本。

在这样的背景下，在 1977 年第五届人工智能国际会议上，费根鲍姆提议使用"知识工程"（Knowledge Engineering）这个名词。他说："人工智能研究的知识表示和知识利用的理论不能直接地用于解决复杂的实际问题。知识工程师必须把专家的知识变换成易于计算机处理的形式加以存储。计算机系统通过利用知识进行推理解决实际问题。"从此之后,处理专家知识的知识工程和利用知识工程的应用系统(专家系统)大量涌现。专家系统可以预测在一定条件下某种解的概率。当时计算机已有巨大容量,专家系统有可能从数据中得出规律,因此专家系统的市场应用很广。很快,专家系统被用于股市预测、帮助医生诊断疾病、帮助矿工确定矿藏位置等,这一切都因其存储规律和信息的能力而成为可能。

进入20世纪80年代,人工智能的各种成果已经作为实用产品出现。在实用上,出现最早的是工厂自动化中的计算机视觉、产品检验、集成电路芯片的引线焊接等方面的应用,20世纪70年代后期开始普及。但这些都是各公司为了在公司内部使用,作为一种生产技术所开发的,而作为一种产品进入市场还是20世纪80年代以后的事情。例如,进入20世纪80年代以后,SRI开发的计算机视觉系统被风险投资企业机器智能公司商品化。

典型的人工智能产品最早要数LISP机,其作用是用高速专用工作站把以往在大型计算机上运行的人工智能语言LISP加以实现。MIT从1975年前后开始试制LISP机,作为一个副产品,一部分研究者成立了公司,最先把LISP机商品化。美国主要的人工智能研究所最先购入LISP机,用户的范围逐渐扩大。同时,各种程序设计语言和作为人机接口的自然语言软件(英语)、CAI(Computer Aided Instruction)、具有视觉的机器人等都商品化了。在各公司内部使用的产品中,著名的有GE公司的机车故障诊断系统和DEC公司的计算机辅助系统等。

此外,随着专家系统应用的不断深入,专家系统自身存在的知识获取难、知识领域窄、推理能力弱、智能水平低、没有分布式功能、实用性差等问题逐步暴露出来。日本、美国和欧洲制定的针对人工智能的大型计划多数执行到20世纪80年代中期就开始面临重重困难,达不到预想的目标。1992年,FGCS(Fifth Generation Computer Systems,第五代计算机系统)正式宣告失败。进一步分析便发现,这些困难不只是个别项目计划的制订有问题,而是涉及人工智能研究的根本性问题。

这个时期,人工智能的发展涉及两个问题:一是交互(Interaction)问题,即传统方法只能模拟人类深思熟虑的行为,而不包括人与环境的交互行为;二是扩展(Scaling up)问题,即大规模问题,传统人工智能方法只适合建造领域狭窄的专家系统,不能把这种方法简单地推广到规模更大、领域更广的复杂系统。这些计划的失败对人工智能的发展来说是一个挫折,于是到了20世纪80年代中期,人工智能特别是专家系统热大大降温,进而导致一部分人对人工智能前景持悲观态度,甚至有人提出人工智能的冬天已经来临。

### 1.2.5　稳步增长期

人工智能的稳步增长期是指20世纪80年代中期至今。尽管20世纪80年代中期人工智能研究的淘金热跌到谷底,但大部分人工智能研究者都还保持着清醒的头脑。一些老资格的学者呼吁不要过于渲染人工智能的威力,应多做些脚踏实地的工作,甚至在这个淘金热到来时就已预言其很快会降温。也正是在这批人的领导下,大量扎实的研究工作接连不断地进行,从而使人工智能技术和方法论的发展始终保持着较快的速度。

20世纪80年代中期的降温并不意味着人工智能研究停滞不前或遭受重大挫折,因为过高的期望未达到是预料中的事,不能被认为是挫折。自那以来,人工智能研究便呈稳健的线性增长,而人工智能技术的实用化进程也逐步成熟。

自 20 世纪 90 年代以来,随着计算机网络、通信等技术的发展,关于智能体(Agent)的研究成为人工智能的热点。1993 年,肖哈姆(Y. Shoham)提出面向智能体的程序设计。1995 年,罗素(S. Russell)和诺维格(P. Norvig)出版了《人工智能》一书,提出"将人工智能定义为对从环境中接收感知信息并执行行动的智能体的研究"。所以,智能体应该是人工智能的核心问题。斯坦福大学计算机系的罗斯·海斯(R. B. Hayes)在 IJCAI 1995 的特约报告中谈道:"智能体既是人工智能最初的目标,也是人工智能最终的目标。"

在人工智能研究中,智能体概念的回归并不只是因为人们认识到应该把人工智能各领域的研究成果集成为一个具有智能行为概念的"人",更重要的原因是人们认识到了人类智能的本质是一种"社会性的智能"。要对社会性的智能进行研究,社会的基本构件"人"的对应物"智能体"理所当然地成为人工智能研究的基本对象,而社会的对应物"多智能体系统"也成为人工智能研究的基本对象。

在这个时期,数据量激增推进了人工智能的进一步发展,从推理、搜索升华到知识获取阶段后,又一次进化到了机器学习阶段。1996 年,人们已经系统定义了机器学习,它是人工智能的一个研究领域,其主要研究对象是人工智能,特别是在经验学习中如何改进具体算法的性能。到了 1997 年,随着互联网的发展,机器学习被进一步定义为"一种能够通过经验自动改进计算机算法的研究"。数据是载体,智能是目标,而机器学习是从数据通往智能的技术途径。Boosting、支持向量机(Support Vector Machine,SVM)、集成学习和稀疏学习是机器学习界也是统计界在近 10 年或者近 20 年来最为活跃的方向,这些成果是统计界和计算机科学界共同努力成就的。例如,数学家瓦普尼克(Vapnik)等早在 20 世纪 60 年代就提出了支持向量机的理论,但直到 20 世纪 90 年代末才发明了非常有效的求解算法,并随着后续大量优秀实现代码的开源,支持向量机现在成为分类算法的一个基准模型。再如,核主成分分析(Kernel Principal Component Analysis,KPCA)是由计算机科学家提出的一个非线性降维方法,其实它等价于经典多维尺度分析(Multi-Dimensional Scaling,MDS)。

2006 年,多伦多大学辛顿(G. Hinton)教授在前向神经网络的基础上,提出了深度学习。深度学习在 AlphaGo、无人驾驶汽车、人工智能助理、语音识别、图像识别、自然语言处理等方面取得了很好的应用效果,对工业界产生了巨大影响。

随着深度学习的兴起,人工智能迎来了它的第三波发展热潮。近年来,谷歌、微软、百度、Facebook 等拥有大数据的高科技公司争相投入资源,占领深度学习的技术制高点。在大数据时代,更加复杂且强大的深度模型能深刻揭示海量数据所承载的复杂而丰富的信息,并对未来或未知事件做出更精准的预测。今天,人工智能领域的研究者几乎无人不谈深度学习,很多人甚至高喊出了"深度学习=人工智能"的口号。当然,深度学习绝对不是人工智能领域的唯一解决方案,二者之间也无法画上等号。但说深度学习是当今乃至未来很长一段时间内引领人工智能发展的核心技术,则一点儿不为过。

## 1.2.6　中国的人工智能发展

我国的人工智能研究起步相对较晚,纳入国家计划的研究("智能模拟")开始于 1978

年;1984年召开了智能计算机及其系统的全国学术讨论会;从1986年起,智能计算机系统、智能机器人和智能信息处理(含模式识别)等重大项目列入国家高技术研究计划;从1993年起,智能控制和智能自动化等项目列入国家科技攀登计划。进入21世纪后,已有更多的人工智能与智能系统研究获得各种基金计划支持。从1981年起,相继成立了中国人工智能学会(Chinese Association for Artificial Intelligence,CAAI)、中国计算机学会人工智能与模式识别专业委员会、中国自动化学会模式识别与机器智能专业委员会、中国软件行业协会人工智能协会、中国智能机器人专业委员会、中国计算机视觉与智能控制专业委员会、中国智能自动化专业委员会等学术团体。1989年,首次召开了中国人工智能联合会议(China Joint Conference on Artificial Intelligence,CJCAI)。1989年,《模式识别与人工智能》杂志创刊。中国科学家在人工智能领域取得了一些在国际上有影响的创造性成果,如吴文俊院士关于几何定理证明的"吴氏方法"。

2006年是符号逻辑(功能模拟)人工智能诞生50周年,中国人工智能学会和美国人工智能学会以及欧洲人工智能协调委员会合作,在北京召开了"2006人工智能国际会议",系统总结了50年来人工智能发展的成就和问题,探讨了未来研究的方向。会议期间,中国人工智能学会提出了以"高等智能"为标志的研究理念和纲领,得到了与会者的普遍认同,表明我国人工智能研究已在国际上崭露头角。

高等智能的理念认为:

(1)结构、功能、行为是研究智能的重要侧面,但更具本质意义的研究途径是"智能生成的共性核心机制"(探索智能生成机制的研究方法称为人工智能的"机制主义"方法)。

(2)机制主义方法的技术实现是信息-知识-智能转换。

(3)通过机制主义方法,可以把人工智能的结构主义、功能主义和行为主义方法有机、和谐统一起来。

(4)通过机制主义研究方法,可以发现和沟通意识、情感、智能的内在联系,从而打破人工智能与自然智能之间的壁垒。

中国人工智能大会(Chinese Conference on Artificial Intelligence,CCAI)由中国人工智能学会创办于2015年,每年举办一届。该会议是我国最早发起举办的人工智能大会,目前已经成为我国人工智能领域规格最高、规模最大、影响力最强的会议之一。

人工智能自2016年起进入国家战略地位,国家相关支持政策进入爆发期。2016年3月,国务院发布《国民经济和社会发展第十三个五年规划纲要(草案)》,人工智能概念进入"十三五"重大工程。同年5月,国家发展和改革委员会、科学技术部、工业与信息化部、国家互联网信息办公室联合发布《"互联网+"人工智能三年行动实施方案》,明确提出到2018年国内要形成千亿元级的人工智能市场应用规模,规划确定了在六个具体方面支持人工智能的发展,包括资金、系统标准化、知识产权保护、人力资源发展、国际合作和实施安排。

2017年3月,在第十二届全国人民代表大会第五次会议的政府工作报告中,"人工智能"首次被写入政府工作报告;2017年7月,国务院发布《新一代人工智能发展规划》,明确指出新一代人工智能发展分三步走的战略目标,到2030年使中国人工智能理论、技术与应用总体达到世界领先水平,成为世界主要人工智能创新中心。同年10月,人工智能被写入中国共产党第十九次全国代表大会的报告,将推动互联网、大数据、人工智能和实体经济深度融合。随后工业与信息化部发布了《促进新一代人工智能产业发展三年行动计划(2018—

2020 年)》,从推动产业发展角度出发,结合《中国制造 2025》,对《新一代人工智能发展规划》相关任务进行了细化和落实。

2018 年 1 月 18 日,"2018 人工智能标准化论坛"发布了《人工智能标准化白皮书(2018版)》。2018 年,政府工作报告中再次强调要加强新一代人工智能研发应用;在医疗、养老、教育等多领域推进"互联网＋";发展智能产业,拓展智能生活。教育部出台《高等学校人工智能创新行动计划》,工业和信息化部印发了《新一代人工智能产业创新重点任务揭榜工作方案》。2018 年 9 月 17 日,世界人工智能大会(World Artificial Intelligence Conference,WAIC)在上海开幕,习近平致信祝贺:"新一代人工智能正在全球范围内蓬勃兴起,为经济社会发展注入了新动能,正在深刻改变人们的生产生活方式。希望与会嘉宾围绕'人工智能赋能新时代'这一主题,深入交流、凝聚共识,共同推动人工智能造福人类。"

2019 年,政府工作报告中将人工智能升级为"智能＋",要推动传统产业改造提升,特别是要打造工业互联网平台,拓展"智能＋",为制造业转型升级赋能。中央全面深化改革委员会第七次会议审议通过了《关于促进人工智能和实体经济深度融合的指导意见》。同年,国家新一代人工智能治理专业委员会正式成立,并且发布了《新一代人工智能治理原则——发展负责任的人工智能》。随后,科学技术部发布《国家新一代人工智能创新发展实验区建设工作指引》,工业和信息化部发布《关于加快培育共享制造新模式新业态　促进制造业高质量发展的指导意见》与《"5G＋工业互联网"512 工程推进方案》等具体鼓励措施。

进入 2020 年,国家大力推进并强调要加快 5G 网络、人工智能、数据中心等新型基础设施建设进度。人工智能技术被视为新一轮产业变革的核心驱动力量。此外,教育部、国家发展改革委、财政部联合发布了《关于"双一流"建设高校促进学科融合　加快人工智能领域研究生培养的若干意见》,提出要构建基础理论人才与"人工智能＋X"复合型人才并重的培养体系,探索深度融合的学科建设和人才培养新模式。7 月,国家标准化管理委员会、中央网信办、国家发展改革委、科学技术部、工业和信息化部联合印发《国家新一代人工智能标准体系建设指南》(国标委联〔2020〕35 号),以加强人工智能领域标准化顶层设计,推动人工智能产业技术研发和标准制定,促进产业健康可持续发展。

截至 2020 年,党中央、国务院及各部门出台人工智能相关政策 10 余项,2017—2020 年连续 4 年将人工智能写入政府工作报告,为我国人工智能发展营造了良好的发展环境,各地方超过 20 个省、市、自治区相继出台人工智能专项规划 60 余项。2021 年 4 月 19 日,首届国家级人工智能创新应用先导区高端峰会在山东济南召开,会上,中国信息通信研究院与中国人工智能产业发展联盟联合发布《人工智能核心技术产业白皮书》。

人工智能作为一项基本技术,在国家相关政策的支持下正在全面推进与高质量发展,为大力提高经济社会发展智能化水平、有效增强公共服务和城市管理能力做出努力。

## 1.3　人工智能的主要研究学派

由于人们对"智能"本质的不同理解和认识,形成了人工智能研究的多种不同途径。不同的研究途径拥有不同的研究方法、不同的学术观点,逐步形成了符号主义、连接主义和行为主义三大学派。目前,这三大学派正在由早期的激烈争论和分立研究逐步走向取长补短和综合研究。

### 1.3.1　符号主义学派

符号主义学派(Symbolicism),又称为逻辑主义(Logicism)、心理学派(Psychlogism)或计算机学派(Computerism),是基于物理符号系统假设和有限合理性原理的人工智能学派。符号主义认为:"人工智能起源于数理逻辑,人类认知(智能)的基本元素是符号(Symbol),认知过程是符号表示上的一种运算。"符号主义还认为,知识是信息的一种形式,是构成智能的基础。人工智能的核心问题是知识表示、知识推理和知识运用。知识可用符号表示,也可用符号进行推理,因而有可能建立起基于知识的人类智能和机器智能的统一理论体系。基于以上认识,符号主义学派的研究方法以符号处理为核心,通过符号处理来模拟人类求解问题的心理过程。符号主义主张用逻辑的方法来建立人工智能的统一理论体系,但是却有"常识"问题、不确定事物的表示和处理问题等,因此受到了其他学派的批评。

尽管不是所有人都支持物理符号系统假设,"经典的人工智能"却大多数是在此指导下产生的,如启发式算法、专家系统、知识工程理论和技术等。这类方法的突出特点是将逻辑操作应用于说明性知识库中,即用说明性的语句来表达问题领域的"知识",这些语句基于或实际上等同于一阶逻辑中的语句,并且可以采用逻辑推导对这种知识进行推理。当遇到实际领域中的问题时,该方法需要具有足够的该问题领域的知识,以对其问题进行处理,这通常称为基于知识的方法。

符号主义学派的代表性成果是1957年纽厄尔和西蒙等研制的称为逻辑理论机的数学定理证明程序(Logic Theorist,LT),它的成功说明了可以用计算机来研究人的思维过程,模拟人的智能活动。符号主义诞生的标志是1956年夏季的那次历史性聚会,符号主义者最先正式采用"人工智能"这个术语。几十年来,符号主义学派走过了一条"启发式算法→专家系统→知识工程"的发展道路,并一直在人工智能中处于主导地位,即使在其他学派出现后,也仍然是人工智能的主流学派。符号主义学派的主要代表人物有纽厄尔、西蒙、尼尔森(N. J. Nilsson)等。

符号主义学派的主要特征如下。

(1)立足于逻辑运算和符号操作,适合于模拟人的逻辑思维过程,解决需要逻辑推理的复杂问题。

(2)知识可用显示的符号表示,在已知基本规则的情况下,不需要输入大量的细节知识。

(3)便于模块化,当个别事实发生变化时,易于修改。

(4)能与传统的符号数据库进行连接。

(5)可对推理结论进行解释,便于对各种可能性进行选择。

符号主义学派的主要特点是可以解决逻辑思维,但对于形象思维难以模拟,另外信息在表示成符号后,在处理或转换过程中,信息有丢失的情况发生。

### 1.3.2　连接主义学派

连接主义学派(Connectionism),又称仿生学派(Bionicsism)或生理学派(Physiologism),是

基于神经网络和网络间的连接机制与学习算法的人工智能学派。以网络连接为基础的连接主义是近年来研究比较多的一种方法,属于非符号处理范畴。这种研究能够进行非程序的、可适应环境变化的、类似人类大脑风格的信息处理方法的本质和能力。持这种观点的人认为:人的思维基元是神经元,而不是符号处理过程。对物理符号系统假设持反对意见,认为人脑不同于计算机,并提出连接主义学派的大脑工作模式,用于取代符号操作的计算机工作模式。连接主义学派主张,人工智能应着重于结构模拟,即模拟人的生理神经网络结构,并且功能、结构和智能行为是密切相关的,不同的结构表现出不同的功能和行为。目前,他们已经提出了多种人工神经网络结构和众多的学习算法。

连接主义学派的代表性成果是 1943 年麦卡洛克(W. S. McCulloch)和皮茨(W. Pitts)提出的一种神经元的数学模型,即 M-P 模型,并由此组成一种前馈网络。可以说,M-P 是人工神经网络最初的模型,开创了神经计算的时代,为人工智能创造了一条用电子装置模拟人脑结构和功能的新途径。从 1982 年约翰·霍普菲尔德(J. Hopfield)提出用硬件模拟神经网络和 1986 年鲁梅尔哈特(D. Rumelhart)等提出多层网络中的反向传播(Back Propagation,BP)算法开始,神经网络理论和技术研究的不断发展,并在图像处理、模式识别等领域的重要突破,为实现连接主义的智能模拟创造了条件。

连接主义学派的主要特征如下。

(1)通过神经元之间的并行协作实现信息处理,处理过程具有并行性、动态性、全局性。

(2)可以实现联想功能,便于对有噪声的信息进行处理。

(3)可以通过对神经元之间连接强度的调整实现学习和分类等。

(4)适合模拟人类的形象思维过程。

(5)求解问题时,可以较快地得到一个近似解。

但是连接主义学派不适合解决逻辑思维,而且其结构固定和组成方案单一的系统不适合多种知识的开发。

### 1.3.3 行为主义学派

行为主义学派(Actionism),又称进化主义学派(Evolutionism)或控制论学派(Cyberneticsism),是基于控制论和"动作-感知"型控制系统的人工智能学派。行为主义认为:人的本质能力是在动态环境中的行走能力、对外界事物的感知能力、维持生命和繁衍生息的能力,正是这些能力对智能的发展提供了基础。因此,智能行为只能在与环境的交互作用下表现出来。他们认为:机器由蛋白质还是由各种半导体器件构成无关紧要,智能行为是由所谓的"亚符号处理",即"信号处理"而不是"符号处理"产生的。如识别熟悉的人的面孔对人来说易如反掌,但是对机器来说很困难,最好的解释是,人类把图像或图像的各部分作为多维信号而不是符号来处理的,因而不需要有知识表示和知识推理。

行为主义学派的代表性成果是布鲁克斯(R. Brooks)研制的机器虫。在 1991 年和 1992 年,布鲁克斯提出了不需要知识表示的智能和不需要推理的智能。他认为:智能体现在与环境的交互中,不应采用集中模式,而是需要具有不同的行为模块与环境交互,以此来产生复杂的行为。任何一种表达方式都不能完善地代表客观世界中的真实概念,因而,用符号串表示智能过程是不妥的。这在许多方面是行为心理学在人工智能中的反映。以这些观点为基础,布鲁克斯研制出了一种机器虫,用一些相对独立的功能单元,分别实现避让、前进、平衡等基本功能,组成分层异步分布式网络,取得了一定的成功,为机器人的研究开创了一种新的方法。但行为主义学派的研究方法同样受到其他学派的怀疑与批判,认为行为主义学派最多只能创造出智能昆虫行为,而无法创造出人的智能行为。

行为主义学派的主要特征如下。

(1) 智能取决于感知和行动,应直接利用机器对环境作用后,以环境对作用的响应为原形。

(2) 智能行为只能在现实世界中,通过与周围环境交互作用而表现出来。

(3) 人工智能可以像人类智能一样逐步进化,分阶段发展并增强。

目前,符号处理系统和神经网络模型的结合是一个重要的研究方向。如模糊神经网络系统,将模糊逻辑、神经网络等结合在一起,在理论上、方法和应用上发挥各自的优势,设计出具有一定学习能力、动态获取知识能力的系统。

总之,以上三种人工智能学派将长期共存与合作,取长补短,并走向融合和集成,共同为人工智能的发展做出贡献。

# 1.4　人工智能的主要研究内容

人工智能是一门新兴的边缘学科,是自然科学和社会科学的交叉学科,吸取了自然科学和社会科学的最新成就,以智能为核心,形成了具有自身研究特点的新体系。人工智能的研究涉及广泛的领域,如各种知识表示模式、不同的智能搜索技术、求解数据和知识不确定性问题的各种方法、机器学习的不同模式等。

## 1. 知识表示

人类的智能活动过程主要是一个获得并运用知识的过程,知识是智能的基础。人们通过实践,认识到客观世界的规律性,经过加工、整理、解释、挑选和改造而形成知识。为了使计算机具有智能,使它能模拟人类的智能行为,就必须使它具有适当形式表示的知识。关于知识的表示问题是人工智能中一个十分重要的研究领域。

"知识表示"实际上是对知识的一种描述,或者是一组约定,是机器可以接受的用于描述知识的数据结构。知识表示是研究机器表示知识的可行的、有效的、通用的原则和方法。知识表示问题一直是人工智能研究中最活跃的部分之一。目前,常用的知识表示方法有逻辑模式、产生式系统、框架、语义网络、状态空间、面向对象、连接主义等。

## 2. 自动推理

推理是人工智能中的最基本问题之一,是指"按照某种策略,从已知事实出发,利用知识推出所需结论的过程"。根据所用知识的确定性,机器推理可以分为确定性推理和不确定性推理。确定性推理是指推理所使用的知识和推出的结论都是可以精确表示的,其真值要么为真、要么为假。不确定性推理是指推理所使用的知识和推出的结论可以是不确定的。不确定性是对非精确性、模糊性和非完备性的统称。

推理的理论基础是数理逻辑。逻辑是一门研究人们思维规律的学科,数理逻辑则是用数学的方法去研究逻辑问题。确定性推理主要基于一阶经典逻辑,包括一阶命题逻辑和一阶谓词逻辑。确定性推理的主要方法包括：直接运用一阶逻辑中的推理规则进行推理的自然演绎推理，基于鲁滨逊归结原理的归结演绎推理，基于规则的演绎推理等。由于现实世界中的大多数问题是不能精确描述的，因此确定性推理能解决的问题很有限，更多的问题应该采用不确定性推理方法。

不确定性推理的理论基础是非经典逻辑和概率等。非经典逻辑泛指除一阶经典逻辑以外的其他各种逻辑，如多值逻辑、模糊逻辑、模态逻辑、概率逻辑、默认逻辑等。最常用的不确定性推理方法包括：基于可信度的确定性理论，基于贝叶斯公式的主观贝叶斯方法，基于概率的证据理论，基于模糊逻辑的可能性理论等。

### 3. 搜索与规划

搜索也是人工智能中最基本的问题之一。搜索是指为了达到某一目标，不断寻找推理路线，以引导和控制推理，使问题得以解决的过程。根据问题的表示方式，搜索可以分为状态空间搜索、与/或树搜索两大类型。其中，状态空间搜索是一种用状态空间法求解问题的搜索方法；与/或树搜索是一种用问题规约法求解问题的搜索方法。

对搜索问题，人工智能最关心的是如何利用搜索过程尽快得到对目标有用的信息引导搜索过程，即启发式搜索方法，包括状态空间的启发式搜索方法、与/或树的启发式搜索方法等。

规划是一种重要的问题求解技术，是从某个特定问题状态出发，寻找并建立一个操作序列，直到求得目标状态的一个行动过程的描述。与一般问题求解技术相比，规划更侧重于问题求解过程，并且要解决的问题一般是真实世界的实际问题，而不是抽象的数学模型问题。

比较完整的规划系统是斯坦福研究所的问题求解系统（Stanford Research Institute Problem Solver，STRIPS），是一种基于状态空间和 F 规则的规划系统。F 规则是指以正向推理使用的规则。整个 STRIPS 系统由以下三部分组成。

（1）实际模型：用一阶谓词公式表示，包括问题的初始状态和目标状态。

（2）操作符（F 规则）：包括先决条件、删除表和添加表。其中，先决条件是 F 规则能够执行的前提条件；删除表和添加表是执行一条 F 规则后对问题状态的改变，删除表包含的是要从问题状态中删除的谓词，添加表包含的是要在问题状态中添加的谓词。

（3）操作方法：采用状态空间表示和中间-结局分析的方法。其中，状态空间包括初始状态、中间状态和目标状态；中间-结局分析是一个迭代过程，每次都选择能够缩小当前状态与目标状态之间的差距的先决条件可以满足的 F 规则执行，直至达到目标状态。

### 4. 机器学习

机器学习（Machine Learning，ML)是机器获取知识的根本途径，也是机器具有智能的重要标志。有人认为，一个计算机系统如果不具备学习功能，就不能称为智能系统。机器学习是人工智能研究的核心问题之一，是当前人工智能理论研究和实际应用的非常活跃的研究领域。

机器学习的研究尚需大力加强，只有机器学习的研究取得进展，人工智能和知识工程才会取得重大突破。目前，机器学习领域的研究工作主要围绕以下三个方面进行。

（1）面向任务的研究：研究和分析改进一组预定任务的执行性能的学习系统。

（2）认知模型：研究人类学习过程并进行计算机模拟。

（3）理论分析：从理论上探索各种可能的学习方法和独立于应用领域的算法。

机器学习有多种不同的分类方法，如果按照对人类学习的模拟方式，机器学习可分为符号学习、神经学习、知识发现和数据挖掘等。

1）符号学习

符号学习是指从功能上模拟人类学习能力的机器学习方法，它是一种基于符号主义学派的机器学习观点。按照这种观点，知识可以用符号表示，机器学习过程实际上是一种符号运算过程。根据学习策略及学习中所使用推理的方法，符号学习可以分为记忆学习、归纳学习和演绎学习。

记忆学习也叫死记硬背学习，是一种基本的学习方法，原因是任何学习系统都必须记住它们所获取的知识，以便将来使用。归纳学习是指以归纳推理为基础的学习，是机器学习中研究得较多的一种学习类型，其任务是从关于某个概念的一系列已知的正例和反例中归纳出一般的概念描述，示例学习和决策树学习是两种典型的归纳学习方法。演绎学习是指以演绎推理为基础的学习。解释学习是一种演绎学习方法，是在领域知识的指导下，通过对单个问题求解例子的分析，构造出求解过程的因果解释结构，并对该解释结构进行概括化处理，得到可用来求解类似问题的一般性知识。

2）神经学习

神经学习也称为连接学习，是一种基于人工神经网络的学习方法。现有研究表明，人脑的学习和记忆过程都是通过神经系统完成的。在神经系统中，神经元既是学习的基本单位，也是记忆的基本单位。神经学习可以有多种分类方法，比较典型的学习算法有感知器学习、BP网络学习和Hopfield网络学习等。

感知器学习实际上是一种基于纠错的学习规则，采用迭代的思想对连接权值和阈值进行不断调整，直到满足结束条件的学习算法。BP网络学习是一种误差反向传播网络学习算法，学习过程由输出模式的正向传播过程和误差的反向传播过程组成。其中，误差的反向传播过程用于修改各层神经元的连接权值，以逐步减少误差信号，直至得到所期望的输出模式。Hopfield网络学习实际上是要寻求系统的稳定状态，即从网络的初始状态开始，逐渐向其稳定状态过渡，直至达到稳定状态。网络的稳定性通过一个能量函数描述。

3）知识发现和数据挖掘

知识发现（Knowledge Discover in Database，KDD）和数据挖掘（Data Mining，DM）是在数据库的基础上实现的一种知识发现系统，通过综合运用统计学、粗糙集、模糊数学、机器学习和专家系统等多种学习手段和方法，从数据库中提炼和抽取知识，从而可以揭示蕴含在这些数据背后的客观世界的内在联系和本质原理，实现知识的自动获取。

传统的数据库技术仅限于对数据库的查询和检索，不能从数据库中提取知识，使得数据库中所蕴含的丰富知识被白白浪费。知识发现和数据挖掘以数据库作为知识源去抽取知识，不仅可以提高数据库中数据的利用价值，还为各种智能系统的知识获取开辟了一条新的途径。目前，随着大规模数据库和互联网的迅速发展，知识发现和数据挖掘已从面向数据库的结构化信息的数据挖掘，发展到面向数据仓库和互联网的海量、半结构化或非结构化信息的数据挖掘。

## 1.5 人工智能的主要应用领域

尽管目前人工智能的理论体系还没有完全形成,不同研究学派在理论基础、研究方法等方面存在一定差异,但这些并没有影响人工智能的发展,反而使人工智能的研究更加客观、全面和深入。人工智能的应用领域包括专家系统、博弈、定理证明、自然语言处理、模式识别、计算智能、机器人等。人工智能也是一门综合性学科,是在控制论、信息论和系统论的基础上诞生的,涉及哲学、心理学、认知科学、计算机科学、数学和各种工程学,这些学科为人工智能的研究提供了丰富的知识和研究方法。人工智能的研究是与具体领域相结合进行的。图 1.2 给出了人工智能的研究和应用领域及其相关学科。

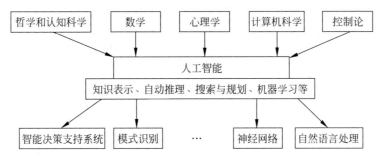

**图 1.2 人工智能的研究和应用领域及其相关学科**

### 1. 专家系统

专家系统(Expert System,ES)是依靠人类专家已有的知识建立起来的知识系统,目前是人工智能研究中开展较早、最活跃、成效最多的领域。专家系统是在特定的领域内具有相应的知识和经验的程序系统,通过人工智能技术,模拟人类专家解决问题时的思维过程,以求解领域内的各种问题,达到或接近专家的水平。专家系统的研究起源于前述的 DENDRAL 系统,与后来研制的 MYCIN 系统一起推动了专家系统技术的大发展。进入 20 世纪 80 年代后期,专家系统加快了实用化步伐。例如,据 1988 年美国的一份统计资料称,1987 年得到实用的专家系统为 50 个,而 1988 年则达 1400 个,不包括正在研制开发中的专家系统。

目前,专家系统已广泛用于工业、农业、医疗、地质、气象、交通、军事、教育、空间技术、信息管理等各方面,大大提高了工作效率和工作质量,创造了可观的经济效益和积极的社会效益。

### 2. 模式识别

模式识别(Pattern Recognition,PR)是人工智能最早的研究领域之一。"模式"一词的原意是指供模仿用的完美无缺的一些标本。在日常生活中,客观存在的事物形式可以称为模式,如一幅画、一个景物、一段音乐、一幢建筑等。在模式识别理论中,通常把对某一事物所做的定量或结构性描述的集合称为模式。

模式识别就是让计算机能够对给定的事物进行鉴别,并把它归入与其相同或相似的模式中。其中,被鉴别的事物可以是物理的、化学的、生理的,也可以是文字、图像、声音等。为了能使计算机进行模式识别,通常需要给它配上各种感知器官,使其能够直接感知外界信息。模式识别的一般过程是先采集待识别事物的模式信息,然后对其进行各种变换和预处理,从中抽出有意义的特征或基元,得到待识别事物的模式,再与机器中原有的各种标准模式进行比较,完成对待识别事物的分类识别,最后输出识别结果。

根据标准模式的不同,模式识别技术有多种识别方法,经常采用的方法有模板匹配法、统计模式法、模糊模式法、神经网络法等。

模板匹配法是把机器中原有的待识别事物的标准模式看成一个典型模板,并把待识别事物的模式与典型模板进行比较,从而完成识别工作。

统计模式法是根据待识别事物的有关统计特征构造出一些存在一定差别的样本,并把这些样本作为待识别事物的标准模式,利用这些标准模式及相应的决策函数对待识别事物进行分类识别。统计模式法适用于不易给出典型模板的待识别事物。例如,对手写体数字的识别,其识别方法是先请很多人来书写同一个数字,再按照它们的统计特征给出识别该数字的标准模式和决策函数。

模糊模式法是模式识别的一种新方法,建立在模糊集理论基础上,用来实现对客观世界中带有模糊特征的事物的识别和分类。

神经网络法是把神经网络与模式识别相结合所产生的一种新方法。这种方法在进行识别之前,首先需要用一组训练样例对网络进行训练,确定连接权值,然后对待识别事物进行识别。

### 3. 自然语言处理

自然语言处理(Natural Language Processing,NLP)一直是人工智能的一个重要领域,主要研究如何使计算机能够理解和生成自然语言。自然语言是人类进行信息交流的主要媒介,但由于其多义性和不确定性,使人类与机器之间的交流主要依靠受到严格限制的非自然语言。

自然语言处理可分为声音语言处理和书面语言处理两大类。其中,声音语言的处理过程包括语音分析、词法分析、句法分析、语义分析和语用分析五个阶段;书面语言的处理过程除了不需要语音分析外,其他四个阶段与声音语言处理相同。自然语言处理的主要困难在语用分析阶段,因为其涉及上下文知识,需要考虑语境对语言的影响。

与自然语言处理密切相关的另一个领域是机器翻译,即用机器把一种语言翻译成另一种语言。尽管自然语言处理和机器翻译都已取得了长足进展,但离机器完全理解人类自然语言的目标还相距甚远。自然语言处理的研究不仅对智能人机交互有着重要的实际意义,而且对不确定人工智能的研究也具有重大的理论价值。

### 4. 智能决策支持系统

智能决策支持系统(Intelligent Decision Support System,IDSS)是指在传统决策支持系统(Decision Support System,DSS)中增加相应的智能部件的决策支持系统。IDSS把人工智能技术与决策支持系统相结合,综合运用决策支持系统在定量模型求解与分析方面的优势,以及人工智能在定性分析与不确定推理方面的优势。自20世纪80年代以来,专家系统在许多方面取得了成功,将人工智能的智能和知识处理技术应用于决策支持系统,扩大了决策支持系统的应用范围,提高了系统解决问题的能力,利用人类在问题求解中的知识,通过人机对话的方式,为解决半结构化和非结构化问题提供决策支持。

智能决策支持系统通常由数据库、模型库、知识库、方法库和人机接口等主要部件组成。

目前,实现系统部件的综合集成和基于知识的智能决策是 IDSS 发展的一种必然趋势,结合数据仓库和 OLAP 技术构造企业级决策支持系统是 IDSS 走向实际应用的一个重要方向。

**5. 神经网络**

神经网络(Neural Network,NN)也称神经计算(Neural Computing,NC),是通过对大量人工神经元的广泛并行互连所形成的一种人工网络系统,用于模拟生物神经系统的结构和功能。神经计算是一种对人类智能的结构模拟方法,主要研究内容包括:人工神经元的结构和模型、人工神经网络的互连结构和系统模型、基于神经网络的连接学习机制等。

人工神经元是指用人工方法构造的单个神经元,有抑制和兴奋两种工作状态,可以接受外界刺激,也可以向外界输出自身的状态,用于模拟生物神经元的结构和功能,是人工神经网络的基本处理单元。

人工神经网络的互连结构(或称拓扑结构)是指单个神经元之间的连接模式,是构造神经网络的基础。从互连结构的角度,神经网络可分为前馈网络和反馈网络两种。网络模型是对网络结构、连接权值和学习能力的总括。在现有的网络模型中,最常用的有感知器模型、具有误差反向传播功能的 BP 网络模型、采用反馈连接方式的 Hopfield 网络模型等。

神经网络具有自学习、自组织、自适应、联想、模糊推理等能力,在模仿生物神经计算方面有一定优势。目前,神经计算的研究和应用已渗透到许多领域,如机器学习、专家系统、智能控制、模式识别、计算机视觉、信息处理、非线性系统辨识及非线性系统组合优化等。

**6. 自动定理证明**

自动定理证明(Automatic Theorem Proving,ATP)是让计算机模拟人类证明定理的方法,自动实现像人类证明定理那样的非数值符号演算过程,既是人工智能的一个重要研究领域,又是人工智能的一种实用方法。实际上,除了数学定理,很多非数学领域的任务,如医疗诊断、信息检索、难题求解等,都可以转化成一个定理证明问题。自动定理证明的主要方法包括自然演绎法、判定法、定理证明器和人机交互定理证明。

自然演绎法的基本思想是依据推理规则,从前提和公理中推导出一些定理。这种方法的突出代表是纽厄尔等研制的数学定理证明程序逻辑理论机 LT 等。

判定法的基本思想是对某一类问题找出一个统一的、可在计算机上实现的算法,突出代表是中国数学家吴文俊院士提出的证明初等几何定理的算法。其基本思想是把几何问题代数化,先通过引入坐标,把几何定理中的假设和求证部分用一组代数方程表达出来,然后利用代数几何中的代数簇理论求解代数方程,以证明定理的正确性。

定理证明器是研究一切可判定问题的证明方法,典型代表是 1965 年鲁滨逊提出的归结原理。

人机交互定理证明通过人机交互方式证明定理,把计算机作为数学家的辅助工具帮助人完成手工证明中难以完成的那些计算、推理、穷举等,典型代表是 1976 年 7 月,美国的阿佩尔(K. Appel)等合作使用该方法解决了长达 124 年之久未能证明的四色定理。这次证明使用了 3 台大型计算机,花费了 1200 小时的 CPU 时间,并对中间结果反复进行了 500 多处的人为修改。

**7. 博弈**

博弈(Game Playing,GP)是一个有关对策和斗智问题的研究领域。例如,下棋、打牌、战争等竞争性智能活动都属于博弈问题。博弈是人类社会和自然界中普遍存在的一种现象,博弈的双方可以是个人或群体,也可以是生物群或智能机器,各方都力图用自己的智力击败对方。

到目前为止,人们对博弈的研究主要以下棋为对象,其代表性成果是 IBM 公司研制的超级计算机"深蓝"和"小深"。"深蓝"被称为世界上第一台超级国际象棋计算机,有 32 个独立运算器,其中每个运算器的运算速度都在每秒 200 万次以上,安装了一个包含 200 万个棋局的国际象棋程序。"深蓝"于 1997 年 5 月 3 日至 5 月 11 日在美国纽约曼哈顿与当时的国际象棋世界冠军卡斯帕罗夫(G. Kasparov)对弈 6 局,结果以 2 胜 3 平 1 负的成绩战胜卡斯帕罗夫。"小深"是一台比"深蓝"功能更强大的超级计算机,于 2003 年 1 月 26 日至 2 月 7 日,接替"深蓝"与国际象棋世界冠军卡斯帕罗夫对弈,比赛结果为平局,即在 6 局比赛中"小深"1 胜 1 负 4 平。

国内有关学者正在积极研究中国象棋的机器博弈,并于 2006 年 8 月在北京举行了首届中国象棋人机大赛,"浪潮天梭"以 11∶9 的成绩险胜柳大华、徐天红、卜凤波、张强和汪洋五位中国象棋大师。

其实,机器博弈的目的并不完全是让计算机与人下棋,主要是为了给人工智能研究提供一个试验场地,同时证明计算机具有智能。试想,连国际象棋世界冠军都能被计算机战败或者战成平局,可见计算机已具备了何等的智能水平。

### 8. 分布式人工智能与 Agent

人工智能的研究和应用出现了许多新的领域,它们是传统人工智能的延伸和扩展。进入 21 世纪后,这些新研究引起人们更为密切的关注。其中,较为突出的一个新领域是分布式人工智能与 Agent。

分布式人工智能(Distributed Artificial Intelligence,DAI)是分布式计算与人工智能结合的结果。分布式人工智能系统以稳健性作为控制系统质量的标准,具有互操作性,即不同的异构系统在快速变化的环境中具有交换信息和协调工作的能力。

分布式人工智能的研究目标是创建一种能够描述自然系统和社会系统的精确概念模型。分布式人工智能的"智能"并非独立存在的概念,只能在团体协作中实现,因而其主要问题是各 Agent 之间的合作与对话,包括分布式问题求解(Distributed Problem Solving,DPS)和多 Agent 系统(Multi-Agent System,MAS)两个领域。其中,分布式问题求解把一个具体的求解问题划分为多个相互合作和知识共享的模块或结点。多 Agent 系统则研究各 Agent 之间智能行为的协调,包括规划、知识、技术和动作。这两个研究领域都研究知识、资源和控制的划分问题,但分布式问题求解往往含有一个全局的概念模型、问题和成功标准,而 MAS 则含有多个局部的概念模型、问题和成功标准。

MAS 更能体现人类的社会智能,具有更强的灵活性和适应性,更适合开放和动态环境,因而备受重视,已成为人工智能乃至计算机科学和控制科学与工程的研究热点。当前,Agent 和 MAS 的研究包括 Agent 和 MAS 理论、体系结构、语言、合作与协调、通信和交互技术、MAS 学习和应用等。

### 9. 智能检索

智能检索(Intelligent Retrieval,IR)是指利用人工智能的方法从大量信息中尽快找到所需要的信息或知识。随着科学技术和信息手段的迅速发展,在各种数据库中,尤其是因特网上存放着大量的甚至是海量的信息或知识。面对这种信息海洋,如果还用传统的人工方式进行检索,已经很不现实,因此迫切需要相应的智能检索技术和智能检索系统来帮助人们快速、准确、有效地完成检索工作。

智能信息检索系统的设计需要解决的主要问题如下。

(1) 具有一定的自然语言处理能力,能理解用自然语言提出的各种询问。

(2) 具有一定的推理能力,能够根据已知的信息或知识,演绎出所需要的答案。

(3) 拥有一定的常识性知识,以补充学科范围的专业知识,系统根据这些常识,将演绎出更一般询问的一些答案。

需要特别指出的是,因特网的海量信息检索,既是智能信息检索的一个重要研究方向,也对智能检索系统的发展起到了积极的推动作用。

### 10. 机器人学

机器人(Robot)是一种具有人类的某些智能行为的机器,是在电子学、人工智能、控制论、系统工程、精密机械、信息传感、仿生学、心理学等多学科或技术发展的基础上形成的综合性学科。从某种意义上说,在社会公众的认识中,机器人是一个比人工智能更容易被接受的概念。

机器人学研究的主要目的有两个:一是从应用方面考虑,可以让机器人帮助或代替人去完成一些人类不宜从事的特殊环境的危难工作,以及一些生产、管理、服务、娱乐等工作;二是从科学研究方面考虑,机器人可以为人工智能理论、方法、技术研究提供一个综合试验场地,对人工智能各个领域的研究进行全面检查,以推动人工智能学科自身的发展。可见,机器人既是人工智能的一个研究对象,又是人工智能的一个很好的试验场,几乎所有的人工智能技术都可以在机器人中得到应用。

从 20 世纪 60 年代世界上第一台工业机器人诞生以来,机器人得到了长足发展和广泛应用。从数量上,到 2005 年年末,全球机器人达千万台;从技术上,机器人的研究和发展已经历了遥控机器人、程序机器人、自适应机器人和智能机器人四个阶段。

遥控机器人和程序机器人是两种最简单的机器人,它们只能靠遥控装置或事先安装好的程序控制其活动,一般用来从事一些简单或重复性的工作。

自适应机器人是一种自身具有感知能力,并能根据外界环境改变自己行动的机器人。这种机器人所配备的感知装置通常有视觉传感器、触觉传感器、听觉传感器等,机器人可通过这些感知装置获取工作环境和操作对象的简单信息,然后由计算机对这些信息进行分析和处理,并根据处理结果控制机器人的动作。自适应机器人主要用于焊接、装配等工作。

智能机器人是一种具有感知能力、思维能力和行为能力的新一代机器人,能够主动适应外界环境变化,通过学习丰富自己的知识,提高自己的工作能力。目前已研制出肢体和行为功能灵活、能根据思维机构的命令完成许多复杂操作、能回答各种复杂问题的机器人。

当然,目前所研制的智能机器人只具有部分智能,真正具有像人那样的智能还需要一个相当长的时期,尤其是在自学习能力、分布协同能力、感知和动作能力、视觉和自然语言交互能力、情感化和人性化等方面,离人类的自然智能还有相当的距离。

### 11. 机器视觉

机器视觉(Machine Vision,MV)是一门用计算机模拟或实现人类视觉功能的新兴学科,主要研究目标是使计算机具有通过二维图像认知三维环境信息的能力。这种能力不仅包括对三维环境中物体形状、位置、姿态、运动等几何信息的感知,还包括对这些信息的描述、存储、识别和理解。

视觉是人类各种感知能力中最重要的一部分,在人类感知到的外界信息中,80%以上是通过视觉得到的,正如"百闻不如一见"。人类对视觉信息获取、处理与理解的大致过程是:人们视野中的物体在可见光的照射下,先在眼睛的视网膜上形成图像,再由感光细胞转换成神经脉冲信号,经神经纤维传入大脑皮层,最后由大脑皮层对其进行处理与理解。可见,视觉不仅指对光信号的感受,还包括了对视觉信息的获取、传输、处理、存储与理解的全过程。

目前,计算机视觉已在人类社会的许多领域得到了成功应用,如在图像、图形识别方面有指纹识别、染色体识别、字符识别等,在航天与军事方面有卫星图像处理、飞行器跟踪、成像精确制导、景物识别、目标检测等,在医学方面有CT图像的脏器重建、医学图像分析等,在工业方面有各种监测系统、生产过程监控系统等。

### 12. 进化计算

进化计算(Evolutionary Computation,EC)是一种模拟自然界生物进化过程与机制,进行问题求解的自组织、自适应的随机搜索技术,以达尔文进化论的"物竞天择,适者生存"作为算法的进化规则,并结合孟德尔(G. J. Mendel)的遗传变异理论,将生物进化过程中的繁殖(Reproduction)、变异(Mutation)、竞争(Competition)和选择(Selection)引入算法,是一种对人类智能的演化模拟方法。

进化计算主要包括遗传算法(Genetic Algorithm,GA)、进化策略(Evolutionary Strategy,ES)、进化规划(Evolutionary Programming,EP)和遗传规划(Genetic Programming,GP)四个分支。其中,遗传算法是进化计算中最初形成的具有普遍影响的模拟进化优化算法。

遗传算法的基本思想是使用模拟生物和人类进化的方法求解复杂问题,从初始种群出发,采用优胜劣汰、适者生存的自然法则选择个体,并通过杂交、变异来产生新一代种群,如此逐代进化,直到满足目标。

### 13. 模糊计算

模糊计算(Fuzzy Computing,FC)也称模糊系统(Fuzzy System,FS),通过对人类处理模糊现象的认知能力的认识,用模糊集合和模糊逻辑去模拟人类的智能行为。模糊集合与模糊逻辑是美国加州大学扎德(L. A. Zadeh)提出的一种处理因模糊而引起的不确定性的有效方法。

通常,人们把因没有严格边界划分而无法精确刻画的现象称为模糊现象,并把反映模糊现象的各种概念称为模糊概念。例如,人们常说的"大""小""多""少"等都属于模糊概念。

在模糊系统中,模糊概念通常用模糊集合来表示,而模糊集合用隶属函数来刻画。一个隶属函数描述一个模糊概念,其函数值为[0,1]的实数,用来描述函数自变量所代表的模糊事件隶属于该模糊概念的程度。目前,模糊计算已经在推理、控制、决策等方面得到了广泛的应用。

### 14. 人工心理、人工情感和人工生命

在人类神经系统中,智能并不是一个孤立现象,它往往与心理、情感联系在一起。心理

学的研究结果表明,心理和情感会影响人的认知,即影响人的思维,因此在研究人类智能的同时,应该开展对人工心理和人工情感的研究。

人工心理(Artificial Psychology,AP)是利用信息科学的手段对人的心理活动(重点是人的情感、意志、性格、创造)更全面地再一次机器(计算机、模型算法)模拟,目的在于从心理学广义层次上研究情感、情绪与认知、动机与情绪的人工机器实现问题。

人工情感(Artificial Emotion,AE)是利用信息科学的手段对人类情感过程进行模拟、识别和理解,使机器能够产生类人情感,并与人类自然和谐地进行人机交互的研究领域。目前,对人工情感研究的两个主要领域是情感计算(Affective Computing,AC)和感性工学(Kansei Engineering,KE)。

AP与AE有着广阔的应用前景,例如支持开发有情感、意识和智能的机器人,实现真正意义上的拟人机械研究,使控制理论更接近于人脑的控制模式,实现人性化的商品设计和市场开发,以及人性化的电子化教育等。

人工生命(Artificial Life,AL)是1987年美国洛斯·阿拉莫斯(Los Alamos)非线性研究中心克里斯·兰顿(C. Langton)在研究"混沌边沿"的细胞自动机时提出的一个概念。他认为,人工生命是研究能够展示人类生命特征的人工系统,即研究以非碳水化合物为基础的、具有人类生命特征的人造生命系统。

人工生命研究并不关心已知的以碳水化合物为基础的生命的特殊形式,即"生命之所知"(Life as we know it),其最关心的是生命的存在形式,即"生命之所能"(Life as it could be)。应该说,生命之所知是生物学研究的主题,生命之所能才是人工生命研究关心的主要问题。按照这种观点,如果能从具体的生命中抽象出控制生命的"存在形式",并且这种存在形式可以在另一种物质中实现,就可以创造出基于不同物质的另一种生命——人工生命。

人工生命研究主要采用自底向上的综合方法,即只有从"生命之所能"的广泛内容中去考察"生命之所知",才能真正理解生命的本质。人工生命的研究目标是创造出具有人类生命特征的人工生命。

人工生命的研究内容主要包括计算机病毒、计算机进程、细胞自动机、人工脑和进化机器人等。其中,进化机器人不同于传统意义上的机器人,它是一种利用计算机和非有机物质构造出来的具有人类生命特征的人工生命实体。

## 1.6 小结

本章首先讨论了什么是人工智能的问题。人工智能是研究可以理性地进行思考和执行动作的计算模型的学科,是人类智能在计算机上的模拟。人工智能作为一门学科,经历了产生和发展的几个阶段,即便经历挫折也依旧在挫折中不断地发展与进步。在我国,人工智能的发展受到高度重视,近年来发布了一系列支持人工智能的发展政策。尽管人工智能也创造出了一些实用系统,但我们不得不承认这些远未达到人类的智能水平。

目前,人工智能的主要研究学派有符号主义、连接主义和行为主义。人工智能的主要研究内容是知识表示、自动推理、搜索与规划、机器学习。具体的应用领域主要包括专家系统、模式识别、自然语言处理、智能决策支持系统、神经网络、自动定理证明、博弈、分布式人工智能与 Agent、智能检索、机器人学、机器视觉、进化计算、模糊计算、人工心理、人工情感和人工生命等。

## 习题

1.1　什么是智能？什么是人工智能？

1.2　什么是图灵测试？它有什么重要特征？

1.3　一台机器要通过图灵测试必须具备哪些能力？

1.4　人工智能的发展经历了哪几个阶段？

1.5　人工智能研究有哪几个主要学派？其主要特征是什么？

1.6　人工智能的主要研究内容和应用领域是什么？

# 第2章

# 知 识 表 示

人类智能活动以获得并运用知识为主,知识是人类进行智能活动的基础。为了使机器具有智能,使它能模拟人类的智能行为,就必须使它具有知识。但知识要用适当的模式表示出来才能存储到计算机中。同时,在人工智能的知识传输过程中,对于同一问题的知识可以有不同的表示方法,对于某些类型的问题,其解决方案和所采用的语言更适合用某种表达方式。知识表示就是研究用什么形式将有关问题的知识存入计算机以便进行处理,是人工智能研究最活跃的领域之一。本章将分别对当前人工智能中应用比较广泛的知识表示方法进行介绍。

## 2.1 知识表示概述

人工智能是基于知识求解有趣的问题,做出明智决策的计算机程序。知识表示是智能系统的重要基础,无论是问题或系统的任务描述,还是知识经验的表示以至推理决策,都离不开知识。因此,研究知识的表示方式成为人工智能的中心任务之一。

### 2.1.1 知识的概念

#### 1. 知识的定义

什么是知识?从认识论的角度看,知识就是人类认识自然界(包括社会和人)的精神产物,是人类进行智能活动的基础。

(1) 数据:数据是事物、概念或指令的一种形式化的表示形式,以便用人工或自然方式进行通信、解释或处理。

(2) 信息:信息是数据所表达的客观事实;数据是信息的载体,与具体的介质和编码方法有关。

(3) 知识：知识是经过加工的信息，包括事实、信念和启发式规则。事实是关于对象和物体的知识。规则是有关问题中与事物的行动、动作相联系的因果关系的知识。

**2. 知识的特点**

(1) 知识是人通过实践，认识到的客观世界的规律性的东西。

(2) 知识在信息的基础上增加了上下文信息，提供了更多的意义，因此更有价值。

(3) 知识是随着时间的变化而动态变化的，新的知识可以根据规则和已有的知识推导出来。

**3. 知识的分类**

(1) 按知识的作用范围划分，可以分为常识性知识和领域性知识。

常识性知识是通用性知识，是人们普遍了解的知识，可用于所有的领域。领域性知识是面向某个具体领域的知识，是专业性知识，只有相应专业领域的人员才能掌握并用来求解领域内的有关问题。

(2) 按知识的作用及表示划分，可分为事实性知识、规则性知识、控制性知识和元知识。

事实性知识是指有关领域内的概念、事实、事物的属性、状态及其关系的描述，包括事物的分类、属性、事物间的关系、科学事实、客观事实等，常以"……是……"的形式出现。事实性知识是静态的、可为人们共享的、可公开获得的、公认的知识，在知识库中属低层的知识。

规则性知识是指有关问题中与事物的行动、动作相联系的因果关系知识，这种知识是动态的、变化的，常以"如果……则……"的形式出现。

控制性知识是用控制策略表示问题的知识，包含有关部门各种处理过程、策略和结构的知识，常用来协调整个问题求解的过程。

元知识是指有关知识的知识，是知识库中的高层知识，包括怎样使用规则、解释规则、校验规则、解释程序结构等知识。

**注意**：元知识与控制性知识是有重叠的，对一个大的程序来说，以元知识或者元规则形式体现控制性知识更为方便，因为元知识存在于知识库中，而控制性知识常与程序结合在一起出现，因而不容易修改。

(3) 按知识的确定性划分，可分为确定性知识和不确定性知识。

(4) 按照人类的思维及认识方法划分，知识可分为逻辑性知识和形象性知识。逻辑性知识是反映人类逻辑思维过程的知识，一般具有因果关系及难以精确描述的特点。形象思维知识是人类思维的另一种方式，是通过形象思维所获得的知识。

## 2.1.2 知识表示的概念

**1. 知识表示的定义**

知识表示是研究用机器表示上述知识的可行性、有效性的一般方法，可以看成将知识符号化，即编码成某种数据结构，并输入计算机的过程和方法。即

$$知识表示 = 数据结构 + 处理机制$$

**2. 知识表示的分类**

知识表示的方法很多，按照人们从不同角度进行探索以及对问题的不同理解，可以分为

陈述性知识表示和过程性知识表示两大类。但两者的界限不明显,也难以分开。

陈述性知识表示主要用来描述事实性知识,它告诉人们所描述的客观事物涉及的"对象"是什么。知识表示就是将对象的有关事实"陈述"出来,并以数据的形式表示。陈述性表示将知识表示与知识的运用(推理)分开处理,在表示知识时并不涉及如何运用知识,是一种静态的描述方法。其优点是灵活简洁,每个有关事实仅需存储一次,演绎过程完整而确定,系统的模块性好;缺点是工作效率低,推理过程不透明,不易理解。

过程性知识表示主要用来描述规则性知识和控制结构知识,它告诉人们"怎么做",知识表示的形式是一个"过程",这个"过程"就是求解程序。过程性知识表示将知识的表示与运用(推理)相结合,知识寓于程序之中,是一种动态的描述方法。其优点是推理过程直接、清晰,有利于模块化,易于表达启发性知识和默认推理知识,实现起来效率高;缺点是不够严格,知识间有重叠,灵活性差,知识的增、删极不方便。

**3. 人工智能对知识表示的要求**

一个恰当的知识表示可以使复杂的问题迎刃而解。一般而言,对知识表示有如下要求。

(1) 表示能力:要求能够正确、有效地将问题求解所需要的各类知识都表示出来。

(2) 可理解性:所表示的知识应易懂、易读。

(3) 便于知识的获取:使得智能系统能够渐进地增加知识,逐步进化。

(4) 便于搜索:表示知识的符号结构和推理机制应支持对知识库的高效搜索,使得智能系统能够迅速地感知事物之间的关系和变化,同时很快地从知识库中找到有关的知识。

(5) 便于推理:能够从已有的知识中推出需要的答案和结论。

# 2.2 一阶谓词逻辑表示法

谓词逻辑是一种重要的知识表示方法,是到目前为止能够表示人类思维活动规律的一种最精确的形式语言,是知识的形式化表示、定理的自动证明等研究的基础,在人工智能发展中具有重要的作用。谓词逻辑是在命题逻辑的基础上发展起来的,包含了整个命题逻辑的概念,因此我们首先讨论命题逻辑。

## 2.2.1 命题

### 1. 命题的含义

在逻辑系统中,最简单的逻辑系统是命题逻辑。命题就是具有真假意义的陈述句,如"今天下雨""雪是黑的""1+1=2"等,这些句子在特殊的情况下都具有"真"和"假"的意义,都是命题。一个命题总是具有一个值,称为真值,只有"真"和"假"两种,一般分别用符号 T 和 F 表示。

### 2. 命题类型

命题有两种类型。

(1) 原子命题:不能分解成更简单的陈述语句的命题。

(2) 复合命题:由连接词、标点符号和原子命题等复合构成的命题。

**注意**：所有这些命题都应具有确定的真值。

### 3. 命题逻辑词

命题逻辑是研究命题与命题之间关系的符号逻辑系统。通常用大写字母 $P$、$Q$、$R$、$S$ 等来表示命题，如

$$P：今天下雪$$

$P$ 表示"今天下雪"这个命题的名，表示命题的符号称为命题标识符，$P$ 就是命题标识符。

下面将介绍几个概念。

- 命题常量：如果一个命题标识符表示确定的命题，就称为命题常量。
- 命题变元：如果命题标识符只表示任意命题的位置标志，就称为命题变元。

**注意**：

(1) 命题变元可以表示任意命题，所以它不能确定真值，故命题变元不是命题。

(2) 当命题变元 $P$ 用一个特定的命题取代时，$P$ 才能确定真值，这时称为对 $P$ 进行指派。

(3) 当命题变元表示原子命题时，该变元称为原子变元。

### 4. 语法

命题逻辑的符号包括以下几种。

(1) 命题常元：True(T)和 False(F)。

(2) 命题符号：$P$、$Q$、$R$、$T$ 等。

(3) 连接词：¬、∧、∨、→、×。

(4) 括号：()。

命题逻辑主要使用上述 5 个连接词，可以由简单的命题构成复杂的复合命题。

### 5. 语义

(1) ¬：否定(Negation)，复合命题 ¬$Q$ 表示否定 $Q$ 的真值的命题，即"非 $Q$"。

(2) ∧：合取(Conjunction)，复合命题 $P \land Q$ 表示 $P$ 和 $Q$ 的合取，即"$P$ 与 $Q$"。

(3) ∨：析取(Disjunction)，复合命题 $P \lor Q$ 表示 $P$ 或 $Q$ 的析取，即"$P$ 或 $Q$"。

(4) →：条件(Condition)，复合命题 $P \to Q$ 表示命题 $P$ 是命题 $Q$ 的条件，即"如果 $P$，那么 $Q$"。

(5) ×：双条件(Bicondition)，复合命题 $P \times Q$ 表示命题 $P$、命题 $Q$ 相互作为条件，即"如果 $P$，那么 $Q$；如果 $Q$，那么 $P$"。

**注意**：可以用真值表的方法表明连接词的功能，如表 2.1 所示。

表 2.1　连接词真值表

| $P$ | $Q$ | ¬$P$ | $P \land Q$ | $P \lor Q$ | $P \to Q$ | $P \times Q$ |
|---|---|---|---|---|---|---|
| F | F | T | F | F | T | T |
| F | T | T | F | T | T | F |
| T | F | F | F | T | F | F |
| T | T | F | T | T | T | T |

### 2.2.2　谓词

谓词逻辑是指根据对象和对象上的谓词(对象的属性与对象之间的关系),通过使用连接词和量词来表示世界。

**注意**:在命题逻辑中,每个表达式都是句子,表示事实;但在谓词逻辑中,有句子,也有项,表示对象。常量符号、变量和函数符号用于表示项,量词和谓词符号用于构造句子。

1) 函数符号与谓词符号

若函数符号 $f$ 中包含的个体数目为 $n$,则称 $f$ 为 $n$ 元函数符号。若谓词符号 $P$ 中包含的个体数目为 $n$,则称 $P$ 为 $n$ 元谓词符号。例如,Father($x$)是一元函数,Less($x,y$)是二元谓词。一般,一元谓词表达了个体的性质,多元谓词表达了个体之间的关系。

2) 谓词的阶

如果谓词 $P$ 中的所有个体都是个体常量、变元或函数,那么该谓词为一阶谓词。如果谓词 $P$ 中某个个体本身又是一个一阶谓词,那么称 $P$ 为二阶谓词。以此类推。

个体变元的取值范围称为个体域,可以是有限的,也可以是无限的。把各种个体域综合在一起作为讨论范围的域称为全总个体域。

### 2.2.3　谓词公式

谓词公式(一阶谓词公式)是命题公式的扩充和发展,其本质同命题公式,把数学中的逻辑论证加以符号化,从而推动这个数学分支的发展。在包含标点符号、括号、逻辑连接词、常量符号集、变量符号集、$n$ 元函数符号集、$n$ 元谓词符号集、量词等元素的基础上,谓词公式的语法分为:合法表达式(原子公式、合式公式),表达式的公式化简方法,标准式(合取的前束范式或析取的前束范式)。

语法元素包括:
- 常量符号。
- 变量符号。
- 函数符号。
- 谓词符号。
- 连接词——¬、∧、∨、→、×。
- 量词——全称量词 $\forall x$、存在量词 $\exists x$。$\forall$ 和 $\exists$ 后面跟着的 $x$ 为量词的指导变元。

在一阶谓词逻辑中,称 Teacher(Father(wang))中的 Father(wang)为项,项可定义如下。

**定义 2.1**　项可递归定义如下:
(1) 单独一个个体是项(包括常量和变量)。
(2) 若 $f$ 是 $n$ 元函数符号,$t_1,t_2,\cdots,t_n$ 是项,则 $f(t_1,t_2,\cdots,t_n)$ 是项。
(3) 任何项仅由规则(1)、(2)所生成。

**定义 2.2**　若 $P$ 为 $n$ 元谓词符号,$t_1,t_2,\cdots,t_n$ 都是项,则称 $P(t_1,t_2,\cdots,t_n)$ 为原子公式,简称原子。

在原子中,若 $t_1,t_2,\cdots,t_n$ 都不含变量,则 $P(t_1,t_2,\cdots,t_n)$ 是命题。

**注意**:谓词逻辑可以由原子和五种逻辑连接词再加上量词来构造复杂的符号表达式。这就是所谓的谓词逻辑中的公式。

**定义 2.3**  一阶谓词逻辑的合式公式(简称公式)可递归定义如下:

(1) 原子谓词公式是合式公式(也称为原子公式)。

(2) 若 $P$、$Q$ 是合式公式,则 $\neg P$、$P \wedge Q$、$P \vee Q$、$P \to Q$、$P \times Q$ 也是合式公式。

(3) 若 $P$ 是合式公式,$x$ 是任意个体变元,则 $(\forall x)P$、$(\exists x)P$ 也是合式公式。

(4) 任何合式公式都由有限次应用(1)、(2)、(3)产生。

在给出一阶逻辑公式的一个解释时,需要规定两件事情:公式中个体的定义域和公式中出现的常量、函数符号、谓词符号的定义。

**定义 2.4**  设 $D$ 为谓词公式 $P$ 的非空个体域,若对 $P$ 中的个体常量、函数、谓词按如下规定赋值:

(1) 为每个个体常量都指派 $D$ 中的一个元素。

(2) 为每个 $n$ 元函数都指派一个从 $D^n$ 到 $D$ 的映射,其中

$$D^n = \{(x_1,x_2,\cdots,x_n) \mid x_1,x_2,\cdots,x_n \in D\}$$

(3) 为每个 $n$ 元谓词都指派一个从 $D^n$ 到 $\{T,F\}$ 的映射。

则称这些指派为公式 $P$ 在 $D$ 上的一个解释。

**例 2.1**  设个体域 $D=\{1,2\}$,求公式 $G=(\forall x)(\exists y)P(x,y)$ 在 $D$ 上的解释,并指出在每种解释下公式 $G$ 的真值。

**解**:由于公式 $G$ 没有包含个体常量和函数,因此可以直接为谓词指派真值,设

| $P(1,1)$ | $P(1,2)$ | $P(2,1)$ | $P(2,2)$ |
| --- | --- | --- | --- |
| T | F | T | F |

这就是公式 $G$ 在 $D$ 上的一个解释。从这个解释可以看出:

当 $x=1,y=1$ 时,$P(x,y)$ 的真值为 T;

当 $x=2,y=1$ 时,$P(x,y)$ 的真值也为 T。

即对 $x$ 在 $D$ 上任意取值,都存在 $y=1$,使得 $P(x,y)$ 的真值为 T。因此,在该解释下,公式 $G$ 的真值为 T。

**注意**:一个谓词公式在其个体域上的解释不是唯一的。例如,对公式 $G$,若给出另一组真值指派如下。

| $P(1,1)$ | $P(1,2)$ | $P(2,1)$ | $P(2,2)$ |
| --- | --- | --- | --- |
| T | T | F | F |

这也是公式 $G$ 在 $D$ 上的一个解释。从这个解释可以看出:

当 $x=1,y=1$ 时,$P(x,y)$ 的真值为 T;

当 $x=2,y=1$ 时,$P(x,y)$ 的真值为 F。

同理,有:

当 $x=1,y=2$ 时，$P(x,y)$ 的真值为 T；

当 $x=2,y=2$ 时，$P(x,y)$ 的真值为 F。

即对 $x$ 在 $D$ 上任意取值，不存在 $y$，使得 $P(x,y)$ 的真值为 T。因此，在该解释下，公式 $G$ 的真值为 F。

实际上，$G$ 在 $D$ 上共有 16 种解释，这里不一一列举。

一个公式的解释通常有任意多个，由于个体域 $D$ 可以随意规定，而对一个给定的个体域 $D$，对公式中出现的常量、函数符号和谓词符号的定义也是随意的，因此公式的真值都是针对某一个解释而言的，它可能在某一个解释下为真，而在另一个解释时为假。

### 2.2.4 谓词逻辑表示

谓词逻辑适合表示事物的状态、属性、概念等事实性知识，也可以表示事物间具有确定因果关系的规则性知识。

**1. 谓词逻辑表示方法**

1）对事实性知识

可以使用谓词公式中的析取符号和合取符号连接起来的谓词公式来表示，如对下面句子：

张三是一名计算机系的学生，他喜欢编程序。

可以用谓词公式表示为

Computer(张三) $\wedge$ Like(张三，Programming)

其中，Computer($x$) 表示 $x$ 是计算机系的学生，Like($x,y$) 表示 $x$ 喜欢 $y$，都是谓词。

2）对规则性知识

通常使用由蕴含符号连接起来的谓词公式表示。例如，对于：

如果 $x$，则 $y$。

用谓词公式表示为 $x \rightarrow y$。

**2. 谓词逻辑表示的步骤**

根据上述两个例子，谓词公式表示知识的一般步骤总结如下。

（1）定义谓词及个体，确定每个谓词及个体的确切含义。

（2）根据要表达的事物或概念，为每个谓词中的变元赋予特定的值。

（3）根据要表达的知识的语义，用适当的连接符将各个谓词连接起来，形成谓词公式。

**例 2.2** 用谓词逻辑表示下列知识。

武汉是一座美丽的城市，但它不是一座沿海城市。

如果马亮是男孩，张红是女孩，则马亮比张红长得高。

**解**：按照知识表示步骤，用谓词公式表示上述知识。

第一步：定义谓词如下。

BCity($x$)：$x$ 是一座美丽的城市。

HCity($x$)：$x$ 是一座沿海城市。

Boy($x$)：$x$ 是男孩。

$\mathrm{Girl}(x)$：$x$ 是女孩。

$\mathrm{High}(x,y)$：$x$ 比 $y$ 长得高。

这里涉及的个体有：武汉(Wuhan)、马亮(Mal)、张红(Zhangh)。

第二步：将这些个体代入谓词中，得到如下。

$\mathrm{BCity}(\mathrm{Wuhan})$，$\mathrm{HCity}(\mathrm{Wuhan})$，$\mathrm{Boy}(\mathrm{Mal})$，$\mathrm{Girl}(\mathrm{Zhangh})$，$\mathrm{High}(\mathrm{Mal},\mathrm{Zhangh})$

第三步：根据语义,用逻辑连接符进行连接,得到表示上述知识的谓词公式。

$\mathrm{BCity}(\mathrm{Wuhan}) \wedge \neg\ \mathrm{HCity}(\mathrm{Wuhan})$

$(\mathrm{Boy}(\mathrm{Mal}) \wedge \mathrm{Girl}(\mathrm{Zhangh})) \rightarrow \mathrm{High}(\mathrm{Mal},\mathrm{Zhangh})$

**例 2.3**  用谓词逻辑表示下列知识。

所有学生都穿彩色制服。

任何整数或者为正数或者为负数。

自然数都是大于零的整数。

**解**：第一步,定义谓词如下。

$\mathrm{Student}(x)$：$x$ 是学生。

$\mathrm{Uniform}(x,y)$：$x$ 穿 $y$。

$N(x)$：$x$ 是自然数。

$I(x)$：是整数。

$P(x)$：$x$ 是正数。

$Q(x)$：$x$ 是负数。

$L(x)$：$x$ 大于零。

按照第二步和第三步的要求,上述知识可以用谓词公式分别表示为

$\forall (\mathrm{Student}(x) \rightarrow \mathrm{Uniform}(x,\mathrm{color}))$

$\forall (I(x) \rightarrow P(x) \vee Q(x))$

$\forall (N(x) \rightarrow L(x) \wedge I(x))$

**例 2.4**  机器人搬弄积木块问题的谓词逻辑表示。

设一个房间里有一个机器人 ROBOT、一个壁炉 ALCOVE、一个积木块 BOX、两个桌子 $A$ 和 $B$。在开始时,机器人 ROBOT 在壁炉 ALCOVE 的旁边,且两手是空的,桌子 $A$ 上放着积木块 BOX,桌子 $B$ 上是空的。机器人将把积木块 BOX 从桌子 $A$ 上转移到桌子 $B$ 上。

**解**：根据给出的知识表示步骤,解答如下。

第一步：定义谓词如下。

$\mathrm{Table}(x)$：$x$ 是桌子。

$\mathrm{EmptyHanded}(x)$：$x$ 双手是空的。

$\mathrm{At}(x,y)$：$x$ 在 $y$ 旁边。

$\mathrm{Holds}(y,w)$：$y$ 拿着 $w$。

$\mathrm{On}(w,x)$：$w$ 在 $x$ 上。

$\mathrm{EmptyTable}(x)$：桌子 $x$ 上是空的。

第二步：本问题所涉及的个体定义如下。

机器人：ROBOT,积木块：BOX,壁炉：ALCOVE,桌子：$A$,桌子：$B$。

第三步：根据问题的描述将问题的初始状态和目标状态分别用谓词公式表示出来。

问题的初始状态为

At(ROBOT, ALCOVE) $\land$ EmptyHanded(ROBOT) $\land$ On(BOX, $A$)

$\land$ Table($A$) $\land$ Table($B$) $\land$ EmptyTable($A$)

问题的目标状态为

At(ROBOT, ALCOVE) $\land$ EmptyHanded(ROBOT) $\land$ On(BOX, $B$)

$\land$ Table($A$) $\land$ Table($B$) $\land$ EmptyTable($A$)

第四步：问题表示出来后，如何求解问题。

将问题初始状态和目标状态表示出来后，对此问题的求解实际上是寻找一组机器人可进行的操作，实现一个由初始状态到目标状态的机器人操作过程。机器人可进行的操作一般分为先决条件和动作两部分，先决条件可以很容易地用谓词公式表示，而动作则可以通过前后的状态变化表示出来，也就是只要指出动作执行后，应从动作前的状态表中删除和增加什么谓词公式，就可以描述相应的动作了。

机器人要将积木块从桌子 $A$ 上移到桌子 $B$ 上所要执行的动作有如下三个。

Goto($x$, $y$)：从 $x$ 处走到 $y$ 处。

Pick_up($x$)：在 $x$ 处拿起积木块。

Set_down($y$)：在 $y$ 处放下积木块。

这三个操作可以分别用条件和动作表示如下。

Goto($x$, $y$)

条件：At(ROBOT, $x$)

动作：删除 At(ROBOT, $x$)

      增加 At(ROBOT, $y$)

Pick_up($x$)

条件：On(BOX, $x$) $\land$ Table($x$) $\land$ At(ROBOT, $x$) $\land$ EmptyHanded(ROBOT)

动作：删除 On(BOX, $x$) $\land$ EmptyHanded(ROBOT)

      增加 Holds(ROBOT, BOX)

Set_down($x$)

条件：Table($x$) $\land$ At(ROBOT, $x$) $\land$ Holds(ROBOT, BOX)

动作：删除 Holds(ROBOT, BOX)

      增加 On(BOX, $x$) $\land$ EmptyHanded(ROBOT)

机器人在执行每一操作之前还需检查所需先决条件是否满足，只有条件满足以后才执行相应的动作。如机器人拿起 $A$ 桌上的 BOX 这一操作，先决条件是

On(BOX, $A$) $\land$ At(ROBOT, $A$) $\land$ EmptyHanded(ROBOT)

### 2.2.5 谓词逻辑表示法的特点

**1. 一阶谓词逻辑表示法的优点**

（1）严密性：可以保证其演绎推理结果的正确性，较精确地表达知识。

（2）自然性：表现方式和人类自然语言非常接近。

（3）通用性：拥有通用的逻辑演算方法和推理规则。

（4）知识易于表达：对逻辑的某些外延扩展后，可把大部分精确性知识表达成一阶谓词逻辑的形式。

（5）易于实现：表示的知识易于模块化，便于知识的增、删、改，易于在计算机上实现。

**2. 一阶谓词逻辑表示法的缺点**

（1）效率低：由于推理是根据形式逻辑进行的，把推理演算和知识含义截然分开，抛弃了表达内容所含的语义信息，往往推理过程太冗长，系统效率低。另外，谓词表示越细，表示越清楚，推理越慢、效率越低。

（2）灵活性差：不便于表达和加入启发性知识与元知识，不便于表达不确定性的知识。但人类的知识大都具有不确定性和模糊性，这使得它表示知识的范围受到了限制。

（3）组合爆炸：在其推理过程中，随着事实数目的增大及盲目地使用推理规则，有可能导致组合爆炸。

# 2.3 产生式表示法

产生式系统(Production System，PS)是在 1943 年由波斯特(E. L. Post)提出的，他用这种规则对符号串作替换运算。1965 年，纽厄尔和西蒙利用这种原理建立了认知模型。同年，斯坦福大学在设计第一个专家系统 DENDRAL 时就采用了产生式系统的结构。

产生式表示法是目前已建立的专家系统中知识表示的主要手段之一，如 MYCIN、CLIPS/JESS 系统等。产生式系统把推理和行为的过程用产生式规则表示，所以又称基于规则的系统。

## 2.3.1 产生式表示的基本方法

产生式通常用于表示具有因果关系的知识，其基本形式为

$$P \to Q$$

或者 $\qquad$ IF $P$ THEN $Q$

其中，$P$ 是产生式的前提，用于指出该产生式是否为可用的条件；$Q$ 是一组结论或操作，用于指出前提 $P$ 所指示的条件被满足时，应该得出的结论或应该执行的操作。

从上面的论述可以看出，产生式的基本形式与谓词逻辑中的蕴含式具有相同的形式，那么它们有什么区别呢？其实蕴含式只是产生式的一个特殊情况。因为蕴含式只能表示精确性知识，其逻辑值要么为真、要么为假，而产生式不仅可以表示精确性知识，还可以表示不精确知识。另外，在用产生式表示知识的智能系统中，决定一条知识是否可用的方法是检查当前是否有已知事实与知识中的前提条件相匹配，这种匹配可以是精确匹配，也可以是不精确匹配，只要按照某种算法求出前提条件与已知事实的相似度达到某个指定的范围，就认为是可匹配的。但在谓词逻辑中，蕴含式前提条件的匹配总是要求精确匹配。产生式与蕴含式的另一个区别是：蕴含式本身是一个谓词公式，有真值，而产生式则没有真值。

产生式表示法一般用来描述规则、事实以及它们的不确定性度量,目前应用较为广泛,适合表示规则性知识和事实性知识。同时,产生式又可根据知识是确定性的还是不确定性的分别进行表示。我们将分别讨论上述不同类型知识的产生式表示。

**1. 规则性知识的产生式表示**

1) 确定性规则知识的产生式表示

确定性规则知识的产生式形式用前面介绍的产生式的基本形式表示即可。

2) 不确定性规则知识的产生式表示

产生式可用于不确定知识的表示,不确定性规则知识的产生式形式为

$$P \rightarrow Q(\text{可信度})$$

或者　　　　　　　　　　　IF $P$　THEN $Q$(可信度)

其中,$P$ 是产生式的前提,用于指出该产生式是否为可用的条件;$Q$ 是一组结论或操作,用于指出在前提 $P$ 所指示的条件被满足时,应该得出的结论或应该执行的操作。这一表示形式主要在不确定推理中当已知事实与前提所规定的条件不能精确匹配时,只要按照"可信度"的要求达到一定的相似度,就认为已知事实与前提条件相匹配,再按照一定的算法将这种可能性(或不确定性)传递到结论。"可信度"的表示方法及其意义会由于不确定性推理算法的不同而不同。以后的章节中将讨论主观贝叶斯方法、可信度方法和 D-S 理论三种不确定推理方法,它们各自的知识以不同的产生式表示。

**2. 事实性知识的产生式表示**

1) 确定性事实知识的产生式表示

事实知识可看成断言一个语言变量的值或是多个语言变量间的关系的陈述句。语言变量的值或语言变量间的关系不一定是数字,可以是一个词。例如,"雪是白色的",其中雪是语言变量,其值是白色的;"约翰喜欢玛丽",其中约翰、玛丽是两个语言变量,两者的关系值是喜欢。

事实知识的表示形式一般使用三元组:

　　　　　　　　　　　　　　(对象,属性,值)

或者　　　　　　　　　　　(关系,对象1,对象2)

其中,对象就是语言变量。这种表示的机器内部实现就是一个表。如事实"老李年龄是 40 岁"可表示成(Li,Age,40)。这里,Li 是事实性知识涉及的对象,Age 是该对象的属性,40 是属性的值。此时,"老李与老张是朋友"可写成第二种形式的三元组:

　　　　　　　　　　　　　　(Friend,Li,Zhang)

其中,Li 和 Zhang 分别是事实知识涉及的两个对象,Friend 表示这两个对象间的关系。

2) 不确定性事实知识的产生式表示

有些事实知识带有不确定性。如,"老李年龄很可能是 40 岁",因为是很可能,所以老李是 40 岁的可能性可以取 80%。"老李与老张是朋友的可能性不大",若老李与老张是朋友的可能性只有 10%,如何表示呢?

不确定性事实知识的表示形式一般使用四元组:

　　　　　　　　　　　　(对象,属性,值,可信度值)

或者　　　　　　　　　　(关系,对象1,对象2,可信度值)

例如,"老李的年龄很可能是 40 岁"可以表示为

$$(Li,Age,40,0.8)$$

而"老李与老张是朋友的可能性不大"可表示为

$$(Friend,Li,Zhang,0.1)$$

一般情况下,为了求解过程中查找的方便,在知识库中可将某类有关的事实以网状、树状结构组织连接在一起,提高查找的效率。

### 2.3.2 产生式系统的基本结构

一组产生式可以放在一起,相互配合,协同作用,一个产生式生成的结论可以供另一个

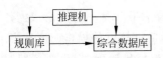

**图 2.1 产生式系统的基本结构**

产生式作为已知事实使用,以获得问题的解决,这样的系统称为产生式系统。产生式系统一般由三个基本部分组成:规则库、综合数据库和推理机。它们之间的关系如图 2.1 所示。

#### 1. 规则库

规则库是用于描述某领域内的知识的产生式集合,是某领域知识(规则)的存储器,其中的规则以产生式表示。规则库中包含将问题从初始状态转换成目标状态(或解状态)的变换规则,是专家系统的核心,也是一般产生式系统赖以进行问题求解的基础,其中知识的完整性和一致性、知识表达的准确性和灵活性、知识组织的合理性,都将对产生式系统的性能和运行效率产生直接的影响。

#### 2. 综合数据库

综合数据库又称为事实库,是用于存放输入的事实、从外部数据库输入的事实、中间结果(事实)和最后结果的工作区。当规则库中的某条产生式的前提与综合数据库中的某些已知事实匹配时,该产生式被激活,并将用它推出的结论放入综合数据库中,作为后面推理的已知事实。显然,综合数据库的内容是不断变化的,是动态的。

#### 3. 推理机

推理机是一个或一组程序,用来控制和协调规则库与综合数据库的运行,包含推理方式和控制策略。控制策略的作用是确定选用什么规则或如何应用规则。通常,从选择规则到执行操作分三步完成,即匹配、冲突解决和操作。

1) 匹配

匹配是将当前综合数据库中的事实与规则中的条件进行比较,若匹配,则这条规则称为匹配规则。

2) 冲突解决

因为可能同时有几条规则的前提条件与事实相匹配,究竟选哪条规则去执行? 这就是规则冲突解决。通过冲突解决策略选中的在操作部分中执行的规则称为启用规则。冲突解决的策略有很多种,其中专一性排序、规则排序、规模排序和就近排序比较常见。

(1) 专一性排序: 如果某一条规则条件部分规定的情况比另一规则条件部分规定的情况更有针对性,则这条规则有较高的优先级。

（2）规则排序：规则库中规则的编排顺序即为规则的启用次序。

（3）规模排序：按规则条件部分的规模排列优先级，优先使用较多条件被满足的规则。

（4）就近排序：把最近使用的规则放在最优先的位置，即那些最近经常被使用的规则的优先级较高。这是一种人类解决冲突最常用的策略。

3）操作

操作是执行规则的操作部分，经过操作，当前的综合数据库将被修改，其他规则有可能成为启用规则。

### 2.3.3 产生式系统的分类

**1. 按产生式所表示的知识是否具有确定性分类**

产生式系统分为确定性产生式系统和不确定性产生式系统。

**2. 按推理机的推理方式分类**

产生式系统分为正向推理、反向推理和双向推理三种。

1）正向推理

正向推理是从已知事实出发，通过规则库求得结论。正向推理方式也称为数据驱动方式或自底向上的方式，推理过程如下：

（1）规则库中的规则与综合数据库中的事实进行匹配，得到匹配的规则集合。

（2）使用冲突解决算法，从匹配规则集合中选择一条规则作为启用规则。

（3）执行启用规则的后件，将该启用规则的后件送入综合数据库或对综合数据库进行必要的修改。

重复这个过程，直至达到目标。

2）反向推理

反向推理是从目标（作为假设）出发，反向使用规则，求得已知事实。这种推理方式也称为目标驱动方式或自顶向下的方式，推理过程如下：

（1）规则库中的规则后件与目标事实进行匹配，得到匹配的规则集合。

（2）使用冲突解决算法，从匹配规则集合中选择一条规则作为启用规则。

（3）将启用规则的前件作为子目标。

重复这个过程，直至各子目标均为已知事实，则反向推理的过程成功结束。

若目标明确，使用反向推理方式的效率比较高，所以较为常用。

3）双向推理

双向推理是一种既自顶向下又自底向上的推理。推理从两个方向同时进行，直至某个中间界面上两方向结果相符便成功结束。可以想象，这种双向推理较正向或反向推理所形成的推理网络更小，从而推理效率更高。

**3. 按规则库及综合数据库的性质与结构特征分类**

产生式系统分为可交换的产生式系统、可分解的产生式系统和可恢复的产生式系统。

1）可交换的产生式系统

如果一个产生式系统对规则的使用次序是可交换的，那么无论先使用哪一条规则，都可以达到目的,即规则的使用次序对问题的最终求解是无关紧要的,这样的产生式系统称为可交换的产生式系统。

2)可分解的产生式系统

把一个规模较大且较复杂的问题分解为若干个规模较小且较简单的子问题,然后对每个子问题分别进行求解,这是人们求解问题时常用的方法。可分解的产生式系统就是基于这一思想提出来的。

3)可恢复的产生式系统

在可交换产生式系统中,要求每条规则的执行都只能为综合数据库增添新的内容,不能删除和修改综合数据库已有的内容。这种要求很高,在许多规则的设计中难以达到。因此需要产生式系统具有回溯功能,一旦问题求解到某一步发现无法继续下去时,就撤销在此之前得到的某些结果,恢复到先前的某个状态,然后选用其他规则继续求解。在问题求解过程中,既可以对综合数据库添加新内容,又可删除或修改老内容,这种产生式系统称为可恢复的产生式系统。

**例 2.5** 动物识别系统的规则库。

这是一个用来识别虎、金钱豹、斑马、长颈鹿、企鹅、鸵鸟、信天翁 7 种动物的产生式系统。为了实现对这些动物的识别,该系统建立了如下规则库。

$R_1$: IF 该动物有毛 THEN 该动物是哺乳动物

$R_2$: IF 该动物有奶 THEN 该动物是哺乳动物

$R_3$: IF 该动物有羽毛 THEN 该动物是鸟

$R_4$: IF 该动物会飞 AND 会下蛋 THEN 该动物是鸟

$R_5$: IF 该动物吃肉 THEN 该动物是食肉动物

$R_6$: IF 该动物有犬齿 AND 有爪 AND 眼盯前方 THEN 该动物是食肉动物

$R_7$: IF 该动物是哺乳动物 AND 有蹄 THEN 该动物是有蹄类动物

$R_8$: IF 该动物是哺乳动物 AND 是嚼反刍动物 THEN 该动物是有蹄类动物

$R_9$: IF 该动物是哺乳动物 AND 是食肉动物 AND 是黄褐色 AND 身上有暗斑点
          THEN 该动物是金钱豹

$R_{10}$: IF 该动物是哺乳动物 AND 是食肉动物 AND 是黄褐色 AND 身上有黑色条纹
          THEN 该动物是虎

$R_{11}$: IF 该动物是有蹄类动物 AND 有长脖子 AND 有长腿 AND 身上有暗斑点
          THEN 该动物是长颈鹿

$R_{12}$: IF 该动物是有蹄类动物 AND 身上有黑色条纹 THEN 该动物是斑马

$R_{13}$: IF 该动物是鸟 AND 有长脖子 AND 有长腿 AND 不会飞 AND 有黑白二色
          THEN 该动物是鸵鸟

$R_{14}$: IF 该动物是鸟 AND 会游泳 AND 不会飞 AND 有黑白二色 THEN
          该动物是企鹅

$R_{15}$: IF 该动物是鸟 AND 善飞 THEN 该动物是信天翁

在上例中,$R_1 \sim R_{15}$ 分别是对各产生式规则所做的编号,以便于对它们引用。同时,虽然该系统是用来识别 7 种动物的,但它并没有简单地设计 7 条规则,而是设计了 15 条。

识别动物的基本想法是:先根据一些比较简单的条件,如"有毛发""有羽毛""会飞"等,对动物进行粗分类,如"哺乳动物""鸟类"等,然后随着条件的增多,逐步缩小分类范围,最后分别给出识别 7 种动物的规则。

上述做法的优点如下。

(1) 当已知的事实不完全时,虽不能推出最终结论,但可以得到分类结果。

(2) 当需要增加对其他动物(如牛、马等)的识别时,规则中只需增加关于这些动物的个性化知识,如 $R_9 \sim R_{15}$,对 $R_1 \sim R_{10}$ 可直接利用,增加的规则不会太过冗杂。

(3) 上述规则容易形成各种动物的推理链。例如,虎及长颈鹿的推理过程如图 2.2 所示。

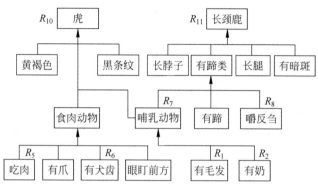

图 2.2 虎及长颈鹿的推理过程

## 2.3.4 产生式表示法的特点

### 1. 产生式表示法的优点

(1) 清晰性:产生式表示法的格式固定、形式简单,规则(知识单位)之间相互独立,没有直接关系,使知识库的建立较为容易,处理较为简单。

(2) 模块性:知识库与推理机是分离的,这种结构给知识库的修改带来方便,不需要修改程序,对系统的推理路径也容易做出解释。基于这些原因,产生式表示法常作为构造专家系统首选的知识表示方法。

(3) 自然性:产生式表示法用"如果……则……"的形式表示知识,符合人类的思维习惯,是人们常用的一种表达因果关系的知识表示形式,既直观自然,又便于推理。另外,产生式表示法既可以表示确定性知识,又可以表示不确定性知识,更符合人们处理日常见到的问题的习惯。

### 2. 产生式表示法的缺点

(1) 难以扩展:尽管规则形式上相互独立,但实际问题中往往彼此是相关的。当知识库不断扩大时,要保证新的规则和已有的规则没有矛盾会越来越困难,知识库的一致性越来越难以实现。

(2) 规则选择效率较低:在推理过程中,每步都要与规则库中的规则做匹配检查。如果知识库中规则数目很大,那么效率显然会降低。

## 2.4 语义网络表示法

语义网络是奎林(J. R. Quillian)于1968年在研究人类联想记忆时提出的一种心理学模型,他认为,记忆是由概念间的联系实现的。随后在他设计的可教式语言理解器(Teachable Language Comprehendent,TLC)中又把它用于知识表示方法。1972年,西蒙在他的自然语言理解系统中也采用了语义网络表示法。1975年,亨德里克(G. G. Hendrix)对全称量词的表示提出了语义网络分区技术。目前,语义网络已经成为人工智能中应用较多的一种知识表示方法,尤其在自然语言处理方面。

### 2.4.1 语义网络的基本概念

语义网络是一种通过概念及其语义联系(或语义关系)表示知识的有向图,结点和弧必须带有标注。其中,有向图的各结点代表各种事物、概念、情况、属性、状态、事件和动作等,结点上的标注用来区分各结点所代表的不同对象,每个结点都可以带有多个属性,以表征其代表的对象的特性。

在语义网络中,结点还可以是一个语义子网络,弧是有方向的、有标注的,方向表示结点间的主次关系且方向不能随意调换,标注表示各种语义联系,指明它所连接的结点间的某种语义关系。

从结构上看,语义网络一般由一些最基本的语义单元组成,这些最基本的语义单元称为语义基元,可用如下三元组表示:

(结点1,弧,结点2)

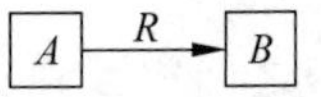

图 2.3 语义基本结构

也可用如图2.3所示的有向图表示。其中 $A$ 和 $B$ 分别代表结点,$R$ 表示 $A$ 与 $B$ 之间的某种语义联系。当把多个语义基元用相应的语义联系关联在一起时,就形成了一个语义网络。

### 2.4.2 语义网络的基本语义关系

除了可以描述事物本身外,语义网络还可以描述事物之间错综复杂的关系。基本语义关系是构成复杂语义联系的基本单元,也是语义网络表示知识的基础,因此由基本的语义关系组合成任意复杂的语义联系是可以实现的。以下为一些经常使用的最基本语义关系。

#### 1. 类属关系

类属关系是指具有共同属性的不同事物间的分类关系、成员关系或实例关系,它体现的是"具体与抽象""个体与集体"的层次分类。其直观意义为"是一个""是一种""是一只"等。在类属关系中,最主要的特征是属性的继承性,处在具体层的结点可以继承抽象层结点的所有属性,常用的类属关系如下。

- AKO(A-Kind-of):表示某一个事物是另一个事物的一种类型。
- AMO(A-Member-of):表示某一个事物是另一个事物的成员。
- ISA(Is-A):表示某一个事物是另一个事物的实例。

### 2. 包含关系

包含关系也称为聚集关系,是指具有组织或结构特征的"部分与整体"之间的关系,与类属关系的最主要的区别是包含关系一般不具备属性的继承性,常用的包含关系为 Part-of、Member-of,含义为一部分,表示一个事物是另一个事物的一部分,或是部分与整体的关系。用它连接的上下层结点的属性可能很不相同,即 Part-of 联系不具备属性的继承性。例如,"轮胎是汽车的一部分"的语义网络表示如图 2.4 所示。

### 3. 属性关系

属性关系是指事物及其属性之间的关系,常用的属性关系如下。

- Have:表示某个结点具有另一个结点所描述的属性。
- Can:表示某个结点能做另一个结点的事情。

例如,"鸟有翅膀""电视机可以播放电视节目"对应的语义网络表示如图 2.5 所示。

图 2.4 包含关系实例  　　图 2.5 属性关系实例

### 4. 时间关系

时间关系是指不同事件在其发生时间方面的先后关系,结点间不具备属性继承性,常用的时间关系如下。

- Before:表示某个事件在另一个事件之前发生。
- After:表示某个事件在另一个事件之后发生。

例如,"王芳在李明之前毕业""香港回归之后,澳门也回归了"对应的语义网络表示如图 2.6 所示。

### 5. 位置关系

位置关系是指不同事物在位置方面的关系,结点间不具备属性继承性,常用的位置关系如下。

- Located-on:表示某物体在另一物体之上。
- Located-at:表示某物体位于某一位置。
- Located-under:表示某物体在另一物体之下。
- Located-inside:表示某物体在另一物体之中。
- Located-outside:表示某物体在另一物体之外。

例如,"华中师范大学坐落于桂子山上"对应的语义网络表示如图 2.7 所示。

图 2.6 时间关系实例  　　图 2.7 位置关系实例

### 6. 相近关系

相近关系(相似关系)是指不同事物在形状、内容等方面相似和接近,常用的相近关系如下。

- Similar-to：表示某事物与另一事物相似。
- Near-to：表示某事物与另一事物接近。

例如，"狗长得像狼"对应的语义网络表示如图2.8所示。

### 7. 因果关系

因果关系是指由于某一事件的发生而导致另一事物的发生，适合表示规则性知识，通常用 IF-THEN 联系表示两个结点之间的因果关系，其含义是"如果……那么……"。例如，"如果天晴，小明骑自行车上班"对应的语义网络表示如图2.9所示。

### 8. 组成关系

组成关系是种一对多的联系，用于表示某事物由其他一些事物构成，通常用 Composed-of 联系表示，所连接的结点间不具备属性继承性。例如，"整数由正整数、负整数和零组成"对应的语义网络表示如图2.10所示。

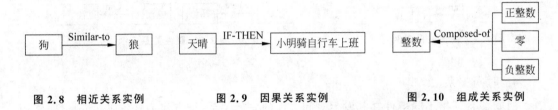

图2.8　相近关系实例　　　　图2.9　因果关系实例　　　　图2.10　组成关系实例

## 2.4.3　语义网络表示知识的方法

### 1. 事实性知识的表示

对于一些简单的事实，如"鸟有翅膀""轮胎是汽车的一部分"，要描述这些事实需要两个结点，用前面给出的基本语义联系或自定义的基本语义联系就可以完成。对于稍微复杂一点的事实，如在一个事实中涉及多个事物时，如果语义网络只被用来表示一个特定的事物或概念，那么当有更多的实例时，则需要更多的语义网络，使问题复杂化。

通常，把有关一个事物或一组相关事物的知识用一个语义网络来表示。例如，用一个语义网络来表示事实"苹果树是一种果树，果树又是树的一种，树有根、有叶而且树是一种植物"。这一事实涉及"苹果树""果树"和"树"三个对象，树包含两个属性"有根""有叶"。首先建立"苹果树"结点，为了说明苹果树是一种果树，增加一个"果树"结点，用 AKO 联系连接这两个结点；为了说明果树是树的一种，增加一个"树"结点，用 AKO 联系连接这两个结点；为了进一步描述树"有根""有叶"的属性，引入"根"结点和"叶"结点，并分别用 Have 联系与"树"结点连接。这个事实可用如图2.11所示的语义网络表示。

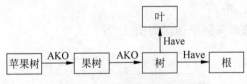

图2.11　有关苹果树的语义网络

### 2. 情况、动作和事件的表示

为了描述那些复杂的知识，在语义网络的知识表示法中通常采用引进附加结点的方法。西蒙在提出的表示方法中增加了情况结点、动作结点和事件结点，允许用一个结点来表示情况、动作和事件。

1）情况的表示

在用语义网络表示不及物动词表示的语句或没有间接宾语的及物动词表示的语句时，若该语句的动作表示了一些其他情况，如动作作用的时间等，则需要增加一个情况结点用于指出各种不同的情况。

例如，用语义网络表示知识"请在 2021 年 6 月前归还图书"，其中只涉及一个对象"图书"，表示在 2021 年 6 月前"归还"图书这种情况。为了表示归还的时间，可以增加一个"归还"结点和一个情况结点，这样不仅说明了归还的对象是图书，而且很好地表示了归还图书的时间。其带有情况结点的语义网络表示如图 2.12 所示。

2）动作的表示

有些表示知识的语句既有发出动作的主体，又有接受动作的客体，用语义网络表示时，可以增加一个动作结点用于指出动作的主体和客体。例如，用语义网络表示知识"校长送给李老师一本书"，这条知识只涉及两个对象"书"和"校长"，为了表示这个事实，增加一个"送给"结点，其语义网络表示如图 2.13 所示。

图 2.12 带有情况结点的语义网络　　图 2.13 带有动作结点的语义网络

3）事件的表示

如果要表示的知识可以看成发生的一个事件，那么可以增加一个事件结点来描述这条知识。例如，用语义网络表示知识"中国队与日本队两国的国家足球队在中国进行一场比赛，结局的比分是 3∶2"，其语义网络表示如图 2.14 所示。

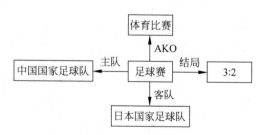

图 2.14 带有事件结点的语义网络

**3. 连词和量词的表示**

在稍微复杂一点的知识中，经常用到"并且""或者""所有的""有一些"等这样的连接词或量词，在谓词逻辑表示法中可以很容易地表示这类知识。谓词逻辑中的连词和量词可以用语义网络来表示。因此，语义网络也能表示这类知识。

1）合取与析取的表示

当用语义网络来表示知识时，为了能表示知识中体现出来的"合取与析取"的语义联系，可通过增加合取结点与析取结点表示。只是在使用时要注意其语义，不应出现不合理的组合情况。例如,对事实"参观者有男有女,有年老的,有年轻的"可用图2.15所示的语义网络表示,其中 $A$、$B$、$C$、$D$ 分别代表四种情况的参观者。

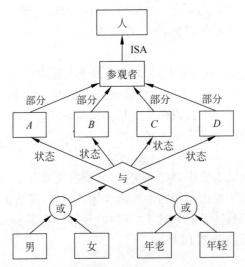

图 2.15　具有合取与析取关系的语义网络

2) 存在量词与全称量词的表示

在用语义网络表示知识时,对存在量词可以直接用"是一种""是一个"等语义关系表示,对全称量词可以采用亨德里克提出的语义网络分区技术表示,也称为分块语义网络(Partitioned Semantic Net,PSN),以解决量词的表示问题。该技术的基本思想是:把一个复杂的命题划分成若干子命题,每个子命题用一个简单的语义网络表示,称为子空间,多个子空间构成一个大空间,每个子空间可以看作大空间中的一个结点,称为超结点。空间可以逐层嵌套,子空间之间用弧相互连接。例如,对事实"每个学生都学习了一门外语"可用图2.16所示的语义网络表示。

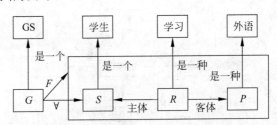

图 2.16　具有全称变量的语义网络(分块语义网络)

其中,$G$ 代表整个陈述句,是一般陈述句 GS 的一个实例,$G$ 中的每个元素都至少有两个特性:句中的关系 Form($F$)与全称量词 ∀。这个例子中只有一个变量 $S$ 具有全称量词,Form 中其余两个变量 $R$、$P$ 看成具有存在量词。

**4. 用语义网络表示知识的步骤**

(1) 确定问题中所有对象和各对象的属性。

(2) 确定所讨论对象间的关系。

(3) 根据语义网络涉及的关系,对语义网络中的结点及弧进行整理,包括增加结点、弧和归并结点等。

① 在语义网络中,若结点中的联系是 ISA、AKO、AMO 等类属关系,则下层结点对上层结点具有属性继承性。整理同一层结点的共同属性,并抽出这些属性,加入上层结点,以免造成信息冗余。

② 若表示的知识中含有因果关系,则增加情况结点,并从该结点引出多条弧,将原因结点与结果结点连接起来。

③ 若表示的知识中含有动作关系,则增加动作结点,并从该结点引出多条弧,将动作的主体结点与客体结点连接起来。

④ 若表示的知识中含有"与""或"关系,则可在语义网络中增加"与""或"结点,并用弧将这些"与""或"与其他结点连接起来,表示知识中的语义关系。

⑤ 若表示的知识是含有全称量词和存在量词的复杂问题,则采用前面介绍的亨德里克语义网络分区技术来表示。

⑥ 若表示的知识是规则性知识,则应仔细分析问题中的条件与结论,并将它们作为语义网络中的两个结点,然后用 IF-THEN 弧将它们连接起来。

(4) 将各对象作为语义网络的结点,而各对象间的关系作为网络中各结点的弧,连接形成语义网络。

**例 2.6** 把下列命题用一个语义网络表示出来。

(1) 猪和羊都是动物;

(2) 猪和羊都是哺乳动物;

(3) 野猪是猪,但生长在森林中;

(4) 山羊是羊,头上长着角;

(5) 绵羊是羊,它能生产羊毛。

**解**:问题涉及的对象有猪、羊、动物、哺乳动物、野猪、山羊、绵羊、森林、羊毛、角等。

分析它们之间的语义关系:"动物"和"哺乳动物"、"哺乳动物"和"猪"、"哺乳动物"和"羊"、"羊"和"山羊"及"绵羊"、"野猪"和"猪"之间的关系为"是一种"的关系,可用 AKO 来表示;"山羊"和"头上有角"、"绵羊"和"羊毛"之间是一种属性关系,可用 Have 描述;"野猪"和"森林"之间是位置关系,可用 Located-at 表示。整体语义网络表示如图 2.17 所示。

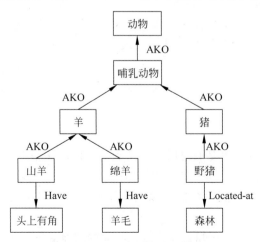

图 2.17 有关猪和羊的语义网络

**例 2.7** 用语义网络表示知识"教师张明在本年度第二学期给计算机应用专业的学生讲授'人工智能'这门课程"。

**解**：涉及的对象包括教师、张明、学生、计算机应用、人工智能、本年度第二学期等。

分析各对象间的语义关系："张明"和"教师"之间是类属关系，可用 ISA 表示；"学生"和"计算机应用"之间是属性关系，可用 Major 表示。"张明""学生"和"人工智能"则通过"讲课"动作联系在一起。从上面的分析可知，必须增加一个动作结点"讲课"，"张明"是这个动作的主体，而"学生"和"人工智能"是这个动作的两个客体。"本年度第二学期"则是这个动作的作用时间，属于时间关系。因此，通过增加动作结点"讲课"将网络中的各结点联系起来。由"讲课"结点引出的弧不仅指出了讲课的主体和客体，还指出了讲课的时间，对应的语义网络表示如图 2.18 所示。

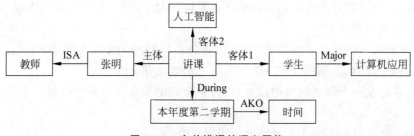

**图 2.18 有关讲课的语义网络**

### 2.4.4 语义网络的推理过程

用语义网络表示知识的问题求解系统主要由两部分组成，一是由语义网络构成的知识库，二是用于问题求解的推理机。语义网络的推理过程主要有两种：继承和匹配。

**1. 继承推理**

继承是指把对事物的描述从抽象结点传递到具体结点，可以得到所需结点的一些属性值，通常是沿着 ISA、AKO、AMO 等继承弧进行的。继承的一般过程如下。

(1) 建立结点表，存放待求结点和所有以 ISA、AKO、AMO 等继承弧与此结点相连的结点。初始情况下，只有待求解的结点。

(2) 检查表中的第一个是否有继承弧。如果有，则将该弧所指的所有结点放入结点表的末尾，记录这些结点的所有属性，并从结点表中删除第一个结点；如果没有，则仅从结点表中删除第一个结点。

(3) 重复检查表中的第一个是否有继承弧，直到结点表为空。记录下来的属性就是待求结点的所有属性。

**2. 匹配推理**

语义网络问题的求解一般是通过匹配来实现的。匹配是指在知识库的语义网络中寻找与待求问题相符的语义网络模式。主要过程如下。

(1) 根据问题的要求构造网络片断，该网络片断中有些结点或弧为空，标记待求解的问题(询问处)。

(2) 根据该语义网络片断在知识库中寻找相应的信息。

（3）当待求解的语义网络片断和知识库中的语义网络片断相匹配时，则与询问处（待求解的地方）相匹配的事实就是问题的解。

**注意**：语义网络知识表达方法中没有形式语义，也就是说，与谓词逻辑不同，对所给定的表达表示什么语义没有统一的表示法。

赋予网络结构的含义完全决定于管理这个网络过程的特性。

在已经设计的以语义网络为基础的系统中，它们各自采用不同的推理过程，但推理的核心思想无非是继承和匹配。

### 2.4.5　语义网络表示法的特点

语义网络表示法有如下特点。

（1）结构性：语义网络把事物的属性及事物间的各种语义联系显式地表现出来，是一种结构化的知识表示法。在这种方法中，下层结点可以继承、增加和修改上层结点的属性，从而实现信息共享。

（2）联想性：着重强调事物间的语义联系，体现了人类思维的联想过程。

（3）自索引性：语义网络表示把各结点之间的联系以明确、简洁的方式表示出来，通过与某结点连接的弧容易找出相关信息，而不必查找整个知识库，可以有效地避免搜索时的组合爆炸问题。

（4）自然性：一种直观的知识表示方法，符合人们表达事物间关系的习惯，而且把自然语言转换成语义网络较为容易。

（5）非严格性：语义网络没有公认的形式表示体系，没有给其结点和弧赋予确切的含义。在推理过程中，有时不能区分物体的“类”和“实例”的特点，因此通过语义网络实现的推理不能保证其推理结果的正确性。

另外，语义网络表示法的推理规则不十分明晰，其表达范围也受到一定限制，一旦语义网络中的结点个数比较多，则网络结构复杂，推理就难以进行。

## 2.5　框架表示法

框架表示法是以框架理论为基础发展起来的一种结构化的知识表示，适合表达多种类型的知识。1975 年，MIT 的明斯基在其论文 *A framework for representing knowledge* 中提出了框架理论，引起了人工智能学者的重视。他是针对人们在理解情景、故事时提出的心理学模型，论述的是思想方法，不是具体实现。

框架理论的基本观点是：“人脑已存储大量的典型情景，当人面临新的情景时，就从记忆中选择（粗匹配）一个称作框架的基本知识结构，这个框架是以前记忆的一个知识空框，而其具体内容依新的情景而改变，对这空框的细节加工修改和补充，形成对新情景的认识又记忆于人脑中，以丰富人的知识。”

### 2.5.1　框架结构

框架是表示某类情景的结构化的一种数据结构。框架由描述事物的各方面的槽组成，每个槽均可有若干侧面。一个槽用于描述所讨论对象的某方面的属性,一个侧面用于描述相应属性的一方面。槽和侧面具有的属性值分别称为槽值和侧面值。槽值可以是逻辑的、数字的,也可以是程序、条件、默认值或子框架。槽值包含如何使用框架信息、下一步可能发生的信息、预计未实现该如何做的信息等。

在一个用框架表示的知识系统中,一般含有多个框架,为了区分不同的框架以及一个框架内不同的槽、不同的侧面,需要分别赋予不同的名字:"框架名""槽名"及"侧面名"。因此,一个框架通常由框架名、槽名、侧面和值这四部分组成,其一般结构为

&lt;框架名&gt;

槽名 1:侧面名 11　　　值 11
　　　　侧面名 12　　　值 12
　　　　　⋮　　　　　　⋮
　　　　侧面名 1$m$　　　值 1$m$
槽名 2:侧面名 21　　　值 21
　　　　侧面名 22　　　值 22
　　　　　⋮　　　　　　⋮
　　　　侧面名 2$m$　　　值 2$m$
　　　　　⋮
槽名 $n$:侧面名 $n$1　　　值 $n$1
　　　　侧面名 $n$2　　　值 $n$2
　　　　　⋮　　　　　　⋮
　　　　侧面名 $nm$　　　值 $nm$
约　束:约束条件 1
　　　　约束条件 2
　　　　　⋮
　　　　约束条件 $n$

例如,用框架来描述"优质商品"这个概念。首先分析商品所具有的属性,一个商品可能具有的属性有"商品名称""生产厂商""生产日期""获奖情况"等,这里只考虑这几个属性。它们可以定义为"优质商品"框架的槽,而"获奖情况"属性还可以从"获奖等级""颁奖部门""获奖时间"这三个侧面来描述。如果给每个槽和侧面都赋予具体的值,就得到了"优质商品"概念的一个实例框架。

框架名:&lt;优质商品&gt;
商品名称:红桃 K
生产厂商:红桃 K 集团
生产日期:2018 年 6 月 17 日
获奖情况:获奖等级:省级
　　　　　颁奖单位:江苏省卫生厅
　　　　　获奖时间:2020 年 12 月

通常在框架系统中定义一些公用、常用且标准的槽名,并将这些槽名称为系统预定义槽名。人们在使用这些槽名时,不用说明就知道它表示何种联系。下面给出几个比较常用的、

用来表示对象间关系的槽名。

**1. ISA 槽**

ISA 槽用于指出对象间抽象概念上的类属关系,其直观意义为"是一个""是一只""是一种"等。一般情况下,用 ISA 槽指出的联系都具有继承性。

框架的继承性是指当下层框架中的某些槽值或侧面值没有直接给定时,可以从其上层框架中继承这些值或属性。例如,椅子一般有四条腿,若一把具体的椅子没有指出它有几条腿时,则可以通过一般椅子的特性,得出它有四条腿。

**2. AKO 槽**

AKO 槽用于具体地指出对象间的类属关系,其直观意义为"是一种"。当用它作为某下层框架的槽时,明确地指出了该下层框架所描述的事物是其上层框架所描述事物中的一种,下层框架可继承上层框架中值或属性。

**3. Instance 槽**

Instance 槽用来表示 AKO 槽的逆关系,当用它作为某上层框架的槽时,可在该槽中指出它所联系的下层框架。用 Instance 槽指出的联系都具有继承性,即下层框架可继承上层框架中所描述的属性或值。

**4. Part-of 槽**

Part-of 槽用于指出部分和全体的关系,当用其作为某框架的一个槽时,槽中所填的值称为该框架的上层框架名,该框架所描述的对象只是其上层框架所描述对象的一部分。例如,"两条腿"是"人体"的一部分,可以将"两条腿"和"人体"分别定义成框架,"两条腿"为下层框架,"人体"为其上层框架。在"两条腿"的框架中设置一个 Part-of 槽,槽值填入框架名<人体>。

显然,用 Part-of 槽指出的联系所描述的下层框架和上层框架之间不具有继承性。

## 2.5.2　框架表示

**例 2.8**　下面是一个描述"教师"的框架。

框架名:<教师>
类属:<知识分子>
工作:范围:(教学,科研)
　　　默认:教学
性别:(男,女)
学历:(中专,大学)
类别:(<小学教师><中学教师><大学教师>)

其中,框架名为"教师",有五个槽,槽名分别是"类属""工作""性别""学历""类别"。槽名后面为对应槽值,而槽值"<知识分子>"又是一个框架名,"范围""默认"是槽"工作"的两个不同的侧面,后为其侧面值。

**例 2.9**　下面是描述"大学教师"的框架。

框架名:<大学教师>

类属：<教师>

学位：范围：(学士,硕士,博士)

　　　默认：硕士

专业：<学科专业>

职称：范围：(助教,讲师,副教授,教授)

　　　默认：讲师

水平：范围：(优,良,中,差)

　　　默认：良

从上述两例可以看出,这两个框架之间存在层次关系,称前者为上层框架(或父框架),后者为下层框架(或子框架)。

**例2.10**　描述一个具体教师的框架。

框架名：<教师-1>

类属：<大学教师>

　　姓名：张宇

　　性别：男

　　年龄：32

职业：<教师>

　　职称：副教授

　　部门：计算机系

　　研究方向：计算机软件与理论

工作：参加时间：2000年7月

　　工龄：当前年份-2000

　　工资：<工资单>

比较上面几个例子,可以发现"教师-1"是"大学教师"的下层框架,而"大学教师"又是"教师"的下层框架,"教师"又是"知识分子"的下层框架。框架之间的层次关系是相对而言的,下层框架可以从上层框架继承某些属性或值,这样,一些相同的信息可以不必重复存储,节省了存储空间,这种层次结构对减少冗余信息有重要意义。

**例2.11**　下面有关地震的新闻报道,请用框架结构表示这段报道。

"今天,一次强度为里氏8.5级的强烈地震袭击了下斯拉博维亚(Low Slabovia)地区,造成25人伤亡和5亿美元的财产损失。下斯拉博维亚地区主席说："多年来,靠近萨迪壕金斯断层的重灾区一直是一个危险地区。这是本地区发生的第3号地震。"

**解**：首先分析关于地震报道中涉及的一些有关地震的关键属性,这些属性是地震发生的地点、时间、伤亡人数、财产损失数量、地震强度的震级和断层情况。这些属性可以作为该框架的各个槽。

接下来,将本报道中的有关数据填入相应的槽,得到第3号地震的框架。

框架名：<第3号地震>

地点：Low Slabovia

时间：今天

伤亡人数：25人

财产损失：5亿美元

震级：8.5级

断层：萨迪壕金斯

该框架也可以用图2.19表示。

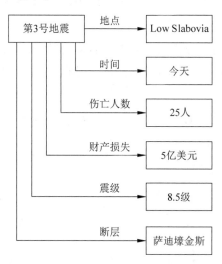

**图 2.19　Low Slabovia 第 3 号地震框架**

### 2.5.3　框架表示的推理过程

框架表示的知识库主要有两种活动：一是"填槽"，即框架中未知内容的槽需要填写；二是"匹配"，根据已知事件寻找合适的框架，并将该内容填入槽中。上述两种操作均将引起推理，其主要推理形式如下。

**1. 默认推理**

在框架网络中，各框架之间通过 ISA 链（槽）构成半序的继承关系。在填槽过程中，如果没有特别说明，子框架的槽值将继承父框架相应的槽值，称为默认推理。

**2. 匹配推理**

当利用由框架所构成的知识库进行推理、形成概念和做出决策、判断时，其过程往往是根据已知的信息，通过与知识库中预先存储的框架进行匹配，找出一个或几个与该信息所提供的情况最适合的预选框架，形成初步假设，即由输入信息激活相应的框架，然后在该假设框架引导下，收集进一步的信息。按某种评价原则，对预选的框架进行评价，以决定最后接受或放弃预选的框架，即在框架引导下的推理。这个过程可以用来模拟人类利用已有的经验进行思考、决策，以及形成概念、假设。

### 2.5.4　框架表示法的特点

**1. 继承性**

继承性是框架的重要性质，下层框架可以从上层框架继承某些属性或值，也可以进行补充和修改,这样,一些相同的信息可以不必重复存储,减少冗余信息,节省了存储空间。

**2. 结构化**

框架表示法是一种结构化知识表示方法,不但可以把知识的内部结构表示出来,而且可以把知识之间的联系表示出来,是一种表达能力很强的知识表示方法。

**3. 自然性**

在人类思维和理解活动中分析和解释遇到的情况时,就从记忆中选择一个类似事物的框架,通过对其细节进行修改或补充,形成对新事物的认识,这与人们的认识活动是一致的。

**4. 推理灵活多变**

框架表示法没有固定的推理机制,可以根据待求解问题的特点灵活地采取多种推理方法。

框架表示法的主要不足是:不善于表达过程性知识,因此经常与产生式表示法结合使用,以取得互补效果。

# 2.6　脚本表示法

脚本是美国耶鲁大学的沙克(R. C. Schank)于 1977 年提出的一种结构化表示方式,用于表示事件序列,最初用于理解自然语言文本,是一种特殊的框架结构,也由一组槽组成。槽的描述也利用了概念从属提供的原语,下面具体介绍脚本表示法。

**1. 脚本的定义**

人们的日常生活中经常会遇到很多常识性的知识以一种叙事体的形式表达,这种叙事体表示的知识涉及的面比较广,关系也较复杂,很难将其以形式化方法表示并交给计算机处理。为了解决这一问题,20 世纪 70 年代中期,沙克及其同事们依据概念从属理论提出了一种知识表示方法——脚本表示法(Script)。概念从属理论是由沙克在 20 世纪 60 年代末 70 年代初发展起来的,其基本思想是:人类的日常行为可以表示为一个叙事体,这一叙事体可能由许多语句构成,句子表达是以行为(Action)为中心,但句子的行为不是由动词表示,而是由原语行为集表示,其中每个原语是包含动词意义的概念。换句话说,行为由动词的概念表示,而不是由动词本身表示。在表示以叙事体表达的知识时,先将知识中各种故事情节的基本概念抽取出来,构成一个原语集,确定原语集中各原语间的相互依赖关系,然后把所有的故事情节都以原语集中的概念及它们之间的从属关系表示出来。尽管每个人的经历不同,但在抽象概念原语时都应该遵守一些基本的要求,如概念原语不能有歧义性、各概念原语应当相互独立等。沙克在其研制的脚本应用机制(Script Applier Mechanism, SAM)中对动作一类的概念进行了原语化,抽象出了 11 种动作原语,可以作为槽来表示一些基本行为,具体如下。

(1) INGEST:表示把某物放入体内,如吃饭、喝水等。

(2) PROPEL:表示对某对象施加外力,如推、压、拉等。

(3) GRASP:表示行为主体控制某一对象,如抓起某件东西、扔掉某件东西等。

(4) EXPEL:表示把某物排出体外,如呕吐等。

(5) PTRANS:表示某一物理对象物理位置的改变,如某人从一处走到另一处,其物理位置发生了变化。

(6) MOVE：表示行为主体移动自己身体的某一部位，如抬手、蹬脚、弯腰等。

(7) ATRANS：表示某种抽象关系的转移。如当把某物交给另一人时，该物的所有关系即发生了转移。

(8) MTRANS：表示信息的转移，如看电视、窃听、交谈、读报等。

(9) MBUILD：表示由已有的信息形成新信息，如由图、文、声、像形成的多媒体信息。

(10) SPEAK：表示发出声音，如唱歌、喊叫、说话等。

(11) ATTEND：表示用某个感觉器官获取信息，如用眼睛看某种东西或用耳朵听某种声音。

利用这 11 种动作原语及其相互依赖关系，可以把生活中的事件编制成脚本，每个脚本都代表一类事件，并把事件的典型情节规范化。当接受一个故事时，就找一个与之匹配的脚本，根据脚本排定的场景次序来理解故事的情节。

综上所述，脚本就是一个用来描写人类某种活动的事件序列，或者说，脚本试图表达人们已成陈规的事件序列的知识。其实，可以将脚本看作框架的一种特殊形式，特定范围内一些事件的发生序列可以由一组槽来描述，利用槽之间的关系表述事件发生的先后。

**2．脚本的组成**

脚本与日常生活中的电影剧本有些相像，有角色（人或演员）、道具、场景等。通常，一个脚本由以下几部分构成。

(1) 进入条件：给出在脚本中所描述事件的前提条件。

(2) 角色：用来表示在脚本所描述事件中可能出现的有关人物的槽。

(3) 道具：用来表示在脚本所描述事件中可能出现的有关物体的槽。

(4) 场景：用来描述事件发生的真实顺序。一个事件可以由多个场景组成，而每个场景又可以是其他的脚本。

(5) 结果：给出在脚本所描述事件发生以后所产生的结果。

脚本表示最著名的例子是餐厅脚本。通过对许多餐厅的了解，人们建立了一个详细的预期，即脚本，表明了在餐厅里将要发生的事情。餐厅事件的一般序列包括：进入，找座，点菜，等待，吃饭，接受账单，付账，离开。餐厅脚本的例子如下。

**脚本：餐厅**

(1) 进入条件。

① 顾客饿了，需要进餐；

② 顾客有足够的钱。

(2) 角色。

顾客、服务员、厨师、收银员、迎宾。

(3) 道具。

食品、桌子、菜单、钱。

(4) 场景。

场景 1：进入

① PTRANS 顾客走进餐厅；

② SPEAK 迎宾向顾客说"欢迎光临"。

场景2：找座

① ATTEND 寻找桌子；

② PTRANS 走到确定的桌子旁；

③ MOVE 在桌子旁坐下。

场景3：点菜

① ATRANS 服务员给顾客菜单；

② MBUILD 顾客点菜；

③ ATRANS 顾客把菜单还给服务员。

场景4：等待

① MTRANS 服务员告诉厨师顾客所点的菜；

② DO 厨师做菜(通过调用"做菜"的脚本来实现)。

场景5：吃饭

① TRANS 厨师把做好的菜给服务员；

② ATRANS 服务员把菜端给顾客；

③ INGEST 顾客吃菜。

场景6：接受账单

① MTRANS 顾客告诉服务员要结账；

② ATRANS 服务员拿来账单交给顾客。

场景7：付账

① ATRANS 顾客付钱给服务员；

② ATRANS 服务员将钱交给收银员。

场景8：离开

① PTRANS 顾客离开餐厅；

② SPEAK 迎宾向顾客说"欢迎再来"。

(5) 结果。

① 顾客吃了饭，不饿了；

② 顾客花了钱；

③ 老板赚了钱；

④ 餐厅食品少了。

### 3. 用脚本表示知识的步骤

(1) 确定脚本运行的条件，脚本中涉及的角色、道具。

(2) 分析要表示的知识中的动作行为，划分故事情节，并将每个故事情节都抽象为一个概念，作为分场景的名字，每个分场景都描述一个故事情节。

(3) 抽取各个故事情节(或分场景)中的概念，构成一个原语集，分析并确定原语集中各原语间的相互依赖关系与逻辑关系。

(4) 把所有的故事情节都以原语集中的概念及它们之间的从属关系表示出来，确定脚本的场景序列，每个子场景可能由一组原语序列构成。

(5) 给出脚本运行后的结局。

由脚本的组成可以看出，脚本表示法对事实或事件的描述结果为一个因果链。链头即脚本的进入条件,只有这些进入条件满足时,用脚本表示的事件才能发生;链尾是一组结果,只有这一组结果产生后,脚本所描述的事件才算结束,其后的事件或事件序列才能发生。一个脚本之所以可以看作因果链,是因为脚本中所描述的每个事件前后是相互联系的,前面事件是后面事件发生的起因,而后面事件是前面事件发生的结果。正因为脚本是对这种因果关系的描述,可以运用与脚本表示法相适应的推理方法实现问题求解。通常可解决的问题包括:对事件发生结果的预测,探寻事件之间的关系。

与其他表示法类似,用脚本表示的问题求解系统一般也包含知识库和推理机。知识库中的知识用脚本来表示,一般情况下,知识库中包含了许多已事先写好的脚本,每个脚本都是对某种类型事件或知识的描述。当需要求解问题时,问题求解系统中的推理机制,首先在知识库中搜索寻找是否有适于描述所要求解问题的脚本,如果有(可能有多个),则在适于描述该问题的脚本中,利用一定的控制策略(比如,判断所描述的问题是否满足该脚本的进入条件),选择一个脚本作为启用脚本,将其激活,运行脚本,利用脚本中的因果链实现问题的推理求解。

例如,假设有这样一个问题:"李斯来到医院,看了医生,然后就离开了医院。"请问:李斯买药了吗? 他交钱了吗?

首先将要求解的问题用脚本表示出来,将问题中涉及的具体对象和人物填写到问题脚本的槽中。如果在问题求解系统的知识库中含有"医院就医"这样的脚本,则系统就会通过一定的策略(问题脚本中的前提、道具、角色等可作为启动知识库中相应脚本的指示器)启动该脚本的运行,若其脚本的编写与前面给出的例子一样,则可以推出这样的结论:李斯买了药,也交了钱。

因为所描述的问题满足该脚本的进入条件和结束条件,所以认为李斯到医院看病符合常规的程序,推理得到这样的结果。因此,基于脚本表示的推理方法实际上是一种匹配推理方法。

另外,利用脚本推理还可以实现对事件发生过程中某些动作(或称子事件)间的关系进行解释。比如,上述到医院看病的例子,如果问题变为:"李斯是先挂号,还是先看医生?"就要判断"挂号"和"看医生"这两个事件哪一个先发生,通过启动知识库中的"医院就医"脚本,发现"挂号"先于"看医生"发生。

由此可以看出,基于脚本表示的推理实际上是一个匹配推理,推理过程假设所要求解的问题发生过程符合脚本中所预测的事件序列,如果所求解问题事件序列被中断,则可能得出错误的结论。例如,对于情节描述"李斯来到医院,看了医生,在排队买药时,由于等得太久,所以不高兴地离开了医院"。因为不愿意久等,所以李斯离开了医院,这一事件改变了"医院就医"脚本中所预测的事件序列,因果链被中断了,因而可能会推出"李斯买了药"的错误结论。

**4. 脚本表示法的特点**

1) 自然性

脚本表示法体现了人们在观察事物时的思维活动,组织形式类似于日常生活中的电影剧本,对于表达预先构思好的特定知识,如理解故事情节等,是非常有效的。

2) 结构性

由于脚本表示法是一种特殊的框架表示法,因此同时具有框架表示法善于表达结构性知识的特点。也就是说,脚本能够把知识的内部结构关系及知识间的联系表示出来,是结构化的知识表示方法。一个脚本也可以由多个槽组成,槽又可分为若干侧面,这样就能把知识的内部结构显式地表示出来。

脚本表示法的不足是:对知识的表示比较呆板,所表示的知识范围也比较窄,因此不太适合用来表达各种各样的知识。脚本表示法目前主要在自然语言处理领域的篇章理解方面得以应用。

# 2.7　面向对象表示法

近年来,在智能系统的设计与构造中,人们开始使用面向对象的思想、方法和开发技术,并在知识表示、知识库的组成与管理、专家系统的系统设计等方面取得了一定的进展。本节首先讨论面向对象的基本概念,然后对应用面向对象技术表示知识的方法进行初步的探讨。

## 2.7.1　面向对象的基本概念

### 1. 对象

广义地讲,"对象"是指客观世界中的任何事物,既可以是一个具体的简单事物,也可以是由多个简单事物组合而成的复杂事物。

从问题求解的角度讲,对象是与问题领域有关的客观事物。由于客观事物都具有其自然属性及行为,因此与问题有关的对象也有一组数据和一组操作,且不同对象间的相互作用可通过互传消息来实现。

按照对象方法学的观点,一个对象的形式可以用如下的四元组表示:

$$对象::=<ID,DS,MS,MI>$$

即一个完整的对象由该对象的标识符 ID、数据结构 DS、方法集合 MS 和消息接口 MI 组成。

ID:对象的标识符,又称为对象名,用于标识一个特定的对象,正如一个人有人名、一所学校有学校名一样。

DS:对象的数据结构,描述了对象当前的内部状态或所具有的静态属性,常用一组<属性名、属性值>表示。

MS:对象的方法集合,用于说明对象所具有的内部处理方法或对受理消息的操作过程,反映了对象自身的智能行为。

MI:对象的消息接口,是对象接收外部信息和驱动有关内部方法的唯一对外接口,这里的外部信息称为消息。

### 2. 类

类是一种抽象机制,是对一组相似对象的抽象。具体地说,具有相同结构和处理能力的对象用类来描述。

一个类实际上定义了一种对象类型,描述了属于该对象类型的所有对象的性质。例如,黑白电视、彩色电视都是具体对象,但它们有共同属性,于是可把它们抽象成"电视",而"电视"是一个类对象。每个类还可以进行进一步抽象形成超类,例如,对电视、电冰箱等可以形成超类"家用电器"。这样类、超类和对象就形成了一个层次结构。其实该结构还可以包含更多的层次,层次越高就越抽象、越低就越具体。

### 3. 封装

封装是指一个对象的状态只能由它的私有操作来改变它,其他对象的操作不能直接改变其状态。当一个对象需要改变另一个对象的状态时,只能向该对象发送消息,该对象接收消息后根据消息的模式找出相应的操作,并执行操作改变自己的状态。

封装是一种信息隐藏技术,是面向对象方法的重要特征之一。用户可以不了解对象行为实现的细节,只需用消息来访问对象,使面向对象的知识系统便于维护和修改。

### 4. 消息

消息是指在通信双方之间传递的任何书面、口头或代码等内容。

在面向对象的方法中,对对象实施操作的唯一途径是向对象发送消息,各对象间的联系只有通过消息发送和接收来进行。同一消息可以送往不同的对象,不同对象对于相同形式的信息可以有不同的解释和不同的反应。对象可以接收不同形式、不同内容的多个消息。

### 5. 继承

继承是指父类所具有的数据和操作可以被子类继承,除非子类对相应数据及操作重新进行定义,称为对象之间的继承关系。面向对象的继承关系与框架间属性的继承关系类似,可以避免信息的冗余。

综上所述,面向对象的基本特征为模块性、继承性、封装性和多态性。

多态是指一个名字可以有多种语义,可作多种解释。例如,运算符"+""-""*""/"既可以做整数运算,也可以做实数运算,但它们的执行代码全然不同。

在面向对象的方法中,父类、子类及具体对象构成了一个层次结构,而且子类可以继承父类的数据及操作。这种层次结构及继承机制直接支持了分类知识的表示,而且表示方法与框架表示法有许多相似之处,只是可以按类以一定层次形式进行组织,类之间通过链实现联系。

用面向对象方法表示知识时需要对类的构成形式进行描述,不同面向对象语言所提供的类的描述形式不同。下面给出一种描述形式。

```
Class <类名> [<父类名>]
            [<类变量表>]
            Structure
                  <对象的静态结构描述>
            Method
                  <关于对象的操作定义>
            Restraint
                  <限制条件>
EndClass
```

Class:类描述的开始标志。

<类名>:该类的名字,是系统中该类的唯一标识。

<父类名>:任选,指出当前定义的类之父类,可以默认。

<类变量表>：一组变量名构成的序列,该类中所有对象都共享这些变量,对该类对象来说它们是全局变量,当把这些变量实例化为一组具体的值时,可得该类中的一个具体对象,即一个实例。

Structure：后面的<对象的静态结构描述>用于描述该类对象的构成方式。

Method：后面的<关于对象的操作定义>用于定义对类元素可实施的各种操作,它既可以是一组规则,也可以是为了实现相应操作所需执行的一段程序。

Restraint：后面的<限制条件>指出该类元素应该满足的限制条件,可用包含类变量的谓词构成,不出现则表示没有限制。

EndClass：结束类的描述。

### 2.7.2　面向对象方法学的主要观点

(1) 认为世界由各种"对象"组成,任何事物都是对象,是某对象类的元素;复杂的对象可由相对简单的对象以某种方法组成;甚至整个世界也可从一些最原始的对象开始,经过层层组合而成。

(2) 所有对象被分成各种类,每个类定义了"方法"(Method),实际上可视为允许作用于该类对象上的操作。

(3) 对象之间除了互递消息的联系外,不再有其他联系,一切局部于对象的信息和实现方法等都被封装在相应对象类的定义之中,在外面是看不见的,这便是"封装"的概念。

(4) 类将按"类""子类"和"超类"等概念形成一种层次关系(或树形结构)。在这个层次结构中,上一层对象具有的一些属性或特征可被下一层对象继承,除非在下一层对象中对相应的属性作了重新描述(这时以新属性值为准),从而避免了描述中信息的冗余,这称为对象类之间的继承关系。

## 2.8　小结

知识是有关信息关联在一起形成的信息结构,具有相对正确性、不确定性、可表示性和可利用性等特点。

对知识的表示可以分为符号表示法和连接机制表示法。本章讨论的都是面向符号的知识表示方法,在这些表示法中,谓词逻辑和产生式表示法属于非结构化知识表示范畴,框架表示法、语义网络表示法和面向对象表示法属于结构化知识表示范畴。

目前的知识表示一般是从具体应用中提出的,虽然后来不断发展变化,但是仍偏重于实际应用,缺乏严格的知识表示理论。而且,由于这些知识表示方法面向领域知识,对于常识性知识的表示仍没有取得大的进展,是一个亟待解决的问题。

为了能够表达更多的信息,在谓词逻辑中已经引入了全称量词和存在量词,但仍然有一些类型的语句无法表达,如"大多数同学得了 A"语句中,量词"大多数"无法用存在量词和全称量词表达。为了表达"大多数",逻辑必须提供一些用于计算这些概念的谓词,如模糊逻辑等。另外,谓词逻辑难以表达一些有时"真"但并非总"真"的事情,这个问题也可以通过模糊逻辑来解决。

本章还介绍了知识表示的其他方法——产生式系统、框架、语义网络、脚本和面向对象表示法,前四种知识表示法都是以一阶逻辑表示为基础的,都可以转变为等价的一阶逻辑表示。

所以,逻辑是知识表示的基本手段,构成了人工智能研究的基础。框架系统和语义网络是人工智能中最常用的两种结构化知识表示方法,而面向对象的表示方法是很有发展前途的结构化知识表示方法。

# 习题

**2.1** 什么是知识?知识有哪些特点?请简述知识的分类方式。

**2.2** 什么是知识表示?知识表示有哪些要求?

**2.3** 请分别给出真值为 T 及真值为 F 的命题各两个,并简要描述命题逻辑与谓词逻辑的关系。

**2.4** 简述一阶谓词逻辑表示法表示知识的一般步骤。

**2.5** 产生式的基本形式是什么?产生式系统的基本组成部分以及它们之间的关系是什么?

**2.6** 什么是语义网络?它的基本语义关系有哪些?

**2.7** 什么是框架?框架表示法的特点是什么?

**2.8** 什么是脚本?脚本一般由几部分构成?

**2.9** 面向对象表示法中封装和继承各有什么含义?

**2.10** 设有下列语句,请用相应的谓词公式分别把它们表示出来。

(1) 有的人喜欢苹果,有的人喜欢橘子,有的人既喜欢苹果又喜欢橘子。

(2) 小何每天下午都去踢足球。

(3) 徐州市的夏天既潮湿又炎热。

(4) 所有教师都有自己的学生。

(5) 谁要是游戏人生,他将一事无成;谁不能主宰自己,他就是一个奴隶。(歌德)

(6) 一个数既是偶数又是质数,当且仅当该数为2。

(7) 不是每个计算机系的学生都喜欢编程。

(8) 有的无理数大于有理数。

**2.11** 房内有一只猴子、一个箱子,天花板上挂了一串香蕉,其位置关系如图 2.20 所示,猴子为了拿到香蕉,它必须把箱子推到香蕉下面,然后再爬到箱子上。试定义必要的谓词,写出问题的初始状态(图 2.20 所示的状态)、目标状态(猴子拿到了香蕉,站在箱子上,箱子位于位置 B)。

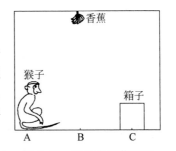

**图 2.20 猴子拿香蕉问题**

**2.12** 对梵塔问题给出产生式系统描述。相传古代某处一庙宇中,有三根立柱,柱子上可套放直径不等的 N 个圆盘,开始时所有圆盘都放在第一根柱子上,且小盘处在大盘之上,即从下向上直径是递减的。和尚们的任务是把所有圆盘一次一个地搬到另一个柱子上去(不许暂搁地上等),且小盘只许放在大盘之上。问和尚们如何搬才能完成将所有的盘子都移到第三根柱子上(其余两根柱子,有一根可作过渡盘子使用)。

**2.13** 用语义网络表示：

(1) 王强是大易公司的经理,他 38 岁,硕士学位,大易公司在中关村。

(2) 每个学生都学习了所有的程序设计课程。

(3) 李欣的汽车是银灰色的大众,王芳的汽车是白色的野马。

(4) 树和草都是植物；树和草都是有根有叶的；水草是草,且生长在水中；果树是树,且结果实；苹果树是一种果树,它结苹果。

**2.14** 对三枚钱币问题给出产生式系统描述。

设有三枚钱币,其排列处在"正、正、反"状态,现允许每次可翻动其中任意一枚钱币,问只许操作三次的情况下,如何翻动钱币使其变成"正、正、正"或"反、反、反"状态。

**2.15** 请描述"儿童房框架",要求槽名不少于五个,至少两层。

**2.16** 从进入条件、角色、道具、场景、结果五个方面给出描写医院的脚本。

**2.17** 假设有以下一段天气预报："徐州铜山区 4 月 26 日小雨转阴,西风 1 级,最高气温 15℃,最低气温 10℃,空气湿度 78％,气压 1011hPa,空气质量良。"试用框架及对应图表示这一知识。

# 第3章

# 搜 索 策 略

从工程应用的角度讲,开发人工智能技术的一个主要目的就是解决非平凡问题,即难以用常规(数值计算、数据库应用等)技术直接解决的问题。这些问题的求解依赖于问题本身的描述和应用领域相关知识的应用。广义地说,人工智能问题可以看成一个问题求解的过程,因此问题求解是人工智能的核心问题,其要求是在给定条件下,寻求一个能在有限步骤内解决某类问题的算法。

按解决问题所需的领域特有知识的多少,问题求解系统可以划分为两大类:知识贫乏系统和知识丰富系统。前者必须依靠搜索技术去解决问题,后者则求助于推理技术。

搜索直接关系到智能系统的性能与运行效率,因而美国人工智能专家尼尔森(N. J. Nilsson)把它列为人工智能研究的四个核心问题(知识的模型化和表示,常识性推理、演绎和问题求解,启发式搜索,人工智能系统和语言)之一。

现在,搜索技术渗透在各种人工智能系统中,在专家系统、自然语言理解、自动程序设计、模式识别、机器人学、信息检索和博弈等领域都广泛使用,可以说,没有一种人工智能系统应用不到搜索方法。

本章首先讨论搜索的有关概念,然后着重介绍状态空间的知识表示和搜索策略,主要有基于状态空间图的搜索、盲目搜索、启发式搜索和与或图的搜索,最后讨论博弈问题的智能搜索算法。

## 3.1 搜索策略概述

智能系统要解决的问题各种各样,其中大部分是结构不良或非结构化问题,对这样的问题一般没有算法可以求解,只能利用已有的知识一步步地摸索。此过程中存在如何寻找可用知识的问题。即如何确定推理路线,使其付出的代价尽可能地少,且问题又能得到较好的解决。例如,在推理中可能存在多条路线都可实现对问题的求解,这就存在按哪一条路线进行求解可以获得较高的运行效率的问题。

因此,对于给定的问题,智能系统的行为一般是找到能够达到所希望目标的动作序列,并使其所付出的代价最小、性能最好。搜索就是找到智能系统的动作序列的过程。

在智能系统中,即使对于结构性能较好、理论上有算法可依的问题,由于问题本身的复杂性以及计算机在时间、空间上的局限性,有时也需要通过搜索来求解。

在人工智能中,搜索问题一般包括两个重要的问题:搜索什么、在哪里搜索。前者通常指的是搜索目标,而后者通常指的是搜索空间。搜索空间通常是指一系列状态的汇集,因此也称为状态空间。与通常的搜索空间不同,人工智能中大多数问题的状态空间在问题求解之前不一定全部知道。所以,人工智能中的搜索可以分成两个阶段:状态空间的生成阶段及该状态空间中对所求问题状态的搜索阶段。

根据在问题求解过程中是否运用启发性知识,搜索被分为盲目搜索和启发式搜索。

盲目搜索是指在问题的求解过程中,不运用启发性知识,只按照一般的逻辑法则或控制性知识,在预定的控制策略下进行搜索,在搜索过程中获得的中间信息不用来改进控制策略。由于搜索总是按预先规定的路线进行,没有考虑问题本身的特性,这种方法缺乏对求解问题的针对性,需要进行全方位的搜索,所以没有选择最优的搜索途径。因此,这种搜索具有盲目性,效率较低,容易出现“组合爆炸”问题。典型的盲目搜索有深度优先搜索和宽度优先搜索。

启发式搜索是指在问题的求解过程中,为了提高搜索效率,运用与问题有关的启发性知识,即解决问题的策略、技巧、窍门等实践经验和知识,指导搜索朝着最有希望的方向前进,加速问题求解过程并找到最优解。典型的启发式搜索有 A 算法和 A* 算法。

搜索问题中主要的工作是找到正确的搜索策略。搜索策略可以通过如下准则来评价。

(1) 完备性:如果存在一个解答,该策略是否保证能够找到?

(2) 时间复杂性:需要多长时间可以找到解答?

(3) 空间复杂性:执行搜索需要多少存储空间?

(4) 最优性:如果存在不同的解答,该策略是否可以发现最高质量的解答?

搜索策略反映了状态空间或问题空间的扩展方法,也决定了状态或问题的访问顺序。搜索策略不同,人工智能中搜索问题的命名也不同。例如,考虑一个问题的状态空间为一棵树的形式。如果根结点首先扩展,再扩展根结点生成的所有结点,然后是这些结点的后继,如此反复下去。这就是宽度优先搜索。另外,在树的最深一层的结点中扩展一个结点。只有当搜索遇到一个死亡结点(非目标结点且无法扩展)的时候,才返回上一层选择其他结点搜索。这就是深度优先搜索。无论是宽度优先搜索还是深度优先搜索,结点遍历的顺序一般都是固定的,即一旦搜索空间给定,结点遍历的顺序就固定了。这类遍历成为“确定性”的,也就是盲目搜索。而对于启发式搜索,在计算每个结点的参数之前都无法确定先选择哪个结点扩展,这种搜索一般也称为非确定的。

## 3.2　基于状态空间图的搜索技术

搜索最适合设计基于一个操作算子集的问题求解任务,每个操作算子的执行均可使问题求解更接近于目标状态,搜索路径将由实际选用的操作算子的序列构成。本节主要介绍图搜索的基本概念、状态空间搜索以及一般图的搜索算法。

### 3.2.1 图搜索的基本概念

**1. 显式图与隐式图**

为了求解问题,需要把有关的知识存储在计算机的知识库中。有以下两种存储方式。

(1) 显式存储(显式图):把与问题有关的全部状态空间图,即相应的有关知识(叙述性知识、过程性知识和控制性知识)全部直接存入知识库。

(2) 隐式存储(隐式图):只存储与问题求解有关的部分知识(部分状态空间),在求解过程中,由初始状态出发,运用相应的知识,逐步生成所需的部分状态空间图,通过搜索推理,逐步转移到要求的目标状态,只需在知识库中存储局部状态空间图。

为了节约计算机的存储容量,提高搜索推理效率,通常采用隐式存储方式,进行隐式图搜索推理。

**2. 图搜索的基本思想**

图搜索是一种在图中寻找路径的方法,从图中的初始结点开始,至目标结点为止。其中,初始结点和目标结点分别代表产生式系统的初始数据库和满足终止条件的数据库。方法是先把问题的初始状态作为当前状态,选择适用的算符对其进行操作,生成一组子状态,检查目标状态是否在其中出现。若出现,则搜索成功,找到了问题的解;若不出现,则按某种搜索策略从已生成的状态中再选择一个状态作为当前状态。重复上述过程,直到目标状态出现或者不再有可供操作的状态及算符时为止。

### 3.2.2 状态空间搜索

用搜索技术来求解问题的系统均定义一个状态空间,并通过适当的搜索算法在状态空间中搜索解答或解答路径。状态空间搜索的研究焦点在于设计高效的搜索算法,以降低搜索代价并解决"组合爆炸"问题。

**1. 什么是状态空间图**

**例 3.1** 钱币翻转问题。设有三枚钱币,其初始状态为"反、正、反",欲得的目标状态为"正、正、正"或"反、反、反"。问题是允许每次只能且必须翻转一枚钱币,连翻三次。问能否达到目标状态。

要求解这个问题,可以通过引入一个三维变量将问题表示出来。设三维变量为:

$$Q = (q_1, q_2, q_3)$$

式中,$q_i = 0 \ (i = 1, 2, 3)$表示钱币为正面,$q_i = 1 (i = 1, 2, 3)$表示钱币为反面。则三枚钱币可能出现的状态有 8 种组合:

$$Q_0 = (0,0,0), \quad Q_1 = (0,0,1), \quad Q_2 = (0,1,0), \quad Q_3 = (0,1,1)$$
$$Q_4 = (1,0,0), \quad Q_5 = (1,0,1), \quad Q_6 = (1,1,0), \quad Q_7 = (1,1,1)$$

这时,问题可以表示为图 3.1,它表示了全部可能的 8 种组合状态及其相互关系,其中每个组合状态均可认为是一个结点,结点间的连线表示了两结点的相互关系(如从 $Q_5$ 结点到 $Q_4$ 结点间的连线表示要将 $q_3 = 1$ 翻成 $q_3 = 0$,或反之)。现在的问题是,要从初始状态

$Q_5$,经过适当的路径(连线),找到目标状态 $Q_0$ 或 $Q_7$。可以看出,从 $Q_5$ 不可能经过三步到达 $Q_0$,即不存在从 $Q_5$ 到达 $Q_0$ 的解。但从 $Q_5$ 出发到达 $Q_7$ 的解有 7 个,它们是 $aab$,$aba$,$baa$,$bbb$,$bcc$,$cbc$ 和 $ccb$。

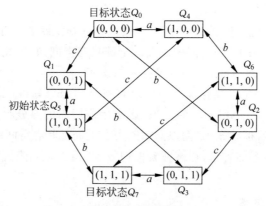

图 3.1    三枚钱币问题的状态空间图

从这个问题的求解过程可看到,某个具体问题可经过抽象变为某个有向图中寻找目标

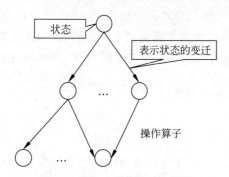

图 3.2    状态空间图的一般描述

或路径的问题。人工智能中把这种描述问题的有向图称为状态空间图,简称状态图。其中,状态图中的结点代表问题的一种格局,一般称为问题的一个状态;边表示两结点之间的某种联系,可以是某种操作、规则、变换、算子或关系等。在状态图中,从初始结点到目标结点的一条路径,或者所找的目标结点,就是相应问题的一个解。其一般描述如图 3.2 所示。

在现实生活中,无论是智力问题(如梵塔问题、旅行商问题、八皇后问题、传教士过河问题等)还是实际问题(如定理证明、演绎推理、机器人行动规划等)都可以归结为在某一状态图中寻找目标或路径的问题。所以,状态图是一类问题的抽象表示。

**2. 问题的状态空间表示法**

状态空间表示法是指用"状态"和"操作"组成的"状态空间"来表示问题求解的一种方法。

1) 状态

状态(State)是指为了描述问题求解过程中不同时刻下状况(如初始状况、事实等叙述性知识)间的差异而引入的最少的一组变量的有序组合。状态常用矢量形式表示,即

$$S = [s_0, s_1, s_2, \cdots, s_i]^T$$

其中,$s_i (i=0,1,2,\cdots)$ 为分量。当给定每个分量的值 $s_{ki} (i=0,1,2,\cdots)$ 时,就得到一个具体的状态 $s_k$,即

$$s_k = [s_{k0}, s_{k1}, s_{k2}, \cdots]^T$$

状态的维数可以是有限的,也可以是无限的。另外,状态还可以表示成多元数组或其他形式。状态主要用于表示叙述性知识。

2）操作

操作（Operator）也称为运算符或算符，它引起状态中的某些分量发生改变，从而使问题由一个具体状态改变到另一个具体状态。操作可以是一个机械的步骤、过程、规则或算子，指出了状态之间的关系。操作用于反映过程性知识。

3）状态空间

状态空间（State Space）是指一个由问题的全部可能状态及其相互关系（操作）所构成的有限集合。

状态空间常记为二元组：

$$(S, O)$$

其中，$S$ 为问题求解（搜索）过程中所有可能达到的合法状态构成的集合；$O$ 为操作算子的集合，操作算子的执行会导致问题状态的变迁。

这样，在状态空间表示法中，问题求解过程就转化为在图中寻找从初始状态 $S_0$ 出发到目标状态 $S_g$ 的路径问题，也就是寻找操作序列 $\alpha$ 的问题。

作为状态空间表示的经典案例，我们来观察"传教士和野人问题"。设 $N$ 个传教士带领 $N$ 个野人划船渡河，且为安全起见，渡河需遵从三个约束：①船上人数不得超过载重限量，设为 $K$ 人；②为预防野人攻击，任何时刻（包括两岸、船上）野人数目不得超过传教士人数 $N$；③允许在河的某一岸或者在船上只有野人而没有传教士。

为便于理解状态空间表示方法，我们简化该问题到一个特例：$N=3$，$K=2$；并以变量 $m$ 和 $c$ 分别指示传教士和野人在左岸或船上的实际人数，变量 $b$ 指示船是否在左岸（值 1 指示船在左岸，否则为 0）。从而上述约束条件转变为 $m+c \leqslant 2$，$m \geqslant c$。

考虑在这个渡河问题中，左岸的状态描述（$m$、$c$ 和 $b$）可以决定右岸的状态，所以整个问题状态就可以用左岸的状态来描述，以简化问题的表示。设初始状态下传教士、野人和船都在左岸，目标状态下这三者均在右岸，问题状态以三元组（$m$，$c$，$b$）表示，则问题求解任务可描述为：$(3,3,1) \rightarrow (0,0,0)$。在这个问题中，状态空间可能的状态总数为 $4 \times 4 \times 2 = 32$，由于要遵守安全约束，只有 20 个状态是合法的。

下面是几个不合法状态的例子：$(1,0,1)$，$(1,2,1)$，$(2,3,1)$。鉴于存在不合法状态，还会导致某些合法状态不可达，例如状态 $(0,0,1)$，$(0,3,0)$。结果，这个问题总共只有 16 个可达的合法状态。

渡河问题中的操作算子可以定义两类，即 $L(m,c)$、$R(m,c)$，分别指示从左岸到右岸的划船操作和从右岸回到左岸的划船操作。$m$ 和 $c$ 取值的可能组合只有 5 个：$(1,0)$，$(2,0)$，$(1,1)$，$(0,1)$，$(0,2)$。故共有 10 个操作算子。

可以画出相应于渡河问题状态空间的有向图，如图 3.3 所示。由于划船操作是可逆的，所以结点间的连线有双向箭头，弧标签指示船上传教士和野人的人

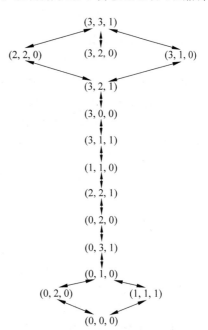

图 3.3 渡河问题的状态空间有向图

数,显然每个结点都只能取 $L$ 和 $R$ 操作之一,这取决于状态变量 $b$ 的值。

由此可以看出:

(1) 用状态空间方法表示问题时,必须定义状态的描述形式,通过使用这种描述形式把问题的一切状态都表示出来。另外,还要定义一组操作,通过使用这些操作把问题由一种状态转变为另一种状态。

(2) 问题的求解过程是一个不断把操作作用于状态的过程。如果在使用某个操作后得到的新状态是目标状态,就得到了问题的一个解。这个解是从初始状态到目标状态所用操作构成的序列。

(3) 要使问题由一种状态转变到另一种状态,就必须使用一次操作。这样,在从初始状态转变到目标状态时,可能存在多个操作序列(得到多个解)。其中使用操作最少或较少的解才为最优解(因为只有在使用操作时所付出的代价为最小的解才是最优解)。

(4) 对其中的某一个状态可能存在多个操作,使该状态变到几个不同的后继状态。那么到底用哪个操作进行搜索呢?这依赖于搜索策略。不同的搜索策略有不同的顺序,这是本章后面要讨论的问题。

在智能系统中,为了进行问题求解,必须用某种形式把问题表示出来,其表示是否合适将直接影响到求解效率。状态空间表示法就是用来表示问题及其搜索过程的一种方法,是人工智能科学中最基本的形式化方法,也是问题求解技术的基础。

### 3. 状态空间搜索的基本思想

状态空间搜索的基本思想是通过搜索引擎寻找一个操作算子的调用序列,使问题从初始状态变迁到目标状态之一,而变迁过程中的状态序列或相应的操作算子调用序列称为从初始状态到目标状态的解答路径。搜索引擎可以设计为任意实现搜索算法的控制系统。

通常,状态空间的解答路径有多条,但最短的只有一条或少数几条。上述渡河问题就有无数条解答路径(因为划船操作可逆),但只有 4 条是最短的,都包含 11 个操作算子的调用。由于一个状态可以有多个可供选择的操作算子,导致了多个待搜索的解答路径。例如,图 3.3 中初始状态结点有 3 个操作算子可供选用。这种选择在逻辑上称为“或”关系,意指只要其中有一条路径通往目标状态,就能获得成功解答。由此,这样的有向图称为或图,常见的状态空间一般都表示为或图,因而也称一般图。

除了少数像渡河这样的简单问题,描述状态空间的一般图都很大,无法直观地画出,只能将其视为隐含图,即在搜索解答路径的过程中只画出搜索时直接涉及的结点和弧线,构成所谓的搜索图。

作为一般图搜索的另一个例子,下面观察智力游戏八数码问题。

八数码游戏在由 3 行和 3 列构成的九宫棋盘上进行,棋盘上放置数码为 1~8 的 8 个棋牌,剩下一个空格,游戏者只能通过棋牌向空格的移动来不断改变棋盘的布局。这种游戏求解的问题是:给定初始布局(初始状态)和目标布局(目标状态),如何移动棋牌才能从初始布局到达目标布局,如图 3.4 所示。显然,解答路径实际上就是一个合法的走步序列。

为了用一般图搜索方法解决该问题,先为问题状态的表示建立数据结构,再制定操作算子集。以 3×3 的一个矩阵来表示问题状态,每个矩阵元素 $S_{ij} \in \{0,1,2,\cdots,8\}$;其中 $1 \leqslant i, j \leqslant 3$,数字 0 指示空格,数字 1~8 指示数码。于是图 3.4 中的八数码问题就可表示为矩阵形式,如图 3.5 所示。

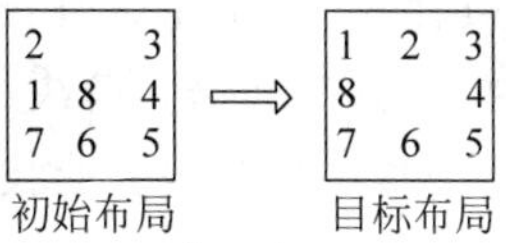

图 3.4 八数码游戏实例

$$\begin{bmatrix}2 & 0 & 3\\1 & 8 & 4\\7 & 6 & 5\end{bmatrix} \Longrightarrow \begin{bmatrix}1 & 2 & 3\\8 & 0 & 4\\7 & 6 & 5\end{bmatrix}$$

图 3.5 八数码问题的矩阵表示

定义操作算子的直观方法是为每个棋牌都制定一套可能的走步：左、上、右、下四种移动，这样就需 32 个操作算子。简单易行的方法是仅为空格制定这四种走步，因为只有紧靠空格的棋牌才能移动。空格移动的唯一约束是不能移出棋盘。假设在搜索过程的每一步都能选择最合适的操作算子，则图 3.4 中的八数码问题解决时，一次搜索过程涉及的状态所构成的搜索图(这里实际是搜索树)如图 3.6 所示，其中粗线代表解决路径。

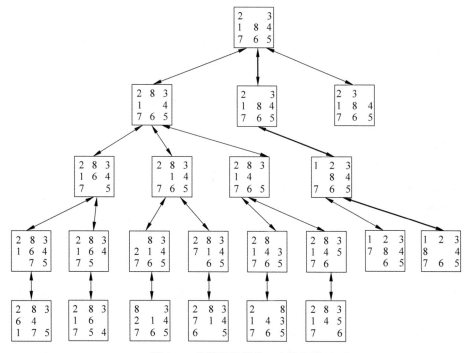

图 3.6 八数码问题的一次搜索图

八数码游戏可能的棋盘布局(问题状态)总共 9!＝362880 个，由于棋盘的对称性，实际只有这个总数的一半。显然，我们无法直观地画出整个状态空间的一般图，但搜索图则小得多，可以图示。所以，尽管状态空间很大(例如国际象棋)，但只要确保搜索空间足够小，就能在合理的时间范围内搜索到问题解答。

搜索空间的压缩程度主要取决于搜索引擎采用的搜索算法。换言之，当问题有解时，使用不同的搜索策略，找到解答路径时，搜索图的大小是有区别的。一般来说，对于状态空间很大的问题，设计搜索策略的关键考虑是解决“组合爆炸”问题。复杂的问题求解任务往往涉及许多解题因素，问题状态可以通过解题因素的特别组来加以表示(解题因素可设计为状态变量，如传教士和野人问题中的 $m$、$c$ 和 $b$)。所谓“组合爆炸”意指解题因素多时，因素的可能组合个数会爆炸性(指数级)增长，引起状态空间的急剧膨胀。例如，某问题有 4 个因素,且每个因素有 3 个可选值,则因素的组合(问题状态)有 $3^4 = 81$ 个;但若因素增加到 10 个,则组合的个数达 $3^{10} = 3^4 \times 3^6 = 81 \times 729$,即状态空间扩大到 729 倍。解决组合爆炸问题的方法实际上就是选用好的搜索策略,使得在搜索状态空间的很小部分中就能找到解答。

### 3.2.3　一般图搜索过程

一般图搜索过程是由尼尔森提出的一个著名的图搜索过程,是表达能力很强的一个搜索策略框架。在此过程中要用到 OPEN 表和 CLOSE 表。其中,OPEN 表用于待扩展的结点,结点进入 OPEN 表中的排列顺序由搜索策略决定;CLOSE 表用于存放已经扩展的结点,当前结点进入 CLOSE 表的最后。

为了给出一般图搜索过程,特做如下符号说明。

- $S_0$:初始状态结点。
- $G$:搜索图。
- OPEN:存放待扩展的结点的表。
- CLOSE:存放已被扩展的结点的表。
- MOVE-FIRST(OPEN):取 OPEN 表首的结点作为当前要被扩展的结点 $n$,同时将结点 $n$ 移至 CLOSE 表。

一般图搜索过程划分为以下两个阶段。

1) 初始化

建立只包含初始状态结点 $S_0$ 的搜索图:

$G := \{S_0\}$

$OPEN := \{S_0\}$

$CLOSE := \{\}$

2) 搜索循环

(1) MOVE-FIRST(OPEN):取出 OPEN 表首的结点 $n$ 作为扩展的结点,同时将其移到 CLOSE 表。

(2) 扩展出 $n$ 的子结点,插入搜索图 $G$ 和 OPEN 表。

(3) 适当地标记和修改指针。

(4) 排序 OPEN 表。

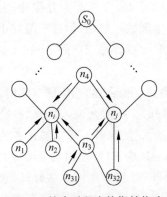

图 3.7　搜索过程中的指针修改

通过循环执行该算法,搜索图 $G$ 会因不断有新结点加入而逐步长大,直到搜索到目标结点。

上述过程生成一个显式图 $G$(称为搜索图),由返回指针确定 $G$ 的子图 $T$(称为搜索树),OPEN 表中的结点是 $T$ 的叶结点。

在搜索图中标记从子结点到父结点的指针,方便了在搜索到目标状态时快速返回解答路径:自初始状态 $S_0$ 到目标状态的一个结点序列。

为说明搜索过程中子结点分类和指针修改的作用,观察图 3.7 中的示例。

当前被扩展的结点为 $n_i$，它可扩展出下列三类结点。

第 1 类：全新结点，如结点 $n_1$ 和 $n_2$。

第 2 类：已出现在 CLOSE 表中的结点，如结点 $n_3$。

第 3 类：已出现在 OPEN 表中的结点，如结点 $n_4$。

假设结点 $n_3$ 和 $n_4$ 经由新父结点 $n_i$ 到初始状态结点 $S_0$ 的路径代价比经由老父结点 $n_j$ 的要小，则结点 $n_3$ 和 $n_4$ 原指向结点 $n_j$ 的指针都移走，改为指向结点 $n_i$。由于 $n_3$ 自身已扩展出子结点 $n_{31}$ 和 $n_{32}$，而 $n_{32}$ 有 2 个父结点，因此应修改 $n_{32}$ 指向父结点的指针（从原先指向 $n_j$ 改为指向 $n_3$），鉴于 $n_3$ 或许并不在最终得到的解答路径上，故这种指针修改并不值得进行。简单地把结点 $n_3$ 放回到 OPEN 表，而不修改其子结点指针，起到了推迟修改的作用。以后一旦结点 $n_3$ 被从 OPEN 表中取出重新扩展时，会重新扩展出 $n_{32}$，这时 $n_{32}$ 成为第二类子结点，再修改指针也不迟。

# 3.3 盲目搜索

在一般图搜索算法中，提高搜索效率的关键在于优化 OPEN 表中结点的排序方式，若每次排在表首的结点都在最终搜索到的解答路径上，则算法不会扩展任何多余的结点就可快速结束搜索。所以排序方式成为研究搜索算法的重点，并由此形成了多种搜索策略。

一种简单的排序策略就是按预先确定的顺序或随机排序新加入 OPEN 表中的结点，常用的方式是宽度优先和深度优先。

宽度优先、深度优先及其改进算法的缺点是结点排序的盲目性，由于不采用领域专门知识去指导排序，往往会在白白搜索了大量无关的状态结点后才得到解答，所以这类搜索也称为盲目搜索。

## 3.3.1 宽度优先搜索

宽度优先搜索（Breadth-First Search，BFS）又称为广度优先搜索。

**1. 宽度优先搜索的基本思想**

宽度优先搜索是指从初始结点 $S_0$ 开始，向下逐层搜索，在 $n$ 层结点未搜索完之前，不进入 $n+1$ 层搜索，同层结点的搜索次序可以任意。即：先按生成规则生成第一层结点，在该层全部结点中沿宽（广）度进行横向扫描，检查目标结点 $S_g$ 是否在这些子结点中。若没有，则再将所有第一层结点逐一扩展，得到第二层结点；并逐一检查第二层结点中是否包含有 $S_g$，如此依次按照生成、检查、扩展的原则进行下去，直到发现 $S_g$ 为止。

**2. 宽度优先搜索算法**

**算法 3.1** 宽度优先搜索算法。

```
PROCEDURE Breadth-First Search
    BEGIN
        把初始结点放入队列;
        REPEAT
            取得队列最前面的元素为 current;
```

```
        IF current = goal
                成功返回并结束;
        ELSE DO
                BEGIN
                        若 current 有子结点,则 current 的子结点以任意次序添加到队列的尾部;
                END
        UNTIL 队列为空;
    END.
```

**例 3.2**　通过挪动积木块,希望从初始状态达到一个目标状态,即三块积木堆叠在一起。积木 $A$ 在顶部,积木 $B$ 在中间,积木 $C$ 在底部,如图 3.8 所示。请画出按照宽度优先搜索策略所产生的搜索树。

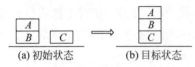

图 3.8　积木问题

这个问题的唯一操作算子为 $MOVE(X, Y)$,即积木 $X$ 搬到 $Y$(积木或桌面)上面。如挪动积木 $A$ 到桌面上表示为 $MOVE(A, Table)$。该操作算子可运用的先决条件如下。

(1) 被挪动的积木的顶部必须为空。

(2) 若 $Y$ 是积木(不是桌面),则积木 $Y$ 的顶部也必须为空。

(3) 同一状态下,运用操作算子的次数不得多于一次。

经分析,该宽度优先搜索树如图 3.9 所示。

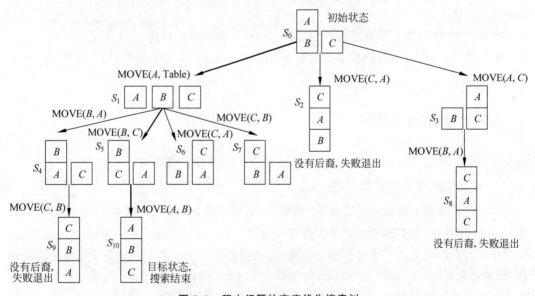

图 3.9　积木问题的宽度优先搜索树

### 3. 宽度优先搜索的时间复杂度

为了便于分析,考虑一棵树,其每个结点的分支系数为 $b$,最大深度为 $d$。其中分支系数是指一个结点可以扩展产生的新的结点数目。因此搜索树的根结点在第一层会产生 $b$ 个结点,每个结点又都产生 $b$ 个新结点,这样在第二层会有 $b^2$ 个结点。因此,目标不会出现在深度为 $d-1$ 层,失败搜索的最小结点数目为

$$1+b+b^2+\cdots+b^{d-1}=(b^d-1)/(b-1)$$

而在找到目标结点之前可能扩展的最大结点数目为

$$1+b+b^2+\cdots+b^{d-1}+b^d=(b^{d+1}-1)/(b-1)$$

对于 $d$ 层,目标结点可能是第一个状态,也可能是最后一个状态。因此,平均需要访问的 $d$ 层结点数目为 $(1+b^d)/2$。所以平均总的搜索结点数目为

$$\frac{b^d-1}{b-1}+\frac{1+b^d}{2}\approx\frac{b^d(b+1)}{2(b-1)}$$

宽度优先搜索的时间复杂度是 $b$ 的指数函数 $O(b^d)$,因此宽度优先搜索的时间复杂度和搜索的结点数目呈正比。

**4. 宽度优先搜索的空间复杂度**

宽度优先搜索中,空间复杂度和时间复杂度一样,需要很大空间,这是因为树的所有叶结点同时需要储存起来。根结点扩展后,队列中有 $b$ 个结点。第一层的最左边结点扩展后,队列中有 $2b-1$ 个结点。当 $d$ 层最左边的结点正在检查是否为目标结点时,在队列中的结点数目最多,为 $b^d$。该算法的空间复杂度和列对长度有关,在最坏的情况下约为指数级 $O(b^d)$。

表 3.1 所示给出了宽度优先搜索的时间和空间需求情况,其中分支系数 $b=10$,每秒处理 1000 个结点,每个结点都需要 100 字节。

**5. 宽度优先搜索的优缺点**

宽度优先搜索是一种盲目搜索,时间和空间复杂度都比较高,当目标结点距离初始结点较远时会产生许多无用的结点,搜索效率低。从表 3.1 可以看出,宽度优先搜索中,时间需求是一个很大的问题,特别是当搜索的深度比较大时尤为严重,且空间需求是比执行时间更严重的问题。

表 3.1　宽度优先搜索的时间和空间需求

| 深　　度 | 结　点　数 | 时　　间 | 空　　间 |
|---|---|---|---|
| 0 | 1 个 | 1μs | 100B |
| 2 | 111 个 | 1s | 11KB |
| 4 | 11111 个 | 11s | 1MB |
| 6 | $10^6$ 个 | 18min | 111MB |
| 8 | $10^8$ 个 | 31h | 11GB |
| 10 | $10^{10}$ 个 | 128d | 1TB |
| 12 | $10^{12}$ 个 | 35a | 111TB |
| 14 | $10^{14}$ 个 | 3500a | 11111TB |

宽度优先搜索也有优点:由于宽度优先搜索总是在生成扩展完 $N$ 层的结点之后才转向 $N+1$ 层,所以目标结点如果存在,用宽度优先搜索算法总可以找到该目标结点,而且是最小(最短路径)的结点。但实际意义不大,当状态的后裔数的平均值较大时,这种"组合爆炸"就会使算法耗尽资源,在可利用的空间中找不到解。

### 3.3.2 深度优先搜索

#### 1. 深度优先搜索的基本思想

深度优先搜索(Depth-First Search,DFS)是一种一直向下的搜索策略,从初始结点 $S_0$ 开始,按生成规则生成下一级各子结点,检查是否出现目标结点 $S_g$;若未出现,则按"最晚生成的子结点优先扩展"的原则,用生成规则生成再下一级的子结点,再检查是否出现 $S_g$;若仍未出现,则再扩展最晚生成的子结点。如此下去,沿着最晚生成的子结点分支,逐级"纵向"深入搜索。

一个有解的问题常常含有无穷分支,深度优先搜索过程如果误入无穷分支,则不可能找到目标结点,因此它是不完备的。与宽度优先搜索不同,深度优先搜索找到的解也不一定是最佳的。

#### 2. 深度优先搜索算法

深度优先搜索算法仅对有限状态空间类问题具有算法性,但无可采纳性。一般来说,它仅是一个过程,需要进一步改进。下面的方法就是基于栈实现的深度优先搜索算法。

**算法 3.2** 深度优先搜索算法。

```
PROCEDURE Depth-First Search
    BEGIN
        把初始结点压入栈,并设置栈顶指针;
        WHILE 栈不空 DO
            BEGIN
                弹出栈顶元素;
                IF 栈顶元素 = goal,成功返回并结束;
                ELSE 以任意次序把栈顶元素的子结点压入栈中;
        END WHILE
    END.
```

**例 3.3** 八数码难题:已知 8 个数的初始布局和目标布局如图 3.10 所示。

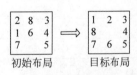

初始布局　　目标布局

**图 3.10　八数码问题**

求解时,首先生成一个结点的搜索树,按照深度优先搜索算法可以生成图 3.11 的搜索树。图中,所有结点都用相应的数据库来标记,并按照结点扩展的顺序加以编号。其中,我们设置深度界限为 5。粗线条路径表示求得的一个解。从图中可见,深度优先搜索过程是沿着一条路径进行下去,直到深度界限为止,回溯一步,再继续往下搜索,直到找到目标状态或 OPEN 表为空为止。

#### 3. 深度优先搜索的时间复杂度

如果搜索在 $d$ 层最左边的位置找到了目标,则检查的结点数为 $d+1$。另外,如果只是搜索到 $d$ 层,在 $d$ 层的最右边找到了目标,则检查的结点包括了树中所有结点,其数量为

$$1+b+b^2+\cdots+b^d=(b^{d+1}-1)/(b-1)$$

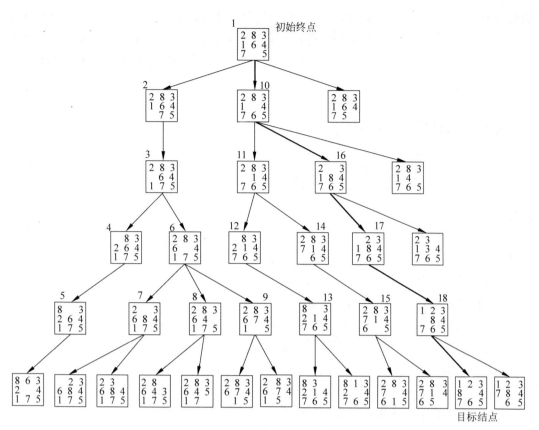

图 3.11 深度优先搜索解决八数码问题

所以,平均来说,检查的结点数量为

$$(b^{d+1}-1)/[2(b-1)]+(1+d)/2 \approx b(b^d+d)/[2(b-1)]$$

上式就是深度优先搜索的平均时间复杂度,即深度优先搜索的时间复杂度是 $b$ 的指数函数 $O(b^d)$。

**4. 深度优先搜索的空间复杂度**

深度优先搜索对内存的需求是比较适中的,只需保存从根到叶的单条路径,包括在这条路径上每个结点的未扩展的兄弟结点,其存储器要求是深度约束的线性函数。当搜索过程到达最大深度时,所需内存最大。假设每个结点的分支系数均为 $b$,考虑深度为 $d$ 的结点时,保存在内存中的结点数量包括到达深度 $d$ 时所有未扩展的结点以及正在被考虑的结点。因此,在每个层次上都有 $b-1$ 个未扩展的结点,总的内存需要量为 $d(b-1)+1$。所以,深度优先搜索的空间复杂度是 $b$ 的线性函数 $O(bd)$。

**5. 深度优先搜索的优缺点**

深度优先搜索算法比宽度优先搜索算法需要较少的空间,只需要保存搜索树的一部分,由当前正在搜索的路径和该路径上还没有完全展开的结点标记所组成。因此,深度优先搜索的存储器要求是深度约束的线性函数。

但是其主要问题是可能搜索到错误的路径上。很多问题可能具有很深甚至是无限的搜索树,如果不幸选择了一个错误的路径,则深度优先搜索会一直搜索下去,而不会回到正确的路径上。这样,对于这些问题来说,深度优先搜索要么陷入无限的循环而不能给出一个答案,要么最后找到一个路径很长且不是最优的答案。也就是说,深度优先搜索既不是完备的,也不是最优的。

### 3.3.3 有界深度搜索和迭代加深搜索

对于深度 $d$ 比较大的情况,深度优先搜索需要很长的运行时间,而且还可能得不到解答。一种比较好的问题求解方法是对搜索树的深度进行控制,即有界深度优先搜索方法。有界深度优先搜索过程总体上按深度优先算法进行,但对搜索深度需要给出一个深度限制 $d_m$,当深度到达 $d_m$ 的时候,如果还没有找到解答,就停止对该分支的搜索,换到另一个分支进行搜索。

有界深度优先搜索的搜索过程如下。

(1) 把初始结点 $S_0$ 放入 OPEN 表中,置 $S_0$ 的深度 $d(S_0)=0$。

(2) 如果 OPEN 表为空,则问题无解,失败并退出。

(3) 把 OPEN 表中的第一个结点取出放入 CLOSE 表中,并按顺序冠以编号 $n$。

(4) 考查结点 $n$ 是否为目标结点。若是,则求得了问题的解,成功并退出。

(5) 如果结点 $n$ 不可扩展或者深度 $d(n)=d_m$,则转第(2)步。

(6) 扩展结点 $n$。将其子结点放入 OPEN 表的首部,并为其配置指向父结点的指针,然后转第(2)步。

对于有界深度搜索策略,有以下几点需要说明。

(1) 深度限制 $d_m$ 很重要。当问题有解且解的路径长度小于或等于 $d_m$ 时,则搜索过程一定能够找到解,但与深度优先搜索一样,并不能保证最先找到的是最优解,这时有界深度搜索是完备的但不是最优的。但是当 $d_m$ 取得太小,解的路径长度大于 $d_m$ 时,则搜索过程中就找不到解,这时搜索过程是不完备的。

(2) 深度限制 $d_m$ 不能太大。当 $d_m$ 太大时,搜索过程会产生过多的无用结点,既浪费了计算机资源,又降低了搜索效率。有界深度搜索的时间和空间复杂度与深度优先搜索类似,空间是线性复杂度 $O(bd_m)$,时间是指数复杂度为 $O(b^{d_m})$。

(3) 有界深度搜索的主要问题是深度限制值 $d_m$ 的选取。该值也被称为状态空间的直径,如果该值设置得比较合适,则会得到比较有效的有界深度搜索。但对很多问题,我们并不知道该值到底为多少,直到该问题求解完成了,才可以确定深度限制值 $d_m$。为了解决上述问题,可采用如下的改进方法:先任意给定一个较小的数作为 $d_m$,然后按有界深度算法搜索,若在此深度限制内找到了解,则算法结束;如在此限制内没有找到问题的解,则增大深度限制 $d_m$,继续搜索。这就是迭代加深搜索的基本思想。

迭代加深搜索(Iterative Deepening Search,IDS)是一种回避选择最优深度限制问题的策略,试图尝试所有可能的深度限制:首先深度为 0,然后深度为 1,最后为 2,等等,一直进行下去。如果初始深度为 0,则该算法只生成根结点,并检测它。如果根结点不是目标,则深度加1,通过典型的深度优先算法,生成深度为1的树。同样,当深度限制为 $m$ 时,树的深度也为 $m$。

迭代加深搜索看起来会很浪费,因为很多结点都可能扩展多次。然而对于很多问题,这种多次的扩展负担实际上很小。直觉上可以想象,如果一棵树的分支系数很大,几乎所有的结点都在最底层上,则对于上面各层结点,多次扩展对整个系统的影响不是很大。

搜索深度为 $h$ 时,由深度优先搜索方法生成的结点数为

$$(b^{h+1}-1)/(b-1)$$

由迭代加深搜索过程中的失败搜索所产生的结点数量的总和为

$$[1/(b-1)]\sum_{h=0}^{d-1}(b^{h+1}-1) \approx b(b^d-d)/(b-1)^2$$

该算法的最后一次搜索在深度 $d$ 找到了成功结点,则该次搜索的平均时间复杂度为典型的深度有界搜索: $\dfrac{b(b^d+d)}{2(b-1)}$。则总的平均时间复杂度为

$$\frac{b(b^d-d)}{(b-1)^2}+\frac{b(b^d-d)}{2(b-1)} \approx \frac{(b+1)b^{d+1}}{2(b-1)^2}$$

那么,迭代深度搜索和深度优先搜索的时间复杂度的比率为

$$\frac{(b+1)b^{d+1}}{2(b-1)^2} : \frac{b(b^d+d)}{2(b-1)}$$

对于比较大的 $d$ 来说,上式简化为

$$\frac{(b+1)b^{d+1}}{2(b-1)^2} : \frac{b^d}{2(b-1)} = (b+1):(b-1)$$

迭代深度搜索和宽度优先搜索的时间复杂度的比率为

$$\frac{(b+1)b^{d+1}}{2(b-1)^2} : \frac{b^d(b+1)}{2(b-1)} = b:(b-1)$$

对于一个分支系数 $b=10$ 的深度目标,迭代深度搜索比深度优先搜索增加 $20\%$ 左右的结点,只比宽度优先搜索增加了 $11\%$ 左右的额外结点。而且,分支系数越大,重复搜索所产生的额外结点比率越小,因此迭代加深搜索和深度优先搜索方法、宽度优先搜索方法相比并没有增加很多的时间复杂度。也就是说,迭代加深搜索的时间复杂度为 $O(b^d)$,空间复杂度为 $O(bd)$,既能满足深度优先搜索的线性存储要求,又能保证发现最小深度的目标。

**算法 3.3** 迭代加深搜索算法

```
PROCEDURE Iterative Deepening Search
BEGIN
    设置当前深度限制 = 1;
    把初始结点压入栈,并设置栈顶指针;
    WHILE 栈不空并且深度在给定的深度限制之内 DO
        BEGIN
            弹出栈顶元素;
            IF 栈顶元素 = goal,返回并结束;
            ELSE 以任意的顺序把栈顶元素的子结点压入栈中;
```

```
        END
    END WHILE
    深度限制加1,并返回2;
END.
```

### 3.3.4    搜索最优策略的比较

宽度优先搜索、深度优先搜索和迭代加深搜索都可以用于生成和测试算法,然而宽度优先搜索需要指数数量的空间,深度优先搜索的空间复杂度和最大搜索深度呈线性关系。迭代加深搜索对一棵深度受控的树采用深度优先的搜索,结合了宽度优先和深度优先搜索的优点。和宽度优先搜索一样,它是最优的,也是完备的,且对空间要求和深度优先搜索一样是适中的。表3.2给出了这四种搜索策略的比较。

表 3.2    四种搜索策略的比较

| 标准 | 宽度优先 | 深度优先 | 有界深度 | 迭代加深 |
|------|---------|---------|---------|---------|
| 时间 | $b^d$ | $b^m$ | $b^l$ | $b^d$ |
| 空间 | $b^d$ | $b^m$ | $b^l$ | $b^d$ |
| 最优 | 是 | 否 | 否 | 是 |
| 完备 | 是 | 否 | 如果 $l>d$,是 | 是 |

注:$b$ 是分支系数;$d$ 是解答的深度;$m$ 是搜索树的最大深度;$l$ 是深度限制。

## 3.4    启发式搜索

前面讨论的各种搜索方法都是按事先规定的路线进行搜索,没有用到问题本身的特征信息,具有较大的盲目性,产生的无用结点较多,搜索空间较大,效率不高。如果能够利用问题自身的特征信息指导搜索过程,则可以缩小搜索范围,提高搜索效率。

启发式搜索通常用于两种问题:正向推理和反向推理。正向推理一般用于状态空间的搜索。在正向推理中,推理是从预先定义的初始状态出发向目标状态方向执行。反向推理一般用于问题规约中。在反向推理中,推理是从给定的目标状态向初始状态执行。在前一类使用启发式函数的搜索算法中,包括通常所谓的 OR 图算法或者最好优先算法,以及根据启发式函数的不同而得到的其他算法,如 A$^*$ 算法等。另外,启发式反向推理算法通常称为 AND-OR 图搜索算法,如 AO$^*$ 算法等。

### 3.4.1    启发性信息和评估函数

如果在选择结点时能充分利用与问题有关的特征信息,估计出结点的重要性,就能在搜索时选择重要性较高的结点,以利于求得最优解。我们把这个过程称为启发式搜索。"启发式"实际上代表了"大拇指规则"(Rule of Thumb):在大多数情况下是成功的,但不能保证一定成功。

与被解问题的某些特征有关的控制信息(如解的出现规律、解的结构特征等)称为搜索的启发信息,反映在评估函数中。评估函数的作用是估计待扩展各结点在问题求解中的价值,即评估结点的重要性。

评估函数 $f(x)$ 定义为从初始结点 $S_0$ 出发,约束地经过结点 $x$ 到达目标结点 $S_g$ 的所有路径中的最小路径代价估计值。其一般形式为

$$f(x) = g(x) + h(x)$$

其中,$g(x)$ 表示从初始结点 $S_0$ 到结点 $x$ 的实际代价;$h(x)$ 表示从 $x$ 到目标结点 $S_g$ 的最优路径的评估代价,它体现了问题的启发式信息,其形式要根据问题的特性确定,被称为启发式函数。启发式方法把问题状态的描述转换成了对问题解决程度的描述,用评估函数的值表示。

## 3.4.2 启发式搜索 A 算法

在一般图搜索过程中,如果重排 OPEN 表是依据 $f(x) = g(x) + h(x)$ 进行的,则称该过程为启发式搜索过程。该过程是按 $f(x)$ 排序 OPEN 表中的结点,$f(x)$ 值最小者排在首位,优先加以扩展,体现了最佳优先(best-first)搜索策略的思想。

启发式搜索过程的设计与一般图搜索过程相同,也划分为两个阶段。

1)初始化

建立只包含初始状态结点 $s$ 的搜索图,即

$$G := \{s\}$$
$$\text{OPEN} := \{s\}$$
$$\text{CLOSED} := \{\}$$

2)搜索循环

(1) MOVE-FIRST(OPEN):取出 OPEN 表首的结点 $n$。

(2) 扩展出 $n$ 的子结点,插入搜索图 $G$ 和 OPEN 表。

(3) 适当地标记和修改指针(子结点→父结点)。

(4) 排序 OPEN 表(评价函数 $f(n)$ 的值排序)。

通过循环执行该算法,搜索图会因不断有新结点加入而逐步长大,直到搜索到目标结点。

如同一般图搜索过程一样,启发式搜索过程标记和修改指针方法如下。

(1) 扩展出 $n$ 的子结点 $n_i$,插入搜索图 $G$ 和 OPEN 表。对每个子结点 $n_i$,计算

$$f(n, n_i) = g(n, n_i) + h(n_i)$$

(2) 适当地标记和修改指针(子结点→父结点)。

① 全新结点:$f(n_i) = f(n, n_i)$。

② 已出现在 OPEN 表中的结点。

③ 已出现的 CLOSED 表中的结点。

$$\text{IF} \quad f(n_i) > f(n, n_i) \quad \text{THEN}$$
$$\text{令} \ f(n_i) = f(n, n_i)$$

修改指针指向新父结点 $n$。

(3) 排序 OPEN 表($f(n)$值从小到大排序)。

**算法 3.4**　A 算法

**PROCEDURE** Heuristic Search A

　　**BEGIN**

　　　　建立一个只有初始结点 $S_0$ 的搜索图 $G$,把 $S_0$ 放入 OPEN 表;计算 $f(S_0) = g(S_0) + h(S_0)$;假定初始时 CLOSED 表为空。

　　　　**WHILE** OPEN 表不空 **DO**

　　　　　**BEGIN**

　　　　　　从 OPEN 表中取出 $f$ 值最小的结点(第一个结点),并放入 CLOSED 表中。假设该结点的编号为 $n$。

　　　　　　**IF** $n$ 是目标,则停止;返回 $n$,并根据 $n$ 的反向指针指出的从初始结点到 $n$ 的路径。

　　　　　　**ELSE DO**

　　　　　　　**BEGIN**

　　　　　　　　扩展结点 $n$。

　　　　　　　　**IF** 结点 $n$ 有后继结点。

　　　　　　　　　**BEGIN**

　　　　　　　　　(1) 生成 $n$ 的子结点集合$\{m_i\}$,把 $m_i$ 作为 $n$ 的后继结点加入 $G$,并计算 $f\{m_i\}$。

　　　　　　　　　(2) **IF** $m_i$ 未曾在 $G$ 中出现过(未曾在 OPEN 和 CLOSED 表中出现过)**THEN** 将它们配上刚计算过的 $f$ 值,设置返回到 $n$ 的指针,并把它们放入 OPEN 表中。

　　　　　　　　　(3) **IF** $m_i$ 已经在 OPEN 表中 **THEN** 该结点一定有多个父结点,在这种情况下,计算当前的路径 $g$ 值,并和原有路径的 $g$ 值相比较:若前者大于后者,则不做任何更改;如果前者小于后者,则将 OPEN 表中的该结点的 $f$ 值更改为刚计算的 $f$ 值,返回指针更改为 $n$。

　　　　　　　　　(4) **IF** $m_i$ 已经存在于 CLOSED 表中 **THEN** 该结点同样也有多个父结点。在这种情况下,同样计算当前路径的 $g$ 值和原来路径的 $g$ 值。如果当前的 $g$ 值小于原来的 $g$ 值,则将表中该结点的 $g$、$f$ 值及返回指针进行类似(3)步的修改,并要考虑修改表中通过该结点的后继结点的 $g$、$f$ 值及返回指针。

　　　　　　　　　(5) 按 $f$ 值的从小到大的次序,对 OPEN 表中的结点进行重新排序。

　　　　　　　　**END IF**

　　　　　　**END ELSE**

　　　　**END WHILE**

　　**END**.

下面以八数码游戏为例,观察 A 算法的应用。

对于八数码问题,评估函数可表示为

$$f(x) = d(x) + w(x)$$

其中,$d(x)$ 为 $g(x)$ 的度量,其值为当前被考查和扩展的结点 $n$ 在搜索图中的结点深度;$w(x)$ 为启发式函数 $h(x)$ 度量,其值是结点 $x$ 与目标状态结点 $S_g$ 相比较错位的棋牌个数。一般来说,某结点的 $w(x)$ 越大,即"不在目标"的数码个数越多,说明它离目标结点越远。

设想当前要解决的八数码问题如图 3.12 所示。

初始状态结点的评价函数值 $f(x) = 0 + 4 = 4$,则应用 A 算法搜索解答路径十分快捷,除了个别走步判断失误(结点 $d$ 的选用和扩展),其他的走步选择全部正确。

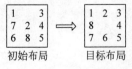

**图 3.12　要解决的八数码问题**

图 3.13 所示给出了搜索图,并以字母标识每个结点,字母后的括号中给出评价函数 $f$ 的值,且每次循环从 OPEN 选取扩展的结点用方框框出,最终的 $g$ 即目标结点。

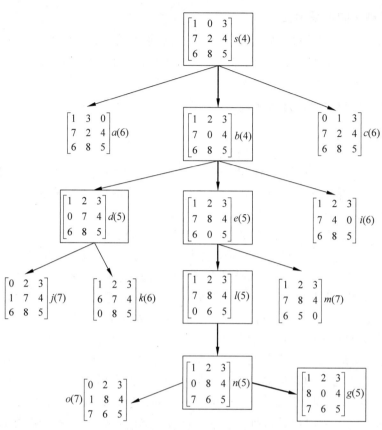

图 3.13 应用 A 算法的八数码搜索图

OPEN 和 CLOSED 表中的结点变化如表 3.3 所示。

表 3.3 每个搜索循环结束时 OPEN 表和 CLOSED 表中的结点

| 循环 | OPEN 表 | CLOSED 表 |
|---|---|---|
| 初始化 | (S) | ( ) |
| 1 | (b c a) | (S) |
| 2 | (d e a c i) | (S b) |
| 3 | (e a c i k j) | (S b d) |
| 4 | (l a c i k j m) | (S b d e) |
| 5 | (n a c i k j m) | (S b d e l) |
| 6 | (g a c i k j m o) | (S b d e l n) |
| 7 | 成功结束 | |

### 3.4.3 实现启发式搜索的关键因素

鉴于启发式搜索在提高搜索效率和解决"组合爆炸"问题中的作用,相关的研究成为人工智能形成和成长期的重要议题之一,也产生了许多成熟的研究成果,并且至今启发式搜索仍是一个活跃的研究领域。下面就实现启发式搜索应考虑的关键因素进行讨论。

**1. 搜索算法的可采纳性**

在搜索图存在从初始状态结点到目标状态结点解答路径的情况下,若一个搜索法总能找到最短(代价最小)的解答路径,则称该算法具有可采纳性。例如,宽度优先的搜索算法就是可采纳的,只是其搜索效率不高。

**2. 启发式函数的强弱及其影响**

首先引入评价函数:

$$f^*(x) = g^*(x) + h^*(x)$$

$f^*(x)$、$g^*(x)$、$h^*(x)$分别指当经由结点 $x$ 的最短(代价最小)解答路径找到时实际的路径代价(长度)、该路径前段(自初始状态结点到结点 $x$)代价和后段(子结点 $x$ 到目标状态结点)代价。在存在多个目标状态的前提下,$h^*(x)$取最小者。

可以用 $h(x)$ 接近 $h^*(x)$ 的程度去衡量启发式函数的强弱。当 $h(x) < h^*(x)$ 且两者差距较大时,$h(x)$ 过弱,从而导致 OPEN 表中结点排序的误差较大,易于产生较大的搜索图;反之,当 $h(x) > h^*(x)$,则 $h(x)$ 过强,使 A 算法失去可采纳性,从而不能确保找到最短解答路径。显然,设计恒等于 $h^*(x)$ 的 $h(x)$ 是最为理想的,其确保产生最小的搜索图(因为 OPEN 表中结点的排序正确),且搜索到的解答路径是最短的。

对于复杂的问题求解任务,设计恒等于 $h^*(x)$ 的 $h(x)$ 是不可能的。为此,取消恒等约束,设计接近又总是不大于 $h^*(x)$ 的 $h(x)$ 成为应用 $A^*$ 算法搜索问题解答的关键,以压缩搜索图,提高搜索效率。可以证明,对于解决同一问题的两个算法 $A_1$ 和 $A_2$,若总有 $h_1(x) \leqslant h_2(x) \leqslant h^*(x)$,则 $t(A_1) \geqslant t(A_2)$。其中,$h_1$、$h_2$ 分别是算法 $A_1$、$A_2$ 的启发式函数,$t$ 指示相应算法达到目标状态时搜索图包含的结点总数。再以八数码游戏为例,正因为 $w(x) \leqslant p(x) \leqslant h^*(x)$,所以采用 $p(x)$ 扩展出的结点总数不会比采用 $w(x)$ 时多。更明显的例子是采用宽度优先法解决八数码问题,其相当于 $h(x) \equiv 0$,则图 3.13 中的搜索树会变得比采用 $w(x)$ 时庞大得多。

**3. 设计 $h(x)$ 的实用考虑**

随着问题求解任务复杂程度的增加,即便是设计接近又总是不大于 $h^*(x)$ 的 $h(x)$ 也变得更困难,而且往往会导致在 $h(x)$ 上的繁重计算工作量。若 $h(x)$ 的计算开销过大,即使最短路径找到,实际的搜索代价也会高居不下,因为路径选择代价随 $h(x)$ 的计算开销而增大。删除 $h(x) \leqslant h^*(x)$ 的约束,将会使 $h(x)$ 的设计容易得多,但也由此丢失了可采纳性(可能丢失最短解答路径)。不过在许多实用场合,人们并不要求找到最优解答(最短解答路径),通过牺牲可采纳性来换取 $h(x)$ 设计的简化和减少计算 $h(x)$ 的工作量还是可行的。

从评价函数 $f(x) = g(x) + h(x)$ 可以看出,若 $h(x) \equiv 0$,则意味着先进入 OPEN 表的结点会优先被考查和扩展,因为即使不以 $d(x)$ 作为 $g(x)$,通常先进入 OPEN 表的结点 $x$ 也具有较小的 $g(x)$ 值,从而使搜索过程接近于宽度优先的搜索策略;反之,若 $g(x) \equiv 0$,则导致后进入 OPEN 表的结点会优先被考查和扩展,因为后进入 OPEN 表的结点 $x$ 往往更接近于目标状态,即 $h(x)$ 值较小,从而使搜索过程接近于深度优先的搜索策略。

为更有效地搜索解答,可使用评价函数 $f(x) = g(x) + wh(x)$,$w$ 用作加权。在搜索图的浅层(上部),可让 $w$ 取较大值,以使 $g(x)$ 所占比例很小,从而突出启发式函数的作用,加速向纵深方向搜索;一旦搜索到较深的层次,又让 $w$ 取较小值,以使 $g(x)$ 所占比例很大,并确保 $wh(x) \leqslant h^*(x)$,从而引导搜索向横广方向发展,寻找到较短的解答路径。

### 3.4.4 A* 算法

#### 1. A* 算法的概念和过程

为考察启发式搜索 A 算法的可纳性,将评价函数 $f$ 与 $f^*$ 相比较,实际上,$f(x)$、$g(x)$ 和 $h(x)$ 分别是 $f^*(x)$、$g^*(x)$ 和 $h^*(x)$ 的近似值。在理想的情况下,设计评价函数 $f$ 时可以让 $g(x)=g^*(x)$,$h(x)=h^*(x)$,则应用该评价函数的 A 算法就能在搜索过程中每次都能正确地选择下一个从 OPEN 表中取出加以扩展的结点,从而不会扩展任何无关的结点,就可顺利地获取解答路径。然而 $g^*(x)$ 和 $h^*(x)$ 在最短解答路径找到前是未知的,因此几乎不可能设计出这种理想的评价函数;而且对于复杂的应用领域,即便设计接近于 $f^*$ 的 $f$ 往往也是困难的。一般来讲,$g(x)$ 的值容易从已生成的搜索树中计算出来,不必专门定义计算公式。例如,就以结点深度 $d(x)$ 作为 $g(x)$,并有 $g(x) \geqslant g^*(x)$。然而 $h(x)$ 的设计依赖于启发式知识的应用,所以如何挖掘贴切的启发式知识是设计评价函数乃至 A* 算法的关键。

前述八数码游戏示例(见图 3.13)使用的启发式函数 $w(x)$ 就不够贴切,从而在搜索过程中错误地选用了结点 $d$ 加以扩展。其实我们可以设计更接近于 $h^*(x)$ 的 $h(x)$,如 $p(x)$,其值是结点 $x$ 与目标状态结点相比较,假设每个错位棋牌在不受阻拦的情况下,移动到目标状态相应位置所需走步(移动次数)的总和。显然,$p(x)$ 比 $w(x)$ 更接近于 $h^*(x)$,因为 $p(x)$ 不仅考虑了错位因素,还考虑了错位的距离(移动次数)。

返回到图 3.13,若启发式函数 $h(x)$ 采用 $p(x)$,则初始状态结点的评价函数值 $f(s)=5$。在第二个搜索循环结束时,OPEN 表中的结点排序为:$e\ a\ c\ d\ i$,这些结点的评价函数值依次为:5 7 7 7 7;而在使用 $w(x)$ 情况下,OPEN 表中的结点排序为 $d\ e\ a\ c\ i$,评价函数值依次为:5 5 6 6 6。显然,$p(x)$ 使得用 $w(x)$ 不能区分的结点 $d(5)$ 和 $e(5)$ 区分为 $d(7)$ 和 $e(5)$,从而搜索过程不再会错误选择结点 $d$,而是选择结点 $e$ 加以扩展,如图 3.14 所示。

可以证明,若确保对于搜索图中的结点 $x$,总是有 $h(x) \leqslant h^*(x)$,则 A 算法具有可采纳性,即总能搜索到最短(代价最小)的解答路径。

我们称满足 $h(x) \leqslant h^*(x)$ 的 A 算法为 A* 算法。

A* 算法过程如下。

(1) 把 S 放入 OPEN 表,记 $f=h$,令 CLOSED 为空表。

(2) 若 OPEN 为空表,则宣告失败并退出。

(3) 选取 OPEN 表中未设置过的具有最小 $f$ 值的结点为最佳结点 BestNode,并把它放入 CLOSED 表。

(4) 若 BestNode 为一目标结点,则成功求得一解并退出。

(5) 若 BestNode 不是目标结点,则扩展之,产生后继结点 Successor。

(6) 对每个 Successor 进行下列过程。

① 建立从 Successor 返回 BestNode 的指针;

② 计算 $g(\text{Successor})=g(\text{BestNode})+g(\text{BestNode},\text{Successor})$;

③ 如果 Successor $\in$ OPEN,则此结点为 OldNode,并把它添至后继结点表 BestNode 中;

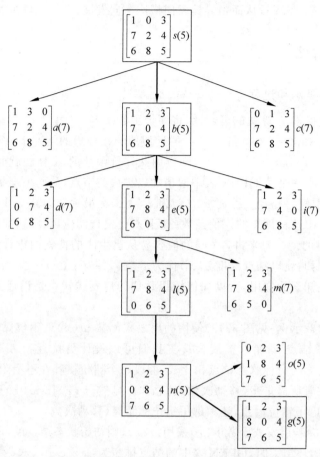

图 3.14　应用启发式函数 $p(x)$ 的八数码问题搜索图

④ 比较新旧路径代价。如果 $g(\text{Successor}) < g(\text{OldNode})$,则重新确定 OldNode 的父结点为 BestNode,记下较小代价 $g(\text{OldNode})$,并修正 $f(\text{OldNode})$ 值;

⑤ 若至 OldNode 结点的代价较低或一样,则停止扩展结点;

⑥ 若 Successor 不在 OPEN 表中,则看其是否在 CLOSED 表中;

⑦ 若 Successor 在 CLOSED 表中,则转向③步骤;

⑧ 若 Successor 既不在 OPEN 表中又不在 CLOSED 表中,则把它放入 OPEN 表中,并添入后裔表 BestNode,然后转向第(7)步。

(7) 计算 $f$ 值,然后转入第(2)步。

## 2. A* 算法性质

首先定义下面的符号。

- $C(n_i, n_j)$: 从结点 $n_i$ 到结点 $n_j$ 的费用。
- $K(n_i, n_j)$: 从结点 $n_i$ 到结点 $n_j$ 最小代价路径的费用。
- $g$: 一个目标结点。
- $G$: 目标结点的集合。
- $P_{n-g}$: 从结点 $n$ 到 $g$ 的路径。

- $P_{n-G}$：从结点 $n$ 到目标结点集合 $G$ 的路径集合。
- $g^*(n)$：从起始结点（根结点）$s$ 到结点 $n$ 所有路径的最小费用，$g^*(n)=K(s,n)$。
- $h^*(n)$：从结点 $s$ 到 $G$ 的所有路径中最小的费用，对所有的 $g\in G$，$h^*(n)=$ $\min K(n,g)$。
- $C^*$：从结点 $s$ 到 $G$ 的所有路径中最小代价路径的费用，$C^*=h^*(s)$。

$A^*$ 算法具有下列性质。

**性质 3.1** 对最优路径 $P^*_{s-G}$ 上的任何结点 $n^*$ 都满足下面等式：

$$f^*(n^*)=C^*$$

**证明：**

$$
\begin{aligned}
f^*(n^*)&=g^*(n^*)+h^*(n^*)\\
&=K(s,n^*)+\min K(n^*,g)\\
&=\min K(s,g)\\
&=C^* \quad \forall g\in G
\end{aligned}
$$

从性质 3.1 可以直接得到下面的结论：$(1)f^*(s)=C^*$；$(2)f^*(g)=C^*$。

**性质 3.2** 任何结点 $n$，如果不在任何一条最优路径上，则有

$$f^*(n)>C^*$$

**证明：** 该性质可以直接从上面的性质得到。

关于启发式函数，给出下面的定义。

**定义 3.1** 启发式函数 $h(n)$ 称为可纳的，如果有：$h(n)\leqslant h^*(n)$。

**性质 3.3** 在 $A^*$ 算法结束之前，在 $P^*_{s-G}$ 上存在 OPEN 结点 $n'$，有 $f^*(n')\leqslant C^*$。

**证明：** 考虑 $P^*_{s-G}$ 中的一条最优路径 $P^*_{s-g}$。假设 $P^*_{s-g}=s,n_1,n_2,\cdots,n',\cdots,g$，并令 $n'$ 是 $P'_{s-G}$ 上深度最浅的 OPEN 结点。因为在算法结束前 $g$ 并不是 CLOSED，$n'$ 是 OPEN 的。另外，因为 $n'$ 得所有祖先都是 CLSOED 结点，因此 $s,n_1,n_2,\cdots,n'$ 是最优路径，所以 $n'$ 的指针一定是沿着路径 $P^*_{s-g}$ 的。因此，有 $g(n')=g^*(n')$，这样：

$$
\begin{aligned}
f(n')&=g^*(n')+h(n')\\
&\leqslant g^*(n')+h(n') \quad \text{（根据启发式函数可纳性的定义）}\\
&=f^*(n')\\
&=C^*
\end{aligned}
$$

**性质 3.4** $A^*$ 算法是可纳的。

**证明：** 假设 $A^*$ 算法终止在目标结点 $t\in G$ 上，并且 $f(t)=g(t)>C^*$，然而在 $A^*$ 算法中，如果 $t$ 被选择作为扩展结点的话，则对所有 OPEN 结点 $n$ 有 $f(t)\leqslant f(n)$。这说明在算法终止之前，OPEN 表中任何结点 $n$ 都有 $f(n)>C^*$。

然而这与性质 3.3 相矛盾，因此如果算法终止在结点 $t$，则一定有 $g(t)=C^*$，即 $A^*$ 找到的是最优路径。

**定义 3.2** 一个启发式函数称为单调的，对所有的 $(n,n')$，如果满足 $h(n)\leqslant C(n,n')+h(n')$，则 $n'$ 是 $n$ 的后继。

**性质 3.5** 每个一致的启发式函数是可采纳的。

**证明：** 由于 $h(n)$ 是一致的，则有

$$h(n) \leqslant K(n, n') + h(n')$$

用 $g$ 代替 $n'$,则有

$$h(n) \leqslant K(n, g) + h(g)$$
$$\Rightarrow h(n) \leqslant h^*(n)$$

这即是可采纳性条件。

对于八数码游戏,从当前被扩展结点 $x$ 到目标状态结点的最短路径——棋牌移动的最少次数必定不少于错位棋牌的个数(因为有些棋牌可能需移动多于一次才能到达目标状态的相应位置),也必定不会少于错位棋牌不受阻挡情况下移动到目标状态相应位置的移动次数总和(因为有些棋牌的移动可能会受阻挡),从而采用 $w(x)$ 和 $p(x)$ 作为评价函数时,$A^*$ 算法都是可纳的。

接着给出下面的性质 3.6。

**性质 3.6** 如果 $h(n)$ 满足单调限制,则 $A^*$ 算法扩展的结点序列的 $f$ 值是非递减的,即

$$f(n_i) \leqslant f(n_{i+1})$$

$A^*$ 算法的搜索效率很大程度上取决于启发式函数 $h(n)$。一般来说,在满足 $h(n) \leqslant h^*(n)$ 的前提下,$h(n)$ 的值越大越好。$h(n)$ 的值越大说明它携带的启发式信息越多,$A^*$ 算法搜索时扩展的结点就越少,搜索效率就越高。$A^*$ 算法的这一特征也成为信息性。

**性质 3.7** 设有两个 $A^*$ 算法 $A_1^*$ 和 $A_2^*$:

$$A_1^*: f_1(n) = g_1(n) + h_1(n)$$
$$A_2^*: f_2(n) = g_2(n) + h_2(n)$$

如果 $A_2^*$ 比 $A_1^*$ 有更多的启发性信息,即对所有非目标结点,均有

$$h_2(n) > h_1(n)$$

则在搜索过程中,被 $A_2^*$ 扩展的结点也必然被 $A_1^*$ 扩展。

证明略。

### 3.4.5 迭代加深 A* 算法

迭代加深搜索算法以深度优先的方式在有限制的深度内搜索目标结点。在每个深度上,该算法在每个深度上检查目标结点是否出现,若出现,则停止,否则深度加 1,继续搜索。而 $A^*$ 算法是选择具有最小估价函数值的结点扩展。由于 $A^*$ 算法把所有生成的结点保存在内存中,所以 $A^*$ 算法在耗尽计算时间之前一般早已经把空间耗尽了。目前开发了一些新的算法,目的是为了克服空间问题,但一般不满足最优性或完备性,如迭代加深 $A^*$ 算法 IDA*、简化内存受限 $A^*$ 算法 SMA* 等。

迭代加深 $A^*$ 搜索算法 IDA* 是上述两种算法的结合,这里启发式函数用作深度的限制,而不是选择扩展结点的排序。下面简单介绍 IDA* 算法。

**算法 3.5** 迭代加深 IDA* 算法

```
PROCEDURE IDA *
    BEGIN
        初始化当前的深度限制 c = 1;
```

```
把初始结点压入栈;
WHLE 栈不空 DO
  BEGIN
    弹出栈顶元素 n;
    IF   n = goal THEN 结束, 返回 n 以及从初始结点到 n 的路径;
    ELSE DO
      BEGIN
        FOR   n 的每个子结点 n';
          IF   f(n')≤c THEN 把 n' 压入栈;
          ELSE   c' = min(c', f(n'));
        END FOF
      END
  END WHILE
  IF   栈为空并且 c' = ∞   THEN   停止并退出;
  IF   栈为空并且 c' ≠ ∞   THEN   c = c', 并返回 2;
END.
```

上述算法涉及两个深度限制。如果栈中所含结点的所有子结点的 $f$ 值小于限制值 $c$, 则把这些子结点压入栈中, 以满足迭代加深算法的深度优先准则。否则, 即结点 $n$ 的一个或多个子结点 $n'$ 的 $f$ 值大于限制值 $c$, 则结点 $n$ 的 $c'$ 设置为 $\min(c', f(n'))$。该算法终止的条件为: 找到目标结点 (成功结束), 或者栈为空并且限制值 $c' = \infty$。

IDA* 算法和 A* 算法相比, 主要优点是对于内存的需求。A* 算法需要指数级数量的存储空间, 因为没有深度方面的限制。而 IDA* 算法只有当结点 $n$ 的所有子结点 $n'$ 的 $f(n')$ 小于限制值 $c$ 时才扩展它, 这样就可以节省大量的内存。

另外, 当启发式函数是最优的时候, IDA* 算法和 A* 算法扩展相同的结点, 并且可以找到最优路径。

# 3.5　回溯搜索和爬山法

在 $g(x)=0$ 的情况下, 若限制只用评价函数 $f(x)=h(x)$ 去排序新扩展出来的子结点, 即局部排序, 就可实现较为简单的搜索策略: 回溯策略和爬山法。由于简单易行, 在不要求最优解答的问题求解任务中, 回溯策略得到广泛的应用。爬山法则适用于能逐步求精的问题。

## 3.5.1　爬山法

爬山法是实现启发式搜索的最简单方法。人们在登山时总是设法快速登上顶峰, 只要好爬, 总是选取最陡处, 以求快速登顶。爬山实际上是求函数极大值问题, 不过这里不是用数值解法, 而是依赖于启发式知识, 试探性地逐步向顶峰逼近 (广义地, 逐步求精), 直到登上顶峰。

在爬山法中, 限制只能向山顶爬去, 即向目标状态逼近, 不准后退, 从而简化了搜索算法; 不需设置 OPEN 和 CLOSED 表, 因为没有必要保存任何待扩展结点; 仅从当前状态结点扩展出子结点 (相当于找到上爬的路径), 并将 $h(x)$ 最小的子结点 (对应于到顶峰最近的上爬路径)作为下一次考察和扩展的结点,其余子结点全部丢弃。

爬山法对于单一极值问题(登单一山峰)十分有效且简便,但对于具有多极值的问题无能为力,因为很可能会因错登高峰而失败——不能到达最高峰。

**算法 3.6　爬山法**

```
PROCEDURE Hill-Climbing
  BEGIN
      确定可能的开始状态并测量它们与目标结点的距离(f);
      以 f 升序排列,把这些结点压入栈;
      REPEAT
          弹出栈顶元素;
          IF 栈顶元素 = goal,返回并结束;
          ELSE 把该元素的子结点以 f 升序排列压入栈中;
      UNTIL 栈为空;
  END.
```

爬山法一般有下面三个问题。

(1) 局部最大:由于爬山法每次选择 $f$ 值最小的结点时都是从子结点范围内选择,选择范围较窄,因此爬山法是一种局部择优的方法。局部最大一般比状态空间中全局最大要小,一旦到达了局部最大,算法就会停止,即便该答案可能并不能让人满意。

(2) 平顶:平顶是状态空间中评估函数值基本不变的一个区域,也称为高地,在某一局部点周围 $f(x)$ 为常量。一旦搜索到达了一个平顶,搜索就无法确定要搜索的最佳方向,会产生随机走动,这使得搜索效率降低。

(3) 山脊:山脊可能具有陡峭的斜面,所以搜索可以比较容易地到达山脊顶部,但是山脊的顶部到山峰之间可能倾斜得很平缓。除非正好有合适的操作符直接沿着山脊的顶部移动,否则该搜索可能会在山脊的两面来回震荡,搜索的前进步伐会很小。

在每种情况中,算法都会到达一个点,使得算法无法继续前进。如果出现这种情况,可以从另一个点重新启动该算法,这称为随机重启爬山法。爬山法是否成功和状态空间"表面"的形状有很大的关系:如果只是很少的局部最大,随机重启爬山法将会很快地找到一个比较好的解答。如果该问题是 NP 完全的,则该算法不可能好于指数时间,这是因为一定具有指数数量的局部最大值。然而,通常经过比较少的步骤,爬山法一般可以得到比较合理的解答。

## 3.5.2　回溯策略

回溯策略可以有效地克服爬山法面临的困难,其保存了每次扩展出的子结点,并按 $h(x)$ 值升序排列。如此,相当于爬山的过程中记住了途经的岔路口,只要当前路径搜索失败就回溯(退回)到时序上最近的岔路口,向另一路径方向搜索,从而可以确保最后到达最高峰(目标状态)。

实现回溯策略的有效方式是应用递归过程去支持搜索和回溯。令 PATH、SXL、$x$、$x'$ 为局部变量。

- PATH:结点列表,指示解答路径。

- SXL：当前结点扩展出的子结点列表。
- MOVE-FIRST(SXL)：把 SXL 表首的结点移出，作为下一次要扩展的结点。
- $x$、$x'$：分别指示当前考察和下一次考察的结点。

该递归过程的算法就取名为 BackTrack($x$)，参数 $x$ 为当前被扩展的结点，算法的初次调用式是 BackTrack($s$)，$s$ 即为初始状态结点。

算法过程如下。

(1) 若 $x$ 是目标状态结点，则算法的本次调用成功结束，返回空表；

(2) 若 $x$ 是失败状态结点，则算法的本次调用失败结束，返回'FAIL'；

(3) 扩展结点 $x$，将生成的子结点置于列表 SXL，并按评价函数 $f(k)=h(k)$ 的值升序排序($k$ 指示子结点)；

(4) 若 SXL 为空，则算法的本次调用失败结束，返回'FAIL'；

(5) $x'=$MOVE-FIRST(SXL)；

(6) PATH$=$BackTrack($x'$)；

(7) 若 PATH$=$'FAIL'，返回到(4)；

(8) 将 $x'$ 加到 PATH 表首，算法的本次调用成功结束，返回 PATH。

在该递归回溯算法中，失败状态通常意指三种情况：①不合法状态(如传教士和野人问题中所述的那样)；②旧状态重现(如八数码游戏中某一棋盘布局的重现，会导致搜索算法死循环)；③状态结点深度超过预定限度(如八数码游戏中，指示解答路径不超过 6 步)。

失败状态实际上定义了搜索过程回溯的条件，回溯条件是搜索进入"死胡同"，由该算法的第(4)步定义。由于回溯是递归算法，解答路径的生成是从算法到达目标状态后逆向进行的，首先产生空表，然后每回到算法的上一次调用就在表首加入结点 $x'$，直到顶层调用返回不包含初始状态结点 $s$ 的解答路径。

影响回溯算法效率的关键因素是回溯次数。鉴于回溯是搜索到失败状态时的一种弥补行为，只要能准确地选择下一步搜索考察的结点，就能大幅减少甚至避免回溯。所以，设计好的启发式函数 $h(x)$ 是至关重要的。

# 3.6 问题规约和与或图启发式搜索

## 3.6.1 问题规约

问题规约是人们求解问题常用的策略，把复杂的问题变换为若干需要同时处理的较简单的子问题后，再加以分别求解。只有当这些子问题全部解决后，问题才算解决，问题的解答就由子问题的解答联合构成。问题规约可以递归地进行，直到把问题变换为本原问题的集合。所谓本原问题，就是不可或不需再通过变换化简的"原子"问题，本原问题的解可以直接得到或通过一个"黑箱"操作得到。

问题规约是一种广义的状态空间搜索技术，其状态空间可表示为三元组：

$$SP = (S_0, O, P)$$

其中，$S_0$ 是初始问题，即要求解的问题；$P$ 是本原问题集，其中的每个问题是不用证明的，自然成立的，如公理、已知事实等，或已证明过的问题；$O$ 是操作算子集，是一组变换规则，通过一个操作算子把一个问题化成若干个子问题。

变换可区分为以下三种情况：

（1）状态变迁：导致问题从上一状态变迁到下一状态，这就是一般图搜索技术中操作算子的作用。

（2）问题分解：分解问题为需同时处理的子问题，但不改变问题状态。

（3）基于状态变迁的问题分解：先导致状态变迁，再实现问题分解，实际上就是前两个操作的联合执行。

作为问题规约的例子，观察下面的符号积分求解问题：初始状态为 $\int f(x)\mathrm{d}x$，目标状态为可直接求原函数和积分的本原问题，如 $\int sin(x)\mathrm{d}x$，$\int cos(x)\mathrm{d}x$ 等。而操作算子就是积分变换规则。

下面就是一次典型的积分变换。

$$\int \left(sin3x + \frac{x^4}{x^2+1}\right)\mathrm{d}x = \int sin3x\,\mathrm{d}x + \int \left(\frac{x^4}{x^2+1}\right)\mathrm{d}x$$

$$= \frac{1}{3}\int sin3x\,\mathrm{d}(3x) + \int \left(\frac{x^4-1+1}{x^2+1}\right)\mathrm{d}x$$

$$= \frac{1}{3}\int sin3x\,\mathrm{d}(3x) + \int (x^2-1)\mathrm{d}x + \int \left(\frac{1}{x^2+1}\right)\mathrm{d}x$$

$$= -\frac{1}{3}cos3x + \frac{x^3}{3} - x + \arctan x + c$$

通过上面的变换可以看出，问题规约的实质是从目标(要解决的问题)出发逆向推理，建立子问题以及子问题的子问题，直至最后把初始问题规约为一个平凡的本原问题集合。

在简单问题的规约过程中，各子问题相互独立，所以子问题的进一步规约和本原问题的求解无交互作用，可按任意次序进行。然而对于许多复杂问题，子问题仅相对独立，之间仍存在一定的交互作用。在这种情况下，正确安排子问题求解的先后次序，甚至子子问题求解的次序是重要的。

例如，梵塔问题，其问题描述如下：有编号为1、2、3的三个柱子和标识为A、B、C的尺寸依次为小、中、大的三个有中心孔的圆盘；初始状态下三个盘按A、B、C顺序堆放在1号柱子上，目标状态下三个盘以同样顺序堆放在3号柱子上，盘子的搬移须遵守以下规则：每次只能搬一个盘子，且较大盘不能压放在较小盘之上，如图3.15所示。

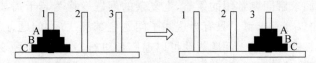

图 3.15　梵塔问题

以三元素列表作为数据结构描述问题状态，三个元素依次指示盘子A、B、C所在的柱子编号。如此梵塔问题描述为$(1,1,1)\Rightarrow(3,3,3)$。可以把该问题规约为三个子问题$(1,1,1) \Rightarrow (2,2,1)$、$(2,2,1)\Rightarrow(2,2,3)$和$(2,2,3)\Rightarrow(3,3,3)$，即先把A、B盘搬到柱子2，再把C盘搬到柱子3，最后把A、B盘搬到柱子3。第1、3两个子问题再分别规约为子子问题如下：

$(1,1,1)\Rightarrow(3,1,1)$、$(3,1,1)\Rightarrow(3,2,1)$、$(3,2,1)\Rightarrow(2,2,1)$,即依次搬 A 盘到柱子 3,B 盘到柱子 2,A 盘到柱子 2;$(2,2,3)\Rightarrow(1,2,3)$,$(1,2,3)\Rightarrow(1,3,3)$,$(1,3,3)\Rightarrow(3,3,3)$,即依次搬 A 盘到柱子 1、B 盘到柱子 3、A 盘到柱子 3。现在所有子问题均为本原问题,只要依次解决就可到达目标状态。梵塔问题的子问题和子子问题之间有交互作用,必须注意正确的排序。其状态空间图表示如图 3.16 所示,在图中已标出正确的结点生成顺序。

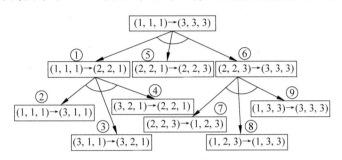

图 3.16　梵塔问题的状态空间图表示

可以看出,应用问题规约策略求解问题的原理简单,方法有效,因此得到了广泛和深入的研究及应用。

## 3.6.2　与或图表示

通过问题规约可以看到,对于一个复杂的问题,我们常常把此问题分解成若干个子问题。如果把每个子问题都解决了,整个问题也就解决了。如果子问题不容易解决,还可以再分成子问题,直至所有的子问题都解决了,则这些子问题的解的组合就构成了整个问题的解。与或图(AND-OR Graph,AOG)是用于表示此类求解过程的一种方法,是一种图或树的形式,是基于人们在求解问题时的一种思维方法。

(1) 分解:树。把一个复杂的问题 $P$ 分解为与之等价的一组简单的子问题 $P_1,P_2,\cdots,$ $P_n$,而子问题还可分为更小、更简单的子问题,以此类推。当这些子问题全都解决后,原问题 $P$ 也就解决了;任何一个子问题 $P_i(i=1,2,\cdots,n)$ 无解,都将导致原问题 $P$ 无解。这样的问题与这一组问题之间形成了“与”的逻辑关系。这一分解过程可用一个有向图来表示;问题和子问题都用相应的结点表示,从问题 $P$ 到每个子问题 $P_i$ 都只用一个有向边连接,然后用一段弧将这些有向边连起来,以标明它们之间存在的“与”的关系。这种有向图称为“与”图或者“与”树。

(2) 等价变换:“或”树。把一个复杂的问题 $P$ 经过等价变换转变为与之等价的一组简单的子问题 $P_1,P_2,\cdots,P_n$,而子问题还可再等价变换为若干更小、更简单的子问题,如此下去。当这些子问题中有任何一个子问题 $P_i(i=1,2,\cdots,n)$ 有解时,原问题 $P$ 也就解决了;只有当全部子问题无解时,原问题 $P$ 才无解。这样的问题与这一组子问题之间形成了“或”的逻辑关系。这一等价变换同样可用一个有向图来表示,这种有向图称为“或”图或者“或”树。表示方法类似“与”图的表示,只是在“或”图中不用弧将有向边连起来。

(3) 与或图。在实际问题求解过程中,常常是既有分解又有等价变换,因而常将两种图结合起来一同用于表示问题的求解过程。此时,所形成的图就称为“与或”图或者“与或”树。

可以把与或图视为对一般图(或图)的扩展;或反之,把一般图视为与或图的特例,即一般图不允许结点间具有"与"关系,所以又可把一般图称为或图。与一般图类似,与或图也有根结点,用于指示初始状态。由于同父子结点间可以存在"与"关系,父、子结点间不能简单地以弧线关联,因此需要引入"超连接"概念。同样原因,在典型的与或图中,解答路径往往不复存在,代之以广义的解路径——解图。

图 3.17 是一个抽象的与或图简例,结点的状态描述不再显式给出。

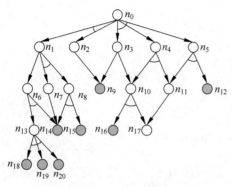

图 3.17 与或图简例

下面就基于该简例引入和解释与或图搜索的基本概念。

(1) $K$-连接。用于表示从父结点到子结点间的连接,也称为父结点的外向连接,并以圆弧指示同父子结点间的"与"关系,$K$ 为这些子结点的个数。一个父结点可以有多个外向的 $K$-连接。例如,根结点 $n_0$ 就有 2 个 $K$-连接:一个 2-连接指向子结点 $n_1$ 和 $n_2$,另一 3-连接指向子结点 $n_3$、$n_4$ 和 $n_5$。$K$ 大于 1 的连接也称为超连接,$K$ 等于 1 时超连接蜕化为普通连接,而当所有超连接的 $K$ 都等于 1 时,与或图蜕化为一般图。

(2) 根、叶、终结点。无父结点的结点称为根结点,用于指示问题的初始状态;无子结点的结点称为叶结点。由于问题规约伴随着问题分解,因此目标状态不再由单一结点表示,而是由一组结点联合表示。能用于联合表示目标状态的结点称为终结点;终结点必定是叶结点,反之不然;非终结点的叶结点往往指示了解答搜索的失败。

(3) 解图的生成。在与或图搜索过程中,可以这样建立解图:自根结点开始选一个外向连接,并从该连接指向的每个子结点出发,再选一个外向连接,如此反复,直到所有外向连接都指向终结点为止。例如,从图 3.17 与或图根结点 $n_0$ 开始,选左边的 $K=2$ 的外向连接,指向结点 $n_1$ 和 $n_2$,再从 $n_1$、$n_2$ 分别选外向连接;从 $n_1$ 选左边的 $K=1$ 的外向连接,指向 $n_6$,依次进行,直到终结点 $n_{14}$、$n_{18}$、$n_{19}$ 和 $n_{20}$;从 $n_2$ 只有一个 $K=1$ 的外向连接指向终结点 $n_9$。如此,生成如图 3.18(a)所示的一个解图。注意,解图是遵从问题规约策略而搜索到的,解图中不存在结点或结点组之间的"或"关系;换言之,解图纯粹是一种"与"图。另外,正因为与或图中存在"或"关系,所以往往会搜索到多个解图,本例中就有四个(见图 3.18)。

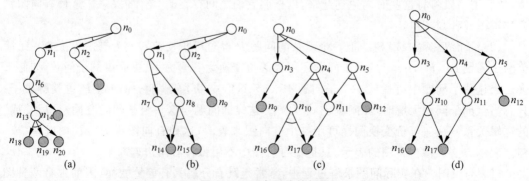

图 3.18 四个可能的解图

为确保在与或图中搜索解图的有效性,要求解图是无环的,即任何结点的外向连接均不得指向自己或自己的先辈,否则会使搜索陷入死循环。换言之,会导致解图有环的外向连接不能选用。下面给出关于解图、解图代价、能解结点和不能解结点的定义。

(1) 解图:与或图(记为 $G$) 中任一结点(记为 $n$)到终结点集合的解图(记为 $G'$)是 $G$ 的子图。

- 若 $n$ 是终结点,则 $G'$ 就由单一结点 $n$ 构成。
- 若 $n$ 有一外向 $K$-连接指向子结点 $n_1, n_2, \cdots, n_k$,且每个子结点都有到终结点集合的解图,则 $G$ 由该 $K$-连接和所有子结点的解图构成。
- 否则不存在 $n$ 到终结点集合的解图。

(2) 解图代价:以 $C(n)$ 指示结点 $n$ 到终结点集合解图的代价,并令 $K$-连接的代价就为 $K$。

(3) 能解结点。

- 终结点是能解结点;
- 若结点 $n$ 有一外向 $K$-连接指向子结点 $n_1, n_2, \cdots, n_k$,且这些子结点都是能解结点,则 $n$ 是能解结点。

(4) 不能解结点。

- 非终结点的叶结点是不能解结点;
- 若结点 $n$ 的每个外向连接都至少指向一个不能解结点,则 $n$ 是不能解结点。

关于能解结点和不能解结点如图 3.19 所示。

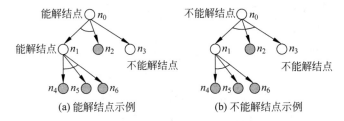

(a) 能解结点示例　　　　(b) 不能解结点示例

**图 3.19　能解结点和不能解结点**

### 3.6.3　与或图的启发式搜索

与或树的启发式搜索算法也称为 AO* 算法,此过程是一种利用搜索过程所得到的启发性信息寻找最优解树的过程。对搜索的每一步,算法都试图找到一个最有希望称为最优解树的子树。最优解树是指代价最小的那棵解树。那么如何计算解树的代价呢?下面先讨论这个问题。

**1. 解图的代价**

要寻找最优解树,首先需要计算解树的代价。在与或树的启发式搜索过程中,解树的代价可按如下规则计算。

(1) 若 $n$ 是终止结点,则其代价 $h(n)=0$。

(2) 若 $n$ 为或结点,且子结点为 $n_1, n_2, \cdots, n_k$,则 $n$ 的代价为

$$h(n) = \min_{1 \leqslant i \leqslant k} \left[ c(n, n_i) + h(n_i) \right]$$

其中，$c(n,n_i)$是结点 $n$ 到其子结点 $n_i$ 的边代价。

（3）若 $n$ 为与结点，且子结点为 $n_1,n_2,\cdots,n_k$，则 $n$ 的代价可用和代价法或最大代价法计算。和代价法计算公式为

$$h(n)=\sum_{i=1}^{k}\left[c(n,n_i)+h(n_i)\right]$$

最大代价法计算公式为

$$h(n)=\max_{1\leqslant i\leqslant k}\left[c(n,n_i)+h(n_i)\right]$$

（4）若 $n$ 是端结点，但不是终止结点，则 $n$ 不可扩展，其代价定义为 $h(n)=\infty$。

（5）根结点的代价即为解树的代价。

**例 3.4** 设图 3.20 是一棵与或树，其中包括两棵解树，左边的解树由 $S_0$、$A$、$t_1$、$C$ 及 $t_3$ 组成，右边的解树由 $S_0$、$B$、$t_2$、$D$ 及 $t_4$ 组成。在此与或树中，$t_1$、$t_2$、$t_3$、$t_4$ 为终结点，$E$、$F$ 是端结点，边上的数字是该边的代价。请计算解树的代价。

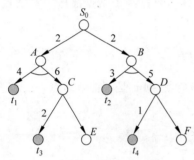

图 3.20 与或树的代价

**解**：先计算左边的解树。

按和代价计算，即

$$h(S_0)=2+4+6+2=14$$

按最大代价计算，即

$$h(S_0)=8+2=10$$

再计算右边的解树。

按和代价计算，即

$$h(S_0)=1+5+3+2=11$$

按最大代价计算，即

$$h(S_0)=6+2=8$$

在本例中，无论是按和代价还是按最大代价，右边的解树都是最优解树。但在有些情况下，当采用的代价法不同时，找到的最优解树有可能不同。

**2. AO\* 搜索**

与一般图（或图）的搜索过程类似，引入应用领域的启发式知识去引导搜索过程，可以显著提高搜索的有效性，加速搜索算法的收敛。考虑与或图中搜索的是解图，非由相邻结点间路径连接成的解路径，所以估算评价函数 $f(n)$ 的第一分量 $g(n)$ 没有意义，只需估算第二分量 $h(n)$。注意，$h(n)$ 也不是对于最小路径代价的估计，而是对于最小解图代价的估计。另外，由于与或图中子结点或子结点组间可以存在"或"关系，所以在搜索过程中会同时出现多个候选的待扩展局部解图，应估计所有这些局部解图的可能代价，并从中选择一个可能代价最小的用于下一步搜索。解图以递归方式生成，解图的代价也以递归方式计算，所以一旦某父结点 $n$ 的由外向 K-连接指向的子结点 $n_1,n_2,\cdots,n_k$ 都估算了其 $h(n_i)(i=1,2,\cdots,k)$ 的值，则从父结点 $n$ 到终结点集合解图的可能代价 $f(n)$ 可以用公式

$$f(n)=K+h(n_1)+h(n_2)+\cdots+h(n_k)$$

计算，并用于取代原先在扩展出结点 $n$ 时直接基于 $h(n)$ 估算而得出的 $f(n)$ 值。显然，基于子结点 $h(n_i)$ 算出的 $f(n)$ 更为准确。如此递归，可以计算出更为准确的 $f(n_0)$，即从初始状态结点到终结点集合的解图的可能代价。

下面就给出实现与或图启发式搜索的 $AO^*$ 算法,然后再讨论该算法应用的若干问题。

**$AO^*$ 搜索过程**

设:

- $G$:指示搜索图。
- $G'$:被选中的待扩展局部解图。
- LGS:候选的待扩展局部解图集。
- $n_0$:指示根结点,即初始状态结点。
- $n$:被选中的待扩展结点。
- $f_i(n_0)$:第 $i$ 个候选的待扩展局部解图的可能代价。

$AO^*$ 搜索过程如下。

(1) $G:=n_0$,LGS 为空集。

(2) 若 $n_0$ 是终结点,则标记 $G:=n_0$ 为能解结点;否则计算 $f(n_0)=h(n_0)$,并把 $G$ 作为 0 号候选局部解图加进 LGS。

(3) 若 $n_0$ 标记为能解结点,则算法成功返回。

(4) 若 LGS 为空集,则搜索失败返回;否则,从 LGS 选择 $f_i(n_0)$ 最小的待扩展局部解图作为 $G'$。

(5) $G'$ 中选择一个非终结点的外端结点(尚未用于扩展出子结点的结点)作为 $n$。

(6) 扩展 $n$,生成其子结点集,并从中删去导致有环的子结点以及和它们"与"关系的子结点;若子结点集为空,则 $n$ 是不能解结点,从 LGS 删去 $G'$(因为 $G'$ 不可能再扩展为解图);否则,计算每个子结点 $n_i$ 的 $f(n_i)$,并通过建立外向 $K$-连接将所有子结点加到 $G$ 中。

(7) 若存在 $j$ ($j>1$) 个外向 $K$-连接,则从 LGS 删去 $G'$,并将 $j$ 个新局部解图加进 LGS。

(8) $G'$ 中或在取代 $G'$ 的 $j$ 个新局部解图中用公式 $f(n)=K+h(n_1)+h(n_2)+\cdots+h(n_k)$ 的计算结果取代原先的 $f(n)$,并传递这种精化的作用到 $f_i(n_0)(i=1,2,\cdots,j)$;同时将作为终结点的子结点标记为能解结点,并传递结点的能解性。

(9) 返回(3)。

### 3. $AO^*$ 算法

**算法 3.7** $AO^*$ 算法

```
PROCEDURE AO*
    BEGIN
        设 G 仅由代表开始状态的结点组成(称此结点为 Init),计算 h(Init)。
        REPEAT
            跟踪从 Init 开始的已带标记的弧,如果存在,则挑选出现在此路径上但未扩展的结点之
            一扩展,称新挑选的结点为 Node;
            生成 Node 的后继结点。
            IF Node 没有后继结点 THEN 令 h(Node) = Futility,说明该结点不可解。
            ELSE 后继结点称为 Successor,对每个不是 Node 结点祖先的后记结点 DO
                BEGIN
                    把 Successor 加到图 G 中;
```

若 Successor 是叶结点,那么将其标记为 Solved,并令 $h(Successor) = 0$;

若 Successor 不是叶结点,则计算其 $h$ 值。

**END**.

将最新发现的信息向图的上部回传,具体做法为:设 $S$ 为一结点集,$S$ 包括已经做了 Solved 标记的结点,以及 $h$ 已经做了改变,需要回传至其先辈结点的那些结点,初始 $S$ 只包含结点 Node。

**REPEAT**

从 $S$ 中挑选一个结点,该结点在 $G$ 中的子孙均不在 $S$ 中出现(换句话说,保证对于每个正在处理的结点是在处理其任意祖先之前来处理该结点的),称此结点为 Current,并把它从 $S$ 中去掉;计算始于 Current 的每条弧的耗费。每条弧的耗费等于在该弧末端每一结点的 $h$ 值之和加上该弧本身的耗费。从刚刚计算过的始于 Current 的所有弧的耗费中选出极小耗费作为 Current 的新 $h$ 值;把在上一步计算出的带极小耗费的弧标记为始于 Current 的最佳路径。

**IF** 穿过新的带标记弧与 Current 连接的所有结点均标为 Solved。

**THEN** 把 Current 标为 Solved。

**IF** Current 已标为 Solved,或 Current 的耗费已经改变。

**THEN** 应把其新状态往回传。因此,要把 Current 的所有祖先加到 $S$ 中。

**UNTIL** $S$ 为空。

**UNTIL** Init 标为 Solved(成功),或 Init 的 $h$ 值变得大于 Fuitlity(失败)。

**END**.

下面就以图 3.17 所示与或图为简例,观察如何应用上述 AO$^*$ 算法来搜索解图。为了方便描述,给图中的每个结点进行编号,从 $n_0$ 到 $n_{20}$,如图 3.21 所示。

假定在搜索过程中扩展出来的某些结点的启发式函数 $f_4(n_0) = 8h(n_i)$ 的估算如下:

$$h(n_0) = 3, \quad h(n_1) = 2, \quad h(n_2) = 1,$$
$$h(n_3) = 1, \quad h(n_4) = 4, \quad h(n_5) = 2,$$
$$h(n_6) = 2, \quad h(n_7) = 1, \quad h(n_8) = 1,$$
$$h(n_{13}) = 3。$$

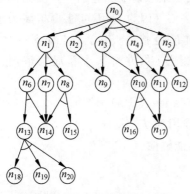

**图 3.21　结点编号后的与或图**

AO$^*$ 算法工作的第一个循环扩展根结点 $n_0$ 产生 2 个候选的局部解图,编号为 1(对应于 2-连接)和 2(对应于 3-连接),加入 LGS 并删去 0 号局部解图。鉴于 $f_1(n_0) = 5$ 而 $f_2(n_0) = 10$,第二个循环就选中 1 号局部解图作为 $G'$(图 3.22(a))。随机选中 $n_1$ 加以扩展,建立 2 个外向连接,从 LGS 删去 1 号局部解图,将 2 个扩展出的新局部解图,编号为 3(对应于 1-连接)和 4(对应于 2-连接),加入 LGS。鉴于 $f_3(n_0) = 6$ 而 $f_4(n_0) = 7$,第三个循环就选中 3 号局部解图作为 $G'$。随机选中 $n_6$ 加以扩展,建立 1 个外向连接(并由此扩展了 3 号局部解图),并使 $f_3(n_0) = 9$。第四个循环就选中 4 号局部解图作为 $G'$(此时 $f_4(n_0) = 7$,最小),随机选中 $n_7$ 加以扩展,建立 1 个外向连接,并维持 $f_4(n_0)$ 不变。由于新扩展出的结点 $n_{14}$ 是终结点,标记其为能解结点,并递归地标记结点 $n_7$ 为能解结点。第五个循环仍选中 4 号局部解图作为 $G'$,随机选中 $n_8$ 加以扩展,建立 1 个外向连接,并使 $f_4(n_0) = 8$。标记新扩展出的终结点 $n_{15}$ 为能解结点,递归地标记结点 $n_8$ 和 $n_1$ 为能解结点。第六个循环仍选中 4 号局

部解图作为 $G'$，扩展结点 $n_2$，标记新扩展出的终结点 $n_9$ 为能解结点，递归地标记结点 $n_2$ 和 $n_0$ 为解结点。至此算法 $AO^*$ 成功搜索到解图，且解图代价为 8。

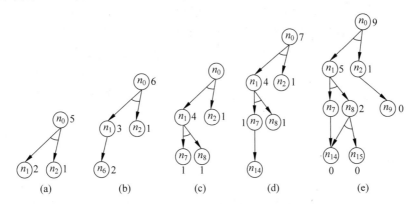

图 3.22  算法 $AO^*$ 搜索过程中解图的形成

### 4. 算法应用的若干问题

1）从局部解图中选择加以扩展的结点

鉴于与或图搜索的是解图而非解路径，所以选择 $f(n)=h(n)$ 的值最小的结点加以扩展，并不一定会加速搜索过程。反而应选择导致解图代价发生较大变化的结点优先加以扩展，以使搜索的注意力快速地聚焦到实际代价较小的候选解图上。然而，这种选择需要附加启发式知识。若应用领域挖掘不出这样的启发式知识，可随机选择加以扩展的结点。

2）$AO^*$ 算法的可采纳性

$AO^*$ 算法的应用要求遵从以下约束：总能满足 $h(n) \leqslant h^*(n)$，且确保 $h(n)$ 满足单调限制条件。只有遵从该约束，$AO^*$ 算法才是可采纳的，即当某与或图存在解图时，应用 $AO^*$ 算法一定能找出代价最小的解图。

类似于算法 $A^*$，$h^*(n)$ 是实际的代价最小解图找到时解图的代价，我们通常只能设计接近于 $h^*(n)$ 的 $h(n)$，单调限制条件表示为

$$h(n) \leqslant K + h(n_1) + h(n_2) + \cdots + h(n_k)$$

其中，$n_1, n_2, \cdots, n_k$ 是结点 $n$ 通过 $K$-连接指向的子结点。若将 $h(n)$ 的值视为粗略的估计，而 $K + h(n_1) + h(n_2) + \cdots + h(n_k)$ 的值视为细致的计算，则单调限制可理解为：粗略的估计总是不超过细致的计算。

3）搜索算法 $AO^*$ 与 $A^*$ 的比较

（1）$AO^*$ 应用于与或图搜索，且搜索的是解图；而 $AO^*$ 则应用于一般图（或图）搜索，且搜索的是解答路径。

（2）$AO^*$ 选择估算代价最小的局部解图加以优先扩展；而 $A^*$ 选择估算代价最小的路径加以优先扩展。

（3）$AO^*$ 不需考虑评价函数 $f(n)$ 的分量 $g(n)$，只需对新扩展出的结点 $n$ 计算 $h(n)$，以用于修正 $f_i(n_0)$；而 $A^*$ 则需同时计算分量 $g(n)$ 和 $h(n)$，以评价结点 $n$ 是否在代价最小的路径上。

（4）$AO^*$ 应用 LGS 存放候选的待扩展局部解图，并依据 $f_i(n_0)$ 值排序；而 $A^*$ 则应用

OPEN 表和 CLOSED 表分别存放待扩展结点和已扩展结点,并依据 $f(n)$ 值排序。

4) 解图代价的重复计算

解图中某些子结点可能会有多个父结点,或者说多个结点的外向连接符可能指向同一个子结点。依据前述解图代价的递归计算方式,显然这种子结点到终结点集合解图的代价在计算自根结点 $n_0$ 出发的解图时被重复累计了。为正确计算解图的代价,必须删除重复的累计。例如,图 3.21(d)中的解图结点 $n_{10}$ 和 $n_{11}$ 到终结点 $n_{16}$ 和 $n_{17}$ 的解图代价被分别重复累计了 2 次,如此整个从根结点 $n_0$ 到终结点集的解图代价为 14;若删除重复的累计,实际解图代价为 11。

## 3.7 博弈

广义的博弈涉及人类各方面的对策问题,如军事冲突、政治斗争、经济竞争等。博弈提供了一个可构造的任务领域,在这个领域中具有明确的胜利和失败。同样,博弈问题对人工智能研究提出了严峻的挑战。例如,如何表示博弈问题的状态、博弈过程和博弈知识等。所以,在人工智能中,通过计算机下棋等研究博弈的规律、策略和方法是有实用意义的。

机器博弈的研究广泛而深入,早在 20 世纪 50 年代,就有人设想利用机器智能来实现机器与人的博弈。国内外许多知名学者和科研机构都曾涉足这方面的研究,历经半个多世纪,目前已经取得了许多惊人的成就。1997 年 IBM 公司的"深蓝"战胜了国际象棋世界冠军卡斯帕罗夫,惊动了世界。除此之外,加拿大阿尔伯塔大学的奥赛罗程序 Logistello 和西洋跳棋程序 Chinook 也相继成为信息游戏世界冠军,且存在非确定因素的西洋双陆棋,美国卡内基梅隆大学的西洋双陆琪程序 BKG 也夺得了世界冠军。对围棋、中国象棋、桥牌、扑克等许多种其他类游戏博弈的研究也在进行中。

这里讲的博弈是二人博弈,"二人零和、全信息、非偶然"博弈,博弈双方的利益是完全对立的。所谓"二人零和",是指在博弈中只有"敌、我"二方。且双方的利益完全对立,其赢得函数之和为零,即

$$\varphi_1 + \varphi_2 = 0$$

式中,$\varphi_1$ 为我方赢得(利益);$\varphi_2$ 为敌方赢得(利益)。

也就是说,博弈的双方有三种结局。

(1) 我胜:$\varphi_1 > 0$;敌负:$\varphi_2 = -\varphi_1 < 0$ $e(p) = e(+p) - e(-p)$。

(2) 我负:$\varphi_1 = -\varphi_2 < 0$;敌胜:$\varphi_2 > 0$。

(3) 平局:$\varphi_1 = 0, \varphi_2 = 0$。

通常,在博弈过程中,任何一方都希望自己胜利。双方都采用保险的博弈策略,在最不利的情况下争取最有利的结果。因此,在某一方当前有多个行动方案可供选择时,总是挑选对自己最为有利而对对方最为不利的那个行动方案。

所谓"全信息",是指博弈双方都了解当前的格局及过去的历史。所谓"非偶然",是指博弈双方都可根据得失大小进行分析,选取我方赢得最大、敌方赢得最小的对策,而不是偶然的随机对策。

另外是机遇性博弈,是指不可预测性的博弈,如掷硬币游戏等。这种博弈不在本节讨论的范围。先来看一个例子,假设有七枚钱币,任一选手只能将已分好的一堆钱币分成两堆数

量不等的钱币,两位选手轮流进行,直到每一堆都只有一枚或两枚钱币,不再能分为止,哪个遇到不能再分的情况,则就为输。

　　用数字序列加上一个说明表示一个状态,其中数字表示不同堆中钱币的数量,说明表示下一步由谁来分,如(7,MIN)表示只有一个由七枚钱币组成的堆,由 MIN 走,MIN 有三种可供选择的分法,即(6,1,MAX),(5,2,MAX),(4,3,MAX),其中 MAX 表示另一对手走,无论哪种方法,MAX 都是在此基础上进行符合要求的再分,整个过程如图 3.23 所示。图 3.23 中已将双方可能的分法完全表示出来了,无论 MIN 开始时怎么走,MAX 总可以获胜,取胜的策略用双箭头表示。

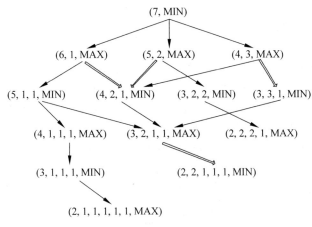

图 3.23　分钱币的博弈

　　实际的情况没有这么简单,任何一种棋都不可能将所有情况列尽,因此只能模拟人“向前看几步”,然后做出决策,决定自己走哪一步最有利。也就是说,只能给出几层走法,然后按照一定的估算方法,决定走哪一步棋。

　　在双人完备信息博弈过程中,双方都希望自己能够获胜。因此当一方走步时,都是选择对自己最有利而对对方最不利的走法。假设博弈双方为 MAX 和 MIN。在博弈的每一步,可供他们选择的方案都有很多种。从 MAX 的观点看,可供自己选择的方案之间是“或”的关系,原因是主动权在自己手里,选择哪个方案完全由自己决定,而对那些可供 MIN 选择的方案之间是“与”的关系,这是因为主动权在 MIN 手中,任何一个方案都可能被 MIN 选中,MAX 必须防止那种对自己最不利的情况出现。

　　通过上面的例子可以看出,博弈过程也可以采用与或树进行知识表达,这种表达形式称为博弈树。由于博弈是敌我双方的智能活动,任何一方不能单独控制博弈过程,而是双方轮流实施其控制对策的过程。因此,博弈树是一种特殊的与或树。其中,不同级别(深度)的结点分别交替属于敌我双方,在博弈树生成过程中,由敌我双方轮流进行扩展,新生成的子结点交替出现。

　　经过分析,博弈树的特点如下。

　　(1) 与结点、或结点逐级交替出现,敌方、我方逐级轮流扩展其所属结点。

　　(2) 从我方观点,所有敌方结点都是与结点。因敌方必然选取最不利于我方的一招(棋步),扩展其子结点。只要其中有棋步对我方不利,该结点就对我方不利。换言之,只有该结点的所有棋步(所有的子结点)皆对我方有利,该结点才对我方有利,故为与结点。

（3）从敌方的观点，所有我方结点都是或结点。因为扩展我方结点的主动权在我方，可以选取最有利于我方的棋步，只要可走的棋步中有一招是有利的，该结点对我方就是有利的。即其子结点中任何一个对我方有利，则该结点对我方有利，故为或结点。

（4）所有能使我方获胜的终局都是本原问题，相应的端结点是可解结点；所有使敌方获胜的终局，对我方而言，是不可解结点。

（5）先走步的一方（我方或敌方）的初始状态相应于根结点。

人工智能可以采用搜索方法来求解博弈问题，下面就来讨论博弈中最基本的两种搜索方法。

### 3.7.1　极大极小过程

极大极小过程（MINMAX，MM）是考虑双方博弈若干步之后，从可能的走法中选一步相对好的走法来走，即在有限的搜索深度范围内进行求解。

为此需要定义一个静态估价函数 $e(x)$，以便对棋局的态势做出评估。这个函数可以根据棋局的态势特征进行定义。假定博弈双方分别为 MAX 和 MIN，其中 $p$ 代表棋局。规定：有利于 MAX 方的态势：$e(p)$ 取正值；有利于 MIN 方的态势：$e(p)$ 取负值；态势均衡的时候：$e(p)$ 取零。

MINMAX 基本思想如下。

（1）当轮到 MAX 走步的结点时，MAX 应考虑最好的情况（$e(p)$ 取极大值）。

（2）当轮到 MIN 走步的结点时，MIN 应考虑最坏的情况（$e(p)$ 取极小值）。

（3）评价往回倒推时，相当于两位棋手的对抗策略，交替使用（1）和（2）两种方法传递倒推值，直至求出初始结点的倒推值为止。

由于我们是站在 MAX 立场上，因此应选择具有最大倒推值的走步。这一过程称为极大极小过程。

**例 3.5**　如图 3.24 所示是向前看两步，共四层的博弈树，用□表示 MAX，用○表示 MIN，端结点上的数字表示它对应的估价函数的值，在 MIN 处用圆弧连接。

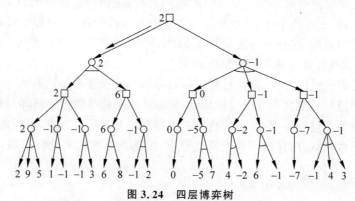

图 3.24　四层博弈树

图中结点处的数字，在端结点是估价函数的值，称它为静态值，在 MIN 处取最小值，在 MAX 处取最大值，最后 MAX 选择箭头方向的走步。

**例 3.6**　一字棋游戏。设有一个三行三列的棋盘，如图 3.25 所示，两个棋手轮流走步，每个棋手走步时往空格上摆一个自己的棋子,谁先使自己的棋子成三子一线为赢。设MAX方的棋子用×标记,MIN方的棋子用○标记,并规定MAX方先走步。

为了不至于生成太大的博弈树,假设每次仅扩展两层。估价函数定义如下：设棋局为$p$,估价函数为$e(p)$。

- 若$p$是MAX必胜的棋局,则$e(p)=+\infty$;
- 若$p$是MIN必胜的棋局,则$e(p)=-\infty$;
- 若$p$是胜负未定的棋局,则$e(p)=e(+p)-e(-p)$。

其中,$e(+p)$表示棋局$p$上有可能使MAX成为三子成一线的数目；$e(-p)$表示棋局$p$上有可能使MIN成为三子成一线的数目,且具有对称性的两个棋局算作一个棋局。例如,棋局1状态如图3.26所示。

图3.25　一字棋棋盘

图3.26　棋局1

其估价函数为
$$e(p)=e(+p)-e(-p)=6-4=2$$

在搜索过程中,具有对称性的棋局认为是同一棋局。例如,如图3.27所示的棋局可以认为是同一个棋局,这样可以大大减少搜索空间。

假设由MAX先走棋,且我们站在MAX立场上。图3.28给出了MAX的第一招走棋生成的博弈树。图中结点旁的数字分别表示相应结点的静态估值或倒推值。由图3.28可以看出,对于MAX来说最好的一招棋是$S_3$,因为$S_3$比$S_1$和$S_2$有较大的估值。

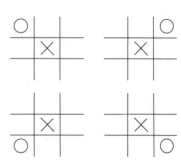

图3.27　一字棋的棋局状态

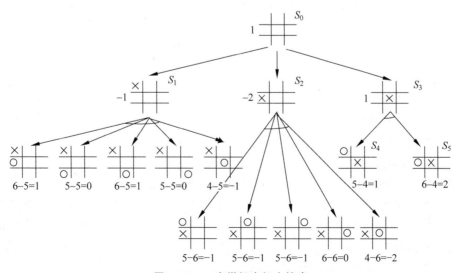

图3.28　一字棋极大极小搜索

### 3.7.2　α-β 过程

上面讨论的极大极小过程会先生成一棵博弈搜索树,而且会生成规定深度内的所有结点,然后进行估值的倒推计算,这样使得生成博弈树和估计值的倒推计算的两个过程完全分离,因此搜索效率较低。如果能既生成博弈树又能进行估值的计算,则可能不必生成规定深度内的所有结点,从而减少搜索的次数,这就是下面要讨论的 α-β 过程。

α-β 过程就是把生成后继和倒推值估计结合起来,及时剪掉一些无用分支,以此提高算法的效率。具体的剪枝方法如下。

(1) 对于一个与结点 MIN,若能估计出其倒推值的上确界 β,并且这个 β 值不大于 MIN 的父结点(一定是或结点)的估计倒推值的下确界 α,即 α≥β,则不必再扩展该 MIN 结点的其余子结点了(因为这些结点的估值对 MIN 父结点的倒推值已无任何影响)。这一过程称为 α 剪枝。

(2) 对于一个或结点 MAX,若能估计出其倒推值的下确界 α,并且这个 α 值不小于 MAX 的父结点(一定是与结点)的估计倒推值的上确界 β,即 α≥β,则不必再扩展该 MAX 结点的其余子结点了(因为这些结点的估值对 MAX 父结点的倒推值已无任何影响)。这一过程称为 β 剪枝。

**例 3.7**　一个 α-β 剪枝的具体例子,如图 3.29 所示。其中最下面一层端结点旁边的数字是假设的估值。

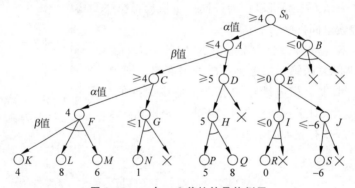

图 3.29　一个 α-β 剪枝的具体例子

在图 3.29 中,$K$、$L$、$M$ 的估值推出结点 $F$ 的倒推值为 4,即 $F$ 的 β 值为 4,由此可推出结点 $C$ 的倒推值≥4。记 $C$ 的倒推值的下界为 4,不可能再比 4 小,故 $C$ 的 α 值为 4。

由结点 $N$ 的估值推知结点 $G$ 的倒推值≤1,无论 $G$ 的其他子结点的估值是多少,$G$ 的倒推值都不可能比 1 大。因此,1 是 $G$ 的倒推值的上界,所以 $G$ 的值≤1。另外,已知 $C$ 的倒推值≥4,$G$ 的其他子结点又不可能使 $C$ 的倒推值增大。因此对 $G$ 的其他分支不必再搜索,相当于把这些分支剪去。由 $F$、$G$ 的倒推值可推出结点 $C$ 的倒推值≥4,再由 $C$ 可推出结点 $A$ 的倒推值≤4,即 $A$ 的 β 值为 4。另外,由结点 $P$、$Q$ 推出的结点 $H$ 的倒推值为 5,因此 $D$ 的倒推值 ≥5,即 $D$ 的 α 值为 5。此时,$D$ 的其他子结点的倒推值无论是多少都不能使 $D$ 及 $A$ 的倒推值减少或增大,所以 $D$ 的其他分支被剪去,并可确定 $A$ 的倒推值为 4。以此类推,最终推出 $S_0$ 的倒推值为 4。

通过上面的讨论可以看出，$\alpha$-$\beta$ 过程首先使搜索树的某一部分达到最大深度，这时计算出某些 MAX 结点的 $\alpha$ 值，或者是某些 MIN 结点的 $\beta$ 值。随着搜索的继续，不断修改个别结点的 $\alpha$ 或 $\beta$ 值。对任一结点，当其某一后继结点的最终值给定时，就可以确定该结点的 $\alpha$ 或 $\beta$ 值。当该结点的其他后继结点的最终值给定时，就可以对该结点的 $\alpha$ 或 $\beta$ 值进行修正。

**注意**：$\alpha$、$\beta$ 值修改有如下规律：①MAX 结点的 $\alpha$ 值永不下降；②MIN 结点的 $\beta$ 值永不增加。

因此，利用上述规律进行剪枝，一般可以停止对某个结点搜索。剪枝的规则表述如下。

(1) 若任何 MIN 结点的 $\beta$ 值小于或等于任何它的先辈 MAX 结点的 $\alpha$ 值，则可停止该 MIN 结点以下的搜索，然后该 MIN 结点的最终倒推值即为它已得到的 $\beta$ 值。该值与真正的极大、极小值的搜索结果的倒推值可能不相同，但是对开始结点而言，倒推值是相同的，使用它选择的走步也是相同的。

(2) 若任何 MAX 结点的 $\alpha$ 值大于或等于它的 MIN 先辈结点的 $\beta$ 值，则可以停止该 MAX 结点以下的搜索，然后该 MAX 结点处的倒推值即为它已得到的 $\alpha$ 值。

当满足规则(1)而减少了搜索时，进行了 $\alpha$ 剪枝；而当满足规则(2)而减少了搜索时，进行了 $\beta$ 剪枝。保存 $\alpha$ 和 $\beta$ 值，并且就进行剪枝的整个过程通常称为 $\alpha$-$\beta$ 过程，当初始结点的全体后继结点的最终倒推值全部给出时，上述过程便结束。在搜索深度相同的条件下，采用这个过程所获得的走步跟简单的极大、极小过程的结果是相同的，区别只在于 $\alpha$-$\beta$ 过程通常只用少得多的搜索便可以找到一个理想的走步。

## 3.8 小结

本章讨论的知识搜索策略是人工智能研究的一个核心问题。搜索是人工智能的一种问题求解方法，搜索策略决定着问题求解的一个推理步骤中知识被使用的优先关系。在搜索中，知识利用得越充分，求解问题的搜索空间就越小。对这个问题的研究曾经十分活跃，而且至今仍不乏高水平的研究课题。正如知识表示一样，知识的搜索与推理也有众多的方法，同一问题可能采用不同的搜索策略，其中有的比较有效，而有的则不大适合具体问题。本章介绍的几种搜索策略主要适合解决不太复杂的问题。

本章首先介绍了基于状态空间图的搜索技术，给出了图搜索的基本概念，分析了状态空间图搜索和一般图搜索算法。在应用盲目搜索进行求解过程中，一般是"盲目"穷举，即不运用特别信息。在盲目搜索中最具代表的算法是宽度优先搜索和深度优先搜索。当状态空间比较大的时候，由于宽度优先需要很大的存储空间，因此宽度优先是不合适的。在很多典型的人工智能问题中，深度优先有着很多的应用，但深度优先不是一种完备的方法，因此迭代加深搜索应运而生，通过和 A$^*$ 算法结合，迭代加深搜索转化为 IDA$^*$ 算法，该算法已经有了很多的研究，并且在并行结构上实现。

在本章给出的启发式搜索中，最流行的是 A$^*$ 算法和 AO$^*$ 算法。A$^*$ 算法用于或图，而 AO$^*$ 算法用于与或图。A$^*$ 算法用于状态空间中寻找目标，以及从起始结点到目标结点的最优路径问题。AO$^*$ 算法用于确定实现目标的最优路径。最近，有人通过机器学习的方法增强状态空间中结点的启发式信息，对 A$^*$ 算法算法进行扩展。

另外，本章还介绍了博弈问题，这可以看作是一种特殊的与或搜索问题。极大、极小方

法和 $\alpha$-$\beta$ 剪枝技术在现在的一些博弈类游戏软件中是必不可少的。

## 习题

**3.1**　简述一般图搜索算法,在搜索过程中 OPEN 表和 CLOSE 表的作用是什么?

**3.2**　对比深度优先和宽度优先的搜索方法,为何说它们都是盲目搜索方法?

**3.3**　简述有界深度搜索的步骤,并说明有界深度搜索与深度搜索的区别。

**3.4**　什么是启发式搜索?什么是启发式信息?试列出几种不同的启发式搜索算法。

**3.5**　说明启发式函数 $h(n)$ 的强弱对搜索效率的影响;实用上,如何使图搜索更为有效?

**3.6**　什么是问题规约?为什么应用问题规约得到的状态空间可表示为与或图?

**3.7**　举例说明与或图搜索的基本概念: $K$-连接,根、叶、终结点,解图,解图代价,能解结点和不能解结点。

**3.8**　阐述与或图启发式搜索的 AO* 算法,AO* 算法的可采纳性条件是什么?为什么扩展局部解图时,不必选择 $h(n)$ 值最小的结点加以扩展?

**3.9**　比较启发式搜索 AO* 算法和 A* 算法,并说明两者差异的理由。

**3.10**　设有三只琴键开关一字排开,初始状态为"关、开、关",连按三次后是否会出现"开、开、开"或"关、关、关"的状态?要求每次必须按下一个开关,而且只能按一个开关。请画出状态空间图。

**3.11**　卒子穿阵问题。要求一卒子从顶部通过图 3.30 所示的阵列到达底部。卒子行进中不可进入代表敌兵驻守的区域(标注 1),并不准后退。假定深度限制值为 5。试按深度优先搜索方法,画出状态空间搜索树。

**3.12**　圆盘问题。设有大小不等的三个圆盘 A、B、C 套在一根轴上,每个盘上都标有数字 1、2、3、4,并且每个圆盘都可以独立地绕轴做逆时针转动,每次转动 90°,其初始状态 $S_0$ 和目标状态 $S_g$ 如图 3.31 所示,请用广度优先搜索和深度优先搜索,求出从 $S_0$ 到 $S_g$ 的路径。

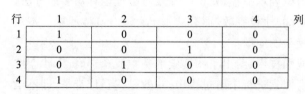

| 行 | 1 | 2 | 3 | 4 | 列 |
|---|---|---|---|---|---|
| 1 | 1 | 0 | 0 | 0 | |
| 2 | 0 | 0 | 1 | 0 | |
| 3 | 0 | 1 | 0 | 0 | |
| 4 | 1 | 0 | 0 | 0 | |

图 3.30　阵列图示意

初始状态$S_0$　　　目标状态$S_g$

图 3.31　圆盘问题

**3.13**　对于八数码难题按下式定义估计函数: $f(x)=d(x)+h(x)$。其中, $d(x)$ 为结点 $x$ 的深度; $h(x)$ 是所有棋子偏离目标位置曼哈顿距离(棋子偏离目标位置的水平距离和垂直距离之和),例如图 3.32 所示的初始状态 $S_0$ : 8 的曼哈顿距离为 2; 2 的曼哈顿距离为 1; 6 的曼哈顿距离为 1; $h(S_0)=5$。

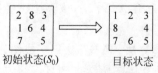

初始状态($S_0$)　　　目标状态

图 3.32　八数码问题

(1) 用 A* 搜索法搜索目标,列出头三步搜索中的 OPEN、CLOSED 表的内容和当前扩展结点的 $f$ 值。

(2) 画出搜索树和当前扩展结点的 $f$ 值。

**3.14** 设有如下结构的移动奖牌游戏

| B | B | W | W | E |
|---|---|---|---|---|

其中,B 表示黑色奖牌,W 表是白色奖牌,E 表示空格。游戏的规定走法如下。

(1) 任意一个奖牌可移入相邻的空格,规定其代价为1;

(2) 任何一个奖牌可相隔1个其他的奖牌跳入空格,其代价为跳过奖牌的数目加1。

游戏要达到的目标是把所有 W 都移到 B 的左边。对于这个问题,请定义一个启发函数 $h(n)$,并给出用这个启发函数产生的搜索树。你能否判别这个启发函数是否满足求解要求? 在求出的搜索树中,对所有结点是否满足单调限制?

**3.15** 图 3.33 是 5 个城市的交通图,城市之间的连线旁边的数字是城市之间路程的费用。要求从 A 城出发,经过其他各城市一次且仅一次,最后回到 A 城,请找出一条最优线路。

**3.16** 设有如图 3.34 的与或树,请指出解树,并分别按和代价及最大代价求解树代价;然后指出最优解树。

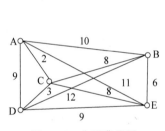

图 3.33 交通费用图

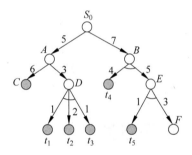

图 3.34 与或树

**3.17** 设有如图 3.35 所示的博弈树,其中最下面的数字是假设的估值,试对该博弈树做如下工作。

(1) 计算各结点的倒推值;

(2) 利用 $\alpha\text{-}\beta$ 剪枝技术剪去不必要的分支。

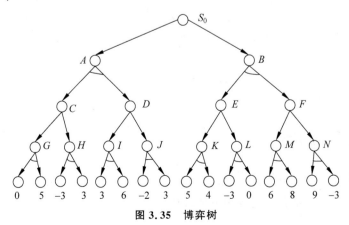

图 3.35 博弈树

# 第4章

# 确定性推理

一个智能系统不仅应该拥有知识,还应该能够很好地利用这些知识,即运用知识进行推理和求解问题。智能系统的推理过程实际上就是一个思维过程。按推理过程所用知识的确定性,推理可分为确定性推理和不确定性推理。本章重点讨论确定性推理,不确定性推理将在第5章讨论。

## 4.1 推理概述

### 4.1.1 推理的概念

推理是人类求解问题的主要思维方法,其任务是利用知识,因而与知识的表达方法有密切的关系。推理是按照某种策略从已有事实和知识推出结论的过程。推理是由程序实现的,称为推理机。在人工智能系统中,推理机利用知识库中的知识,按一定的控制策略求解问题。例如,在医疗诊断专家系统中,知识库存储专家的经验及医学常识,数据库存放患者的症状、化验结果等初始事实,利用该专家系统来为患者诊治疾病实际上就是一次推理过程,即从患者的症状及化验结果等初始事实出发,利用知识库中的知识及一定的控制策略,对病情做出诊断,并开出医疗处方。像这样从初始事实出发,不断运用知识库中的已知知识逐步推出结论的过程就是推理。

### 4.1.2 推理的分类

人类的智能活动有多种思维方式,人工智能作为对人类智能的模拟,相应也有多种推理方式。下面从几个不同的角度对推理方式进行分类。

**1. 演绎推理、归纳推理、默认推理**

推理的基本任务是从一种判断推出另一种判断,如果从推出新判断的途径来分,推理可分为演绎推理、归纳推理和默认推理。

1) 演绎推理

演绎推理是从全称判断推出特称判断或单称判断的过程,即从一般到个别的推理。演绎推理中最常用的形式是三段论法。三段论由三个判断组成,其中两个判断是前提,分别称为大前提和小前提,另一个判断为结论。例如:

(1) 所有的推理系统都是智能系统;

(2) 专家系统是推理系统;

(3) 专家系统是智能系统。

这就是一个三段论。其中:(1)是大前提,描述的是关于一般的知识;(2)是小前提,描述的是关于个体的判断;(3)是结论,描述的是由大前提推出的适合于小前提的新判断。

可以看出,在演绎推理中,结论是蕴含在大前提中的,即从已知判断中推出其中包含的判断,所以演绎推理并没有增加新的知识。

在三段论式的演绎推理中,只要大前提和小前提是正确的,则由它们推出的结论也是必然正确的。

2) 归纳推理

人们对客观事物的认识总是由认识个别事物开始,进而认识事物的普遍规律,其中归纳推理起了重要的作用。归纳推理是从足够多的事例中归纳出一般性结论的推理过程,是一种从个别到一般的推理过程。常用的归纳推理有简单枚举法和类比法。

枚举法归纳推理是由已观察到的事物都具有某属性,而没有观察到相反的事例,从而推出某类事物都具有某属性。其推理过程可以形式化地表示为

$S_1$ 是 $P$

$S_2$ 是 $P$

$\vdots$

$S_n$ 是 $P$

($S_1, S_2, \cdots, S_n$ 是 $S$ 类中的个别事物,在枚举中兼容)

$S$ 都是 $P$

如果从归纳时所选事例的广泛性来划分,枚举法归纳推理又可分为完全归纳推理与不完全归纳推理。完全归纳推理是指在进行归纳时考察了相应事物的全部对象,并根据这些对象是否都具有某种属性,从而推出这个事物是否具有这个属性。不完全归纳推理是指只考察了相应事物的部分对象,就得出了结论。不完全推理得出的结论不具有必然性,属于非必然性推理;而完全归纳推理是必然性推理。但由于要考察事物的所有对象通常是比较困难的,因而大多数归纳推理是不完全归纳推理。如检查产品质量时,一般是从中随机抽样检查一定比例的产品,如果抽样检查全部合格,就得出产品质量合格的结论,这就是一个不完全归纳推理。

在两个或两类事物的许多属性都相同的基础上,推出它们在其他属性上也相同,这就是类比法归纳推理。类比法归纳可形式化地表示为

A 具有属性:a,b,c,d,e

B 具有属性：a,b,c,d

B 也具有属性：e

类比法的可靠程度决定于两个或两类事物的相同属性与推出的属性之间的相关程度，相关程度越高，则类比法的可靠性就越高。

归纳推理是人类思维活动中最基本、最常用的一种推理形式。归纳推理增加了知识，所以在机器学习部分称为归纳学习，这部分内容将在后面做详细介绍。

3）默认推理

默认推理又称为缺省推理，是在知识不完全的情况下假设某些条件已经具备所进行的推理。例如，在条件1已成立的情况下，如果没有足够的证据能证明条件2不成立，则默认条件2是成立的，并在此默认的前提下进行推理，推导出某个结论。由于这种推理默认某些条件是成立的，这就摆脱了需要知道全部有关事实才能进行推理的要求，使得在知识不完全的情况下也能进行推理。在默认推理过程中，如果到某一时刻发现原先所作的默认不正确，则撤销所作的默认以及由此默认推出的所有结论，重新按新情况进行推理。

**2. 确定性推理、不确定性推理**

如果按推理时所用的知识的确定性来划分，推理可分为确定性推理与不确定性推理。

1）确定性推理

如果在推理中所用的知识都是精确的，即可以把知识表示成必然的因果关系，然后进行逻辑推理，推理的结论或者为真，或者为假，这种推理就称为确定性推理。本章介绍的归结反演、基于规则的演绎系统等都是确定性推理。

2）不确定性推理

在人类知识中，有相当一部分属于人们的主观判断，是不精确和含糊的。由这些知识归纳出来的推理规则往往是不确定的。基于这种不确定的推理规则进行推理，形成的结论也是不确定的，这种推理称为不确定性推理。在专家系统中主要使用的是不确定性推理。

**3. 单调推理、非单调推理**

如果按推理过程中推出的结论是否单调增加，或者说推出的结论是否越来越接近最终目标来划分，推理又可分为单调推理和非单调推理。

1）单调推理

单调推理是指在推理过程中随着推理的向前推进及新知识的加入，推出的结论呈单调增加的趋势，并且越来越接近最终目标。一个演绎推理的逻辑系统有一个无矛盾的公理系统，新加入的事实必须与公理系统兼容，因此新的结论与已有的知识不发生矛盾，结论总是越来越多，所以演绎推理是单调推理。

2）非单调推理

非单调推理是指在推理过程中随着推理的向前推进及新知识的加入，不仅没有加强已推出的结论，反而要否定它，使得推理退回到前面的某一步，重新开始。一般非单调推理是在知识不完全的情况下进行的，由于知识不完全，为了推理进行下去，就要先做某些假设，并在此假设的基础上进行推理，当以后由于新知识的加入发现原先的假设不正确时，就需要推翻该假设以及由此假设为基础的一切结论，再用新知识重新进行推理。人类的推理过程通常是在信息不完或者情况变化的背景下进行的，所以推理过程往往是非单调的。

#### 4. 启发式推理、非启发式推理

按推理中是否运用与问题有关的启发性知识来划分,推理可分为启发式推理和非启发式推理。

1）启发式推理

如果在推理过程中,运用与问题有关的启发性知识,即解决问题的策略、技巧及经验,以加快推理过程,提高搜索效率,这种推理过程称为启发式推理。

2）非启发式推理

如果在推理过程中,不运用启发性知识,只按照一般的控制逻辑进行推理,这种推理过程称为非启发式推理。这种方法缺乏对求解问题的针对性,所以推理效率较低,容易出现"组合爆炸"问题。如图搜索策略中的宽度优先搜索法,虽然是完备的算法,但是对于复杂问题的求解将出现"组合爆炸"现象,搜索效率低。

### 4.1.3 推理的控制策略

推理的控制策略主要是指推理方向的选择、推理所用的搜索策略及冲突解决策略等,一般推理的控制策略与知识表达方法有关,这里仅就产生式系统来介绍推理控制策略。

#### 1. 推理方向

推理方向用于确定推理的驱动方式。根据推理方向的不同,可将推理分为正向推理、反向推理和正反向混合推理。无论按哪种方式进行推理,一般都要求系统具有一个存放知识的知识库(Knowledge Base,KB)、一个存放初始事实和中间结果的数据库(Data Base,DB)和一个用于推理的推理机。

1）正向推理

正向推理是由已知事实出发向结论方向的推理,也称为事实驱动推理。正向推理的基本思想是:系统根据用户提供的初始事实,在知识库中搜索能与之匹配的规则即当前可用的规则,构成可适用的规则集(Rule Set,RS),然后按某种冲突解决策略,从规则集中选择一条知识进行推理,并将推出的结论作为中间结果加到数据库中,成为下一步推理的事实,再在知识库中选择可适用的知识进行推理,如此重复,直到得出最终结论或者知识库中没有可适用的知识为止。正向推理简单、易实现,但目的性不强、效率低,需要用启发性知识解除冲突并控制中间结果的选取,其中包括必要的回溯。另外,由于不能反推,系统的解释功能受到影响。

2）反向推理

反向推理是以某个假设目标作为出发点的一种推理,又称为目标驱动推理或逆向推理。反向推理的基本思想是:首先提出一个假设目标,然后由此出发寻找支持该假设的证据,若所需的证据都能找到,则该假设成立,推理成功;若无法找到支持该假设的所有证据,则说明此假设不成立,需要另作新的假设。与正向推理相比,反向推理的主要优点是不必使用与目标无关的知识,目的性强,同时它还有利于向用户提供解释。反向推理的缺点是在选择初始目标时具有很大的盲目性,若假设不正确,就有可能需要多次提出假设,影响系统的效率。反向推理比较适合结论单一或直接提出结论要求证实的系统。

3）正反向混合推理

前面已介绍,正向推理效率比较低,推理过程中可能会推出许多与问题求解无关的子目标;反向推理中也存在着选择初始假设的盲目性,同样会降低推理的效率。为解决这些问题,可把正向推理和反向推理结合起来,使其各自发挥自己的优势,取长补短,像这样正向推理和反向推理相结合的推理方法称为正反向混合推理。

正反向混合推理的一般过程是:先根据初始事实进行正向推理以帮助提出假设,再用反向推理进一步寻找支持假设的证据,反复这个过程,直到得出结论为止。正反向混合推理结合了正向推理和反向推理的优点,但其控制策略相对复杂。

**2. 搜索策略**

推理时要反复用到知识库中的规则,而知识库中的规则又很多,这样就存在着如何在知识库中寻找可用规则的问题,即如何确定推理路线,使其付出的代价尽可能地少,问题又能得到较好的解决。为了有效地控制规则的选取,可以采用各种搜索策略。常用的搜索策略有盲目搜索(宽度优先搜索、深度优先搜索、有界深度优先搜索等)和启发式搜索(A* 算法、迭代加深 A* 算法)等。具体搜索算法见第 3 章。

**3. 冲突解决策略**

在推理过程中,系统要不断地用数据库中的事实与知识库中的规则进行匹配,当有多个规则的条件部分和当前数据库相匹配时,就需要有一种策略来决定首先使用哪一条规则,这就是冲突解决策略。冲突解决策略实际上就是确定规则的启用顺序。常用的冲突解决策略有下列 7 种。

1）专一性排序

如果某一规则的条件部分规定的情况比另一规则的条件部分所规定的情况更具体,则这条规则具有较高的优先级。例如,有如下规则。

规则 1：IF $A$ AND $B$ AND $C$　　THEN $E$；

规则 2：IF $A$ AND $B$ AND $C$ AND $D$　　THEN $F$。

数据库中 $A$、$B$、$C$、$D$ 均为真,这时规则 1 和规则 2 都与数据库相匹配,但因为规则 2 的条件部分包括了更多的限制,所以具有较高的优先级。本策略是优先使用针对性较强的产生式规则。

2）规则排序

如果规则编排顺序就表示了启用的优先级,则称之为规则排序。

3）数据排序

数据排序是把规则条件部分的所有条件按优先级次序编排起来,当发生冲突时,首先使用在条件部分包含较高优先级数据的规则。

4）就近排序

就近排序是把最近使用的规则放在最优先的位置。如果某一规则经常使用,则倾向于更多地使用这条规则。

5）上下文限制

上下文限制是把产生式规则按它们所描述的上下文分组,在某种上下文条件下,只能从与其相对应的那组规则中选择可应用的规则。这样不仅可以减少冲突,由于搜索范围小,也提高了推理的效率。

6）按匹配度排序

在不精确匹配中，为了确定两个知识模式是否可以进行匹配，需要计算这两个模式的相似程度，当其相似度达到某个预先规定的值时，就认为它们是可匹配的。相似度又称为匹配度，它除了可用来确定两个知识模式是否可匹配外，还可用于冲突解除。若有几条规则均可匹配成功，则可根据它们的匹配度来决定哪一个产生式规则可优先应用。

7）按条件个数排序

如果有多条产生式规则生成的结论相同，则要求优先应用条件少的产生式规则，因为要求条件少的规则匹配时花费的时间较少。

不同的系统，可使用上述这些策略的不同组合，目的是尽量减少冲突的发生，使推理有较快的速度和较高的效率。如何选择冲突解决策略完全是由启发性知识决定的。

# 4.2 推理的逻辑基础

在第2章中介绍了一阶谓词逻辑表示法，给出了命题、命题逻辑、谓词、谓词逻辑、谓词公式、谓词公式表示等，并指出谓词逻辑是一种重要的知识表示方法，是到目前为止能够表示人类思维活动规律的一种最精确的形式语言。本节将在此基础上进一步探讨推理的逻辑基础。

## 4.2.1 谓词公式的永真性和可满足性

### 1. 谓词公式的永真性

**定义 4.1** 如果谓词公式 $P$，对个体域 $D$ 上的任何一个解释都取得真值 T，则称 $P$ 在 $D$ 上是永真的；如果 $P$ 在每个非空个体域上均永真，则称 $P$ 永真。

**定义 4.2** 如果谓词公式 $P$，对个体域 $D$ 上的所有解释都取得假值 F，则称 $P$ 在 $D$ 上是永假的；如果 $P$ 在每个非空个体域上均永假，则称 $P$ 永假。谓词公式的永假性又称为不可满足性或不相容性。

### 2. 谓词公式的可满足性

**定义 4.3** 对于谓词公式 $P$，如果至少存在一个解释使得公式 $P$ 在此解释下的真值为 T，则称公式 $P$ 是可满足的。

按照定义 4.3，对谓词公式 $P$，如果不存在任何解释，使得 $P$ 的取值为 T，则称公式 $P$ 是不可满足的。所以，谓词公式 $P$ 永假与不可满足是等价的。若 $P$ 永假，则也可称 $P$ 是不可满足的。

### 3. 谓词公式的等价性与永真蕴含

**定义 4.4** 设 $P$ 与 $Q$ 是两个谓词公式，$D$ 是它们共同的个体域。若对 $D$ 上的任何一个解释，$P$ 与 $Q$ 的取值都相同，则公式 $P$ 和 $Q$ 在个体域 $D$ 上是等价的。如果 $D$ 是任意个体域，则称 $P$ 和 $Q$ 是等价的，记作 $P{\Leftrightarrow}Q$。

**定义 4.5** 对于谓词公式 $P$ 和 $Q$，如果 $P{\rightarrow}Q$ 永真，则称 $P$ 永真蕴含 $Q$，且称 $Q$ 为 $P$ 的

逻辑结论,称 $P$ 为 $Q$ 的前提,记作 $P \Rightarrow Q$。

### 4. 谓词演算的等价式

1）双重否定律（Double Negation Law）

$$\neg(\neg P(x)) \Leftrightarrow P(x)$$

2）德摩根律（De Morgan's Law）

$$\neg(P(x) \vee Q(x)) \Leftrightarrow \neg P(x) \wedge \neg Q(x)$$
$$\neg(P(x) \wedge Q(x)) \Leftrightarrow \neg P(x) \vee \neg Q(x)$$

3）逆否律（Inverse-negation Law）

$$P(x) \rightarrow Q(x) \Leftrightarrow \neg Q(x) \rightarrow \neg P(x)$$

4）分配律（Assignment Law）

$$P(x) \wedge (Q(x) \vee R(x)) \Leftrightarrow (P(x) \wedge Q(x)) \vee (P(x) \wedge R(x))$$
$$P(x) \vee (Q(x) \wedge R(x)) \Leftrightarrow (P(x) \vee Q(x)) \wedge (P(x) \vee R(x))$$

5）结合律（Association Law）

$$(P(x) \wedge Q(x)) \wedge R(x) \Leftrightarrow P(x) \wedge (Q(x) \wedge R(x))$$
$$(P(x) \vee Q(x)) \vee R(x) \Leftrightarrow P(x) \vee (Q(x) \vee R(x))$$

6）蕴含等价式（Implication Law）

$$P(x) \rightarrow Q(x) \Leftrightarrow \neg P(x) \vee Q(x)$$

7）易名规则（Rename Law）

$$\forall x P(x) \vee \forall x Q(x) \Leftrightarrow \forall x P(x) \vee \forall y Q(x)$$

8）量词转换律（Quantifier Transform Law）

$$\neg \forall x P(x) \Leftrightarrow \exists x \neg P(x)$$
$$\neg \exists x P(x) \Leftrightarrow \forall x \neg P(x)$$

9）量词分配律（Quantifier Assignment Law）

$$\exists x(P(x) \vee Q(x)) \Leftrightarrow \exists x P(x) \vee \exists x Q(x)$$
$$\forall x(P(x) \wedge Q(x)) \Leftrightarrow \forall x P(x) \wedge \forall x Q(x)$$
$$\forall x(P \rightarrow Q(x)) \Leftrightarrow P \rightarrow \forall x Q(x)$$
$$\exists x(P \rightarrow Q(x)) \Leftrightarrow P \rightarrow \exists x Q(x)$$

10）量词交换律（Quantifier Commutative Law）

$$\forall x \forall y(P(x,y)) \Leftrightarrow \forall y \forall x(P(x,y))$$
$$\exists x \exists y(P(x,y)) \Leftrightarrow \exists y \exists x(P(x,y))$$

11）量词辖域变换等价式

$$\forall x P(x) \vee Q \Leftrightarrow \forall x(P(x) \vee Q)$$
$$\forall x P(x) \wedge Q \Leftrightarrow \forall x(P(x) \wedge Q)$$
$$\exists x P(x) \vee Q \Leftrightarrow \exists x(P(x) \vee Q)$$
$$\exists x P(x) \wedge Q \Leftrightarrow \exists x(P(x) \wedge Q)$$

其中,$Q$ 不含变量。

12）量词消去及引入规则

全称量词消去规则：$\forall x P(x) \Leftrightarrow P(y)$

全称量词引入规则：$P(y) \Leftrightarrow \forall x P(x)$

存在量词消去规则：$\exists x Q(x) \Leftrightarrow Q(c)$（$c$ 为常量）

存在量词引入规则：$Q(c) \Leftrightarrow \exists x Q(x)$（$c$ 为常量）

有限域量词消去规则：设有限个体域为 $D \in d_1, d_2, \cdots, d_n$，则

$$\forall x P(x) \Leftrightarrow P(d_1) \wedge P(d_2), \cdots, \wedge P(d_n)$$

$$\exists x Q(x) \Leftrightarrow Q(d_1) \vee Q(d_2), \cdots, \vee Q(d_n)$$

**5. 推理规则**

在推理中，一些推理规则如下。

- P 规则：在推理的任何步骤上都可引入前提。
- T 规则：推理时，如果前面步骤中有一个或多个永真蕴含公式 S，则可把 S 引入推理过程中。
- CP 规则：如果能从 R 和前提集合中推出 S 来，则可从前提集合中推出 $R \rightarrow S$。
- 反证法：$P \Rightarrow Q$，当且仅当 $P \wedge \neg Q \Leftrightarrow F$，即 Q 为 P 的逻辑结论，当且仅当 $P \wedge \neg Q$ 是不可满足的。

推广之，可得如下定理。

**定理 4.1**　$Q$ 为 $P_1, P_2, \cdots, P_n$ 的逻辑结论，当且仅当 $(P_1 \wedge P_2 \wedge \cdots \wedge P_n) \wedge \neg Q$ 是不可满足的。

## 4.2.2　置换与合一

置换与合一是为了处理谓词逻辑中的子句之间的模式匹配而引进的。

**1. 置换的概念**

**定义 4.6**　形如 $\{t_1/x_1, t_2/x_2, \cdots, t_n/x_n\}$ 的一个有限集称为置换，其中 $x_i$ 是变量，$t_i$ 是不同于 $x_i$ 的项（常量，变量，函数），$x_i$ 不能循环地出现在另一个 $t_i$（$i, j = 1, 2, \cdots, n$）中。例如，$\{a/x, b/y, f(x)/z\}$ 是一个置换，但 $\{g(y)/x, f(x)/y\}$ 不是一个置换。原因是它在 $x$ 与 $y$ 之间出现了循环置换现象。通常，置换是用希腊字母 $\theta$、$\sigma$、$\alpha$、$\lambda$ 等表示的。

不含任何元素的置换称为空置换，以 $\varepsilon$ 表示。

**定义 4.7**　设 $F$ 为谓词公式，$\sigma$ 为一个置换，则称 $F\sigma$ 为 $F$ 的特例，也称为例或因子。

置换乘法的作用是将两个置换合成为一个置换。定义如下。

**定义 4.8**　假设有如下两个置换：

$$\theta = \{t_1/x_1, t_2/x_2, \cdots, t_n/x_n\}$$

$$\lambda = \{u_1/y_1, u_2/y_2, \cdots, u_m/y_m\}$$

则 $\theta$ 与 $\lambda$ 的合成也是一个置换，记作 $\theta \cdot \lambda$，也称置换乘法，其作用于公式 $E$ 时，相当于先 $\theta$ 后 $\lambda$ 对 $E$ 的作用。它是从集合 $\{t_1\lambda/x_1, t_2\lambda/x_2, \cdots, t_n\lambda/x_n, u_1/y_1, u_2/y_2, \cdots, u_m/y_m\}$ 中删除以下两种元素后剩下的元素所构成的集合：

① 当 $t_i\lambda = x_i$ 时，删除 $t_i\lambda/x_i$。

② 当 $y_i \in \{x_1, x_2, \cdots, x_n\}$ 时，删除 $u_i/y_i$。

**例 4.1**　设 $\theta = \{f(y)/x, z/y\}$，$\lambda = \{a/x, b/y, y/z\}$，求 $\theta$ 与 $\lambda$ 的合成。

**解**：先求出集合

$$\{f(b/y)/x,(y/z)/y,a/x,b/y,y/z\}=\{f(b)/x,y/y,a/x,b/y,y/z\}$$

其中,$f(b)/x$ 中的 $f(b)$ 是置换 $\lambda$ 作用于 $f(y)$ 的结果；$y/y$ 中的 $y$ 是置换 $\lambda$ 作用于 $z$ 的结果。在该集合中,$y/y$ 满足定义中的条件①,需要删除；$a/x$ 和 $b/y$ 满足定义中的条件②,也需要删除。最后得到

$$\theta \cdot \lambda = \{f(b)/x,y/z\}$$

这就是 $\theta$ 与 $\lambda$ 的合成。

**2. 置换的性质**

置换有下列性质:

(1) 对任意的置换 $\theta$,恒有 $\varepsilon \cdot \theta = \theta \cdot \varepsilon = \theta$。

(2) 对任意的表达式 $E$,恒有 $E(\theta \cdot \lambda) = (E\theta) \cdot \lambda$。

(3) 若对任意表达式 $E$ 恒有 $E\theta = E\lambda$,则 $\theta = \lambda$。

(4) 对任意置换 $\theta,\lambda,\mu$ 恒有 $(\theta \cdot \lambda)\mu = \theta(\lambda \cdot \mu)$,即置换的合成满足结合律。注意:置换的合成不满足交换律。

(5) 设 $A$ 和 $B$ 为表达式的集合,则对任意的置换 $\theta$,恒有 $(A \bigcup B)\theta = (A\theta) \bigcup (B\theta)$。

**3. 合一的概念**

**定义 4.9** 设有公式集 $\{E_1,E_2,\cdots,E_n\}$ 和置换 $\theta$,若 $E_1\theta = E_2\theta = \cdots = E_n\theta$ 成立,则称公式集 $E_1,E_2,\cdots,E_n$ 是可合一的,且置换 $\theta$ 称为合一置换。

**例 4.2** 设有公式集 $F = \{P(x,y,f(y)),P(a,g(x),z)\}$,则 $\lambda = \{a/x,g(a)/y,f(g(a))/z\}$ 是它的一个合一。

一般来说,一个公式集的合一不是唯一的。

**定义 4.10** 设 $\sigma$ 为谓词公式 $E_1,E_2,\cdots,E_n$ 一个合一置换,若对公式 $E_1,E_2,\cdots,E_n$ 的任意一个置换 $\theta$,都存在一个置换 $\lambda$,使得 $\theta = \sigma \cdot \lambda$,则称 $\sigma$ 是 $E_1,E_2,\cdots,E_n$ 的最一般合一置换(Most General Unifier,MGU)。

一个公式集的最一般合一是唯一的。

**4. 合一算法(MGU 算法)**

为了描述 MGU 算法,首先给出差异集(Difference Set)$D$ 的概念。

**定义 4.11** 设 $W$ 为一个表达式的非空集合,则 $W$ 的差异集 $D$ 是按下述方法得出的子表达式的集合:

① 在 $W$ 的所有表达式中找出对应符号不全相同的第一个符号(自左算起)。

② 在 $W$ 的每个表达式中,都提取占有该符号位置的子表达式,这些子表达式的集合便是 $W$ 的差异集 $D$。

**例 4.3** 设 $W = \{P(x,f(y,z)),P(x,a),P(x,g(h(k(x))))\}$,求 $W$ 的差异集 $D$。

**解:** 在 $W$ 的 3 个表达式中,前 4 个符号"$P(x,$"是相同的,第 5 个符号不全相同,所以 $W$ 的差异集 $D$ 为:$D = \{f(y,z),a,g(h(k(x)))\}$。假设 $D$ 是 $W$ 的差异集,显然有下面的结论。

(1) 若 $D$ 中无变量符号,则 $W$ 是不可合一的。例如:

$$W = \{P(a),P(b)\}$$
$$D = \{a,b\}$$

（2）若 $D$ 中只有一个元素，则 $W$ 是不可合一的。例如：

$$W = \{P(x), P(x, y)\}$$
$$D = \{y\}$$

（3）若 $D$ 中有变量符号 $x$ 和项 $t$，且 $x$ 出现在 $t$ 中，则 $W$ 是不可合一的。例如：

$$W = \{P(x), P(f(x))\}$$
$$D = \{x, f(x)\}$$

下面给出 MGU 算法。

**算法 4.1　MGU 算法**

① 置 $k = 0$，$W_k = W$，$s_k = e$。

② 若 $W_k$ 中只有一个元素，则算法停止，$\sigma_k$ 是要求的 MGU。否则求出 $W_k$ 的差异集 $D_k$。

③ 若 $D_k$ 中存在元素 $v_k$ 和 $t_k$，并且 $v_k$ 是不出现在 $t_k$ 中的变量，则转向第④步。否则终止，并且 $W$ 是不可合一的。

④ 置 $\sigma_{k+1} = \sigma_k \cdot \{t_k / x_k\}$，$W_{k+1} = W_k \cdot \{t_k / x_k\}$（注意 $W_{k+1} = W\sigma_{k+1}$）。

⑤ 置 $k = k + 1$，转向第②步。

注意，在第③步，要求 $v_k$ 不出现在 $t_k$ 中，这称为 Occur 检查，算法的正确性依赖于它。假如 $W = \{P(x, x), P(y, f(y))\}$，执行合一算法：

① $D_0 = \{x, y\}$。

② $\sigma_1 = \{y/x\}$，$W\sigma_1 = \{P(y, y), P(y, f(y))\}$。

③ $D_1 = \{y, f(y)\}$，因为 $y$ 出现在 $f(y)$ 中，所以 $W$ 不可合一。若不做 Occur 检查，则算法不能停止。

但是，由于 Occur 检查使上述合一算法在最坏的情况下运行时间是输入长度的指数函数，因此在多数逻辑程序设计语言 PROLOG 的实现中都省略了 Occur 检查。

可以证明，如果 $E_1$ 和 $E_2$ 可合一，则算法必收敛于第③步。

**例 4.4**　求出 $W = \{P(a, x, f(g(y))), P(z, f(z), f(u))\}$ 的最一般合一。

**解：**

（1）令 $W_0 = W$，$\sigma_0 = \varepsilon$。

（2）$W_0$ 未合一，不一致集为 $D_0 = \{a, z\}$。

（3）$D_0$ 中存在变量 $x_0 = z$ 和常量 $t_0 = a$。

（4）令 $\sigma_1 = \sigma_0 \cdot \{t_0 / x_0\} = \sigma_0 \cdot \{a/z\}$。

① $W_1 = W_0 \cdot \{t_0 / x_0\} = \{P(a, x, f(g(y))), P(z, f(z), f(u))\}\{a/z\}$
　　$= \{P(a, x, f(g(y))), P(a, f(a), f(u))\}$

② $W_1$ 未合一，不一致集为 $D_1 = \{x, f(a)\}$。

③ $D_1$ 中存在元素 $x_1 = x$ 和 $t_1 = f(a)$，并且变量 $x$ 不出现在 $f(a)$ 中。

④ 令 $\sigma_2 = \sigma_1 \cdot \{t_1 / x_1\} = \sigma_1 \cdot \{f(a)/x\} = \{a/z, f(a)/x\}$
　　$W_2 = W_1\{t_1 / x_1\} = \{P(a, x, f(g(y))), P(z, f(z), f(u))\}\{a/z, f(a)/x\}$
　　$= \{P(a, f(a), f(g(y))), P(a, f(a), f(a))\}$

$W_2$ 未合一，不一致集为 $D_2 = \{g(y), u\}$。

$D_2$ 中存在元素 $x_2 = u$ 不出现在 $t_2 = g(y)$ 中。

令 $\sigma_3 = \sigma_2 \cdot \{t_2/x_2\} = \sigma_2 \cdot \{g(y)/u\} = \{a/z, f(a)/x, g(y)/u\}$

$W_3 = W_2\{t_2/x_2\} = \{P(a,f(a),f(g(y))), P(a,f(a),f(u))\}\{a/z,f(a)/x,g(y)/u\}$

$\quad = \{P(a,f(a),f(g(y)))\}$

$W_3$ 中只含一个元素,所以:

$$\sigma_3 = \{a/z, f(a)/x, g(y)/u\}$$

是 $W$ 的最一般合一,终止。

**注意:** 上述合一算法对任意有限非空的表达式集合总是能够终止的。否则将会产生有限非空表达式集合的一个无穷序列 $\sigma_0, W\sigma_1, W\sigma_2, \cdots$,该序列中的任一集合 $W\sigma_{k+1}$ 都比相应的集合 $W\sigma_k$ 少含一个变量($W\sigma_k$ 含有 $v_k$,但 $W\sigma_{k+1}$ 不含 $v_k$)。由于 $W$ 中只含有限个不同的变量,因此上述情况不会发生。这里不加证明地给出下述定理。

**定理 4.2** 若 $W$ 为有限非空可合一表达式集合,则合一算法总能终止在例 4.4 第(2)步上,并且最后的 $\sigma_k$ 便是 $W$ 的最一般合一。

# 4.3 自然演绎推理

从一组已知为真的事实出发,直接运用经典逻辑中的推理规则推出结论的过程称为自然演绎推理。

自然演绎推理最基本的推理规则是三段论推理,它包括:

- 假言推理: $P$, $P \rightarrow Q \Rightarrow Q$
- 拒取式: $\neg Q, P \rightarrow Q \Rightarrow \neg P$
- 假言三段论: $P \rightarrow Q, Q \rightarrow R \Rightarrow P \rightarrow R$

在自然演绎推理中需要避免两类错误:肯定后件的错误和否定前件的错误。肯定后件的错误是指,当 $P \rightarrow Q$ 为真时,希望通过肯定后件 $Q$ 为真来推出前件 $P$ 为真,这是不允许的。原因是指当 $P \rightarrow Q$ 及 $Q$ 为真时,前件 $P$ 既可能为真,也可能为假。否定前件的错误是指 $P \rightarrow Q$ 为真时,希望通过否定前件 $P$ 来推出后件 $Q$ 为假,这也是不允许的。原因是当 $P \rightarrow Q$ 及 $P$ 为假时,后件 $Q$ 既可能为真,也可能为假。

**例 4.5** 设已知如下事实:

(1) 只要是需要编写程序的课,王程都喜欢。

(2) 所有的程序设计语言课都是需要编写程序的课。

(3) C 是一门程序设计语言课。

求证:王程喜欢 C 这门课。

**证明:** 首先定义谓词。

$\mathrm{Prog}(x)$,$x$ 是需要编程的课。

$\mathrm{Like}(x, y)$,$x$ 喜欢 $y$。

$\mathrm{Lang}(x)$,$x$ 是一门程序设计语言课。

把已知事实及待求解问题用谓词公式表示如下:

$$\mathrm{Prog}(x) \rightarrow \mathrm{Like}(\mathrm{Wang}, x)$$

$$(\forall x)(\mathrm{Lang}(x) \rightarrow \mathrm{Prog}(x))$$

$$\mathrm{Lang}(C)$$

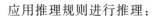

应用推理规则进行推理：

　　　　$Lang(y) \rightarrow Prog(y)$，全称固化

　　　　$Lang(C), Lang(y) \rightarrow Prog(y) \Rightarrow Prog(C)$，假言推理 $\langle C/y \rangle$

　　　　$Prog(C), Prog(x) \rightarrow Like(Wang, x) \Rightarrow Like(Wang, C)$，假言推理 $\langle C/x \rangle$

因此，王程喜欢 $C$ 这门课。

　　一般来说，自然演绎推理由已知事实推出的结论可能有多个，只要包含了需要证明的结论，就认为问题得到了解决。

　　自然演绎推理定理证明过程自然，易于理解，并且有丰富的推理规则可用。其主要缺点是容易产生知识爆炸，推理过程中得到的中间结论一般按指数规律递增，对于复杂问题的推理不利，甚至难以实现。

# 4.4　归结演绎推理

## 4.4.1　子句集

　　鲁滨逊归结原理是在子句集的基础上讨论问题的。因此，讨论归结演绎推理之前，需要先讨论子句集的有关概念。

### 1. 子句和子句集

**定义 4.12**　原子谓词公式及其否定统称为文字。

例如，$P(x)$、$Q(x)$、$\neg P(x)$、$\neg Q(x)$ 等都是文字。

**定义 4.13**　任何文字的析取式称为子句。

例如，$P(x) \vee Q(x)$，$P(x, f(x)) \vee Q(x, g(x))$ 都是子句。

**定义 4.14**　不含任何文字的子句称为空子句。空子句一般被记为 NIL。

由于空子句不含有任何文字，也就不能被任何解释所满足，因此空子句是永假的，不可满足的。

**定义 4.15**　由子句或空子句所构成的集合称为子句集。

### 2. 谓词公式的化简

　　在谓词逻辑中，任何一个谓词公式都可以通过应用等价关系及推理规则化成相应的子句集。其化简步骤如下。

1) 消去连接词"$\rightarrow$"和"$\leftrightarrow$"

反复使用等价公式

$$P \rightarrow Q \Leftrightarrow \neg P \vee Q$$

$$P \leftrightarrow Q \Leftrightarrow (P \wedge Q) \vee (\neg P \wedge \neg Q)$$

即可消去谓词公式中的连接词"$\rightarrow$"和"$\leftrightarrow$"。

2) 减少否定符号的辖域

反复使用双重否定律：

$$\neg(\neg P) \Leftrightarrow P$$

德摩根律：

$$\neg(P \wedge Q) \Leftrightarrow \neg P \vee \neg Q$$
$$\neg(P \vee Q) \Leftrightarrow \neg P \wedge \neg Q$$

量词转换率：

$$\neg(\forall x)P(x) \Leftrightarrow (\exists x)\neg P(x)$$
$$\neg(\exists x)P(x) \Leftrightarrow (\forall x)\neg P(x)$$

将每个否定符号"¬"移到仅靠谓词的位置,使得每个否定符号最多只作用于一个谓词。

3) 对变元标准化

在一个量词的辖域内,把谓词公式中受该量词约束的变元全部用另一个没有出现过的任意变元代替,使不同量词约束的变元有不同的名字。

4) 化为前束范式

化为前束范式的方法：把所有量词都移到公式的左边,并且在移动时不能改变其相对顺序。由于第3)步已对变元进行了标准化,每个量词都有自己的变元,这就消除了任何由变元引起冲突的可能,因此这种移动是可行的。

5) 消去存在量词

消去存在量词时,需要区分以下两种情况。

(1) 若存在量词不出现在全称量词的辖域内(它的左边没有全称量词),则只要用一个新的个体常量替换受该存在量词约束的变元,就可消去该存在量词。

(2) 若存在量词位于一个或多个全称量词的辖域内,如：

$$(\forall x_1)\cdots(\forall x_n)(\exists y)P(x_1, x_2, \cdots, x_n, y)$$

则需要用 Skolem 函数 $f(x_1, x_2, \cdots, x_n)$ 替换受该存在量词约束的变元 $y$,再消去该存在量词。

6) 化为 Skolem 标准型

Skolem 标准型的一般形式为

$$(\forall x_1)\cdots(\forall x_n)M(x_1, x_2, \cdots, x_n)$$

其中,$M(x_1, x_2, \cdots, x_n)$ 是 Skolem 标准型的母式,它由子句的合取所构成。

把谓词公式化为 Skolem 标准型需要使用以下等价关系

$$P \vee (Q \wedge R) \Leftrightarrow (P \vee Q) \wedge (P \vee R)$$

7) 消去全称量词

由于母式中的全部变元均受全称量词的约束,并且全称量词的次序已无关紧要,因此可以省掉全称量词。但剩下的母式仍假设其变元是被全称量词量化的。

8) 消去合取词

在母式中消去所有合取词,把母式用子句集的形式表示出来。其中,子句集中的每个元素都是一个子句。

9) 更换变量名称

对子句集中的某些变量重新命名,使任意两个子句中不出现相同的变量名。由于每个子句都对应着母式中的一个合取元,并且所有变元都是由全称量词量化的,因此任意两个不同子句的变量之间实际上不存在任何关系。这样,更换变量名是不会影响公式的真值的。

**例 4.6** 化简下列谓词公式：

(1) $(\forall x)((\forall y)P(x,y) \rightarrow \neg(\forall y)(Q(x,y) \rightarrow R(x,y)))$

(2) $\forall x\{P(x) \rightarrow \forall y[P(y) \rightarrow P(f(x,y))] \wedge \neg \forall y[Q(x,y) \rightarrow P(y)]\}$

**解：**

对上述谓词公式(1)：

① 消去连接词"$\rightarrow$"：经等价变换后得到：

$$(\forall x)(\neg(\forall y)P(x,y) \vee \neg(\forall y)(\neg Q(x,y) \vee R(x,y)))$$

② 减少否定符号的辖域：上式经等价变换后为

$$(\forall x)((\exists y)\neg P(x,y) \vee (\exists y)(Q(x,y) \wedge \neg R(x,y)))$$

③ 对变元标准化：上式经变换后为

$$(\forall x)((\exists y)\neg P(x,y) \vee (\exists z)(Q(x,z) \wedge \neg R(x,z)))$$

④ 化为前束范式：上式化为前束范式后为

$$(\forall x)(\exists y)(\exists z)(\neg P(x,y) \vee (Q(x,z) \wedge \neg R(x,z)))$$

⑤ 消去存在量词：上式中存在量词 $\exists y$ 和 $\exists z$ 都位于 $\forall x$ 的辖域内，因此都需要用 Skolem 函数来替换。设替换 $y$ 和 $z$ 的 Skolem 函数分别是 $f(x)$ 和 $g(x)$，则替换后的式子为

$$(\forall x)(\neg P(x,f(x)) \vee (Q(x,g(x)) \wedge \neg R(x,g(x))))$$

⑥ 化为 Skolem 标准型：上面的公式化为 Skolem 标准型后为

$$(\forall x)(\neg P(x,f(x)) \vee Q(x,g(x)) \wedge (\neg P(x,f(x)) \vee \neg R(x,g(x))))$$

⑦ 消去全称量词：上式消去全称量词后为

$$(\neg P(x,f(x)) \vee Q(x,g(x)) \wedge (\neg P(x,f(x)) \vee \neg R(x,g(x))))$$

⑧ 消去合取词：上式的子句集中包含两个子句

$$\neg P(x,f(x)) \vee Q(x,g(x))$$
$$\neg P(x,f(x)) \vee \neg R(x,g(x))$$

⑨ 更换变量名称：对上面的两个子句，可把第二个子句中的变元名 $x$ 更换为 $y$，得到子句集

$$\neg P(x,f(x)) \vee Q(x,g(x))$$
$$\neg P(y,f(y)) \vee \neg R(y,g(y))$$

同样，对于上述谓词公式(2)：

① 消去蕴含符号：经等价变换后得到

$$\forall x\{\neg P(x) \vee \forall y[\neg P(y) \vee P(f(x,y))] \wedge \neg \forall y[\neg Q(x,y) \vee P(y)]\}$$

② 减少否定符号的辖域：经等价变换后得到

$$\forall x\{\neg P(x) \vee \forall y[\neg P(y) \vee P(f(x,y))] \wedge \exists y[Q(x,y) \wedge \neg P(y)]\}$$

③ 对变元标准化：重新命名变元名，使不同量词约束的变元有不同的名字

$$\forall x\{\neg P(x) \vee \forall y[\neg P(y) \vee P(f(x,y))] \wedge \exists w[Q(x,w) \wedge \neg P(w)]\}$$

④ 消去存在量词

$$\forall x\{\neg P(x) \vee \forall y[\neg P(y) \vee P(f(x,y))] \wedge [Q(x,g(x)) \wedge \neg P(g(x))]\}$$

⑤ 化为前束形

$$\forall x \forall y\{\neg P(x) \vee [\neg P(y) \vee P(f(x,y))] \wedge [Q(x,g(x)) \wedge \neg P(g(x))]\}$$

⑥ 把母式化为合取范式

$$\forall x \forall y \{ \neg P(x) \lor \neg P(y) \lor P(f(x,y)) \land Q(x,g(x)) \land \neg P(g(x)) \}$$

⑦ 消去全称量词和合取连接词

$$\neg P(x) \lor \neg P(y) \lor P(f(x,y))$$
$$Q(x,g(x))$$
$$\neg P(g(x))$$

这就是该公式的子句集。

**3. 子句集的应用**

在上述化简过程中,由于在消去存在量词时所用的 Skolem 函数可以不同,因此化简后的标准子句集是不唯一的。这样,当原谓词公式为非永假时,它与其标准子句集并不等价。但当原谓词公式为永假(或不可满足)时,其标准子句集则一定是永假的,即 Skolem 化并不影响原谓词公式的永假性。

这个结论很重要,是归结原理的主要依据,可用定理的形式来描述。

**定理 4.3** 设有谓词公式 $F$,其标准子句集为 $S$,则 $F$ 为不可满足的充要条件是 $S$ 为不可满足的。

### 4.4.2 鲁滨逊归结原理

由谓词公式转化为子句集的方法可知,在子句集中子句之间是合取关系。其中,只要一个子句为不可满足,则整个子句集是不可满足的。另外,前面已经指出空子句是不可满足的。因此,一个子句集中如果包含有空子句,则此子句集就一定是不可满足的。

鲁滨逊归结原理是基于上述认识提出来的,其基本思想是,首先把欲证明问题的结论否定,并加入子句集,得到一个扩充的子句集 $S'$。然后设法检验子句集 $S'$ 是否含有空子句,若含有空子句,则表明 $S'$ 是不可满足的;若不含有空子句,则继续使用归结法,在子句集中选择合适的子句进行归结,直至导出空子句或不能继续归结为止。鲁滨逊归结原理可分为命题逻辑归结原理和谓词逻辑归结原理。

**1. 命题逻辑归结原理**

归结原理的核心是求两个子句的归结式,因此需要先讨论归结式的定义和性质,再讨论命题逻辑的归结过程。

1) 命题逻辑的归结式

命题逻辑的归结式可用如下定义来描述。

**定义 4.16** 若 $P$ 是原子谓词公式,则称 $P$ 与 $\neg P$ 为互补文字。

**定义 4.17** 设 $C_1$ 和 $C_2$ 是子句集中的任意两个子句,如果 $C_1$ 中的文字 $L_1$ 与 $C_2$ 中的文字 $L_2$ 互补,那么可从 $C_1$ 和 $C_2$ 中分别消去 $L_1$ 和 $L_2$,并将 $C_1$ 和 $C_2$ 中余下的部分按析取关系构成一个新的子句 $C_{12}$,则称这一过程为归结,称 $C_{12}$ 为 $C_1$ 和 $C_2$ 的归结式,称 $C_1$ 和 $C_2$ 为 $C_{12}$ 的亲本子句。

**例 4.7** 设 $C_1 = \neg Q, C_2 = Q$,求 $C_1$ 和 $C_2$ 的归结式 $C_{12}$。

**解:** 这里 $L_1 = \neg Q, L_2 = Q$,通过归结可以得到

$$C_{12} = \text{NIL}$$

如果改变归结顺序,同样可以得到相同的结果,即其归结过程不是唯一的。

**定理 4.4** 归结式 $C_{12}$ 是其亲本子句 $C_1$ 和 $C_2$ 的逻辑结论。

上述定理是归结原理中的一个重要定理,由它可得到以下两个推论。

**推论 4.1** 设 $C_1$ 和 $C_2$ 是子句集 $S$ 中的两个子句,$C_{12}$ 是 $C_1$ 和 $C_2$ 的归结式,若用 $C_{12}$ 代替 $C_1$ 和 $C_2$ 后得到新的子句集 $S_1$,则由 $S_1$ 的不可满足性可以推出原子句集 $S$ 的不可满足性。即

$$S_1 \text{ 的不可满足性} \Rightarrow S \text{ 的不可满足性}$$

**推论 4.2** 设 $C_1$ 和 $C_2$ 是子句集 $S$ 中的两个子句,$C_{12}$ 是 $C_1$ 和 $C_2$ 的归结式,若把 $C_{12}$ 加入 $S$ 中得到新的子句集 $S_2$,则 $S$ 与 $S_2$ 的不可满足性是等价的。即

$$S_2 \text{ 的不可满足性} \Leftrightarrow S \text{ 的不可满足性}$$

上述两个推论说明,为证明子句集 $S$ 的不可满足性,只要对其中可进行归结的子句进行归结,并把归结式加入子句集 $S$,或者用归结式代替它的亲本子句,然后对新的子句集证明其不可满足性就可以了。

如果经归结能得到空子句,根据空子句的不可满足性,即可得到原子句集 $S$ 是不可满足的结论。

在命题逻辑中,对不可满足的子句集 $S$,其归结原理是完备的。

这种不可满足性可用如下定理描述。

**定理 4.5** 子句集 $S$ 是不可满足的,当且仅当存在一个从 $S$ 到空子句的归结过程。

2) 命题逻辑的归结反演

假设 $F$ 为已知前提,$G$ 为欲证明的结论,归结原理把证明 $G$ 为 $F$ 的逻辑结论转化为证明 $F \wedge \neg G$ 为不可满足。再根据定理 4.1,在不可满足的意义上,公式集 $F \wedge \neg G$ 与其子句集是等价的,即把公式集上的不可满足转化为子句集上的不可满足。

应用归结原理证明定理的过程称为归结反演。

在命题逻辑中,已知命题 $F$,证明命题 $G$ 为真的归结反演过程如下:

① 否定目标公式 $G$,得 $\neg G$;

② 把 $\neg G$ 并入公式集 $F$ 中,得到 $F \wedge \neg G$;

③ 把 $F \wedge \neg G$ 化为子句集 $S$;

④ 应用归结原理对子句集 $S$ 中的子句进行归结,并把每次得到的归结式都并入 $S$ 中。如此反复进行,若出现空子句,则停止归结,此时就证明了 $G$ 为真。

**例 4.8** 设已知的公式集为 $\{P, (P \wedge Q) \rightarrow R, (S \vee T) \rightarrow Q, T\}$,求证结论 $R$。

**解**:假设结论 $R$ 为假,将 $\neg R$ 加入公式集,并化为子句集

$$S = \{P, \neg P \vee \neg Q \vee R, \neg S \vee Q, \neg T \vee Q, T, \neg R\}$$

其归纳演绎树如图 4.1 所示。由于根部出现空子句,因此命题得到证明。这个归结证明过程的含义为:先假设子句集 $S$ 中的所有子句均为真,即原公式集为真,$\neg R$ 也为真;然后利用归结原理,对子句集进行归结,并把所得的归结式并入

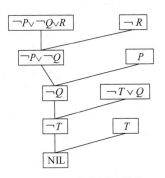

图 4.1 一个命题逻辑的
归结演绎

子句集中；重复这一过程，最后归结出了空子句。根据归结原理的完备性，可知子句集 $S$ 是不可满足的，即开始时假设 $\neg R$ 为真是错误的，这就证明了 $R$ 为真。

**2. 谓词逻辑归结原理**

在谓词逻辑中，由于子句集中的谓词一般都含有变元，因此不能像命题逻辑那样直接消去互补文字。需要先用一个最一般合一对变元进行代换，然后才能进行归结。可见，谓词逻辑的归结要比命题逻辑的归结麻烦一些。

1) 谓词逻辑的归结式

谓词逻辑中的归结式可用如下定义来描述。

**定义 4.18** 设 $C_1$ 和 $C_2$ 是两个没有公共变元的子句，$L_1$ 和 $L_2$ 分别是 $C_1$ 和 $C_2$ 中的文字。如果 $L_1$ 和 $L_2$ 存在最一般合一 $\sigma$，则称

$$C_{12} = (\{C_1\sigma\} - \{L_1\sigma\}) \bigcup (\{C_2\sigma\} - \{L_2\sigma\})$$

为 $C_1$ 和 $C_2$ 的二元归结式，而 $L_1$ 和 $L_2$ 为归结式上的文字。

**例 4.9** 设 $C_1 = P(x) \vee Q(a)$，$C_2 = \neg P(b) \vee R(x)$，求 $C_{12}$。

**解**：由于 $C_1$ 和 $C_2$ 有相同的变元 $x$，为了进行归结，需要修改 $C_2$ 中变元 $x$ 的名字，令 $C_2 = \neg P(b) \vee R(y)$。此时 $L_1 = P(x)$，$L_2 = \neg P(b)$，$L_1$ 和 $L_2$ 的最一般合一是 $\sigma = \{b/x\}$。则有

$$\begin{aligned}
C_{12} &= (\{C_1\sigma\} - \{L_1\sigma\}) \bigcup (\{C_2\sigma\} - \{L_2\sigma\}) \\
&= (\{P(b), Q(a)\} - \{P(b)\}) \bigcup (\{\neg P(b), R(y)\} - \{\neg P(b)\}) \\
&= (\{Q(a)\}) \bigcup (\{R(y)\}) = \{Q(a), R(y)\} \\
&= Q(a) \vee R(y)
\end{aligned}$$

对以上讨论做以下两点说明。

(1) 这里之所以使用集合符号和集合的运算，目的是为了说明问题的方便。即先将子句 $C_i\sigma$ 和 $L_i\sigma$ 写成集合的形式，在集合表示下做减法和并集运算，然后再写成子句集的形式。

(2) 定义中要求 $C_1$ 和 $C_2$ 无公共变元，这也是合理的。例如，$C_1 = P(x)$，$C_2 = \neg P(f(x))$，而 $S = \{C_1, C_2\}$ 是不可满足的。但由于 $C_1$ 和 $C_2$ 的变元相同，就无法合一了。没有归结式，就不能用归结法证明 $S$ 的不可满足性，这就限制了归结法的使用范围。

如果对 $C_1$ 或 $C_2$ 的变元进行换名，便可通过合一对 $C_1$ 和 $C_2$ 进行归结。如上例，若先对 $C_2$ 进行换名，即 $C_2 = \neg P(f(y))$，则可对 $C_1$ 和 $C_2$ 进行归结，得到一个空子句，从而证明了 $S$ 是不可满足的。

事实上，在由公式集化为子句集的过程中，其最后一步就是做换名处理。因此，定义中假设 $C_1$ 和 $C_2$ 没有相同变元是可以的。

**例 4.10** 设 $C_1 = P(x) \vee P(f(a)) \vee Q(x)$，$C_2 = \neg P(y) \vee R(b)$，求 $C_{12}$。

**解**：对参加归结的某个子句，若其内部有可合一的文字，则在进行归结之前应先对这些文字进行合一。本例的 $C_1$ 中有可合一的文字 $P(x)$ 与 $P(f(a))$，若用它们的最一般合一 $\sigma = \{f(a)/x\}$ 进行代换，可得到：

$$C_1\sigma = P(f(a)) \vee Q(f(a))$$

此时可对 $C_1\sigma$ 与 $C_2$ 进行归结。选定 $L_1 = P(f(a))$，$L_2 = \neg P(y)$，$L_1$ 和 $L_2$ 的最一般

合一是 $\sigma=\{f(a)/y\}$，则可得到 $C_1$ 和 $C_2$ 的二元归结式，即
$$C_{12}=R(b)\vee Q(f(a))$$
其中，$C_1\sigma$ 称为 $C_1$ 的因子。一般来说，若子句 $C$ 中有两个或两个以上的文字具有最一般合一 $\sigma$，则称 $C\sigma$ 为子句 $C$ 的因子。如果 $C\sigma$ 是一个单文字，则称它为 $C$ 的单元因子。

应用因子概念，可对谓词逻辑中的归结原理给出如下定义。

**定义 4.19** 若 $C_1$ 和 $C_2$ 是无公共变元的子句，则

① $C_1$ 和 $C_2$ 的二元归结式；

② $C_1$ 和 $C_2$ 的因子 $C_2\sigma_2$ 的二元归结式；

③ $C_1$ 的因子 $C_1\sigma_1$ 和 $C_2$ 的二元归结式；

④ $C_1$ 的因子 $C_1\sigma_1$ 和 $C_2$ 的因子 $C_2\sigma_2$ 的二元归结式。

这四种二元归结式都是子句 $C_1$ 和 $C_2$ 的二元归结式，记作 $C_{12}$。

2) 谓词逻辑的归结反演

对谓词逻辑，定理 4.4 仍然适用，即归结式 $C_{12}$ 是其亲本子句 $C_1$ 和 $C_2$ 的逻辑结论。用归结式取代它在子句集 $S$ 中的亲本子句，所得到的子句集仍然保持着原子句集 $S$ 的不可满足性。

此外，定理 4.5 对谓词逻辑也仍然适用，即从不可满足的意义上说，一阶谓词逻辑的归结原理也是完备的。

谓词逻辑的归结反演过程与命题逻辑的归结反演过程相比，其步骤基本相同，但每步的处理对象不同。例如，在步骤③化简子句集时，谓词逻辑需要把由谓词构成的公式集化为子句集；在步骤④按归结原理进行归结时，谓词逻辑的归结原理需要考虑两个亲本子句的最一般合一。

谓词逻辑的归结反演步骤如下。

设要被证明的定理可用谓词公式表示为如下形式：
$$A_1\wedge A_2\wedge\cdots\wedge A_n\to B$$
① 首先否定结论 $B$，并将否定后的公式 $\neg B$ 与前提公式集组成如下形式的谓词公式：
$$G=A_1\wedge A_2\wedge\cdots\wedge A_n\wedge\neg B$$
② 求谓词公式 $G$ 的子句集 $S$。

③ 应用归结原理，证明子句集 $S$ 的不可满足性，从而证明谓词公式 $G$ 的不可满足性。这就说明对结论 $B$ 的否定是错误的，推断出定理的成立。

**例 4.11** 已知
$$F:(\forall x)((\exists y)(A(x,y)\wedge B(y))\to(\exists y)(C(y)\wedge D(x,y)))$$
$$G:\neg(\exists x)C(x)\to(\forall x)(\forall y)(A(x,y)\to\neg B(y))$$

求证：$G$ 是 $F$ 的逻辑结论。

**证明：** 先把 $G$ 否定，并放入 $F$ 中，得到的 $\{F,\neg G\}$ 为
$$\{(\forall x)((\exists y)(A(x,y)\wedge B(y))\to(\exists y)(C(y)\wedge D(x,y))),$$
$$\neg(\neg(\exists x)C(x)\to(\forall x)(\forall y)(A(x,y)\to\neg B(y)))\}$$

再把 $\{F,\neg G\}$ 化成子句集，得到

① $\neg A(x,y)\vee\neg B(y)\vee C(f(x))$

② $\neg A(u,v)\vee\neg B(v)\vee D(u,f(u))$

③ $\neg C(z)$

④ $A(m,n)$

⑤ $B(k)$

其中,①②是由 $F$ 化出的两个子句,③④⑤是由 $\neg G$ 化出的3个子句。

最后应用谓词逻辑的归结原理对上述子句集进行归结,其过程为

⑥ $\neg A(x,y) \vee \neg B(y)$          由①和③归结,取 $\sigma=\{f(x)/z\}$

⑦ $\neg B(n)$                 由④和⑥归结,取 $\sigma=\{m/x,n/y\}$

⑧ NIL                      由⑤和⑦归结,取 $\sigma=\{n/k\}$

因此,$G$ 是 $F$ 的逻辑结论。上述归结过程可用如图4.2归结树来表示。

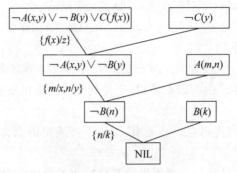

图 4.2 例 4.11 的归结树

为了进一步加深对谓词逻辑归结的理解,下面再给出一个经典的归结问题。

**例 4.12** "快乐学生"问题。

假设:任何通过计算机考试并获奖的人都是快乐的,任何肯学习或幸运的人都可以通过所有考试,张不肯学习但他是幸运的,任何幸运的人都能获奖。

求证:张是快乐的。

**证明:** 先定义谓词:

$$Pass(x,y) \qquad x \text{ 可以通过 } y \text{ 考试}$$
$$Win(x,prize) \qquad x \text{ 能获得奖励}$$
$$Study(x) \qquad x \text{ 肯学习}$$
$$Happy(x) \qquad x \text{ 是快乐的}$$
$$Lucky(x) \qquad x \text{ 是幸运的}$$

将上述谓词公式转化为子句集如下:

(1) $\neg Pass(x,computer) \vee \neg win(x,prize) \vee Happy(x)$

(2) $\neg Study(y) \vee Pass(y,z)$

(3) $\neg Lucky(u) \vee Pass(u,v)$

(4) $\neg Study(Zhang)$

(5) $Lucky(Zhang)$

(6) $\neg Lucky(w) \vee Win(w,prize)$

(7) $\neg Happy(Zhang)$                 结论的否定

(8) $\neg Pass(w,computer) \vee Happy(w) \vee \neg Lucky(w)$ 由(1)和(6)归结,取 $\sigma=\{w/x\}$

(9) ¬Pass(Zhang, computer) ∨ ¬Lucky(Zhang)　由(7)和(8)归结,取 $\sigma = \{Zhang/w\}$

(10) ¬Pass(Zhang, computer)　　　　　　　　由(5)和(9)归结

(11) ¬Lucky(Zhang)　　　　　由(3)和(11)归结,取 $\sigma = \{Zhang/u, computer/v\}$

(12) NIL　　　　　　　　　　　　　　　　由(5)和(11)归结

同样,上述归结过程可用如图 4.3 归结树来表示。

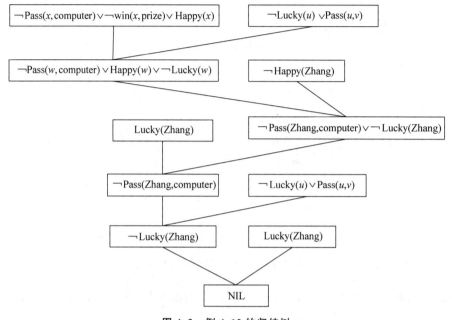

**图 4.3　例 4.12 的归结树**

### 4.4.3　归结演绎推理的归结策略

归结演绎推理实际上就是从子句集中不断寻找可进行归结的子句对,并通过对这些子句对的归结,最终得出一个空子句的过程。由于事先并不知道哪些子句对可进行归结,更不知道通过对哪些子句对的归结能尽快得到空子句,因此就需要对子句集中的所有子句逐对进行比较,直到得出空子句为止。这种盲目的全面进行归结的方法,不仅会产生许多无用的归结式,更严重的是会产生"组合爆炸"问题。因此,需要研究有效的归结策略来解决这些问题。

目前,常用的归结策略可分为两大类:删除策略、限制策略。删除策略是通过删除某些无用的子句来缩小归结范围;限制策略是通过对参加归结的子句进行某些限制来减少归结的盲目性,以尽快得到空子句。为了说明选择归结策略的重要性,下面介绍几种常用的归结策略。

**1. 宽度优先搜索**

宽度优先是一种穷尽子句比较的复杂搜索方法。设初始子句集为 $S_0$,宽度优先策略的归结过程可描述如下。

(1) 从 $S_0$ 出发,对 $S_0$ 中的全部子句进行所有可能的归结,得到第一层归结式,把这些

归结式的集合记为 $S_1$。

（2）用 $S_0$ 中的子句与 $S_1$ 中的子句进行所有可能的归结，得到第二层归结式，把这些归结式的集合记为 $S_2$。

（3）用 $S_0$ 和 $S_1$ 中的子句与 $S_2$ 中的子句进行所有可能的归结，得到第三层归结式，把这些归结式的集合记为 $S_3$。

如此继续，直到得出空子句或不能再继续归结为止。

**例 4.13**  设有如下子句集：

$$S = \{\neg I(x) \lor R(x), I(a), \neg R(y) \lor L(y), \neg L(a)\}$$

用宽度优先策略证明 $S$ 为不可满足。

**证明**：从初始子句集 $S$ 出发，依次构造 $S_1, S_2, \cdots$，直到出现空子句结束。宽度优先策略的归结树如图 4.4 所示。

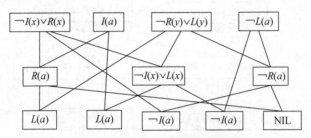

图 4.4　宽度优先策略的归结树

由此可以看出，宽度优先策略归结出了许多无用的子句，既浪费时间，又浪费空间。但是这种策略有一个有趣的特性，就是当问题有解时保证能找到最短归结路径。因此，宽度优先策略是一种完备的归结策略。宽度优先对大问题的归结容易产生"组合爆炸"，对小问题的归结仍是一种比较好的归结策略。

**2. 支持集策略**

支持集策略是沃斯（Wos）等在 1965 年提出的一种归结策略，要求每次参加归结的两个亲本子句中至少应该有一个是由目标公式的否定所得到的子句或它们的后裔。可以证明支持集策略是完备的，即当子句集为不可满足时，则由支持集策略一定能够归结出一个空子句。也可以把支持集策略看成是在宽度优先策略中引入了某种限制条件，这种限制条件代表一种启发信息，因而有较高的效率。

**例 4.14**  设有如下子句集：

$$S = \{\neg I(x) \lor R(x), I(a), \neg R(y) \lor L(y), \neg L(a)\}$$

其中，$\neg I(x) \lor R(x)$ 为目标公式的否定。用支持集策略证明 $S$ 为不可满足。

**证明**：从 $S$ 出发，其归结树如图 4.5 所示。

从上述归结过程可以看出，各级归结式数目要比宽度优先策略生成的少，但在第二级还没有空子句。也就是说，这种策略限制了子句集元素的剧增，但会增加空子句所在的深度。此外，支持集策略具有逆向推理的含义，由于进行归结的亲本子句中至少有一个与目标子句有关，因此推理过程可以看作沿目标、子目标的方向前进的。

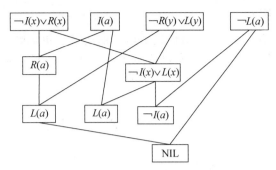

**图 4.5 支持集策略的归结树**

**3. 删除策略**

删除策略的主要想法是：归结过程在寻找可归结子句时，子句集中的子句越多，需要付出的代价越大。如果在归结时能把子句集中无用的子句删除掉，这就会缩小搜索范围，减少比较次数，从而提高归结效率。常用的删除方法有以下几种。

1) 纯文字删除法

如果文字 $L$ 在子句集中不存在可与其互补的文字 $\neg L$，则称该文字为纯文字。

在归结过程中，纯文字不可能被消除，用包含纯文字的子句进行归结也不可能得到空子句，因此对包含纯文字的子句进行归结是没有意义的，应该把它从子句集中删除。

对子句集而言，删除包含纯文字的子句，是不影响其不可满足性的。例如，有子句集

$$S = \{P \lor Q \lor R, \neg Q \lor R, Q, \neg R\}$$

其中 $P$ 是纯文字，因此可以将子句 $P \lor Q \lor R$ 从子句集 $S$ 中删除。

2) 重言式删除法

如果一个子句中包含有互补的文字对，则称该子句为重言式。例如：

$$P(x) \lor \neg P(x),$$
$$P(x) \lor Q(x) \lor \neg P(x)$$

都是重言式，不管 $P(x)$ 的真值为真还是为假，$P(x) \lor \neg P(x)$ 和 $P(x) \lor Q(x) \lor \neg P(x)$ 均为真。

重言式是真值为真的子句。对一个子句集来说，不管是增加还是删除一个真值为真的子句，都不会影响该子句集的不可满足性。因此，可从子句集中删去重言式。

3) 包孕删除法

设有子句 $C_1$ 和 $C_2$，如果存在一个置换 $\sigma$，使得 $C_1\sigma \subseteq C_2$，则称 $C_1$ 包孕于 $C_2$。例如：

| | | |
|---|---|---|
| $P(x)$ | 包孕于 $P(y) \lor Q(z)$, | $\sigma = \{x/y\}$ |
| $P(x)$ | 包孕于 $P(a)$, | $\sigma = \{a/x\}$ |
| $P(x)$ | 包孕于 $P(a) \lor Q(z)$, | $\sigma = \{a/x\}$ |
| $P(x) \lor Q(a)$ | 包孕于 $P(f(a)) \lor Q(a) \lor R(y)$, | $\sigma = \{f(a)/x\}$ |
| $P(x) \lor Q(y)$ | 包孕于 $P(a) \lor Q(u) \lor R(w)$, | $\sigma = \{a/x, u/y\}$ |

对子句集来说，把其中包孕的子句删去后，不会影响该子句集的不可满足性。因此，可从子句集中删除那些包孕的子句。

#### 4. 单文字子句的策略

如果一个子句只包含一个文字,则称此子句为单文字子句。单文字子句策略是对支持集策略的进一步改进,它要求每次参加归结的两个亲本子句中至少有一个子句是单文字子句。

**例 4.15** 设有如下子句集:

$$S = \{\neg I(x) \lor R(x), I(a), \neg R(y) \lor L(y), \neg L(a)\}$$

用单文字子句策略证明 $S$ 为不可满足。

**证明**:从 $S$ 出发,其归结树如图 4.6 所示。

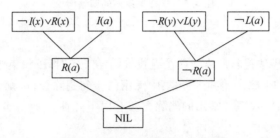

图 4.6　单文字子句策略归结树

采用单文字子句策略,归结式包含的文字数将少于其亲本子句中的文字数,这将有利于向空子句的方向发展,因此会有较高的归结效率。但这种策略是不完备的,即当子句集为不可满足时,用这种策略不一定能归结出空子句。

#### 5. 线性输入策略

线性输入策略要求每次参加归结的两个亲本子句中,至少应该有一个是初始子句集中的子句。所谓初始子句集,是指开始归结时所使用的子句集。

**例 4.16** 设有子句集:

$$S = \{\neg I(x) \lor R(x), I(a), \neg R(y) \lor L(y), \neg L(a)\}$$

用线性输入策略证明 $S$ 为不可满足。

**证明**:从 $S$ 出发,其归结树如图 4.7 所示。

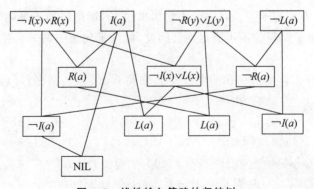

图 4.7　线性输入策略的归结树

线性输入策略可限制生成归结式的数目,具有简单和高效的优点。但是,这种策略也是一种不完备的策略。例如,子句集:

$$S = \{Q(u) \lor P(a), \neg Q(w) \lor P(w), \neg Q(x) \lor \neg P(x), Q(y) \lor \neg P(y)\}$$

从 $S$ 出发很容易找到一棵归结反演树,但却不存在线性输入策略的归结反演树。

**6. 祖先过滤策略**

祖先过滤策略与线性输入策略有点相似,但是放宽了对子句的限制。每次参加归结的两个亲本子句,只要满足以下两个条件中的任意一个就可进行归结:

① 两个亲本子句中至少有一个是初始子句集中的子句。

② 如果两个亲本子句都不是初始子句集中的子句,则一个子句应该是另一个子句的先辈子句。所谓一个子句(如 $C_1$)是另一个子句(如 $C_2$)的先辈子句,是指 $C_2$ 是由 $C_1$ 与其他子句归结后得到的归结式。

**例 4.17** 设有如下子句集:

$$S = \{\neg Q(x) \lor \neg P(x), Q(y) \lor \neg P(y), \neg Q(w) \lor P(w), Q(a) \lor P(a)\}$$

用祖先过滤策略证明 $S$ 为不可满足。

**证明:** 从 $S$ 出发,按祖先过滤策略归结过程如图 4.8 所示。

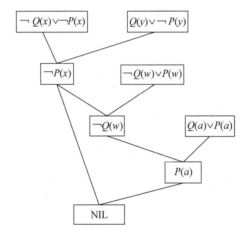

**图 4.8 祖先过滤策略的归结树**

可以证明祖先过滤策略也是完备的。

上面分别讨论了几种基本的归结策略,但在实际应用中,还可以把几种策略结合起来使用。总之,在选择归结反演策略时,主要应考虑其完备性和效率问题。

### 4.4.4 用归结原理求取问题的答案

归结原理可用于定理证明,还可用来求取问题答案,其思想与定理证明相似。其一般步骤如下。

(1) 把问题的已知条件用谓词公式表示出来,并化为相应的子句集;

(2) 把问题的目标的否定用谓词公式表示出来,并化为子句集;

(3) 对目标否定子句集中的每个子句,构造该子句的重言式(把该目标否定子句和此目标否定子句的否定之间再进行析取所得到的子句),用这些重言式代替相应的目标否定子句式,并把这些重言式加入前提子句集,得到一个新的子句集;

（4）对这个新的子句集,应用归结原理求出其证明树,这时证明树的根子句不为空,称这个证明树为修改的证明树;

（5）用修改证明树的根子句作为回答语句,则答案就在此根子句中。

下面通过一个例子来说明如何求取问题的答案。

**例 4.18**  已知:张和李是同班同学,如果 $x$ 和 $y$ 是同班同学,则 $x$ 的教室也是 $y$ 的教室,现在张在 302 教室上课。问:"现在李在哪个教室上课?"

**解**:首先定义谓词:

$$C(x,y) \quad x \text{ 和 } y \text{ 是同班同学};$$
$$\text{At}(x,u) \quad x \text{ 在 } u \text{ 教室上课}。$$

把已知前提用谓词公式表示如下:

$$C(\text{Zhang},\text{Li})$$
$$(\forall x)(\forall y)(\forall u)(C(x,y) \wedge \text{At}(x,u) \rightarrow \text{At}(y,u))$$
$$\text{At}(\text{Zhang},302)$$

把目标的否定用谓词公式表示如下:

$$\neg \text{At}(\text{Li},v)$$

把上述公式化为子句集:

$$C(\text{Zhang},\text{Li})$$
$$\neg C(x,y) \vee \neg \text{At}(x,u) \vee \text{At}(y,u)$$
$$\text{At}(\text{Zhang},302)$$

把目标的否定化成子句式,并用重言式

$$\neg \text{At}(\text{Li},v) \vee \text{At}(\text{Li},v)$$

代替之。

把此重言式加入前提子句集,得到一个新的子句集,对这个新的子句集,应用归结原理求出其证明树。即"李明在 302 教室"。

## 4.5  小结

推理是智能行为的基本特征之一,理所当然成为人工智能的核心问题之一。本章主要介绍了推理的基本概念和推理的逻辑基础、自然演绎推理和归结演绎推理。

推理是人工智能中一个非常重要的问题,为了让计算机具有智能,就必须使它能够进行推理。所谓推理,就是根据一定的原则,从已知的判断得出另一个新判断的思维过程,它是对人类思维的模拟。

人类有多种思维方式,相应的人工智能中也有很多种推理方式。其中演绎推理和归纳推理是较多的两种。演绎推理是由一组前提必然地推出某个结论的过程,是由一般到个别的推理,常用的推理形式是三段论,目前在知识系统中主要用的是演绎推理。归纳推理是从足够的事例中归纳出一般性知识的过程,是由个别到一般的推理。

按逻辑规则进行的推理称为逻辑推理。由于逻辑有经典逻辑与非经典逻辑之分,因而逻辑推理也分为经典逻辑推理、非经典逻辑推理两大类。经典逻辑主要是指命题逻辑与一阶谓词逻辑,由于其值只有"真"与"假",因而经典逻辑推理中的已知事实以及推出的结论都是精确的,或者为"真",或者为"假",所以又称经典逻辑为精确推理或确定性推理。非经典逻辑推理是指除经典逻辑外的那些逻辑,如多值逻辑、模糊逻辑、概率逻辑等,基于这些逻辑的推理称为非经典逻辑推理,是一种不确定性推理。

经典逻辑推理是通过运用经典逻辑规则,从已知事实中演绎出逻辑上蕴含的结论的过程。本章介绍了自然演绎推理,并重点介绍了归结演绎推理。归结演绎推理的理论基础是海伯伦定理及鲁滨逊归结原理。

# 习题

**4.1** 什么是推理、正向推理、反向推理?试列出常用的推理方式并列出每种推理方式的特点。

**4.2** 什么是冲突?在产生式系统中解决冲突的策略有哪些?

**4.3** 什么是鲁滨逊归结原理?其基本思想是什么?

**4.4** 常用的归结策略分为哪几类?试列出几种常用的归结策略。

**4.5** 请写出利用归结原理求解问题答案的步骤。

**4.6** 判断下列公式是否为可合一,若可合一,则求出其最一般合一 MGU。

(1) $P(a,b),P(x,y)$

(2) $P(f(x),b),P(y,z)$

(3) $P(f(x),y),P(y,f(b))$

(4) $P(f(y),y,x),P(x,f(a),f(b))$

(5) $P(x,y),P(y,x)$ $P(x,y),P(y,x)$

**4.7** 设 $C_1=P(x)\vee Q(a),C_2=\neg P(b)\vee R(x)$,求其二元归结式。

**4.8** 某公司招聘工作人员,A、B、C 三人应试,经面试后公司表示如下想法:

① 三人中至少录取一人。

② 如果录取 A 而不录取 B,则一定录取 C。

③ 如果录取 B,则一定录取 C。

求证: 公司一定录取 C。

**4.9** 判断下列子句集中哪些是不可满足的:

(1) $\{\neg P\vee Q,\neg Q,P,\neg P\}$

(2) $\{P\vee Q,\neg P\vee Q,P\vee\neg Q,\neg P\vee\neg Q\}$

(3) $\{P(y)\vee Q(y),\neg P(f(x))\vee R(a)\}$

(4) $\{\neg P(x)\vee Q(x),\neg P(y)\vee R(y),P(a),S(a),\neg S(z)\vee\neg R(z)\}$

(5) $\{\neg P(x)\vee Q(f(x),a),\neg P(h(y))\vee Q(f(h(y)),a)\vee\neg P(z)\}$

**4.10** 把下列谓词公式分别化为相应的子句集:

(1) $(\forall x)(\forall y)(P(x,y)\rightarrow Q(x,y))$

(2) $(\forall x)(\exists y)(P(x,y)\vee Q(x,y)\rightarrow R(x,y))$

(3) $(\forall x)\{(\forall y)P(x,y)\rightarrow\neg(\forall y)(Q(x,y)\rightarrow R(x,y))\}$

(4) $(\forall x)\{[\neg P(x)\vee\neg Q(x)]\rightarrow(\exists y)[S(x,y)\wedge Q(x)]\}\wedge(\forall x)[P(x)\vee B(x)]$

(5) $(\forall x)\{P(x)\rightarrow\{(\forall y)[P(y)\rightarrow P(f(x,y))]\wedge\neg(\forall y)[Q(x,y)\rightarrow P(y)]\}\}$

**4.11** 用归结反演法证明下列公式的永真性：

(1) $(\exists x)\{(P(x)\rightarrow P(A))\wedge(P(x)\rightarrow P(B))\}$

(2) $(\forall x)\{P(x)\wedge[Q(A)\vee Q(B)]\}\rightarrow(\exists x)[P(x)\wedge Q(x)]$

**4.12** 对下列各题分别证明 $G$ 是否为 $F_1,F_2,\cdots,F_n$ 的逻辑结论：

(1) $F$：$(\exists x)(\exists y)(P(x,y))$

　　$G$：$(\forall y)(\exists x)(P(x,y))$

(2) $F$：$(\exists x)(\exists y)(P(f(x))\wedge Q(f(y)))$

　　$G$：$P(f(a))\wedge P(y)\wedge Q(y)$

(3) $F_1$：$(\forall x)(P(x)\rightarrow(\forall y)(Q(y)\rightarrow\neg L(x,y)))$

　　$F_2$：$(\exists x)(P(x)\wedge(\forall y)(R(y)\rightarrow L(x,y)))$

　　$G$：$(\forall x)(R(x)\rightarrow Q(x))$

(4) $F_1$：$(\forall x)(P(x)\rightarrow(Q(x)\wedge R(x)))$

　　$F_2$：$(\exists x)(P(x)\wedge S(x))$

　　$G$：$(\exists x)(S(x)\wedge R(x))$

(5) $F_1$：$(\forall z)(A(z)\wedge\neg B(z)\rightarrow(\exists y)(D(x,y)\wedge C(y)))$

　　$F_2$：$(\exists z)(E(z)\wedge A(z)\wedge(\forall y)(D(z,y)\rightarrow E(y)))$

　　$F_3$：$(\forall z)(E(x)\rightarrow\neg B(z))$

　　$G$：$(\exists z)(E(z)\wedge C(z))$

**4.13** "激动人心的生活"问题。

假设：所有不贫穷并且聪明的人都是快乐的，那些看书的人是聪明的。李明能看书且不贫穷，快乐的人过着激动人心的生活。

求证：李明过着激动人心的生活。

**4.14** 已知如下信息。

　　$F_1$：王(Wang)先生是小李(Li)的老师。

　　$F_2$：小李与小张(Zhang)是同班同学。

　　$F_3$：如果 $x$ 与 $y$ 是同班同学，则 $x$ 的老师也是 $y$ 的老师。

问：小张的老师是谁？

**4.15** 假设张被盗，公安局派出5人去调查。案情分析时，调查员 A 说"赵与钱中至少有一个人作案"，调查员 B 说"钱与孙中至少有一个人作案"，调查员 C 说"孙与李中至少有一个人作案"，调查员 D 说"赵与孙中至少有一个人与此案无关"，调查员 E 说"钱与李中至少有一个人与此案无关"。如果这5个调查员的话都是可信的，请使用归结演绎推理求出谁是盗窃犯。

**4.16** 设有子句集

$\{P(x)\vee Q(a,b),P(a)\vee\neg Q(a,b),\neg Q(a,f(a)),\neg P(x)\vee Q(x,b)\}$

分别用各种归结策略求出其归结式。

**4.17** 设已知事实为

$$((P\vee Q)\wedge R)\vee(S\wedge(T\vee U))$$

$F$ 规则为

$$S\rightarrow(X\wedge Y)\vee Z$$

试用正向演绎推理推出所有可能的子目标。

**4.18** 设有如下一段知识：

张、王和李都属于高山协会。该协会的每个成员不是滑雪运动员就是登山运动员，其中不喜欢雨的运动员是登山运动员，不喜欢雪的运动员不是滑雪运动员。王不喜欢张所喜欢的一切东西，而喜欢张所不喜欢的一切东西。张喜欢雨和雪。

试用谓词公式集合表示这段知识，这些谓词公式要适合一个逆向的基于规则的演绎系统。试说明这样一个系统怎样才能回答问题："高山俱乐部中有没有一个成员，他是一个登山运动员，但不是一个滑雪运动员。"

# 第5章

# 不确定性推理

许多人工智能系统具有复杂性、不完全性、模糊性或不确定性,当采用产生式系统或专家系统结构时,要求设计者建立某种不确定性问题的代数模型及其计算和推理过程。为此,本章讨论一些常用的不确定性推理方法。

## 5.1 不确定性推理概述

不确定性是智能问题的本质特征,无论是人类智能还是人工智能,都离不开不确定性的处理。可以说,智能主要反映在求解不确定性问题的能力上。因此,不确定性推理模型是人工智能的一个核心研究课题。

### 5.1.1 什么是不确定性推理

不确定性推理(Uncertainty Reasoning),又称不精确推理(Inexact Reasoning),是相对于确定性推理提出来的。确定性推理的过程都是按照必然的因果关系或严格的逻辑推论进行的,是从已知事实出发,通过运用相关知识逐步推出结论的思维过程。其中,获得的推理结论也是严格按照一定的规则予以肯定或否定。一般来说,确定性推理有规可循、有据可依,能够且容易形成完备算法,往往有满足唯一解的特性,实现的难度较低。但是在运动规律的作用下,精确性往往是暂时的、局部的、相对的,而不精确性才是必然的、动态的、永恒的。可见,不精确性是科学认识中的重要规律,进行不确定性推理的研究是必需的,也是进行机器智能推理的主要工具之一。

所谓不确定性推理,是指推理中所使用的前提条件、判断是不确定的或者是模糊的,因而推理所得出的结论和判断也是不精确的、不确定或模糊的。一般来说,出现不确定性推理的原因和特征有如下几个。

① 证据的不确定性;

② 规则的不确定性;

③ 方法的不确定性。

以上"三性"的存在决定了推理的最后结果具有不确定但却近乎合理的特性,人们把这种性质的推理及其理论和方法总称为不确定性推理。

### 5.1.2 知识不确定性的来源

研究不确定性推理首先要研究知识的不确定性。知识的不确定性用相应的知识表示模式与之对应,以便进行推理与计算,还需用适当的方法描述其不确定性及程度。常见的知识不确定性主要有以下几个方面。

(1) 随机性。这是一种最为常见的知识不确定性,随机性使我们的生活充满了未知的魅力,是创造性不可缺少的因素,为我们提供了种种机遇。确定性可以告诉我们事物的普遍规律,这也许是群体的统计规律,也许仅是一个相对的真理。而个体的"机遇"是一种特殊的随机性。小概率的机遇一般不会出现,一旦出现,往往就会创造奇迹。

(2) 模糊性。模糊性能够用较少的代价传送足够的信息,并能对复杂事物做出高效率的判断和处理。也就是说,模糊性有助于提高效率。1965 年,扎德(L. A. Zadeh)的论文 *Fuzzy Sets* 正式创立了模糊集合理论。扎德深入分析了模糊性、近似性以及随机性,主张用模糊性作为基本的研究对象,提出了隶属度、隶属函数、模糊集合等基本概念。模糊性使我们的生活简单而有效,借助模糊性可以对复杂事物做出高效率的判断和处理。例如,医生可以根据患者的模糊症状做出正确的判断,画家不用精确测量和计算就能画出栩栩如生的风景人物等。

(3) 粗糙性。知识粗糙性是由粗糙集理论通过不可区分关系和集合包含关系定义的。粗糙集理论最早是由波兰数学家帕夫拉克(Z. Pawlak)于 1982 年提出的一种不确定性数据分析理论,其基本思想是在保持分类能力不变的前提下,通过知识约简剔除数据中冗余的信息,从而导出问题的正确决策或分类。这一理论为处理具有不精确和不完全信息的分类问题提供了一种新的框架。粗糙集理论具有如下特点:①从新的视角对知识进行了定义,把知识看作对论域的划分,从而认为知识是有粒度的;②认为知识的不精确性是由知识粒度太大引起的;③为处理数据(特别是带噪声、不精确或不完全数据)分类问题提供了一套严密的数学工具,使得对知识能够进行严密的分析和操作。粗糙集理论将研究对象的全体称为论域,利用等价关系将论域划分为若干互斥的等价类,作为描述论域中任意集合的基本信息粒子。其利用两个可定义的集合——上近似集合和下近似集合来近似表达空间中的任意概念,这种方法自然地模拟了人类的学习和推理过程,学习到的知识采用产生式规则表示,容易被用户理解、接受和使用,因此得到了广泛的重视。粗糙集的一个显著特点是不需要用户提供数据之外的任何先验知识,比如统计学中的概率分布和模糊集中理论中的隶属函数,所以对问题的不确定性的描述和处理比较客观。

另外,知识的不确定性还来自知识的不完备性、不协调性和非恒常性。

知识的不完备性:包括知识内容的不完整、知识结构的不完备等。内容的不完整,可能来源于获取知识时观测不充分、设备不精确;知识结构的不完备可能因为人的认知能力、获取手段的限制等,造成对解决某个特定问题的背景和结构认识不全,忽略了一些重要因素。

知识的不协调性：是指知识内在的矛盾，不协调的程度可以依次为冗余、干扰、冲突等。不协调性是知识不确定性的重要体现，人们不可能也没必要在所有场合下都试图消除知识的不协调性，追求知识的一致性，要把不协调看成知识的一种常态，允许包容、并蓄、折中、调和。

知识的非恒常性：是指知识随时间的变化而变化的特性。人类对自然、社会乃至自身的认识都是一个由不知到知、由不深刻到深刻，不断更新的过程，是一个否定之否定的过程。人类的知识是无限发展的，不可能永远停留在某个水平上。

### 5.1.3　不确定性推理方法分类

目前，不确定性推理方法主要分为控制法和模型法。

控制方法：是通过识别领域中引起不确定性的某些特征及相应的控制策略来限制或减少不确定性对系统产生的影响。控制方法没有处理不确定性的统一模型，其效果极大地依赖于控制策略，主要包括相关性指导、机缘控制、启发式搜索、随机过程控制等。

模型方法：是把不确定证据和不确定知识分别与某种度量标准对应起来，并且给出更新结论不确定性算法，从而建立不确定性推理模式。模型方法具体又可分为数值模型方法和非数值模型方法两类。按其依据的理论不同，数值模型方法主要包括基于概率的方法和基于模糊理论的推理方法。

纯概率方法虽然有严格的理论依据，但通常要求给出事件的先验概率和条件概率，而这些数据又不易获得，因此使其应用受到限制。人们又在概率论的基础上提出了一些新的理论和方法，主要有主观 Bayes 方法、可信度方法、证据理论等，从而为不确定性的传递和合成提供了许多现成的公式，是最早成功应用于不确定性推理的重要方法之一。

## 5.2　不确定性推理的基本问题

推理是运用知识求解问题的过程，是证据和规则相结合得出结论的过程。知识的不确定性导致了所产生的结论的不确定性。不确定性推理反映了知识不确定性的动态积累和传播过程，推理的每一步都需要综合证据和规则的不确定因素，通过某种不确定性测度，寻找尽可能符合客观实际的计算模式，通过不确定测度的传递计算，最终得到结果的不确定测度。在专家系统中，不确定性表现在证据、规则和推理三个方面，需要对专家系统中的证据与规则给出不确定性描述，并在此基础上建立不确定性的传递计算方法。因此，实现对不确定性的处理应解决表示问题、计算问题和语义问题。

### 5.2.1　表示问题

表示问题指的是采用什么方法描述不确定性，这是解决不确定性推理的关键一步，通常有数值表示方法和非数值的语义表示方法。数值表示便于计算、比较；非数值表示是一种定性的描述，以便较好地解决不确定性问题。

在专家系统中，"不确定性"一般分为规则的不确定性以及证据的不确定性。

1）规则不确定性的表示

规则的不确定性是指用相应的规则表示模式与之对应，以便于进行推理与计算，还须用适当的方法把规则的不确定性及其程度描述表达出来。一般用$(E \rightarrow H, f(H,E))$表示规则的不确定性，它表示相应规则的不确定性程度，称为规则强度。

2）证据不确定性的表示

证据的不确定性（命题$E, C(E)$）有两种来源：初始证据（由用户给出）；前面推出的结论作为当前证据（通常由计算得到）。一般来说，证据不确定性的表示方法与知识不确定性的表示方法保持一致，通常也是一个数值，代表相应证据的不确定性程度，称为动态强度。

规则和证据不确定性的程度常用可信度来表示。例如，在专家系统 MYCIN 中，采用可信度表示规则及证据的不确定性，取值范围为$[-1,1]$。当可信度大于零时，其数值越大，表示相应的规则或证据越接近于"真"；当可信度小于零时，其数值越小，表示相应的规则或证据越接近于"假"。

## 5.2.2　计算问题

计算问题主要指不确定性的传播和更新，即获得新信息的过程。在领域专家给出的规则强度和用户给出的原始证据的不确定性的基础上，计算问题定义了一组函数，求出结论的不确定性度量，主要包括如下三个方面。

1）不确定性的传递算法。

① 在每一步推理中，如何把证据和规则的不确定性传递给结论。

② 在多步推理中，如何把初始证据的不确定性传递给结论。

也就是说，已知规则的前提$E$的不确定性$C(E)$和规则强度$f(H,E)$，求假设$H$的不确定性$C(H)$，即定义函数$f_1$使得：

$$C(H) = f_1(C(E), f(H,E)) \tag{5.1}$$

2）结论不确定性合成

推理中有时会出现这样的一种情况，用不同的规则进行推理得到了相同的结论，但不确定性的程度却不相同。

即已知由两个独立的证据$E_1$和$E_2$求得的结论$H$的不确定性$C_1(H)$和$C_2(H)$，求证据$E_1$和$E_2$的组合导致的结论$H$的不确定性$C(H)$，定义函数$f_2$使得：

$$C(H) = f_2(C_1(H), C_2(H)) \tag{5.2}$$

3）组合证据的不确定性算法

即已知证据$E_1$和$E_2$的不确定性$C(E_1)$和$C(E_2)$，求证据$E_1$和$E_2$的析取和合取的不确定性，定义函数$f_3$和$f_4$使得：

$$C(E_1 | E_2) = f_3(C(E_1), C(E_2)) \tag{5.3}$$

$$C(E_1 \lceil E_2) = f_4(C(E_1), C(E_2)) \tag{5.4}$$

目前，关于组合证据不确定性的计算，常用的方法有如下三种。

① 最大最小法：

$$C(E_1 | E_2) = \min\{C(E_1), C(E_2)\} \tag{5.5}$$

$$C(E_1 \lceil E_2) = \max\{C(E_1), C(E_2)\} \tag{5.6}$$

② 概率方法：

$$C(E_1 | E_2) = C(E_1) \leftrightarrow C(E_2) \tag{5.7}$$

$$C(E_1 \rfloor E_2) = C(E_1) + C(E_2) - C(E_1) \leftrightarrow C(E_2) \tag{5.8}$$

③ 有界方法：

$$C(E_1 | E_2) = \max\{0, C(E_1) + C(E_2) - 1\} \tag{5.9}$$

$$C(E_1 \rfloor E_2) = \min\{1, C(E_1) + C(E_2)\} \tag{5.10}$$

### 5.2.3 语义问题

语义问题指上述表示和计算的含义是什么,即对它们进行解释。如 $C(H,E)$ 可理解为当前提 $E$ 为真时,对结论 $H$ 为真的一种影响程度,$C(E)$ 可理解为 $E$ 为真的程度。

目前,在人工智能中,处理不确定性问题的主要数学工具有概率论和模糊数学,但是它们研究和处理的是两种不同的不确定性。概率论研究和处理随机现象,事件本身有明确的含义,只是由于条件不充分,使得在条件和事件之间不能出现决定性的因果关系(随机性)。模糊数学研究和处理模糊现象,概念本身就没有明确的外延,一个对象是否符合这个概念是难以确定的(属于模糊的)。无论采用什么数学工具和模型,都需要对规则和证据的不确定性给出度量。

规则的不确定性度量 $f(H,E)$,需要定义在下述三种典型情况下的取值。

(1) 若 $E$ 为真,则 $H$ 为真,这时 $f(H,E) = ?$

(2) 若 $E$ 为真,则 $H$ 为假,这时 $f(H,E) = ?$

(3) 若 $E$ 对 $H$ 没有影响,这时 $f(H,E) = ?$

对于证据的不确定性度量 $C(E)$,需要定义在下述三种典型情况下的取值。

(1) $E$ 为真,$C(E) = ?$

(2) $E$ 为假,$C(E) = ?$

(3) 若对 $E$ 一无所知,$C(E) = ?$

对于一个专家系统,一旦给定了上述不确定性的表示、计算及其相关的解释,就可以从最初的观察证据出发,得出相应结论的不确定性程度。专家系统的不确定性推理模型指的是证据和规则的不确定性的测度方法、不确定性的组合计算模式。

# 5.3 概率方法

长期以来,概率论的有关理论和方法都被用来度量不确定性的重要手段,因为它不仅有完善的理论,而且还为不确定性的合成与传递提供了现成的公式,因而它被最早用于不确定性知识的表示和处理,像这样纯粹用概率模型来表示和处理不确定性的方法称为纯概率方法或概率方法。

### 5.3.1 概率论基础

**定义 5.1** 全概率公式

设事件 $A_1, A_2, \cdots, A_n$ 满足：

（1）任意两个事件都互不相容，即当 $i \neq j$ 时，有 $A_i \bigcap A_j = \phi (i = 1, 2, \cdots, n; j = 1, 2, \cdots, n)$；

（2）$P(A_i) > 0 (i = 1, 2, \cdots, n)$；

（3）样本空间 $D$ 是各个 $A_i (i = 1, 2, \cdots, n)$ 集合的并集，即 $D = \bigcup\limits_{i=1}^{n} A_i$。

则对任何事件 $B$ 来说，有式（5.11）成立，即：

$$P(B) = \sum_{i=1}^{n} P(A_i) P(B \mid A_i) \tag{5.11}$$

该公式称为全概率公式，它提供了一种计算 $P(B)$ 的方法。

**定义 5.2** Bayes 公式

设事件 $A_1, A_2, \cdots, A_n$ 满足：

（1）任意两个事件都互不相容，即当 $i \neq j$ 时，有 $A_i \bigcap A_j = \phi (i = 1, 2, \cdots, n; j = 1, 2, \cdots, n)$；

（2）$P(A_i) > 0 (i = 1, 2, \cdots, n)$；

（3）样本空间 $D$ 是各个 $A_i (i = 1, 2, \cdots, n)$ 集合的并集，即 $D = \bigcup\limits_{i=1}^{n} A_i$。则对任何事件 $B$ 来说，有式（5.12）成立，即：

$$P(A_i \mid B) = \frac{P(A_i) P(B \mid A_i)}{P(B)}, \quad i = 1, 2, \cdots, n \tag{5.12}$$

该公式称为 Bayes 公式。其中 $P(A_i)$ 是事件 $A_i$ 的先验概率，$P(B|A_i)$ 是在事件 $A_i$ 发生条件下事件 $B$ 的条件概率；$P(A_i|B)$ 是在事件 $B$ 发生条件下事件 $A_i$ 的后验概率。

如果把全概率公式代入 Bayes 公式，则有：

$$P(A_i \mid B) = \frac{P(A_i) P(B \mid A_i)}{\sum\limits_{j=1}^{n} P(A_j) P(B \mid A_j)}, \quad i = 1, 2, \cdots, n \tag{5.13}$$

这是 Bayes 公式的另一种形式。该公式给出了用逆概率 $P(B|A_i)$ 求原概率 $P(A_i|B)$ 的方法。

### 5.3.2 经典概率方法

设有如下产生规则：

$$IF \quad E \quad THEN \quad H_i, \quad i = 1, 2, \cdots, n$$

其中，$E$ 为前提条件；$H_i$ 为结论，具有随机性。

根据概率论中条件概率的含义，我们可以用条件概率 $P(H_i|E)$ 表示上述产生式规则的不确定性程度，即表示为在证据 $E$ 出现的条件下，结论 $H_i$ 成立的确定性程度。

对于复合条件：

$$E = E_1 \quad AND \quad E_2 \quad AND \cdots AND \quad E_m$$

可以用条件概率 $P(H_i|E_1, E_2, \cdots, E_m)$ 作为证据 $E_1, E_2, \cdots, E_m$ 出现时结论 $H$ 的确定性程度。

显然，这是一种很简单的方法，只能用于简单的不确定性推理。另外，由于它只考虑证据为"真"或"假"这两种极端情况，因而使其应用受到了限制。

### 5.3.3 逆概率方法

**1. 逆概率方法的基本思想**

经典概率方法要求给出在证据 $E$ 出现情况下结论 $H_i$ 的条件概率 $P(H_i|E)$。这在实际应用中是相当困难的。逆概率方法根据 Bayes 公式,用逆概率 $P(E|H_i)$ 来求原概率 $P(H_i|E)$。确定逆概率 $P(E|H_i)$ 比确定原概率 $P(H_i|E)$ 要容易些。例如,若以 $E$ 代表咳嗽,以 $H_i$ 代表支气管炎,若要得到条件概率 $P(H_i|E)$,就需要统计在咳嗽的人中有多少是患支气管炎的,统计工作量较大,而要得到逆概率 $P(E|H_i)$ 相对容易些,因为这时仅仅需要统计在患支气管炎的人中有多少人是咳嗽的,患支气管炎的人毕竟比咳嗽的人少得多。

**2. 单个证据的情况**

如果用产生式规则

$$\text{IF} \quad E \quad \text{THEN} \quad H_i, \quad i=1,2,\cdots,n$$

中前提条件 $E$ 代替 Bayes 公式中 $B$,用 $H_i$ 替代公式中的 $A_i$,就可得到

$$P(H_i \mid E) = \frac{P(H_i)P(E \mid H_i)}{\sum\limits_{j=1}^{n} P(H_j)P(E \mid H_j)}, \quad i=1,2,\cdots,n \qquad (5.14)$$

这就是说,当已知结论 $H_i$ 的先验概率 $P(H_i)$,并且已知结论 $H_i(i=1,2,\cdots,n)$ 成立时前提条件 $E$ 所对应的证据出现条件概率 $P(E|H_i)$,就可用式(5.14)求出相应证据出现时结论 $H_i$ 的条件概率 $P(H_i|E)$。

**例5.1** 设 $H_1$、$H_2$、$H_3$ 分别是三个结论,$E$ 是支持这些结论的证据,且已知:

$$P(H_1)=0.3, \quad P(H_2)=0.4, \quad P(H_3)=0.5$$

$$P(E \mid H_1)=0.5, \quad P(E \mid H_2)=0.3, \quad P(E \mid H_3)=0.4$$

求 $P(H_1|E)$,$P(H_2|E)$ 及 $P(H_3|E)$ 的值各是多少。

**解**:根据式(5.14)可得:

$$P(H_1 \mid E) = \frac{P(H_1)P(E \mid H_1)}{P(H_1)P(E \mid H_1)+P(H_2)P(E \mid H_2)+P(H_3)P(E \mid H_3)}$$

$$= \frac{0.3 \times 0.5}{0.3 \times 0.5 + 0.4 \times 0.3 + 0.5 \times 0.4}$$

$$= 0.32$$

同理可得:

$$P(H_2 \mid E)=0.26$$

$$P(H_3 \mid E)=0.43$$

由此例可以看出,由于证据 $E$ 的出现,$H_1$ 成立的可能性略有增加,$H_2$、$H_3$ 成立的可能性有不同程度的下降。

### 3. 多个证据的情况

对于有多个证据 $E_1, E_2, \cdots, E_m$ 和多个结论 $H_1, H_2, \cdots, H_n$，并且每个证据都以一定程度支持结论的情况，上面的式(5.14)可进一步扩充为

$$P(H_i \mid E_1, E_2, \cdots, E_m) = \frac{P(H_i)P(E_1 \mid H_i)P(E_2 \mid H_i)\cdots P(E_m \mid H_i)}{\sum_{j=1}^{n} P(H_j)P(E_1 \mid H_j)P(E_2 \mid H_j)\cdots P(E_m \mid H_j)}, \quad i = 1, 2, \cdots, n$$

(5.15)

此时，只要已知 $H_i$ 的先验概率 $P(H_i)$ 以及 $H_i$ 成立时证据 $E_1, E_2, \cdots, E_m$ 出现的条件概率 $P(E_1 \mid H_i), P(E_2 \mid H_i), \cdots, P(E_m \mid H_i)$，就可利用上式计算出在 $E_1, E_2, \cdots, E_m$ 出现情况下 $H_i$ 的条件概率 $P(H_i \mid E_1, E_2, \cdots, E_m)$。

**例 5.2** 设已知：

$$P(H_1) = 0.4, \quad P(H_2) = 0.3, \quad P(H_3) = 0.3$$
$$P(E_1 \mid H_1) = 0.5, \quad P(E_1 \mid H_2) = 0.6, \quad P(E_1 \mid H_3) = 0.3$$
$$P(E_2 \mid H_1) = 0.7, \quad P(E_2 \mid H_2) = 0.9, \quad P(E_2 \mid H_3) = 0.1$$

求 $P(H_1 \mid E_1, E_2)$、$P(H_2 \mid E_1, E_2)$ 及 $P(H_3 \mid E_1, E_2)$ 的值各是多少。

**解**：根据式(5.15)可得：

$$P(H_1 \mid E_1, E_2)$$
$$= \frac{P(H_1)P(E_1 \mid H_1)P(E_2 \mid H_1)}{P(H_1)P(E_1 \mid H_1)P(E_2 \mid H_1) + P(H_2)P(E_1 \mid H_2)P(E_2 \mid H_2) + P(H_3)P(E_1 \mid H_3)P(E_2 \mid H_3)}$$
$$= \frac{0.5 \times 0.7 \times 0.4}{0.5 \times 0.7 \times 0.4 + 0.6 \times 0.9 \times 0.3 + 0.3 \times 0.1 \times 0.3}$$
$$= 0.45$$

同理可得：

$$P(H_2 \mid E_1, E_2) = 0.52$$
$$P(H_3 \mid E_1, E_2) = 0.03$$

由此例可以看出，由于证据 $E_1$ 和 $E_2$ 的出现，$H_1$ 和 $H_2$ 成立的可能性有不同程度的增加，$H_3$ 成立的可能性下降了。

### 4. 逆概率方法的优缺点

在实际应用中，这种方法有时是很有用的。例如，如果把 $H_i(i = 1, 2, \cdots, n)$ 当作一组可能发生的疾病，把 $E_j(j = 1, 2, \cdots, m)$ 当作相应的症状，$P(H_i)$ 是从大量实践中经统计得到的疾病 $H_i$ 发生的先验概率，$P(E_j \mid H_i)$ 是疾病 $H_i$ 发生时观察到的症状 $E_j$ 的条件概率，则当对某患者观察到有症状 $E_1, E_2, \cdots, E_m$ 时，应用 Bayes 公式就可以计算出 $P(H_i \mid E_1, E_2, \cdots, E_m)$，从而得知患者患疾病 $H_i$ 的可能性。

逆概率方法的优点是它有较强的理论背景和良好的数学特征，当证据及结论都彼此独立时计算的复杂度比较低。其缺点是要求给出结论 $H_i$ 的先验概率 $P(H_i)$ 及证据 $E_j$ 的条件概率 $P(E_j \mid H_i)$，尽管有些时候 $P(E_j \mid H_i)$ 比 $P(H_i \mid E_j)$ 相对容易得到，但总的来说，要想得到这些数据仍然是一件相对困难的工作。另外，Bayes 公式的应用条件是很严格的，它要求各事件相互独立等。如若证据间存在依赖关系，就不能直接使用这个方法。

## 5.4　主观 Bayes 方法

在许多情况下,同类事件发生的频率不高,甚至很低,无法做概率统计,这时一般是根据观测到的数据,凭领域专家的经验给出一些主观上的判断,称为主观概率。概率一般可以解释为对证据和知识的主观信任度。概率推理中起关键作用的是 Bayes 公式,它是主观 Bayes 方法的基础。

主观 Bayes 方法是杜达(R. O. Duda)等于 1976 年提出的一种不确定性推理模型,是最早用于处理不确定性推理的方法之一,已成功应用于地矿勘探专家系统 PROSPECTOR 中。

### 5.4.1　规则不确定性的表示

#### 1. 规则不确定性表示方法

在主观 Bayes 方法中,规则的不确定性可表示为

$$\text{IF}\quad E\quad \text{THEN}\quad (\text{LS,LN})\quad H$$

其中,(LS,LN)用来表示规则强度。LS 和 LN 的表示形式如下。

(1) 充分性度量(LS)定义为

$$\text{LS}=\frac{P(E\mid H)}{P(E\mid \neg H)}$$

其表示 $E$ 对 $H$ 的支持程度,取值范围为 $[0,+\infty]$,由专家给出。

(2) 必要性度量(LN)定义为

$$\text{LN}=\frac{P(\neg E\mid H)}{P(\neg E\mid \neg H)}=\frac{1-P(E\mid H)}{1-P(E\mid \neg H)}$$

其表示 $\downarrow E$ 对 $H$ 的支持程度,即 $E$ 对 $H$ 为真的必要性程度,取值范围为 $[0,+\infty]$,也是由专家凭经验给出。

下面进一步讨论 LS 和 LN 的含义。由 Bayes 公式可知

$$P(H\mid E)=\frac{P(H)\times P(E\mid H)}{P(E)}$$

$$P(\neg H\mid E)=\frac{P(\neg H)\times P(E\mid \neg H)}{P(E)}$$

两式相除得:

$$\frac{P(H\mid E)}{P(\neg H\mid E)}=\frac{P(H)\times P(E\mid H)}{P(\neg H)\times P(E\mid \neg H)} \tag{5.16}$$

为讨论方便,下面引入几率函数

$$O(X)=\frac{P(X)}{1-P(X)}\quad \text{或}\quad O(X)=\frac{P(X)}{P(\neg X)} \tag{5.17}$$

可见,$X$ 的几率表示 $X$ 出现的概率与 $X$ 不出现的概率之比,$P(X)$ 与 $O(X)$ 的变化一致,且当 $P(X)=0$ 时,$O(X)=0$;当 $P(X)=1$ 时,$O(X)=+\infty$。这样就可以把取值为 $[0,1]$ 的 $P(X)$ 放大为取值为 $[0,+\infty]$ 的 $O(X)$。

把式(5.17)式中几率和概率的关系代入式(5.16)得

$$O(H \mid E) = \frac{P(E \mid H)}{P(E \mid \neg H)} \times O(H)$$

再把 LS 代入此式，可得：

$$O(H \mid E) = LS \times O(H) \tag{5.18}$$

式(5.18)称为 Bayes 公式的充分似然性形式。LS 称为充分似然性，因为如果 LS＝∞，则证据 $E$ 对于推出 $H$ 为真是逻辑充分的。

同理，可得到关于 LN 的公式

$$O(H \mid \neg E) = LN \times O(H) \tag{5.19}$$

式(5.19)称为 Bayes 公式的必要似然性形式。LN 称为必要似然性，因为如果 LN＝0，则 $O(H \mid \neg E) = 0$，这说明当 $\neg E$ 为真时，$H$ 必假，即 $E$ 对 $H$ 来说是必要的。

式(5.18)和式(5.19)就是修改的 Bayes 公式。可以看出，当 $E$ 为真时，可以利用 LS 将 $H$ 的先验概率 $O(H)$ 更新为其后验概率 $O(H \mid E)$；当 $E$ 为假时，可以利用 LN 将 $H$ 的先验概率 $O(H)$ 更新为其后验概率 $O(H \mid \neg E)$。

**2. LS 和 LN 的性质**

1）LS 的性质

当 LS＞1 时，$O(H \mid E) > O(H)$，说明 $E$ 支持 $H$，LS 越大，$O(H \mid E)$ 比 $O(H)$ 大得越多，$E$ 对 $H$ 的支持越充分。

当 LS→∞ 时，$O(H \mid E) \to \infty$，即 $P(H \mid E) \to 1$，表示 $E$ 的存在将导致 $H$ 为真。

当 LS＝1 时，$O(H \mid E) = O(H)$，说明 $E$ 对 $H$ 没有影响。

当 LS＜1 时，$O(H \mid E) < O(H)$，说明 $E$ 不支持 $H$。

当 LS＝0 时，$O(H \mid E) = 0$，说明 $E$ 的存在使 $H$ 为假。

由上述分析可以看出，LS 反映的是 $E$ 的出现对 $H$ 为真的影响程度，因此 LS 称为知识的充分性度量。

2）LN 的性质

当 LN＞1 时，$O(H \mid \neg E) > O(H)$，说明 $\neg E$ 支持 $H$，即由于 $E$ 的不出现，增大了 $H$ 为真的概率。并且 LN 越大，$P(H \mid \neg E)$ 就越大，即 $\neg E$ 对 $H$ 为真的支持就越强。

当 LN→∞ 时，$O(H \mid \neg E) \to \infty$，即 $P(H \mid \neg E) \to 1$，表示 $\neg E$ 的存在将导致 $H$ 为真。

当 LN＝1 时，$O(H \mid \neg E) = O(H)$，说明 $\neg E$ 对 $H$ 没有影响。

当 LN＜1 时，$O(H \mid \neg E) < O(H)$，说明 $\neg E$ 不支持 $H$，即 $\neg E$ 的存在使 $H$ 为真的可能性下降，或者说由于 $E$ 不存在，将反对 $H$ 为真。

当 LN＝0 时，$O(H \mid \neg E) = 0$，说明 $\neg E$ 的存在（$E$ 不存在）将导致 $H$ 为假。

由上述分析可以看出，LN 反映的是当 $E$ 不存在时对 $H$ 为真的影响程度，因此 LN 被称为知识的必要性度量。

3）LS 与 LN 的关系

由于 $E$ 和 $\neg E$ 不会同时支持或同时排斥 $H$，因此只有下述三种情况。

① LS＞1 且 LN＜1。

② LS＜1 且 LN＞1。

③ LS＝LN＝1。

以上结论可以进行证明。

证明①:

$$LS>1 \Leftrightarrow \frac{P(E|H)}{P(E|\neg H)}>1$$

$$\Leftrightarrow P(E|H)>P(E|\neg H)$$

$$\Leftrightarrow 1-P(E|H)<1-P(E|\neg H)$$

$$\Leftrightarrow P(\neg E|H)<P(\neg E|\neg H)$$

$$\Leftrightarrow \frac{P(\neg E|H)}{P(\neg E|\neg H)}<1$$

$$\Leftrightarrow LN<1$$

同理可证②③,证明略。

计算公式 LS 和 LN 除了在推理过程中使用,还可以作为领域专家为 LS 和 LN 赋值的依据。在实际系统中,LS 和 LN 的值均由领域专家根据经验给出,而不是计算得出。当证据 $E$ 越支持 $H$ 为真时,LS 的值越大;当证据 $E$ 对 $H$ 越重要时,相应的 LN 的值越小。

### 5.4.2 证据不确定性的表示

证据通常可以分为全证据(Complete Evidence)和部分证据(Partial Evidence)。全证据就是所有的证据,即所有可能的证据和假设,它们组成证据 $E$。部分证据 $S$ 就是 $E$ 的一部分,这部分证据也可以称为观察。在主观 Bayes 方法中,证据的不确定性是用概率表示的。全证据的可信度依赖于部分证据,表示为 $P(E|S)$。如果知道所有的证据,则 $E=S$,且有 $P(E|S)=P(E)$。其中,$P(E)$ 就是证据 $E$ 的先验似然性,$P(E|S)$ 是已知全证据 $E$ 中部分知识 $S$ 后对 $E$ 的信任,为 $E$ 的后验似然性。

例如,在 PROSPECTOR 中,根据观察 $S$ 直接求出 $P(E|S)$ 非常困难,所以它采用了一种变通的方法,即引进了可信度 $C(E|S)$ 的概念把区间 $[0,1]$ 的概率转换为 $-5\sim5$ 的 11 个整数。用户可根据实际情况在 $[-5,5]$ 中选取一个整数作为初始证据的可信度。可信度 $C(E|S)$ 与概率 $P(E|S)$ 的对应关系可用下式表示:

$$P(E|S)=\begin{cases} \dfrac{C(E|S)+P(E)\times(5-C(E|S))}{5}, & 0\leqslant C(E|S)\leqslant 5 \\[3mm] \dfrac{P(E)\times(C(E|S)+5)}{5}, & -5\leqslant C(E|S)<0 \end{cases} \tag{5.20}$$

特别地

$C(E|S)=-5$,表示在观察 $S$ 下证据 $E$ 肯定不存在,即 $P(E|S)=0$;

$C(E|S)=0$,表示在观察 $S$ 下与证据 $E$ 无关,即 $P(E|S)=P(E)$;

$C(E|S)=5$,表示在观察 $S$ 下证据 $E$ 肯定存在,即 $P(E|S)=1$。

这样,用户只要对证据 $E$ 给出在观察 $S$ 下的可信度 $C(E|S)$,系统即可求出相应的 $P(E|S)$。

### 5.4.3 组合证据不确定性的计算

当组合证据是多个单一证据的合取时,即:

$$E = E_1 \quad AND \quad E_2 \quad AND \cdots AND \quad E_n \tag{5.21}$$

如果已知在当前观察 $S$ 下,每个单一证据 $E_i$ 都有概率 $P(E_i|S)$,则:

$$P(E \mid S) = \min\{P(E_1 \mid S), P(E_2 \mid S), \cdots, P(E_n \mid S)\} \tag{5.22}$$

当组合证据是多个单一证据的析取时,即:

$$E = E_1 \quad OR \quad E_2 \quad OR \cdots OR \quad E_n \tag{5.23}$$

如果已知在当前观察 $S$ 下,每个单一证据 $E_i$ 都有概率 $P(E_i|S)$,则:

$$P(E \mid S) = \max\{P(E_1 \mid S), P(E_2 \mid S), \cdots, P(E_n \mid S)\} \tag{5.24}$$

对于"非"运算,用下式计算,即:

$$P(\neg E \mid S) = 1 - P(E \mid S) \tag{5.25}$$

### 5.4.4 不确定性推理的计算

主观 Bayes 方法推理的任务就是根据 $E$ 的概率 $P(E)$ 及 LS、LN 的值,把 $H$ 的先验概率 $P(H)$ 更新为后验概率,或把 $H$ 的先验概率 $O(H)$ 更新为后验概率。由于一条规则所对应的证据有可能肯定为真,也有可能肯定为假,还有可能既非真又非假,而且在不同情况下求解后验概率的方法也不相同,因此以下分别予以讨论。

(1) 证据 $E$ 肯定为真时,即 $P(E)=P(E|S)=1$,由 Bayes 公式得:

$$P(H \mid E) = P(E \mid H) \times P(H)/P(E)$$
$$P(\neg H \mid E) = P(E \mid \neg H) \times P(\neg H)/P(E)$$

由以上两式相除得:

$$\frac{P(H \mid E)}{P(\neg H \mid E)} = \frac{P(E \mid H)}{P(E \mid \neg H)} \times \frac{P(H)}{P(\neg H)}$$

由 LS 和概率函数的定义得:

$$P(H \mid E) = \frac{LS \times P(H)}{(LS-1) \times P(H) + 1} \tag{5.26}$$

这就是把先验概率 $P(H)$ 更新为后验概率 $P(H|E)$ 的计算公式。

(2) 证据 $E$ 肯定为假时,即 $P(E)=P(E|S)=0$,采用和上述类似的方法可得:

$$P(H \mid \neg E) = \frac{LN \times P(H)}{(LN-1) \times P(H) + 1} \tag{5.27}$$

这就是把先验概率 $P(H)$ 更新为后验概率 $P(H|\neg E)$ 的计算公式。

(3) 当证据 $E$ 既非真又非假时,即 $0 < P(E|S) < 1$,此时就不能用上面的公式计算后验概率,可用杜达于 1976 年给出的公式:

$$P(H \mid S) = P(H \mid E) \times P(E \mid S) + P(H \mid \neg E) \leftrightarrow P(\neg E \mid S) \tag{5.28}$$

来计算后验概率。下面分四种情况来讨论这个公式。

① 当 $P(E|S)=1$ 时,$P(\neg E|S)=0$,则:

$$P(H \mid S) = P(H \mid E) = \frac{LS \times P(H)}{(LS-1) \times P(H) + 1}$$

这是证据肯定存在的情况。

② 当 $P(E|S)=0$ 时, $P(\neg E|S)=1$,则:

$$P(H|S)=P(H|\neg E)=\frac{\text{LN}\times P(H)}{(\text{LN}-1)\times P(H)+1}$$

这是证据肯定不存在的情况。

③ 当 $P(E|S)=P(E)$ 时, $E$ 与 $S$ 无关,利用全概率公式得:

$$P(H|S)=P(H|E)\times P(E|S)+P(H|\neg E)\times P(\neg E|S)$$
$$=P(H|E)\times P(E)+P(H|\neg E)\times P(\neg E)$$
$$=P(H)$$

通过分析,可以得到 $P(E|S)$ 上的 3 个特殊值 0、$P(E)$、1,并分别取对应值 $P(H|\neg E)$、$P(H)$、$P(H|E)$,从而构成 3 个特殊点的坐标 $A(0,P(H|\neg E))$、$B(P(E),P(H))$、$C(1,P(H|E))$。

④ 当 $P(E|S)$ 为其他值时,$P(E|S)$ 的值可通过上述 3 个特殊点的分段线性插值函数求得,即:

$$P(H|S)=\begin{cases} P(H|\neg E)+\dfrac{P(H)-P(H|\neg E)}{P(E)}\times P(E|S), & 0\leqslant P(E|S)<P(E) \\[3mm] P(H)+\dfrac{P(H|E)-P(H)}{1-P(E)}\times(P(E|S)-P(E)), & P(E)\leqslant P(E|S)\leqslant 1 \end{cases}$$

$$(5.29)$$

该公式称为 EH 公式,其函数图如图 5.1 所示。

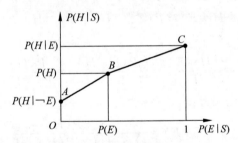

图 5.1 分段线性插值函数

对于初始证据,由于其不确定性是由可信度 $C(E|S)$ 给出,则此时只要把 $P(E|S)$ 与 $C(E|S)$ 的对应关系代入 EH 公式(见式(5.20)),就可以得到用可信度 $C(E|S)$ 计算 $P(H|S)$ 的公式:

$$P(H|S)=\begin{cases} P(H|\neg E)+(P(H)-P(H|\neg E))\times\left(\dfrac{C(E|S)}{5}+1\right), & C(E|S)\leqslant 0 \\[3mm] P(H)+(P(H|E)-P(H))\times\dfrac{C(E|S)}{5}, & C(E|S)>0 \end{cases}$$

$$(5.30)$$

该公式称为 CP 公式。

这样,当用初始证据进行推理时,根据用户告知的 $C(E|S)$,运用 CP 公式可以求出 $P(H|S)$;当用推理过程中得到的中间结论作为证据进行推理时,运用 EH 公式可求出 $P(H|S)$。

### 5.4.5　结论不确定性的合成算法

若有 $n$ 条规则都支持相同的结论,而且每条规则的前提条件所对应的证据 $E_i(i=1,2,\cdots,n)$ 都有相应的观察 $S_i$ 与之对应,此时只要先对每条规则分别求出 $H$ 的后验概率 $O(H|S_i)$,然后根据下述公式求出所在观察下 $H$ 的后验概率:

$$O(H\mid S_1,S_2,\cdots,S_n)=\frac{O(H\mid S_1)}{O(H)}\times\frac{O(H\mid S_2)}{O(H)}\times\cdots\times\frac{O(H\mid S_n)}{O(H)}\times O(H)$$

$$(5.31)$$

为了进一步说明主观 Bayes 方法的推理过程,下面给出几个例子。

**例 5.3**　设有如下规则:

$$R_1\colon \text{IF}\quad E_1\quad \text{THEN}\quad (400,0.1)\quad H$$

$$R_2\colon \text{IF}\quad E_2\quad \text{THEN}\quad (60,0.1)\quad H$$

已知证据 $E_1$、$E_2$ 必然发生,并且 $P(H)=0.04$,求 $H$ 的后验概率。

**解**:因为 $P(H)=0.04$,则:

$$O(H)=\frac{0.04}{1-0.04}=0.0417$$

根据 $R_1$ 有:

$$O(H\mid E_1)=\text{LS}_1\times O(H)=400\times0.0417=16.68$$

根据 $R_2$ 有:

$$O(H\mid E_2)=\text{LS}_2\times O(H)=60\times0.0417=2.502$$

那么

$$O(H\mid E_1E_2)=\frac{O(H\mid E_1)}{O(H)}\times\frac{O(H\mid E_2)}{O(H)}\times O(H)$$

$$=\frac{16.68}{0.0417}\times\frac{2.502}{0.0417}\times0.0417=1000.8$$

$$P(H\mid E_1E_2)=\frac{O(H\mid E_1E_2)}{1+O(H\mid E_1E_2)}=\frac{1000.8}{1+1000.8}=0.9990$$

**例 5.4**　设有如下规则:

$$R_1\colon \text{IF}\quad E_1\quad \text{THEN}\quad (10,0.1)\quad H_1(0.03)$$

$$R_2\colon \text{IF}\quad E_2\quad \text{THEN}\quad (20,0.01)\quad H_2(0.05)$$

$$R_3\colon \text{IF}\quad E_3\quad \text{THEN}\quad (1,1)\quad H_3(0.3)$$

求:当证据 $E_1$、$E_2$、$E_3$ 存在和不存在时,$P(H_i|E_i)$ 及 $P(H_i|\neg E_i)$ 的值各是多少?

**解**:(1) 当证据 $E_1$、$E_2$、$E_3$ 都存在时:

$$P(H_1\mid E_1)=\frac{\text{LS}_1\times P(H_1)}{(\text{LS}_1-1)\times P(H_1)+1}=\frac{10\times0.03}{(10-1)\times0.03+1}=0.2362$$

$$P(H_2\mid E_2)=\frac{\text{LS}_2\times P(H_2)}{(\text{LS}_2-1)\times P(H_2)+1}=\frac{20\times0.05}{(20-1)\times0.05+1}=0.5128$$

对于 $R_3$，由于 LS=1，所以 $E_3$ 的存在对 $H_3$ 无影响，即 $P(H_3|E_3)=0.3$。

由此可以看出，$E_1$ 的存在使 $H_1$ 为真的可能性增加了 8 倍，$E_2$ 的存在使 $H_2$ 为真的可能性增加了 10 多倍。

(2) 当证据 $E_1$、$E_2$、$E_3$ 都不存在时，$R_1$ 和 $R_2$ 中的 LN=1，所以 $E_1$ 与 $E_2$ 不存在时对 $H_1$ 和 $H_2$ 不产生影响，即：

$$P(H_1|\neg E_1)=\frac{LN_1 \times P(H_1)}{(LN_1-1) \times P(H_1)+1}=\frac{0.1 \times 0.03}{(0.1-1) \times 0.03+1}=0.00308$$

$$P(H_2|\neg E_2)=\frac{LN_2 \times P(H_2)}{(LN_2-1) \times P(H_2)+1}=\frac{0.01 \times 0.05}{(0.01-1) \times 0.05+1}=0.00053$$

对于 $R_3$，由于 LN=1，所以 $E_3$ 的不存在对 $H_3$ 无影响，即 $P(H_3|E_3)=0.3$。

由此可以看出，由于 $E_1$ 不存在使 $H_1$ 为真的可能性削弱为原来的 1/10，$E_2$ 不存在使 $H_2$ 为真的可能性削弱为原来的 1/100。

**例 5.5** 设有规则：

$R_1$: IF $E_1$ THEN (2,0.001) $H_1$

$R_2$: IF $E_1$ AND $E_2$ THEN (100,0.001) $H_1$

$R_3$: IF $H_1$ THEN (200,0.01) $H_2$

已知：$P(E_1)=P(E_2)=0.6,P(H_1)=0.091,P(H_2)=0.01,P(E_1|S_1)=0.76,$ $P(E_2|S_2)=0.68$。

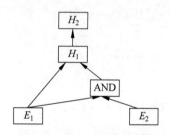

图 5.2 例 5.5 的推理网络

求：$P(H_1|S_1,S_2)$。

**解**：由已知知识得到的推理网络如图 5.2 所示。

(1) 计算 $O(H_1|S_1)$。

首先将 $P(H_1)$ 更新为 $E_1$ 下的后验概率 $P(H_1|E_1)$：

$$P(H_1|E_1)=\frac{LS_1 \times P(H_1)}{(LS_1-1) \times P(H_1)+1}$$
$$=\frac{2 \times 0.091}{(2-1) \times 0.091+1}=0.167$$

由于 $P(E_1|S_1)=0.76<P(E_1)$，根据式(5.29)得：

$$P(H_1|S_1)=P(H_1)+\frac{P(H_1|E_1)-P(H_1)}{1-P(E_1)} \times (P(E_1|S_1)-P(E_1))$$
$$=0.091+\frac{0.167-0.091}{1-0.6} \times (0.76-0.6)$$
$$=0.121$$

故：

$$O(H_1|S_1)=\frac{P(H_1|S_1)}{1-P(H_1|S_1)}=\frac{0.121}{1-0.121}=0.138$$

(2) 计算 $O(H_1|S_2)$。

$R_2$ 的前件是 $E_1$、$E_2$ 的合取关系，且 $P(E_1|S_1)=0.76,P(E_2|S_2)=0.68$，则 $P(E_2|S_2)<P(E_1|S_1)$。按合取取最小的原则，这里仅考虑 $E_2$ 对 $H_1$ 的影响，即把计算 $P(H_1|(S_1$ AND $S_2))$ 的问题转化为计算 $O(H_1|S_2)$ 的问题。

首先将 $H_1$ 的先验概率 $P(H_1)$ 更新为在 $E_2$ 下的后验概率 $P(H_1|E_2)$：

$$P(H_1 \mid E_2) = \frac{\mathrm{LS}_2 \times P(H_1)}{(\mathrm{LS}_2 - 1) \times P(H_1) + 1} = \frac{100 \times 0.091}{(100 - 1) \times 0.091 + 1} = 0.909$$

又由于 $P(E_2 \mid S_2) = 0.68 > P(E_2)$，根据式(5.29)得：

$$P(H_1 \mid S_2) = P(H_1) + \frac{P(H_1 \mid E_2) - P(H_1)}{1 - P(E_2)} \times (P(E_2 \mid S_2) - P(E_2))$$

$$= 0.091 + \frac{0.909 - 0.091}{1 - 0.6} \times (0.68 - 0.6)$$

$$= 0.255$$

故：

$$O(H_1 \mid S_2) = \frac{P(H_1 \mid S_2)}{1 - P(H_1 \mid S_2)} = \frac{0.255}{1 - 0.255} = 0.342$$

(3) 计算 $O(H_1 \mid S_1, S_2)$。

首先将 $H_1$ 的先验概率转换为先验概率：

$$O(H_1) = \frac{P(H_1)}{1 - P(H_1)} = \frac{0.091}{1 - 0.091} = 0.1$$

再根据合成公式计算 $H_1$ 的后验概率：

$$O(H_1 \mid S_1, S_2) = \frac{O(H_1 \mid S_1)}{O(H_1)} \times \frac{O(H_1 \mid S_2)}{O(H_1)} \times O(H_1)$$

$$= \frac{0.138}{0.1} \times \frac{0.342}{0.1} \times 0.1 = 0.472$$

然后将后验概率转换为后验概率：

$$P(H_1 \mid S_1, S_2) = \frac{O(H_1 \mid S_1, S_2)}{1 + O(H_1 \mid S_1, S_2)} = \frac{0.472}{1 + 0.472} = 0.321$$

(4) 计算 $P(H_2 \mid S_1, S_2)$。

对 $R_3$，$H_1$ 相当于已知事实，$H_2$ 为结论。将 $H_1$ 的先验概率 $P(H_2)$ 更新为在 $H_1$ 下的后验概率 $P(H_2 \mid H_1)$，由于 $P(H_1 \mid S_1, S_2) = 0.321 > P(H_1)$，根据式(5.29)得到在当前观察 $S_1$、$S_2$ 下 $H_2$ 的后验概率：

$$P(H_2 \mid H_1) = \frac{\mathrm{LS}_3 \times P(H_2)}{(\mathrm{LS}_3 - 1) \times P(H_2) + 1} = \frac{200 \times 0.01}{(200 - 1) \times 0.01 + 1} = 0.669$$

$$P(H_2 \mid S_1, S_2) = P(H_2) + \frac{P(H_2 \mid H_1) - P(H_2)}{1 - P(H_1)} \times (P(H_1 \mid S_1, S_2) - P(H_1))$$

$$= 0.1 + \frac{0.669 - 0.01}{1 - 0.091} \times (0.321 - 0.091)$$

$$= 0.177$$

由此可以看出，$H_2$ 的先验概率是 0.01，通过 $R_1$、$R_2$、$R_3$ 及初始证据进行推理，最后推出 $H_2$ 的后验概率为 0.177，相当于概率增加了 17 倍多。

主观 Bayes 方法是在概率论的基础上发展起来的，具有较完善的理论基础，且知识的输入转化为对 LS 和 LN 的赋值,避免了大量的数据统计工作,是一种比较实用且较灵活的不确定性推理方法。但是它在要求专家给出 LS 和 LN 的同时,还要求给出先验概率 $P(H)$,而且要求事件间相互独立,这仍然比较困难,从而也就限制了它的应用。

## 5.5 可信度方法

可信度方法是由美国斯坦福大学肖特里菲(E. H. Shortliffe)等在考查了非概率的和非形式化的推理过程后,于 1975 年提出的一种不确定性推理方法,并于 1976 年首次在血液病诊断专家系统 MYCIN 中得到了成功应用。

### 5.5.1 可信度的定义和性质

可信度是指人们根据以往的经验对某个事物或现象为真的程度的一个判断,或者说是人们对某个事物或现象为真的相信程度。

**1. 可信度的定义**

可信度最初定义为信任与不信任的差,即 $CF(H,E)$ 定义为

$$CF(H,E) = MB(H,E) - MD(H,E) \tag{5.32}$$

其中,CF 是由证据 $E$ 得到假设 $H$ 的可信度,也称为确定性因子(Certainty Factor)。

MB(Measure Belief)称为信任增长度,表示因为与前提条件 $E$ 匹配的证据的出现,使结论 $H$ 为真的信任的增长程度。$MB(H,E)$ 定义为

$$MB(H,E) = \begin{cases} 1, & P(H)=1 \\ \dfrac{\max\{P(H\mid E), P(H)\} - P(H)}{1 - P(H)}, & \text{其他} \end{cases} \tag{5.33}$$

MD(Measure Disbelief)称为不信任增长度,表示因为与前提条件 $E$ 匹配的证据的出现,对结论 $H$ 的不信任的增长程度。$MD(H,E)$ 定义为

$$MD(H,E) = \begin{cases} 1, & P(H)=0 \\ \dfrac{\min\{P(H\mid E), P(H)\} - P(H)}{-P(H)}, & \text{其他} \end{cases} \tag{5.34}$$

其中,$P(H)$ 表示 $H$ 的先验概率;$P(H\mid E)$ 表示在前提条件 $E$ 所对应的证据出现的情况下,结论 $H$ 的条件概率(后验概率)。

由 MB 与 MD 的定义可以得出如下结论。

当 $MB(H,E)>0$ 时,有 $P(H\mid E)>P(H)$,这说明由于 $E$ 所对应的证据的出现增加了 $H$ 的信任程度,但不信任程度没有变化。

当 $MD(H,E)>0$ 时,有 $P(H\mid E)<P(H)$,这说明由于 $E$ 所对应的证据的出现增加了 $H$ 的不信任程度,而不改变对其信任的程度。

根据前面对 $CF(H,E)$、$MB(H,E)$、$MD(H,E)$ 的定义,可得到 $CF(H,E)$ 的计算公式:

$$
CF(H,E) = \begin{cases} MB(H,E) - 0 = \dfrac{P(H \mid E) - P(H)}{1 - P(H)}, & P(H \mid E) > P(H) \\ 0, & P(H \mid E) = P(H) \\ 0 - MD(H,E) = -\dfrac{P(H) - P(H \mid E)}{P(H)}, & P(H \mid E) < P(H) \end{cases}
$$

$$(5.35)$$

从上式可以看出:

若 $CF(H,E) > 0$,则 $P(H \mid E) > P(H)$。说明由于前提条件 $E$ 所对应的证据的出现增加了 $H$ 为真的概率,即增加了 $H$ 的可信度;$CF(H,E)$ 的值越大,增加 $H$ 为真的可信度越大。

若 $CF(H,E) < 0$,则 $P(H \mid E) < P(H)$。这说明由于前提条件 $E$ 所对应的证据的出现减少了 $H$ 为真的概率,即增加了 $H$ 为假的可信度;$CF(H,E)$ 的值越小,增加 $H$ 为假的可信度越大。

**2. 可信度的性质**

根据以上 CF、MB、MD 的定义,可得到它们的如下性质。

(1) 对同一证据不可能既增加对 $H$ 的信任程度,同时增加对 $H$ 的不信任程度,因此 MB 与 MD 是互斥的,即有如下互斥性:

$$当\ MB(H,E) > 0\ 时,\quad MD(H,E) = 0$$
$$当\ MD(H,E) > 0\ 时,\quad MB(H,E) = 0$$

(2) MB、MD、CF 具有如下值域:

$$0 \leqslant MB(H,E) \leqslant 1$$
$$0 \leqslant MD(H,E) \leqslant 1$$
$$-1 \leqslant CF(H,E) \leqslant 1$$

(3) CF、MB、MD 包括如下三种典型值:

① 当 $CF(H,E) = 1$ 时,有 $P(H \mid E) = 1$,表明 $E$ 所对应的证据的出现使 $H$ 为真,此时 $MB(H,E) = 1, MD(H,E) = 0$;

② 当 $CF(H,E) = -1$ 时,有 $P(H \mid E) = 0$,表明 $E$ 所对应的证据的出现使 $H$ 为假,此时 $MB(H,E) = 0, MD(H,E) = 1$;

③ 当 $CF(H,E) = 0$ 时,则 $P(H \mid E) = P(H)$,表示 $H$ 与 $E$ 独立,即 $E$ 所对应的证据出现对 $H$ 没有影响。

(4) 对 $H$ 的信任增长度等于非 $H$ 的不信任增长度,即:

$$
\begin{aligned}
MD(\neg H, E) &= \frac{P(\neg H \mid E) - P(\neg H)}{-P(\neg H)} = \frac{(1 - P(H \mid E)) - (1 - P(H))}{-(1 - P(H))} \\
&= \frac{-P(H \mid E) + P(H)}{-(1 - P(H))} = MB(H,E)
\end{aligned}
$$

(5) 对 $H$ 的可信度与对非 $H$ 的可信度之和等于 0,即:

$$
\begin{aligned}
CF(H,E) + CF(\neg H, E) &= (MB(H,E) - MD(H,E)) + (MB(\neg H,E) - MD(\neg H,E)) \\
&= (MB(H,E) - 0) + (0 - MD(\neg H,E)) \\
&= MB(H,E) - MD(\neg H,E) \\
&= 0
\end{aligned}
$$

(6) 可信度不是概率。对于概率有 $P(H) + P(\neg H) = 1$ 且 $0 \leqslant P(H), P(\neg H) \leqslant 1$,而可信度不满足此条件。

(7) 对同一前提 $E$,若支持若干个不同的结论 $H_i (i = 1, 2, \cdots, n)$,则

$$\sum_{i=1}^{n} CF(H_i, E) \leqslant 1$$

因此,如果专家给出的知识为 $CF(H_1, E) = 0.7, CF(H_2, E) = 0.4$,则因为 $0.7 + 0.4 = 1.1 > 1$ 为非法,应进行调整或规范化。

在实际应用中,$P(H)$ 和 $P(H|E)$ 的值很难获取,因此 $CF(H, E)$ 的值应由领域专家给出。原则为:若相应的证据的出现会增加 $H$ 为真的可信度,则 $CF(H, E) > 0$,证据的出现对 $H$ 为真的支持程度越高,则 $CF(H, E)$ 的值越大;反之,证据的出现减少 $H$ 为真的可信度,则 $CF(H, E) < 0$,证据的出现对 $H$ 为假的支持程度越高,使 $CF(H, E)$ 的值越小;若相应的证据的出现与 $H$ 无关,则使 $CF(H, E) = 0$。

### 5.5.2 C-F 模型

C-F 模型是基于可信度表示的不确定性推理的基本方法。下面讨论其知识表示和推理问题。

#### 1. 规则不确定性的表示

在 C-F 模型中,规则是用产生式规则表示的,其一般形式为

$$\text{IF} \quad E \quad \text{THEN} \quad H \quad (CF(H, E)) \tag{5.36}$$

其中,$E$ 是规则的前提条件,$H$ 是规则的结论,$CF(H, E)$ 是规则的可信度,也称为规则强度,它描述的是知识的静态强度。

这里,前提和结论都可以是单个命题,也可由复合命题组成,对它们简单说明如下。

(1) 前提证据 $E$ 可以是一个简单条件,也可以是由合取和析取构成的复合条件,例如

$$E = (E_1 \text{ OR } E_2) \quad \text{AND} \quad E_3 \quad \text{AND} \quad E_4$$

就是一个复合条件。

(2) 结论 $H$ 可以是一个单一的结论,也可以是多个结论。

(3) 可信度因子 CF 通常称为可信度,或称规则强度,它实际上是知识的静态强度。

$CF(H, E)$ 取值范围是 $[-1, 1]$,其值表示当证据 $E$ 为真时,该证据对结论 $H$ 为真的支持程度,$CF(H, E)$ 的值越大,说明 $E$ 对结论 $H$ 为真的支持程度越大。

#### 2. 证据不确定性的表示

在 C-F 模型中,证据 $E$ 的不确定性也是用可信度因子 $CF(E)$ 表示的,其取值范围同样是 $[-1, 1]$,其典型值为

- 当证据 $E$ 肯定为真时,$CF(E) = 1$;
- 当证据 $E$ 肯定为假时,$CF(E) = -1$;
- 当证据 $E$ 一无所知时,$CF(E) = 0$。

证据可信度的来源有以下两种情况:如果是初始证据,其可信是由提供证据的用户给出的;如果是先前推出的中间结论又作为当前推理的证据,则其可信度在推出该结论时

由不确定性的更新算法计算得到。

CF($E$)所描述的是证据的动态强度,尽管它和知识的静态强度在表示方法上类似,但二者的含义完全不同。知识的静态强度 CF($H$,$E$)表示的是规则的强度,即当 $E$ 所对应的证据为真时对 $H$ 的影响程度,而动态强度 CF($E$)表示的是证据 $E$ 当前的不确定性程度。

**3. 组合证据不确定性的计算**

对证据的组合形式可分为"合取"与"析取"两种基本情况。当组合证据是多个单一证据的合取时,即:

$$E = E_1 \ \text{AND} \ E_2 \ \text{AND} \ \cdots \ \text{AND} \ E_n$$

若已知 CF($E_1$),CF($E_2$),$\cdots$,CF($E_n$),则:

$$\text{CF}(E) = \min\{\text{CF}(E_1), \text{CF}(E_2), \cdots, \text{CF}(E_n)\} \tag{5.37}$$

当组合证据是多个单一证据的析取时,即:

$$E = E_1 \ \text{OR} \ E_2 \ \text{OR} \ \cdots \ \text{OR} \ E_n$$

若已知 CF($E_1$),CF($E_2$),$\cdots$,CF($E_n$),则:

$$\text{CF}(E) = \max\{\text{CF}(E_1), \text{CF}(E_2), \cdots, \text{CF}(E_n)\} \tag{5.38}$$

**4. 否定证据不确定性的计算**

设 $E$ 为证据,则该证据的否定,记为 $\neg E$,若已知 $E$ 的可信度为 CF($E$),则:

$$\text{CF}(\neg E) = -\text{CF}(E) \tag{5.39}$$

**5. 不确定性推理计算**

C-F 模型中的不确定性推理实际上是从不确定性的初始证据出发,不断运用相关的不确定性规则,逐步推出最终结论和该结论的可信度的过程。而每次运用不确定性知识都需要由证据的不确定性和规则的不确定性去计算结论的不确定性。

① 证据肯定存在(CF($E$)=1)时,则:

$$\text{CF}(H) = \text{CF}(H, E)$$

这说明,规则强度 CF($H$,$E$)实际上就是在前提条件对应的证据为真时结论 $H$ 的可信度。

② 证据不是肯定存在(CF($E$)$\neq$1)时,则:

$$\text{CF}(H) = \text{CF}(H, E) \times \max\{0, \text{CF}(E)\} \tag{5.40}$$

由此可以看出,若 CF($E$)<0,即相应的证据以某种程度为假,则 CF($H$)=0。这说明在该模型中没有考虑证据为假时对结论 $H$ 所产生的影响。

③ 证据是多个条件组合的情况。即如果有两条规则推出一个相同结论,并且这两条规则的前提相互独立,结论的可信度又不相同,则可用不确定性的合成算法求出该结论的综合可信度。

设有如下规则:

$$\text{IF} \ E_1 \ \text{THEN} \ H \ (\text{CF}(H, E_1))$$

$$\text{IF} \ E_2 \ \text{THEN} \ H \ (\text{CF}(H, E_2))$$

则结论 $H$ 的综合可信度可分以下两步计算。

第一步:分别对每条规则求出其 CF($H$),即:

$$\text{CF}_1(H) = \text{CF}(H, E_1) \times \max\{0, \text{CF}(E_1)\}$$

$$CF_2(H) = CF(H,E_2) \times \max\{0, CF(E_2)\}$$

第二步:求 $E_1$ 与 $E_2$ 对 $H$ 的综合可信度,即:

$$CF(H) = \begin{cases} CF_1(H) + CF_2(H) - CF_1(H) \times CF_2(H), & CF_1(H) \geq 0, CF_2(H) \geq 0 \\ CF_1(H) + CF_2(H) + CF_1(H) \times CF_2(H), & CF_1(H) < 0, CF_2(H) < 0 \\ \dfrac{CF_1(H) + CF_2(H)}{1 - \min\{|CF_1(H)|, |CF_2(H)|\}}, & CF_1(H) \text{ 与 } CF_2(H) \text{ 异号} \end{cases}$$

$$(5.41)$$

如果可由多条规则推出同一个结论,并且这些规则的前提相互独立,结论的可信度又不相同,则可以将上述合成过程推广应用到多条规则支持同一条结论,且规则前提可以包含多个证据的情况。这时合成过程是先把第一条与第二条合成,再用该合成后的结论与第三条合成,依次进行下去,直到全部合成完为止。

**例 5.6** 已知有下列一组规则:

$$R_1: \text{IF} \quad E_1 \quad \text{THEN} \quad H_1 \quad (0.8)$$

$$R_2: \text{IF} \quad E_2 \quad \text{THEN} \quad H_1 \quad (0.5)$$

$$R_3: \text{IF} \quad E_3 \quad \text{AND} \quad H_1 \quad \text{THEN} \quad H_2 \quad (0.8)$$

已知初始可信度:$CF(E_1) = CF(E_2) = CF(E_3) = 1$,求:$CF(H_1), CF(H_2)$。

**解:**(1)对知识 $R_1$、$R_2$,分别计算 $CF(H_1)$。

$$CF_1(H_1) = CF(H_1, E_1) \times \max\{0, CF(E_1)\} = 0.8 \times \max\{0,1\} = 0.8$$

$$CF_2(H_1) = CF(H_1, E_2) \times \max\{0, CF(E_2)\} = 0.5 \times \max\{0,1\} = 0.5$$

(2)利用合成算法计算 $H_1$ 的综合可信度。

$$CF_{1,2}(H_1) = CF_1(H_1) + CF_2(H_1) - CF_1(H_1) \times CF_2(H_1)$$
$$= 0.8 + 0.5 - 0.8 \times 0.5$$
$$= 0.9$$

(3)计算 $H_2$ 的可信度。这时 $H_1$ 作为 $H_2$ 的证据,其可信度由前面计算,即 $CF(H_1) = 0.9$,又 $CF(E_3) = 1$,故:

$$CF(H_2) = CF(H_2, E_3 \text{ AND } H_1) \times \max\{0, CF(E_3 \text{ AND } H_1)\}$$
$$= 0.8 \times \max\{0, 0.9\}$$
$$= 0.72$$

**例 5.7** 设有如下一组规则:

$$R_1: \text{IF} \quad E_1 \quad \text{THEN} \quad H \quad (0.9)$$

$$R_2: \text{IF} \quad E_2 \quad \text{THEN} \quad H \quad (0.6)$$

$$R_3: \text{IF} \quad E_3 \quad \text{THEN} \quad H \quad (-0.5)$$

$$R_4: \text{IF} \quad E_4 \quad \text{AND} \quad (E_5 \text{ OR } E_6) \quad \text{THEN} \quad E_1 \quad (0.8)$$

已知:$CF(E_2) = 0.8, CF(E_3) = 0.6, CF(E_4) = 0.5, CF(E_5) = 0.6, CF(E_6) = 0.8$。

求:$H$ 的综合可信度 $CF(H)$。

**解:**由 $R_4$ 得到:

$$CF(E_1) = 0.8 \times \max\{0, CF(E_4 \text{ AND}(E_5 \text{ OR } E_6))\}$$
$$= 0.8 \times \max\{0, \min\{CF(E_4), CF(E_5 \text{ OR } E_6)\}\}$$
$$= 0.8 \times \max\{0, \min\{CF(E_4), \max\{CF(E_5), CF(E_6)\}\}\}$$
$$= 0.8 \times \max\{0, \min\{0.5, 0.8\}\}$$
$$= 0.8 \times \max\{0, 0.5\}$$
$$= 0.4$$

由 $R_1$ 得到:

$$CF_1(H) = CF(H, E_1) \times \max\{0, CF(E_1)\}$$
$$= 0.9 \times \max\{0, 0.4\}$$
$$= 0.36$$

由 $R_2$ 得到:

$$CF_2(H) = CF(H, E_2) \times \max\{0, CF(E_2)\}$$
$$= 0.6 \times \max\{0, 0.8\}$$
$$= 0.48$$

由 $R_3$ 得到:

$$CF_3(H) = CF(H, E_3) \times \max\{0, CF(E_3)\}$$
$$= -0.5 \times \max\{0, 0.6\}$$
$$= -0.3$$

根据结论不确定性的合成算法得到:

$$CF_{1,2}(H) = CF_1(H) + CF_2(H) - CF_1(H) \times CF_2(H)$$
$$= 0.36 + 0.48 - 0.36 \times 0.48$$
$$= 0.67$$

$$CF_{1,2,3}(H) = \frac{CF_{1,2}(H) + CF_3(H)}{1 - \min\{|CF_{1,2}(H)|, |CF_3(H)|\}}$$
$$= \frac{0.67 - 0.3}{1 - \min\{0.67, 0.3\}} = \frac{0.37}{0.7}$$
$$= 0.53$$

这就是所求出的综合可信度,即 $CF(H) = 0.53$。

### 5.5.3 可信度方法的说明

**1. 可信度的计算问题**

CF 的原始定义为

$$CF = MB - MD$$

该定义有一个困难之处。因为一个反面证据的影响可以抑制很多正面证据的影响,反之亦然。例如,如果 $MB = 0.999$,$MD = 0.799$,则 $CF = 0.2$。后来,MYCIN 中 CF 的定义修改为

$$CF = \frac{MB - MD}{1 - \min\{MB, MD\}}$$

这样可以削弱一个反面证据对多个正面证据的影响。例如对上面的 MB,MD 值,有

$$CF = \frac{0.999 - 0.799}{1 - \min\{0.999, 0.799\}} = 0.995$$

另外,在 MYCIN 中,一个规则前件的 CF 值必须大于 0.2,这样该规则的前件能认为为真并激活该规则。在 CF 理论中,阈值 0.2 不是作为一个基本公理,而是作为一个处理方法来减少所激活的仅弱支持的规则数目。如果没有这个阈值,许多 CF 值很小甚至没有值的规则将被激活,这将大大降低系统的效率。

**2. 可信度方法的特点:**

可信度方法的优点如下。

(1) 可信度方法具有简洁、直观的优点。通过简单的计算,不确定性就可以在系统中传播,并且计算具有线性的复杂度,推理的近似效果也比较理想。

(2) 可信度方法也很容易理解,并且将不信任和信任清楚地区分开来。

可信度方法的缺点如下。

(1) CF 值可能与条件概率得出的值相反。例如:

$$P(H_1) = 0.8, \quad P(H_2) = 0.2, \quad P(H_1 \mid E) = 0.9, \quad P(H_2 \mid E) = 0.8$$

则:

$$CF(H_1, E) = 0.5, \quad CF(H_2, E) = 0.75$$

如果一种疾病具有很高的条件概率,但却有很低的 CF 值,则可能会产生矛盾。

(2) 通常:

$$P(H \mid E) \neq P(H \mid S) \times P(S \mid E)$$

其中,$S$ 是基于证据 $E$ 的某些中间假设。但在推理链中的两条规则的 CF 却是作为独立概率计算的,即

$$CF(H, E) = CF(H, S) \times CF(S, E)$$

(3) MYCIN 一般应用于短推理链,而且假设简单的问题。如果把该方法应用于不具备短推理链、简单假设的领域,则可能会出问题。

(4) 由于可能导致计算的累计误差,如果多个规则逻辑等价于一个规则,则采用一个规则和多个规则计算的 CF 值可能就不相同。

(5) 组合规则使用的顺序不同,可能得出不同的结果。

## 5.6 证据理论

证据理论(Evidential of Evidence),也称为 D-S(Dempster-Shafer)理论,最早是由德姆斯特(A. P. Dempster)提出的。他试图用一个概率范围而不是单个的概率值去模拟不确定性。莎弗(G. Shafer)进一步拓展了德姆斯特的工作,称为证据推理(Evidential Reasoning),用于处理不确定性、不精确以及间或不准确的信息。由于证据理论将概率论中的单点赋值扩展为集合赋值,弱化了相应的公理系统,满足了比概率更弱的要求,因此可看作一种广义概率论。

证据理论中引入了信任函数来度量不确定性,并引用似然函数来处理由于"不知道"引起的不确定性,并且不必事先给出知识的先验概率,与主观 Bayes 方法相比,具有较大的灵

活性。因此,证据理论得到了广泛的应用。同时,可信度可以看作证据理论的一个特例,证据理论给了可信度一个理论性的基础。

## 5.6.1 证据理论的形式描述

在证据理论中,可以分别用信任函数、似然函数及类概率函数来描述知识的精确信任度、不可驳斥信任度及估计信任度,即可以从各种不同角度刻画命题的不确定性。

### 1. 概率分配函数

证据理论处理集合上的不确定性问题。为适应这一需要,首先应该建立命题与集合之间的一一对应关系,把命题的不确定性转化为集合的不确定性问题。

设 $\Omega$ 为变量 $x$ 的所有可能取值的有限集合(亦称样本空间),且 $\Omega$ 中的每个元素都相互独立,则由 $\Omega$ 的所有子集构成的集合称为幂集,记为 $2^{\Omega}$。

当 $\Omega$ 中的元素个数为 $N$ 时,则其幂集的元素个数为 $2^{N}$,且其中的每个元素 $A$ 都对应于一个关于 $x$ 的命题,称该命题为"$x$ 的值在 $A$ 中"。

**例5.8** 设:$\Omega = \{黑,白,蓝\}$,求:$\Omega$ 的幂集 $2^{\Omega}$。

**解**:$\Omega$ 的幂集可包括如下子集:
$$A_0 = \varnothing, \quad A_1 = \{黑\}, \quad A_2 = \{白\}, \quad A_3 = \{蓝\}$$
$$A_4 = \{黑,白\}, \quad A_5 = \{黑,蓝\}, \quad A_6 = \{白,蓝\}, \quad A_7 = \{黑,白,蓝\}$$

其中,$\varnothing$ 表示空集,上述子集的个数正好是 $2^3 = 8$,所以:$2^{\Omega} = \{A_0, A_1, A_2, A_3, A_4, A_5, A_6, A_7\}$。

**定义5.3** 设函数 $m: 2^{\Omega} \rightarrow [0,1]$,且满足:
$$m(\varnothing) = 0$$
$$\sum_{A \subseteq \Omega} m(A) = 1$$

则称 $m$ 是 $2^{\Omega}$ 上的概率分配函数,$m(A)$ 称为 $A$ 的基本概率数。$m(A)$ 表示依据当前的环境对假设集 $A$ 的信任程度。

对例5.8所给出的有限集 $\Omega$,若定义 $2^{\Omega}$ 上的一个基本函数 $m$:
$$m(A_0, A_1, A_2, A_3, A_4, A_5, A_6, A_7) = (0\ 0.3, 0, 0.1, 0.2, 0.2, 0, 0.2)$$

其中,$(0, 0.3, 0, 0.1, 0.2, 0.2, 0, 0.2)$ 分别是幂集中各个子集的基本概率数。显然,$m$ 满足概率分配函数的定义。

对概率分配函数的几点说明。

(1) 概率分配函数的作用是把 $\Omega$ 的任意一个子集都映射为 $[0,1]$ 上的一个数 $m(A)$。

当 $A$ 包含于 $\Omega$ 且 $A$ 由单个元素组成时,$m(A)$ 表示对 $A$ 的精确信任度;

当 $A$ 包含于 $\Omega$、$A \neq \Omega$,且 $A$ 由多个元素组成时,$m(A)$ 也表示对 $A$ 的精确信任度,但不知道这部分信任度该分给 $A$ 中哪些元素;

当 $A = \Omega$ 时,则 $m(A)$ 是对 $\Omega$ 的各个子集进行信任分配后剩下的部分,表示不知道该如何对它进行分配。

例如,对上例所给出的有限集 $\Omega$ 及基本函数 $m$:

当 $A_1=\{黑\}$ 时,有 $m(A_1)=0.3$,表示对命题"$x$ 是黑色"的精确信任度为 0.3。

当 $A_4=\{黑,白\}$ 时,有 $m(A_4)=0.2$,表示对命题"$x$ 或者是黑色,或者是白色"的精确信任度为 0.2,却不知道该把这 0.2 是分给 $\{黑\}$ 还是分给 $\{白\}$。

当 $A_7=\Omega=\{黑,白,蓝\}$ 时,有 $m(A_7)=0.2$,表示不知道该对这 0.2 如何分配,但它不属于 $\{黑\}$,就一定属于 $\{白\}$ 或 $\{蓝\}$,只是在现有认识下还不知道该如何分配而已。

(2) $m$ 是 $2^{\Omega}$ 上而非 $\Omega$ 上的概率分布,所以概率分配函数不是概率,它们不必相等,而且 $m(A)\neq 1-m(\neg A)$。

例如,在例 5.8 中 $m$ 符合概率分配函数的定义,但是:

$$m(A_1)+m(A_2)+m(A_3)=0.3+0+0.1=0.4<1$$

而概率要求 $P(A_1)+P(A_2)+P(A_3)=1$,因此 $m$ 不是概率。

**2. 信任函数**

**定义 5.4** 信任函数(Belief Function)

$$\text{Bel}: 2^{\Omega} \rightarrow [0,1]$$

对任意的 $A\subseteq\Omega$ 有:

$$\text{Bel}(A)=\sum_{B\subseteq A}m(B)$$

$\text{Bel}(A)$ 表示当前环境下,对假设集 $A$ 的信任程度,其值为 $A$ 的所有子集的基本概率之和,表示对 $A$ 的总的信任度。当 $A$ 为单一元素组成的集合时,$\text{Bel}(A)=m(A)$,因此 $\text{Bel}(A)$ 又称为下限函数。

例如,对例 5.8 有:

$$\begin{aligned}\text{Bel}(A_4)&=m(A_1)+m(A_2)+m(A_4)\\&=0.3+0+0.2\\&=0.5\end{aligned}$$

**3. 似然函数**

**定义 5.5** 似然函数(Plausibility Function)

$$\text{Pl}: 2^{\Omega} \rightarrow [0,1]$$

对任意的 $A\subseteq\Omega$ 有:

$$\text{Pl}(A)=1-\text{Bel}(\neg A)$$

其中,$\neg A=\Omega-A$。

似然函数又称不可驳斥函数或上限函数。由于 $\text{Bel}(A)$ 表示对 $A$ 为真的信任度,$\text{Bel}(\neg A)$ 表示对 $\neg A$ 的信任度,即 $A$ 为假的信任度,因此,$\text{Pl}(A)$ 表示对 $A$ 为非假的信任度。

例如,对例 5.8 有:

$$\begin{aligned}\text{Pl}(A_3)&=1-\text{Bel}(\neg A_3)\\&=1-(m(A_1)+m(A_2)+m(A_4))\\&=1-(0.3+0+0.2)\\&=0.5\end{aligned}$$

这里的 0.5 是对"蓝"为非假的信任度。由于"蓝"为真的精确信任度为 0.1,而剩下的 0.5-

0.1＝0.4 则是知道非假但却不能肯定为真的那部分。

**推论 5.1** 设有信任函数 $m$，似然函数 Pl，则

$$\mathrm{Pl}(A) = \sum_{A \cap B \neq \varnothing} m(B)$$

证明：

$$\mathrm{Pl}(A) - \sum_{A \cap B \neq \varnothing} m(B) = 1 - \mathrm{Bel}(\neg A) - \sum_{A \cap B \neq \varnothing} m(B)$$

$$= 1 - \left(\mathrm{Bel}(\neg A) + \sum_{A \cap B \neq \varnothing} m(B)\right)$$

$$= 1 - \left(\sum_{C \subseteq \neg A} m(C) + \sum_{A \cap B \neq \varnothing} m(B)\right)$$

$$= 1 - \sum_{D \subseteq \Omega} m(D)$$

$$= 0$$

所以可得

$$\mathrm{Pl}(A) = \sum_{A \cap B \neq \varnothing} m(B)$$

因此命题"$x$ 在 $A$ 中"的似然性由与命题"$x$ 在 $B$ 中"有关的 $m$ 值确定，其中命题"$x$ 在 $B$ 中"并不会使得命题"$x$ 不在 $A$ 中"成立。所以，一个事件的似然性是建立在对其相反事件不信任的基础上的。

**4. 信任函数和似然函数的性质**

信任函数和似然函数满足下列性质：

(1) $\mathrm{Bel}(\varnothing) = 0, \mathrm{Bel}(\Omega) = 1, \mathrm{Pl}(\varnothing) = 0, \mathrm{Pl}(\Omega) = 1$；

(2) 如果 $A \subseteq B$，则 $\mathrm{Bel}(A) \leqslant \mathrm{Bel}(B), \mathrm{Pl}(A) \leqslant \mathrm{Pl}(B)$；

(3) $\forall A \subseteq \Omega, \mathrm{Pl}(A) \geqslant \mathrm{Bel}(A)$；

(4) $\forall A \subseteq \Omega, \mathrm{Bel}(A) + \mathrm{Bel}(\neg A) \leqslant 1, \mathrm{Pl}(A) + \mathrm{Pl}(\neg A) \geqslant 1$。

由于 $\mathrm{Bel}(A)$ 和 $\mathrm{Pl}(A)$ 分别表示 $A$ 为真的信任度和 $A$ 为非假的信任度，因此，可分别称 $\mathrm{Bel}(A)$ 和 $\mathrm{Pl}(A)$ 为对 $A$ 信任程度的下限和上限，记为

$$A[\mathrm{Bel}(A), \mathrm{Pl}(A)]$$

$\mathrm{Pl}(A) - \mathrm{Bel}(A)$ 表示既不信任 $A$，也不信任 $\neg A$ 的程度，即对于 $A$ 是真是假不知道的程度。

**5. 概率分配函数的正交和**

在实际问题中，对于相同的证据，由于来源不同，可能会得到不同的概率分配函数。例如，考虑 $\Omega = \{黑,白\}$，假设从不同知识源得到的概率分配函数分别为

$$m_1(\varnothing, \{黑\}, \{白\}, \{黑,白\}) = (0, 0.4, 0.5, 0.1)$$

$$m_2(\varnothing, \{黑\}, \{白\}, \{黑,白\}) = (0, 0.6, 0.2, 0.2)$$

在这种情况下，需要对它们进行组合。

**定义 5.6** 设 $m_1$ 和 $m_2$ 是两个不同的概率分配函数，则其正交和 $m = m_1 \oplus m_2$ 满足

$$m(\varnothing) = 0$$

$$m(A) = K^{-1} \sum_{x \cap y = A} m_1(x) m_2(y) \qquad (5.42)$$

其中

$$K = 1 - \sum_{x \cap y = \varnothing} m_1(x) m_2(y) = \sum_{x \cap y \neq \varnothing} m_1(x) m_2(y) \qquad (5.43)$$

如果 $K \neq 0$，则正交和 $m$ 也是一个概率分配函数；如果 $K = 0$，则不存在正交和 $m$，称 $m_1$ 与 $m_2$ 矛盾。

**例 5.9** 设 $\Omega = \{a, b\}$，且从不同知识源得到的概率分配函数分别为

$$m_1(\varnothing, \{a\}, \{b\}, \{a, b\}) = (0, 0.5, 0.3, 0.2)$$
$$m_2(\varnothing, \{a\}, \{b\}, \{a, b\}) = (0, 0.3, 0.6, 0.1)$$

求：正交和 $m = m_1 \oplus m_2$。

**解**：先求 $K$：

$$
\begin{aligned}
K &= 1 - \sum_{x \cap y = \varnothing} m_1(x) m_2(y) \\
&= 1 - (m_1(\{a\}) m_2(\{b\})) + (m_1(\{b\}) m_2(\{a\})) \\
&= 1 - (0.5 \times 0.6 + 0.3 \times 0.3) \\
&= 0.61
\end{aligned}
$$

然后求 $m(\varnothing, \{a\}, \{b\}, \{a, b\})$，由于

$$
\begin{aligned}
m(\{a\}) &= \frac{1}{0.61} \times \sum_{x \cap y = \{a\}} m_1(x) m_2(y) \\
&= \frac{1}{0.61} \times (m_1(\{a\}) m_2(\{a\}) + m_1(\{a\}) m_2(\{a, b\}) + m_1(\{a, b\}) m_2(\{a\})) \\
&= \frac{1}{0.61} \times (0.5 \times 0.3 + 0.5 \times 0.1 + 0.2 \times 0.3) \\
&= 0.43
\end{aligned}
$$

同理可得

$$m(\{b\}) = 0.54$$
$$m(\{a, b\}) = 0.03$$

组合后得到概率分配函数

$$m(\varnothing, \{a\}, \{b\}, \{a, b\}) = (0, 0.43, 0.54, 0.03)$$

### 5.6.2 证据理论的推理模型

在上述证据理论的形式描述中，信任函数 $\mathrm{Bel}(A)$ 和似然函数 $\mathrm{Pl}(A)$ 分别表示命题 $A$ 的信任度的下限和上限，同样可用它来表述知识强度的下限和上限。这样就可在此表示的基础上建立相应的不确定性推理模型。

另外，从信任函数和似然函数的定义可以看出，它们都是建立在概率分配函数的基础上的。那么，当概率分配函数的定义不同时，将会得到不同的推理模型。下面给出一个特殊的概率分配函数，并在该函数的基础上建立一个具体的不确定性推理模型。

**1. 一个特殊的概率分配函数**

设 $\Omega=\{s_1,s_2,\cdots,s_n\}$，$m$ 为定义在 $2^\Omega$ 上的概率分配函数，且 $m$ 满足

(1) $m(\{s_i\})\geqslant 0$，对任意 $s_i\in\Omega$；

(2) $\sum\limits_{i=1}^{n}m(\{s_i\})\leqslant 1$；

(3) $m(\Omega)=1-\sum\limits_{i=1}^{n}m(\{s_i\})$；

(4) 当 $A\subset\Omega$，且 $|A|>1$ 或 $|A|=0$ 时，$m(A)=0$。其中，$|A|$ 表示命题 $A$ 对应的集合中元素的个数。

这里定义的是一个特殊的概率分配函数，只有当子集中的元素个数为 1 时，其概率分配函数才有可能大于 0；当子集中有多个或空集且不等于全集时，其概率分配函数均为 0；全集 $\Omega$ 的概率分配函数第(3)式计算。

**例 5.10** 设 $\Omega=\{红,黄,白\}$，有如下的概率分配函数：
$$m_1(\varnothing,\{红\},\{黄\},\{白\},\Omega)=(0,0.6,0.2,0.1,0.1)$$
其中，$m(\{红,黄\})=m(\{红,白\})=m(\{黄,白\})=0$ 符合上述概率分配函数的定义。

下面讨论满足上述特殊概率分配函数的信任函数、似然函数，以及它们的正交和。

**定义 5.7** 设 $m$ 为上述定义的一个特殊概率分配函数，对任意命题 $A\subseteq\Omega$，则

(1) 信任函数为：
$$\mathrm{Bel}(A)=\sum_{s_i\in A}m(\{s_i\})$$
$$\mathrm{Bel}(\Omega)=\sum_{B\subseteq\Omega}m(B)=\sum_{i=1}^{n}m(\{s_i\})+m(\Omega)=1$$

(2) 似然函数为：
$$\mathrm{Pl}(A)=1-\mathrm{Bel}(\neg A)=1-\sum_{s_i\in\neg A}m(\{s_i\})$$
$$=1-\sum_{s_i\in\neg A}m(\{s_i\})=1-\left(\sum_{i=1}^{n}m(\{s_i\})-\sum_{s_i\in A}m(\{s_i\})\right)$$
$$=1-(1-m(\Omega)-\mathrm{Bel}(A))$$
$$=m(\Omega)+\mathrm{Bel}(A)$$
$$\mathrm{Pl}(\Omega)=1-\mathrm{Bel}(\neg\Omega)=1-\mathrm{Bel}(\varnothing)=1$$

从上面的定义可以看出，对任何命题 $A\subseteq\Omega$ 和 $B\subseteq\Omega$，均有
$$\mathrm{Pl}(A)-\mathrm{Bel}(A)=\mathrm{Pl}(B)-\mathrm{Bel}(B)=m(\Omega)$$

**例 5.11** 设 $\Omega=\{红,黄,绿\}$，如下的概率分配函数：
$$m_1(\varnothing,\{红\},\{黄\},\{绿\},\Omega)=(0,0.6,0.2,0.1,0.1)$$
设 $A=\{红,黄\}$，求 $m(\Omega),\mathrm{Bel}(A),\mathrm{Pl}(A)$ 的值。

**解**：$m(\Omega)=1-(m(\{红\})+m(\{黄\})+m(\{绿\}))=1-(0.6+0.2+0.1)=0.1$
$\mathrm{Bel}(A)=m(\{红\})+m(\{黄\})=0.6+0.2=0.8$
$\mathrm{Pl}(A)=m(\Omega)+\mathrm{Bel}(\{红,黄\})=0.1+0.8=0.9$

或 $\text{Pl}(A) = 1 - \text{Bel}(\lnot\{红,黄\}) = 1 - \text{Bel}(\{绿\}) = 1 - 0.1 = 0.9$

**2. 类概率函数**

利用信任函数 $\text{Bel}(A)$ 和似然函数 $\text{Pl}(A)$,可以定义 $A$ 的类概率函数,并把它作为 $A$ 的不确定性度量。

**定义 5.8** 设 $\Omega$ 为有限域,对任意命题 $A \subseteq \Omega$,命题 $A$ 的类概率函数为

$$f(A) = \text{Bel}(A) + \frac{|A|}{|\Omega|}(\text{Pl}(A) - \text{Bel}(A)) \qquad (5.44)$$

其中,$|A|$、$|\Omega|$ 分别表示 $A$ 和 $\Omega$ 中包含元素的个数。

类概率函数 $f(A)$ 具有以下的性质。

(1) $f(\varnothing) = 0$,$f(\Omega) = 1$;

(2) $0 \leqslant f(A) \leqslant 1$,$\forall A \subseteq \Omega$;

(3) $\text{Bel}(A) \leqslant f(A) \leqslant \text{Pl}(A)$,$\forall A \subseteq \Omega$;

(4) $f(\lnot A) = 1 - f(A)$,$\forall A \subseteq \Omega$。

### 5.6.3 证据不确定性的表示

在证据理论中,所有输入的已知数据、规则前提条件及结论部分的命题都称为证据。证据 $E$ 的不确定性可以用类概率函数 $f(E)$ 表示。

在实际系统中,如果是初始证据,其不确定性是由用户给出,如果是推理过程中得到的中间结论,则其不确定性由推理得到。

### 5.6.4 规则不确定性的表示

在证据理论中,规则的不确定性可表示为

$$\text{IF} \quad E \quad \text{THEN} \quad H, \quad \text{CF}$$

其中,$H$ 为假设,$E$ 为支持 $H$ 成立的假设集,它们是命题的逻辑组合。CF 为可信度因子。

$H = \{a_1, a_2, \cdots, a_m\}$,$a_i \in \Omega(i = 1, 2, \cdots, m)$,$H$ 为假设集合 $\Omega$ 的子集。

$\text{CF} = \{c_1, c_2, \cdots, c_m\}$,$c_i$ 用来描述前提 $E$ 成立时 $a_i$ 的可信度。CF 应满足如下条件:

$$c_i \geqslant 0, \quad 1 \leqslant i \leqslant m$$

$$\sum_{i=1}^{m} c_i \leqslant 1$$

### 5.6.5 不确定性推理计算

**定义 5.9** 对于不确定性规则

$$\text{IF} \quad E \quad \text{THEN} \quad H, \quad \text{CF}$$

定义

$$m(\{a_i\}) = f(E)c_i, \quad i = 1, 2, \cdots, m$$

或表示为

$$m(\{a_1\},\{a_2\},\cdots,\{a_m\})=(f(E)c_1,f(E)c_2,\cdots,f(E)c_m)$$

规定

$$m(\Omega)=1-\sum_{i=1}^{m}m(\{a_i\})$$

而对于 $\Omega$ 的所有其他子集 $H$，均有 $m(H)=0$。

当 $H$ 为 $\Omega$ 的真子集时，有

$$\mathrm{Bel}(H)=\sum_{B\subseteq H}m(B)=\sum_{i=1}^{m}m(\{a_i\}) \tag{5.45}$$

进一步地，可以计算 $\mathrm{Pl}(H)$ 和 $f(H)$。

### 5.6.6　组合证据不确定性的计算

当规则的前提(证据)$E$ 是多个命题的合取或析取时，定义

$$f(E_1 \wedge E_2 \wedge \cdots \wedge E_n)=\min\{f(E_1),f(E_2),\cdots,f(E_n)\}$$
$$f(E_1 \vee E_2 \vee \cdots \vee E_n)=\max\{f(E_1),f(E_2),\cdots,f(E_n)\}$$

当有多条规则支持同一结论时，如果 $H=\{a_1,a_2,\cdots,a_n\}$，则

$$\begin{aligned}
&\mathrm{IF}\quad E_1\quad \mathrm{THEN}\quad H,\quad \mathrm{CF}_1\quad (\mathrm{CF}_1=\{c_{11},c_{12},\cdots,c_{1n}\})\\
&\mathrm{IF}\quad E_2\quad \mathrm{THEN}\quad H,\quad \mathrm{CF}_2\quad (\mathrm{CF}_2=\{c_{21},c_{22},\cdots,c_{2n}\})\\
&\qquad\qquad\qquad\vdots\\
&\mathrm{IF}\quad E_m\quad \mathrm{THEN}\quad H,\quad \mathrm{CF}_m\quad (\mathrm{CF}_m=\{c_{m1},c_{m2},\cdots,c_{mn}\})
\end{aligned}$$

如果这些规则相互独立地支持结论 $H$ 的成立，可以先计算

$$m_i(\{a_1\},\{a_2\},\cdots,\{a_m\})=(f(E_i)c_{i1},f(E_i)c_{i2},\cdots,f(E_i)c_{im}),\quad i=1,2,\cdots,m$$

然后根据前面介绍的求正交和的方法，对这些 $m_i$ 求正交和，以组合所有规则对结论 $H$ 的支持。一旦累加的正交和 $m(H)$ 计算出来，就可以计算 $\mathrm{Bel}(H)$、$\mathrm{Pl}(H)$、$f(H)$。

**例 5.12**　有如下的推理规则：

$R_1$：$\mathrm{IF}\quad E_1 \vee (E_2 \wedge E_3)\quad \mathrm{THEN}\quad A_1=\{a_{11},a_{12},a_{13}\}\quad \mathrm{CF}=\{0.4,0.3,0.2\}$

$R_2$：$\mathrm{IF}\quad E_4 \wedge (E_5 \wedge E_6)\quad \mathrm{THEN}\quad A_2=\{a_{21}\}\quad \mathrm{CF}_2=\{0.7\}$

$R_3$：$\mathrm{IF}\quad A_1\quad \mathrm{THEN}\quad A=\{a_1,a_2\}\quad \mathrm{CF}_3=\{0.5,0.4\}$

$R_4$：$\mathrm{IF}\quad A_2\quad \mathrm{THEN}\quad A=\{a_1,a_2\}\quad \mathrm{CF}_4=\{0.4,0.4\}$

这些规则形成如图 5.3 所示的推理网络，原始数据的概率在系统中已经给出：

$f(E_1)=0.5,f(E_2)=0.9,f(E_3)=0.7,f(E_4)=0.9,$
$f(E_5)=0.7,f(E_6)=0.8$

假设 $|\Omega|=10$，现在需要求出 $A$ 的确定性 $f(A)$。

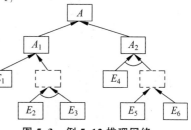

图 5.3　例 5.12 推理网络

**解**：第一步，求 $A_1$ 的确定性。

$$f(E_1 \vee (E_2 \wedge E_3))=\max\{0.5,\min(0.9,0.7)\}=0.7$$
$$m_1(\{a_{11}\},\{a_{12}\},\{a_{13}\})=(0.7\times0.4,0.7\times0.3,0.7\times0.2)=(0.28,0.21,0.14)$$

$$\text{Bel}(A_1) = m_1(\{a_{11}\}) + m_1(\{a_{12}\}) + m_1(\{a_{13}\}) = 0.28 + 0.21 + 0.14 = 0.63$$

$$\text{Pl}(A_1) = 1 - \text{Bel}(\neg A_1) = 1 - 0 = 1$$

$$f(A_1) = \text{Bel}(A_1) + \frac{|A_1|}{\Omega} \times (\text{Pl}(A_1) - \text{Bel}(A_1)) = 0.63 + \frac{3}{10} \times (1 - 0.63) = 0.74$$

第二步,求 $A_2$ 的确定性。

$$f(E_4 \wedge (E_5 \vee E_6)) = \min\{0.9, \max(0.7, 0.8)\} = 0.8$$

$$m_2(\{a_{21}\}) = 0.8 \times 0.7 = 0.56$$

$$\text{Bel}(A_2) = m_2(\{a_{21}\}) = 0.56$$

$$\text{Pl}(A_2) = 1 - \text{Bel}(\neg A_2) = 1 - 0 = 1$$

$$f(A_2) = \text{Bel}(A_2) + \frac{|A_2|}{\Omega} \times (\text{Pl}(A_2) - \text{Bel}(A_2)) = 0.56 + \frac{1}{10} \times (1 - 0.56) = 0.60$$

第三步,求 $A$ 的确定性。

根据 $R_3$ 和 $R_4$,有:

$$m_3(\{a_1\}, \{a_2\}) = (0.74 \times 0.5, 0.74 \times 0.4) = (0.37, 0.296)$$

$$m_4(\{a_1\}, \{a_2\}) = (0.6 \times 0.4, 0.6 \times 0.4) = (0.24, 0.24)$$

$$m_3(\Omega) = 1 - (m_3(\{a_1\}) + m_3(\{a_2\})) = 1 - (0.37 + 0.296) = 0.334$$

$$m_4(\Omega) = 1 - (m_4(\{a_1\}) + m_4(\{a_2\})) = 1 - (0.24 + 0.24) = 0.52$$

由正交和公式得到:

$$
\begin{aligned}
K &= 1 - \sum_{x \cap y = \varnothing} m_3(x) m_4(y) \\
&= 1 - (m_3(\{a_1\}) m_4(\{a_2\}) + m_3(\{a_2\}) m_4(\{a_1\})) \\
&= 1 - (0.37 \times 0.24 + 0.296 \times 0.24) \\
&= 0.84
\end{aligned}
$$

则:

$$
\begin{aligned}
m(\{a_1\}) &= K^{-1} \sum_{x \cap y = \{a_1\}} m_1(x) m_2(y) \\
&= \frac{1}{0.84} \times (m_3(\Omega) m_4(\{a_1\}) + m_3(\{a_1\}) m_4(\Omega) + m_3(\{a_1\}) m_4(\{a_1\})) \\
&= \frac{1}{0.84} \times (0.334 \times 0.24 + 0.37 \times 0.52 + 0.37 \times 0.24) = 0.43
\end{aligned}
$$

$$
\begin{aligned}
m(\{a_2\}) &= K^{-1} \sum_{x \cap y = \{a_2\}} m_1(x) m_2(y) \\
&= \frac{1}{0.84} \times (m_3(\Omega) m_4(\{a_2\}) + m_3(\{a_2\}) m_4(\Omega) + m_3(\{a_2\}) m_4(\{a_2\})) \\
&= \frac{1}{0.84} \times (0.334 \times 0.24 + 0.296 \times 0.52 + 0.296 \times 0.24) \\
&= 0.36
\end{aligned}
$$

于是:

$$\text{Bel}(A) = m(\{a_1\}) + m(\{a_2\}) = 0.43 + 0.36 = 0.79$$

$$\text{Pl}(A) = 1 - \text{Bel}(\neg A) = 1 - 0 = 1$$

$$f(A) = \text{Bel}(A) + \frac{|A|}{\Omega} \times (\text{Pl}(A) - \text{Bel}(A)) = 0.79 + \frac{2}{10} \times (1 - 0.79) = 0.832$$

证据理论的优点在于能够满足比概率论更弱的公理系统,可以区分不知道和不确定的情况,可以依赖证据的积累,不断缩小假设的集合。

证据理论最早是作为经典概率理论的扩展而引入的,所以受到很多的批评;在证据理论中,证据的独立性不易得到保证,基本概率分配函数要求给的值太多,计算传递关系复杂,随着诊断问题可能答案的增加,证据理论的计算呈指数级增长,传递关系复杂,比较难以实现。

## 5.7　模糊推理

模糊推理的理论基础是模糊集理论以及在此基础上发展起来的模糊逻辑,起源于1965年美国 California 大学的扎德(L. A. Zadeh)在 *Information and Control* 上发表的论文 *Fuzzy Sets*。模糊逻辑所处理的事物自身是模糊的,概念本身没有明确的外延,一个对象是否符合这个概念难以明确地确定,模糊推理是对这种不确定性,即模糊性的表示与处理。

模糊推理是利用模糊性知识进行的一种不确定性推理,与前面几节讨论的不确定性推理有着实质性的区别。不确定性推理的理论基础是概率论,所研究的事件本身有明确且确定的含义,只是由于发生的条件不充分,使得在条件与事件之间不能出现确定的因果关系,从而在事件的出现与否上表现出不确定性。

在人工智能的应用领域中,知识及信息的不确定性大多是由模糊性引起的,这就使得对模糊推理的研究显得格外重要。本节以模糊数学为基础,讨论模糊假言推理。

### 5.7.1　模糊数学的基本知识

#### 1. 模糊集合

1) 隶属度

集合元素对集合的隶属程度称为隶属度,用 $\mu$ 表示。设 $A$ 是论域 $U$ 上的模糊集合,$U$ 中完全属于 $A$ 的元素,其 $\mu$ 值为1,完全不属于 $A$ 的元素其值为0。对于(0,1)内的 $\mu$ 值,其值越大,隶属程度越高,当 $\mu$ 值为1时,就是经典集合的"属于",当 $\mu$ 值为0时,就是经典集合的"不属于"。

模糊集合用"隶属度/元素"的形式来记,例如:

$$A = \mu_1/x_1 + \mu_2/x_2 + \cdots + \mu_n/x_n$$

**注意**:这里的"+"号并不是求和,"/"号也不是求商,仅仅是一种记法,是模糊数学创始人扎德给出的记法。当某一项的 $\mu$ 值为0时,可以省略不写。由于这种记法中的"+"号的原意是求和,扎德又用记号

$$A = \int_{u \in U} \mu_A(u)/u$$

作为模糊集合 $A$ 的一般表示形式。当然,这里的积分符号也不是求和,只是一种记法。

模糊集合中,论域的概念十分重要,论域是一个经典集合。任何一个模糊集合都是建立在一个论域之上的,模糊集合中的元素 $x_i$ 取自其论域,因此空谈模糊集合是没有意义的。谈到某一模糊集合,必须声明它是哪一论域上的模糊集合。

2) 模糊集合相等

两个模糊集合相等,当且仅当它们的隶属函数在论域 $U$ 上恒等,即 $A = B$,当且仅当 $\forall x \in U, \mu_A(x) = \mu_B(x)$。

3) 模糊集合的包含

模糊集合 $A$ 包含于模糊集合 $B$ 中,当且仅当对于论域 $U$ 上所有元素 $x$,恒有 $\mu_A(x) \leqslant \mu_B(x)$。

4) 模糊集合的并、交、补

$$\mu_{(A \cup B)}(x) = \max\{\mu_A(x), \mu_B(x)\}, \quad \forall x \in U$$

$$\mu_{(A \cap B)}(x) = \min\{\mu_A(x), \mu_B(x)\}, \quad \forall x \in U$$

$$\mu_{\neg A}(x) = 1 - \mu_A(x), \quad \forall x \in U$$

5) 模糊集合的积

设 $A$、$B$ 分别是论域 $U$ 和论域 $V$ 上的模糊集合,那么:

$$A \times B = \int_{U \times V} (\mu_A(u_i) \wedge \mu_B(v_j))/(u_i, v_j)$$

特别地,当 $A$ 或 $B$ 有一个是论域时,上面表达式可以简化为

$$A \times V = \int_{U \times V} \mu_A(u_i)/(u_i, v_j)$$

$$U \times B = \int_{U \times V} \mu_B(v_j)/(u_i, v_j)$$

### 2. 模糊关系及其运算

1) 模糊关系

设 $U$、$V$ 是论域,从 $U$ 到 $V$ 上的模糊关系 $\boldsymbol{R}$ 是指 $U \times V$ 上的一个模糊集合,由隶属函数 $\mu_R(x)$ 刻画,$\mu_R(x, y)$ 代表有序对 $<x, y>$ 具有关系 $\boldsymbol{R}$ 的程度。

**例 5.13** 设某地区的身高论域 $U = \{150, 160, 170, 180\}$(单位:cm),体重论域 $V = \{45, 55, 65, 75\}$(单位:kg)。身高和体重两个集合的元素之间没有确定的关系,只有一定程度的关联。$\mu(x, y)$ 表示 $x$ 和 $y$ 的关联程度,如表 5.1 所示。

表 5.1　身高与体重的模糊关系

| $x$ | $y$ | | | |
|---|---|---|---|---|
| | 45 | 55 | 65 | 75 |
| 150 | 1 | 0.2 | 0.1 | 0 |
| 160 | 0.2 | 1 | 0.8 | 0.1 |
| 170 | 0.1 | 0.8 | 1 | 0.2 |
| 180 | 0 | 0.1 | 0.2 | 1 |

模糊关系 $\boldsymbol{R}$ 通常用矩阵表示,将上面表格表示转化成模糊矩阵表示,即:

$$\boldsymbol{R} = \begin{bmatrix} 1 & 0.2 & 0.1 & 0 \\ 0.2 & 1 & 0.8 & 0.1 \\ 0.1 & 0.8 & 1 & 0.2 \\ 1 & 0.1 & 0.2 & 1 \end{bmatrix}$$

2) 模糊关系的合成

设 $\boldsymbol{R}$ 是 $U \times V$ 上的模糊关系,$\boldsymbol{S}$ 是 $V \times W$ 上的模糊关系,则 $\boldsymbol{R}$、$\boldsymbol{S}$ 的复合是 $U \times W$ 上的模糊关系 $\boldsymbol{T}$,记为

$$\boldsymbol{T} = \boldsymbol{R} \circ \boldsymbol{S}$$

其隶属函数为

$$\boldsymbol{T}(x,y) = \boldsymbol{R}(x,y) \circ \boldsymbol{S}(y,z) = \sup_{y \in V} \min(\mu_R(x,y), \mu_S(y,z)) = \bigcup_{y \in V} (\mu_R(x,y) \wedge \mu_S(y,z))$$

其中,$\sup\limits_{y \in V}$ 表示对所有 $y \in V$ 取最小上界。

当论域为有限集时,模糊关系的合成运算可转化为模糊关系矩阵的乘法运算,该乘法运算类似于普通矩阵的乘法运算,区别是:将普通矩阵乘法中的"×"换为取极小值"∧",将普通矩阵乘法中的"+"换为取极大值"∨"。

设 $\boldsymbol{R}$ 为 $n \times m$ 阶矩阵,$\boldsymbol{S}$ 为 $m \times p$ 阶矩阵,则 $\boldsymbol{R} \circ \boldsymbol{S} = \boldsymbol{T}$ 是 $n \times p$ 阶矩阵,$\boldsymbol{T}$ 的元素 $T_{ij}$ 计算如下。

$$\boldsymbol{T}_{ij} \bigcup_{k=1}^{m} (r_{ik} \wedge s_{kj}), \quad i = 1, 2, \cdots, n; \ j = 1, 2, \cdots, n$$

两个模糊关系能够进行合成运算的条件:第一个模糊关系矩阵的列数=第二个模糊关系矩阵的行数。这与两个普通矩阵的乘法运算的条件相同。

**例 5.14**　设有如下两个模糊关系:

$$\boldsymbol{R}_1 = \begin{bmatrix} 0.5 & 0.6 & 0.3 \\ 0.7 & 0.4 & 1 \\ 0 & 0.8 & 0 \\ 1 & 0.2 & 0.9 \end{bmatrix}, \quad \boldsymbol{R}_2 = \begin{bmatrix} 0.2 & 1 \\ 0.8 & 0.4 \\ 0.5 & 0.3 \end{bmatrix}$$

求:$\boldsymbol{R}_1 \circ \boldsymbol{R}_2$。

**解:**$\boldsymbol{R}_1$ 是 $4 \times 3$ 模糊关系矩阵,$\boldsymbol{R}_2$ 是 $3 \times 2$ 模糊关系矩阵,因此 $\boldsymbol{R}_1 \circ \boldsymbol{R}_2$ 是 $4 \times 2$ 的模糊关系矩阵,令 $\boldsymbol{T} = \boldsymbol{R}_1 \circ \boldsymbol{R}_2$,则:

$$T(1,1) = (0.5 \wedge 0.2) \vee (0.6 \wedge 0.8) \vee (0.3 \wedge 0.5) = 0.6$$
$$T(1,2) = (0.5 \wedge 1) \vee (0.6 \wedge 0.4) \vee (0.3 \wedge 0.3) = 0.5$$
$$T(2,1) = (0.7 \wedge 0.2) \vee (0.4 \wedge 0.8) \vee (1 \wedge 0.5) = 0.5$$
$$T(2,2) = (0.7 \wedge 1) \vee (0.4 \wedge 0.4) \vee (1 \wedge 0.3) = 0.7$$
$$T(3,1) = (0 \wedge 0.2) \vee (0.8 \wedge 0.8) \vee (0 \wedge 0.5) = 0.8$$
$$T(3,2) = (0 \wedge 1) \vee (0.8 \wedge 0.4) \vee (0 \wedge 0.3) = 0.4$$
$$T(4,1) = (1 \wedge 0.2) \vee (0.2 \wedge 0.8) \vee (0.9 \wedge 0.5) = 0.5$$
$$T(4,2) = (1 \wedge 1) \vee (0.2 \wedge 0.4) \vee (0.9 \wedge 0.3) = 1$$

所以,得到模糊关系矩阵为

$$T = \begin{bmatrix} 0.6 & 0.5 \\ 0.5 & 0.7 \\ 0.8 & 0.4 \\ 0.5 & 1 \end{bmatrix}$$

### 5.7.2 模糊假言推理

**1. 模糊规则的表示**

模糊产生式规则的一般形式为

$$\text{IF} \quad E \quad \text{THEN} \quad R(\text{CF}, \lambda)$$

其中,$E$ 是用模糊命题表示的模糊条件,既可以是由单个模糊命题表示的简单条件,也可以是由多个模糊命题构成的复合条件;$R$ 是用模糊命题表示的模糊结论;CF 是该产生式规则所表示的知识的可信度因子,既可以是一个确定的实数,又可以是一个模糊数或模糊语言值,CF 的值由领域专家在给出规则时同时给出;$\lambda$ 是阈值,用于指出相应知识在什么情况下可被应用。

例如,各种形式的规则:

(1) IF $x$ is $A$ THEN $y$ is $B(\lambda)$

(2) IF $x$ is $A$ THEN $y$ is $B(\text{CF}, \lambda)$

(3) IF $x_1$ is $A_1$ AND $x_2$ is $A_2$ THEN $y$ is $B(\lambda)$

(4) IF $x_1$ is $A_1$ AND $x_2$ is $A_2$ AND $x_3$ is $A_3$ THEN $y$ is $B(\text{CF}, \lambda)$

推理中所用的证据也是用模糊命题表示的,一般形式为

$$x \text{ is } A' \quad \text{或} \quad x \text{ is } A'(\text{CF})$$

**2. 证据的模糊匹配**

在模糊推理中,规则的前提条件中的 $A$ 与证据中的 $A'$ 不一定完全相同,因此在决定选用哪条规则进行推理时必须首先考虑哪条规则的 $A$ 可与 $A'$ 近似匹配的问题,即它们的相似程度是否大于某个预先设定的阈值。例如,设有如下规则及证据:

$$\text{IF} \quad x \text{ is 小} \quad \text{THEN} \quad y \text{ is 大}(0.6)$$
$$x \text{ is 较小}$$

那么,是否有"$y$ is 大"这个结论呢?这决定于 $\lambda$ 值,若"$x$ is 较小"与"$x$ is 小"的接近程度大于等于 $\lambda$ 值,则有"$y$ is 大"的模糊结论(其模糊值需计算),否则没有这一结论。

如何计算接近程度?有多种方法,这里举其中一种——贴近度。

设 $A$、$B$ 分别是论域 $U = \{u_1, u_2, \cdots, u_n\}$ 上的模糊集合,它们的贴近度定义为

$$(A, B) = \frac{1}{2}[A \cdot B + (1 - A \odot B)]$$

其中:$A \cdot B = \bigvee\limits_{U} (\mu_A(u_i) \wedge \mu_B(u_i))$,$A \odot B = \bigwedge\limits_{U} (\mu_A(u_i) \vee \mu_B(u_i))$。"$\wedge$"表示取极小,"$\vee$"表示取极大。

**例 5.15** 设 $U = \{a, b, c, d, e\}$,有

$$A = 0.6/a + 0.8/b + 1/c + 0.8/d + 0.6/e + 0.4/f$$

$$B = 0.4/a + 0.6/b + 0.8/c + 1/d + 0.8/e + 0.6/f$$

求:$(A,B)$。

解:

$$A \cdot B = 0.4 \vee 0.6 \vee 0.8 \vee 0.8 \vee 0.6 \vee 0.4 = 0.8$$

$$A \odot B = 0.6 \wedge 0.8 \wedge 1 \wedge 1 \wedge 0.8 \wedge 0.6 = 0.6$$

那么

$$(A,B) = \frac{1}{2}[0.8 + (1 - 0.6)] = 0.6$$

### 3. 简单模糊推理

简单模糊推理是指规则的前提 $E$ 是单一条件,结论 $R$ 不含 CF,即

$$\text{IF} \quad x \quad \text{is} \quad A \quad \text{THEN} \quad y \quad \text{is} \quad B(\lambda)$$

首先构造 $A$、$B$ 之间的模糊关系 $R$,然后通过 $R$ 与前提的合成求出结论。如果已知证据是

$$x \quad \text{is} \quad A'$$

且 $(A, A') \geqslant \lambda$,那么有结论

$$y \quad \text{is} \quad B'$$

其中,$B' = A' \circ R$。

所以,在这种推理方法中,关键是如何构造模糊关系 $R$。构造模糊关系有多种方法,这里只介绍扎德方法。扎德提出两种方法——条件命题的极大极小规则和条件命题的算术规则,得到的模糊关系分别记为 $R_m$ 和 $R_a$。

设 $A$、$B$ 分别表示为

$$A = \int_U \mu_A(u)/u$$

$$B = \int_U \mu_B(v)/v$$

则

$$R_m = (A \times B) \bigcup (\neg A \times V) = \int_{U \times V} (\mu_A(u) \wedge \mu_B(v)) \vee (1 - \mu_A(u))/(u,v)$$

$$R_a = (\neg A \times V) \oplus (U \times B) = \int_{U \times V} 1 \wedge (1 - \mu_A(u) + \mu_B(v))/(u,v)$$

其中,$\oplus$ 表示界和,定义为

$$A \oplus B = \min\{1, \mu_A(u) + \mu_B(v)\}$$

对于模糊假言推理,已知证据为"$x \quad$ is $A'$",且 $(A, A') \geqslant \lambda$,则由 $R_m$ 和 $R_a$ 求得 $B_m'$ 和 $B_a'$,分别为

$$B_m' = A' \circ R_m = A' \circ [(A \times B) \bigcup (\neg A \times V)]$$

$$B_a' = A' \circ R_a = A' \circ [(\neg A \times V) \bigcup (U \times B)]$$

它们的隶属函数分别为

$$\mu_{B_m'}(v) = \bigvee_{u \in U} \{\mu_{A'}(u) \wedge [(\mu_A(u) \wedge \mu_B(v)) \vee (1 - \mu_A(u))]\}$$

$$\mu_{B_a'}(v) = \bigvee_{u \in U} \{\mu_{A'}(u) \wedge [1 \wedge (1 - \mu_A(u) + \mu_B(u))]\}$$

**例5.16** 设 $U=V=\{1,2,3,4,5\}$，有

$$A=1/1+0.5/2$$
$$B=0.4/3+0.6/4+1/5$$

模糊规则为

$$\text{IF } x \text{ is } A \text{ THEN } y \text{ is } B(\lambda)$$

证据为

$$x \text{ is } A'$$

其中，$A'$ 的模糊集为 $A'=1/1+0.4/2+0.2/3$，且有 $(A,A')\geqslant\lambda$，求 $B'_m$、$B'_a$。

**解**：先求 $\boldsymbol{R}_m$、$\boldsymbol{R}_a$。由前面 $\boldsymbol{R}_m$ 和 $\boldsymbol{R}_a$ 定义，知 $R_m(i,j)$ 与 $R_a(i,j)$ 分别为

$$R_m(i,j)=(\mu_A(u_i)\wedge\mu_B(v_j))\vee(1-\mu_A(u_i))$$
$$R_a(i,j)=1\wedge(1-\mu_A(u_i)+\mu_B(v_j))$$

$R_m(i,j)$ 与 $R_a(i,j)$ 分别是 $\boldsymbol{R}_m$ 和 $\boldsymbol{R}_a$ 的第 $i$ 行第 $j$ 列元素。例如：

$$R_m(1,3)=(\mu_A(u_1)\wedge\mu_B(v_3))\vee(1-\mu_A(u_1))=(1\wedge0.4)\vee(1-1)=0.4$$
$$R_a(1,3)=1\wedge(1-\mu_A(u_1)+\mu_B(v_3))=1\wedge(1-1+0.4)=0.4$$

由此求出 $\boldsymbol{R}_m$、$\boldsymbol{R}_a$，即

$$\boldsymbol{R}_m=\begin{bmatrix}0&0&0.4&0.6&1\\0.5&0.5&0.5&0.5&0.5\\1&1&1&1&1\\1&1&1&1&1\\1&1&1&1&1\end{bmatrix},\quad \boldsymbol{R}_a=\begin{bmatrix}0&0&0.4&0.6&1\\0.5&0.5&0.9&1&1\\1&1&1&1&1\\1&1&1&1&1\\1&1&1&1&1\end{bmatrix}$$

下面求 $B'_m$ 和 $B'_a$。

$$B'_m=A'\circ\boldsymbol{R}_m=\{1,0.4,0.2,0,0\}\circ\begin{bmatrix}0&0&0.4&0.6&1\\0.5&0.5&0.5&0.5&0.5\\1&1&1&1&1\\1&1&1&1&1\\1&1&1&1&1\end{bmatrix}=\{0.4,0.4,0.4,0.6,1\}$$

$$B'_a=A'\circ\boldsymbol{R}_a=\{1,0.4,0.2,0,0\}\circ\begin{bmatrix}0&0&0.4&0.6&1\\0.5&0.5&0.9&1&1\\1&1&1&1&1\\1&1&1&1&1\\1&1&1&1&1\end{bmatrix}=\{0.4,0.4,0.4,0.6,1\}$$

这里 $B'_m=B'_a$ 只是一个巧合，一般来说它们不一定相同。

## 5.8 小结

本章首先讨论了不确定性推理的基本概念、不确定性研究的基本问题和主要研究方法。"不确定性"是针对已知事实和推理中所用到的知识而言的,应用这种不确定的事实和知识的推理称为不确定性推理。

目前,关于不确定性处理方法的研究主要沿着两条路线发展。一是在推理级扩展确定

性推理,建立各种不确定性推理的模型,又分为数值方法和非数值方法。本章主要讨论的是数值方法,如主观 Bayes 方法、可信度方法、证据理论、模糊方法等。二是在控制级上处理不确定性,称为控制方法。对于处理不确定的最优方法,现在还没有一个统一的意见。

主观 Bayes 方法通过使用专家的主观概率,避免了所需的大量统计计算工作。主观 Bayes 方法讨论了信任与概率的关系、似然性问题,介绍了主观 Bayes 方法知识表示和推理方法。

可信度方法比较简单、直观,易于掌握和使用,并且已成功地应用于如 MYCIN 这样的推理链较短、概率计算精度要求不高的专家系统中。但是当推理长度较长时,由可信度的不精确估计而产生的累计误差会很大,所以它不适合长推理链的情况。

证据理论是用集合表示命题的一种处理不确定性的理论,引入信任函数而非概率来度量不确定性,并引入似然函数来处理不知道所引起的不确定性问题,只需要满足比概率论更弱的公理系统。证据理论基础严密,专门针对专家系统,是一种很有吸引力的不确定性推理模型。但如何把它普遍应用于专家系统,目前还没有一个统一的意见。

模糊推理建立在传统的假言推理之上,涉及两方面:一是前提是否匹配。传统的假言推理要求严格的匹配,而模糊假言推理是模糊匹配,引入了贴近度的概念,只有前提的模糊集与证据的模糊集的贴近度超过专家给定的阈值,才认为是匹配的;二是当前提与证据模糊匹配后,结论的模糊性如何计算。本章的方法是按照扎德给出的条件命题的极大极小规则和条件命题的算术规则,得到模糊关系 $R_m$ 和 $R_a$,然后经过模糊关系的合成,计算结论的模糊性。

## 习题

**5.1** 不确定推理的概念是什么?为什么要采用不确定推理?

**5.2** 不确定推理中需要解决的基本问题是什么?

**5.3** 主观 Bayes 方法的优点是什么?有什么问题?试说明 LS 和 LN 的意义。

**5.4** 为什么要在 MYCIN 中提出可信度方法?可信度方法还有什么问题?

**5.5** 何谓可信度?说明规则强度 $CF(H,E)$ 的含义。

**5.6** 设有三个独立的结论 $H_1,H_2,H_3$ 及两个独立的证据 $E_1,E_2$,它们的先验概率和条件概率分别为

$$P(H_1)=0.4, \quad P(H_2)=0.3, \quad P(H_3)=0.3$$

$$P(E_1 \mid H_1)=0.5, \quad P(E_1 \mid H_2)=0.3, \quad P(E_1 \mid H_3)=0.5$$

$$P(E_2 \mid H_1)=0.7, \quad P(E_2 \mid H_2)=0.9, \quad P(E_2 \mid H_3)=0.1$$

利用概率方法求出:

(1) 当只有证据 $E_1$ 出现时,$P(H_1|E_1)$、$P(H_2|E_1)$ 及 $P(H_3|E_1)$ 的值;并说明 $E_1$ 的出现对 $H_1,H_2,H_3$ 的影响。

(2) 当 $E_1$ 和 $E_2$ 同时出现时,$P(H_1|E_1,E_2)$、$P(H_2|E_1,E_2)$ 及 $P(H_3|E_1,E_2)$ 的值;并说明 $E_1$ 和 $E_2$ 同时出现对 $H_1,H_2,H_3$ 的影响。

**5.7** 设有如下规则:

$$R_1: \text{IF} \quad E_1 \quad \text{THEN} \quad (20,0.01) \quad H_1(0.06)$$

$$R_2: \text{IF} \quad E_2 \quad \text{THEN} \quad (10, 0.1) \quad H_2(0.05)$$

$$R_3: \text{IF} \quad E_3 \quad \text{THEN} \quad (1, 1) \quad H_3(0.4)$$

求：当证据 $E_1, E_2, E_3$ 存在时，$P(H_i | E_i)$ 的值各是多少？

**5.8** 设有如下规则：

$$R_1: \text{IF} \quad E_1 \quad \text{THEN} \quad (20, 0.1) \quad H$$

$$R_2: \text{IF} \quad E_2 \quad \text{THEN} \quad (300, 0.1) \quad H$$

已知：证据 $E_1$ 和 $E_2$ 必然发生，并且 $P(H) = 0.03$，求：$H$ 的后验概率。

**5.9** 设有规则：

$$R_1: \text{IF} \quad E_1 \quad \text{THEN} \quad (65, 0.01) \quad H$$

$$R_2: \text{IF} \quad E_2 \quad \text{THEN} \quad (300, 0.0001) \quad H$$

已知：$P(E_1 | S_1) = 0.5, P(E_2 | S_2) = 0.2, P(E_1) = 0.1, P(E_2) = 0.03, P(H) = 0.01$。

求：$P(H | S_1, S_2)$。

**5.10** 设有如下规则：

$$R_1: \text{IF} \quad E_1 \quad \text{THEN} \quad H(0.8)$$

$$R_2: \text{IF} \quad E_2 \quad \text{THEN} \quad H(0.6)$$

$$R_3: \text{IF} \quad E_3 \quad \text{THEN} \quad H(-0.5)$$

$$R_4: \text{IF} \quad E_4 \quad \text{AND} \quad (E_5 \quad \text{OR} \quad E_6) \quad \text{THEN} \quad E_1(0.7)$$

$$R_5: \text{IF} \quad E_5 \quad \text{AND} \quad E_8 \quad \text{THEN} \quad E_3(0.7)$$

且已知：$\text{CF}(E_2) = 0.8, \text{CF}(E_4) = 0.5, \text{CF}(E_5) = 0.6, \text{CF}(E_6) = 0.7, \text{CF}(E_7) = 0.6, \text{CF}(E_8) = 0.9$。

求：$H$ 的综合可信度 $\text{CF}(H)$。

**5.11** 请说明证据理论中概率分配函数、信任函数、似然函数及类概率函数的含义。

**5.12** 设 $\Omega = \{红, 黄, 绿\}, A = \{红, 黄\}$，有如下的概率分配函数：

$$m(\varnothing, \{红\}, \{黄\}, \{绿\}, \{红, 黄, 绿\}) = (0, 0.6, 0.2, 0.1, 0.1)$$

求：$m(\Omega), \text{Bel}(A), \text{Pl}(A), f(A)$ 的值。

**5.13** 已知 $f(E_1) = 0.6, f(E_2) = 0.7, |\Omega| = 20, E_1 \wedge E_2 \rightarrow H, H = \{h_1, h_2\}, (c_1, c_2) = (0.5, 0.3)$。计算 $f(H)$。

**5.14** 设有如下规则：

$$R_1: \text{IF} \quad E_1 \quad \text{AND} \quad E_2 \quad \text{THEN} \quad A = \{a_1, a_2\} \quad \text{CF} = \{0.3, 0.5\}$$

$$R_2: \text{IF} \quad E_3 \quad \text{AND} \quad (E_4 \quad \text{OR} \quad E_5) \quad \text{THEN} \quad B = \{b_1\} \quad \text{CF} = \{0.7\}$$

$$R_3: \text{IF} \quad A \quad \text{THEN} \quad H = \{h_1, h_2, h_3\} \quad \text{CF} = \{0.1, 0.5, 0.3\}$$

$$R_4: \text{IF} \quad B \quad \text{THEN} \quad H = \{h_1, h_2, h_3\} \quad \text{CF} = \{0.4, 0.2, 0.1\}$$

已知用户对初始证据给出的确定性为 $f(E_1) = 0.8, f(E_2) = 0.6, f(E_3) = 0.9, f(E_4) = 0.5, f(E_5) = 0.7$。并假定 $\Omega$ 中的元素个数 $|\Omega| = 10$。求：$f(H)$。

**5.15**　设有如下两个模糊关系：

$$\boldsymbol{R}_1 = \begin{bmatrix} 0.3 & 0.7 & 0.2 \\ 1 & 0 & 0.4 \\ 0 & 0.5 & 1 \\ 0.6 & 0.7 & 0.8 \end{bmatrix}, \quad \boldsymbol{R}_2 = \begin{bmatrix} 0.2 & 0.8 \\ 0.6 & 0.4 \\ 0.9 & 0.1 \end{bmatrix}$$

求：$\boldsymbol{R}_1 \circ \boldsymbol{R}_2$。

**5.16**　设 $U = V = \{1, 2, 3, 4\}$，有

$$A = 0.8/1 + 0.5/2 + 0.2/3$$
$$B = 0.3/2 + 0.7/3 + 0.9/4$$

模糊规则为

$$\text{IF} \quad x \quad \text{is} \quad A \quad \text{THEN} \quad y \quad \text{is} \quad B(\lambda)$$

证据为

$$x \quad \text{is} \quad A'$$

其中，$A'$ 的模糊集为 $A' = 0.8/1 + 0.5/2 + 0.2/3$，且有 $(A, A') \geqslant \lambda$。求：$B'_m$、$B'_a$。

# 第6章

# 机器学习

学习是人类获取知识的重要途径和人类智能的重要标志,而机器学习则是计算机获取知识的重要途径和人工智能的重要标志。在人工智能系统中,知识获取一直是一个"瓶颈"问题,而解决这一问题的关键在于如何提高机器的学习能力。因此,机器学习是人工智能的核心研究课题之一。

本章将介绍机器学习的基本知识和目前主要的机器学习策略,包括归纳学习、基于实例的学习和强化学习。具体的学习方法如支持向量机、神经网络、进化计算等内容将在后续章节中详细介绍。

## 6.1 概述

### 6.1.1 学习与机器学习

#### 1. 学习的概念

学习是一种综合的心理活动,与记忆、思维、知觉、感觉等多种心理活动密切相关,人们目前尚未完全清楚其机理,而且学习是一种具有多侧面的实践活动,使得人们很难把握它的本质。因此,什么是学习,至今还没有一个统一的定义。在各种学习观点中,影响最大的有以下几种。

(1) 心理学中对学习的解释是:学习是指(人或动物)依靠经验的获得而使行为持久变化的过程。

(2) 西蒙对学习的阐述:如果一个系统能够通过执行某种过程而改进它自身的性能,这就是学习。这一阐述包含三个要点:学习是一个过程;学习是针对一个系统而言的,这个系统可以是简单的一个人或一台机器,也可以是相当复杂的一个计算机系统,甚至是包括人在内的人机计算系统;学习能够改进系统性能。

(3) 米切尔(T. M. Mitchell)在《机器学习》一书中对学习的定义是：对于某类任务 T 和性能度 P，如果一个计算机程序在 T 上以 P 衡量的性能随着经验 E 而自我完善，那么，我们称这个计算机程序从经验 E 中学习。

当前关于"学习"的观点是：学习是一个有特定目的的知识获取和能力增长过程，其内在行为是获得知识、积累经验、发现规律等，其外部表现是改进性能、适应环境、实现自我完善等。学习的基本机制是，设法把在一种情况下确定是成功的表现行为转移到另一类似的新情况中。学习能力是人类智能的根本特征，人类通过学习来提高和改进自己的能力。任何具有智能的系统必须具备学习的能力。

**2. 机器学习的概念**

机器学习是定义在学习之上的，由于学习目前尚无严格的定义，因此机器学习也不可能给出一个严格的定义。从直观上理解，机器学习(Machine Learning，ML)是研究计算机模拟人类的学习活动，来获取知识和技能的理论和方法，改善系统性能的学科。正如香克(R. Shank)所说："一台计算机如果不会学习，就不能称为具有智能。"它是使计算机具有智能的根本途径，是人工智能中最具有智能特征的前沿研究领域之一。

## 6.1.2  学习系统

要使计算机具有某种程度的学习能力，即让计算机能够通过学习增长知识、改进性能、提高智能水平，就需要为它建立相应的学习系统。

**1. 学习系统的概念**

学习系统是指能够在一定程度上实现机器学习的系统。1973 年，萨里斯(Saris)曾对学习系统给过如下定义：如果一个系统能够从某个过程和环境的未知特征中学到有关信息，并且能够把学到的信息用于未来的估计、分类、决策和控制，以便改进系统的性能，那么它就是学习系统。1977 年，史密斯(Smith)又给出了类似的定义：如果一个系统在与环境相互作用时，能利用过去与环境作用时得到的信息，并提高其性能，那么这样的系统就是学习系统。

**2. 学习系统的基本要求**

通常，一个学习系统应该满足以下基本要求。

1) 具有适当的学习环境

在前面两个关于学习系统的定义中，都使用了"环境"这一术语。学习系统中环境并非指通常的物理条件，而是指学习系统进行学习时所必需的信息来源。

2) 具有一定的学习能力

环境只是为学习系统提供了相应的信息和条件，要从中学习到知识，还必须具有适当的学习方法和一定的学习能力。

3) 能用所学的知识解决问题

学以致用是对人类学习的一种要求，机器学习系统也是如此。萨里斯的定义明确指出，学习系统应该把学到的信息用于未来的估计、分类、决策和控制，以便改进系统的性能。事实上，无论是人，还是学习系统，如果不能用学到的知识解决实际问题，那就失去了学习的作用和意义。

4）能通过学习提高系统的性能

提高系统的性能是学习系统的最终目标。通过学习，系统随之增长知识，提高解决问题的能力，使之能完成原来不能完成的任务，或者比原来做得更好。

### 3. 学习系统的基本模型

通过以上分析可以看出，一个学习系统至少应包括四部分：环境、知识库、学习环节和执行环节。典型的机器学习系统如迪特里奇（T. Dietterich）的学习模型如图 6.1 所示。环

**图 6.1　迪特里奇的学习模型**

境向系统的学习环节提供某些信息，学习环节利用这些信息修改知识库，增进执行环节的效能；执行环节根据知识库完成任务，同时把获得的信息再反馈给学习环节。

下面分别对这四部分内容进行更详细的讨论。

1）环境与学习环节

环境中的信息的水平和质量是影响学习系统设计的第一个重要因素。

信息的水平是指信息的一般化程度，或者指信息适用范围的广泛性。信息的一般化程度又是相对于执行环节而言的。高水平信息的一般化程度比较高，能适用于更广泛的问题；低水平信息的一般化程度比较低，只适用于个别问题。无论环境中的信息的水平是高还是低，这些信息与执行环节所需的信息水平往往会有差距。学习环节的任务是缩小这一差距。如果环境提供的是高水平信息，学习环节就要补充遗漏的细节，以便执行环节将其用于更具体的情况。如果环境提供的是低水平信息，学习环节是由这些具体实例归纳出适用于一般情况的规则，以便执行环节将其用于更广泛的任务。

信息的质量是指信息的正确性和信息在组织上的合理性等。环境中的信息质量对学习难度是有明显影响的。例如，如果环境的示例中有干扰，或示例的次序不合理，则学习环节就很难对其进行归纳。

2）知识库

知识库的形式和内容是影响学习系统设计的第二个因素。知识库的形式与知识表示方法直接相关，常用的知识表示方法有谓词逻辑、产生式、语义网络、框架等。选择知识表示方法的准则有可表达性、可推理性、可修改性和可扩充性等。

知识库的初始知识是非常重要的。学习系统不可能在没有任何知识的情况下凭空获取知识，总是先利用初始知识去理解环境提供的信息，并逐步进行学习。学习系统的学习过程实质上是对原有知识库的扩充和完善过程。

3）执行环节

执行环节是整个学习系统的核心，与学习环节之间是相互联系的。学习环节的目的是改善执行环节的行为，而执行环节的复杂度、反馈作用及透明性又会对学习环节产生一定的影响。

（1）复杂度。不同复杂度的任务所需的知识不一样。一般来说，一个任务越复杂，所需的知识会越多。

（2）反馈作用。所有的学习系统都必须有从"执行环节"到"学习环节"的反馈信息。反馈信息是根据执行环节的执行情况，对学习环节所获知识的评价。学习环节根据反馈信息

来决定是否需要从环境中进一步获取信息,以修改、完善知识库中的知识。目前,学习系统采取的评价方式主要有两种:一种是由系统自动进行评价;另一种是由人来协助完成评价。由系统自动完成评价是指将评价时所需要的性能指标直接建立在学习系统中,然后由系统对执行环节得到的结果自动进行评价;由人来协助完成评价是指由人提出外部执行标准,然后观察执行环节相对这个标准的执行情况,并将比较结果反馈给学习环节。

(3)透明性。透明性是指从系统执行部分的动作效果可以很容易地被知识库的规则评价。可见,执行环节的透明性应该越高越好。

### 6.1.3 机器学习的发展简史

机器学习的发展过程可以划分为若干个阶段,至于如何划分有多种方法。例如,按照机器学习的发展形势,可以分为热烈时期、冷静时期、复兴时期和蓬勃发展时期四个阶段;按照机器学习的研究途径和目标,可以分为神经元模型研究、符号概念获取研究、基于知识的各种学习系统研究、连接学习和符号学习共同发展四个阶段。

下面按后一种划分方法进行讨论。

**1. 神经元模型研究阶段**

这一阶段为20世纪50年代中期到20世纪60年代初期,也称为机器学习的热烈时期,它所研究的是"没有知识"的学习,主要研究目标是各种自组织系统和自适应系统。基本思想是:如果给系统一组刺激,一个反馈源,以及修改自身的足够的自由度,那么系统将自适应地趋向最优组织;采用的主要研究方法是不断修改系统的控制参数,以改进系统的执行能力,而不涉及与具体任务有关的知识;所依据的主要理论基础是在20世纪40年代就开始研究的神经网络模型。

这一阶段最具代表性的工作是罗森布拉特(F. Rosenblaft)于1957年提出的感知器模型。该模型试图利用感知器网络来模拟人脑的感知及学习能力。但遗憾的是,大多数想用它来产生某些复杂智能系统的企图都失败了。同时,明斯基于1969年在其著名论著 *Perceptron* 中对感知器所做的悲观结论,以及感知器模型自身存在的缺陷,使得基于神经元模型的机器学习研究落入了低谷。

**2. 符号概念获取研究阶段**

这一阶段为20世纪60年中期到20世纪70年代初期。机器学习的研究进入了第二阶段,心理学和人类学习的模式占有主导地位,其特点是使用符号而不是数值表示来研究学习问题,其目标是用学习来表达高级知识的符号描述。在这一观点的影响下,其主要技术是概念获取和各种模式识别系统的应用;研究人员一方面深入探讨学习的简单概念,另一方面则把大量的领域知识并入学习系统,以便它们发现高深的概念。

这个阶段代表性的工作是温斯顿(P. H. Winston)于1975年提出的基于示例归纳的结构化概念学习系统。

**3. 基于知识的各种学习系统研究阶段**

机器学习发展的第三个阶段始于20世纪70年代中期,不再局限于构造概念学习系统和获取上下文知识,结合了问题求解中的学习、概念聚类、类比推理及机器发现的工作。

相应的学习方法相继推出,比如示例学习、示教学习、观察和发现学习、类比学习、基于解释的学习,强调应用面向任务的知识和指导学习过程的约束,应用启发式知识于学习任务的生成和选择,包括提出收集数据的方式、选择要获取的概念、控制系统的注意力等。

**4. 连接学习和符号学习共同发展阶段**

自 20 世纪 80 年代后期以来,形成了连接学习和符号学习共同发展的第四个阶段。在这个时期,用隐单元来计算和学习非线性函数的方法被提出,从而克服了早期神经元模型的局限性;同时,由于计算机硬件的迅速发展,使得神经网络的物理实现变成可能,在语音识别、图像处理等领域,神经网络取得了很大的成功。

在这个时期,符号学习伴随人工智能的进展也日益成熟,应用领域不断扩大,最杰出的工作有分析学习(特别是解释学习)、遗传算法、决策树归纳等。现在,基于计算机网络的各种具有学习能力和自适应能力的软件系统的研制和开发,将机器学习的研究推向新的高度。

### 6.1.4 机器学习的分类

**1. 基于学习策略的分类**

1) 模拟人脑的机器学习

符号学习:模拟人脑的宏观心理学习过程,以认知心理学原理为基础,以符号数据为输入,以符号运算为方法,用推理过程在图或状态空间中搜索,学习的目标为概念或规则等。符号学习的典型方法有记忆学习、示例学习、演绎学习、类比学习、解释学习等。

神经网络学习(或连接学习):模拟人脑的微观生理学习过程,以脑科学和神经科学原理为基础,以人工神经网络为函数模型,以数值数据为输入,以数值运算为方法,用迭代过程在系数向量空间中搜索,学习的目标为函数。典型的连接学习包括权值修正学习、拓扑结构学习。

2) 直接采用数学方法的机器学习

这类机器学习主要有统计机器学习、Bayes 学习、Bayes 网络学习、几何分类学习、支持向量机(Support Vector Machine,SVM)。

**2. 基于学习方法的分类**

(1) 归纳学习:应用归纳推理进行学习的方法。归纳推理是应用归纳方法,从足够多的具体事例中归纳出一般性知识,提取事物的一般规律,是从个别到一般的推理。

(2) 解释学习:基于解释的学习(Explanation-Based Learning,EBL),简称解释学习,根据任务所在领域知识和正在学习的概念知识,对当前实例进行分析和求解,得出一个表征求解过程的因果解释树,以获取新的知识。在获取新知识的过程中,通过对属性、表征现象和内在关系等进行解释而学习到新的知识。

(3) 神经学习:基于神经网络的学习(Neural Networks-Based Learning,NNBL)。神经网络的性质主要取决于两个因素:网络的拓扑结构;网络的权值、工作规则。二者结合起来就可以构成一个网络的主要特征。神经学习是指神经网络的训练过程,其主要表现为网络的权值的调整。神经网络的连接权值的确定一般有两种方式:一种是通过设计计算确定,即所谓死记式学习;另一种是网络按一定的规则通过学习得到的。大多数神经网络使用后一种方法确定其网络的权值,如反向传播算法、Hopfield 网络等。

（4）知识发现：数据库中的知识发现（Knowledge Discovery from Database，KDD），简称知识发现，是指从大量数据中辨识出有效的、新颖的、潜在有用的、可被理解的模式的高级处理过程。

**3．基于学习方式的分类**

（1）有导师学习（监督学习）：输入数据中有导师信号，以概率函数、代数函数或人工神经网络为基函数模型，采用迭代计算方法，学习结果为函数。典型的有导师学习有神经学习、分类学习等。

（2）无导师学习（非监督学习）：输入数据中无导师信号，采用聚类方法，学习结果为类别。典型的无导师学习有发现学习、聚类、竞争学习等。

（3）强化学习（增强学习）：以环境反馈（奖/惩信号）作为输入，以统计和动态规划技术为指导的一种学习方法。

**4．基于数据形式的分类**

（1）结构化学习：以结构化数据为输入，以数值计算或符号推演为方法。典型的结构化学习包括神经网络学习、统计学习、决策树学习、规则学习。

（2）非结构化学习：以非结构化数据为输入，典型的非结构化学习有类比学习、案例学习、解释学习、文本挖掘、图像挖掘、Web挖掘等。

**5．基于学习目标的分类**

（1）概念学习：即学习的目标和结果为概念，或者说是为了获得概念的一种学习。典型的概念学习是示例学习。

（2）规则学习：即学习的目标和结果为规则，或者说是为了获得规则的一种学习。典型的规则学习是决策树学习。

（3）函数学习：即学习的目标和结果为规则，或者说是为了获得函数的一种学习。典型的函数学习是神经网络学习。

（4）类别学习：即学习的目标和结果为对象类，或者说是为了获得类别的一种学习。典型的类别学习是聚类分析。

（5）贝叶斯网络学习：即学习的目标和结果是贝叶斯网络，或者说是为了获得贝叶斯网络的一种学习，可分为结构学习和参数学习。

## 6.1.5　机器学习的应用与研究目标

**1．机器学习的应用**

研究表明，目前在众多涉及计算机处理的技术应用中，机器学习在许多领域都取得了很大的进步，如用于人工智能、数据挖掘、自然语言处理、汉字识别、机器翻译、专家系统、商业领域等。可以说，一个系统是否具有"学习"功能已成为是否具有"智能"的一个重要标志。

20世纪90年代逐渐成熟的基于机器学习的文本分类方法更注重分类器的模型自动挖掘和生成及动态优化能力，在分类效果和灵活性上都比之前基于知识工程和专家系统的文本分类模式有所突破，成为相关领域研究和应用的经典范例。

近年来，机器学习与自然语言处理的结合越来越紧密，相应的自然语言学习技术的发展也越来越快。在自然语言处理及机器翻译方面,比较流行和传统的机器学习方法是基于实例的学习。这种方法给定一些有代表性的实例,从中总结出一些规律,使其具有代表性和高精确度,并把学习得到的这些特性作为系统,赋给另一个从未见过的新事物。比较典型的应用有基于机器学习方法的自动文摘问题及用于智能中文关联词语识别、中文语句的生成和诊断系统等。

机器学习方法在专家系统及智能决策系统方面的典型应用很普遍,包括:机械设备智能诊断系统的机器学习机制、故障诊断专家系统中机器学习方法的研究、基于机器学习理论的智能决策支持系统模型操纵方法的研究、智能制造系统中机器学习方法的应用研究等。

机器学习技术也应用于市场营销、金融、网络分析和电信领域。在市场营销领域,机器学习技术广泛地应用于分类型任务和关联型任务;在金融领域,机器学习技术广泛地应用于预测型任务;在网络分析领域,机器学习技术应用较为广泛的是关联型任务;在电信领域,机器学习技术在分类、预测、侦查等任务方面均有广泛的应用。此外,机器学习通常应用于数据挖掘领域,有时与其他应用技术结合,比较典型的有基于机器学习的神经网络初始化方法、进化计算在机器学习中的应用研究、层次分类中的机器学习方法研究、基于 Rough 集方法的数据约简与机器学习、预测支持系统中的人机界面 Agent 及其机器学习。

**2. 机器学习的研究目标**

机器学习的研究目标有以下三个。

(1) 人类学习过程的认知模型:研究人类学习机理的认知模型,对人类的教育和对开发机器学习系统都有重要的意义。

(2) 通用学习算法:通过对人类学习过程的研究,探索各种可能的学习方法,开发具体应用领域的通用学习算法。

(3) 构造面向任务的专用学习系统:研究智能系统的建造,解决特定的实际问题,并开发完成这些特定任务的学习系统。

# 6.2 归纳学习

归纳学习是研究最广的一种符号学习方法,表示从例子设想出假设的过程。归纳学习也可以看作一个搜索问题的过程,在预定义的假设空间中搜索假设,使其与训练样例有最佳的拟合度。归纳学习能够获得新的概念,创立新的规则,发现新的理论。一般操作是泛化(Generalization)和特化(Specialization)。泛化被用来扩展假设的语义信息,以便包含更多的正例,应用于更多的情况。特化是泛化的相反操作,用于限制概念描述的应用范围。

## 6.2.1 归纳学习的基本概念

归纳是指从个别到一般、从部分到整体的一类推论行为。归纳推理是应用归纳方法所进行的推理,即从足够多的事例中归纳出一般性的知识,是一种从个别到一般的推理。由于在进行归纳时,多数情况下不可能考察全部有关的事例,因而归纳出的结论不能绝对保证它的正确性,只能以某种程度相信它为真,这是归纳推理的一个重要特征。

归纳推理是人们经常使用的一种推理方法,人们通过大量的实践总结出了多种归纳方法,如枚举归纳、联想归纳、类比归纳、逆推理归纳、消除归纳等。

归纳学习是应用归纳推理进行学习的一类学习方法,旨在从大量的经验数据中归纳抽取出一般的判定规则和模式,是从特殊情况推导出一般规则的学习方法,其目标是形成合理的能解释已知事实和预见新事实的一般性结论。比如,为系统提供各种动物的例子,并且告诉系统哪些是鸟、哪些不是鸟,系统通过归纳学习可以总结出识别鸟的一般规则,将鸟与其他动物区分开。

归纳学习由于依赖于经验数据,因此又称为经验学习(Empirical Learning,EL),由于依赖于数据间的相似性,因此也称为基于相似性的学习(Similarity-Based Learning,SBL)。

### 1. 归纳学习的双空间模型

归纳学习使用训练实例来引导出一般规则。全体可能的实例构成实例空间,全体可能的规则构成规则空间。基于规则空间和实例空间的学习就是在规则空间中搜索要求的规则,并从实例空间中选出一些示教的例子,以便解决规则空间中某些规则的二义性问题。学习的过程就是完成实例空间与规则空间之间同时、协调的搜索,最终找到要求的规则。用于归纳学习的双空间模型如图 6.2 所示。

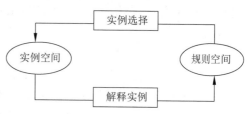

图 6.2 归纳学习的双空间模型

依据双空间模型建立的归纳学习系统,其执行过程可以大致描述为:首先由施教者给实例空间提供一些初始示教例子,由于示教例子在形式上往往和规则形式不同,因此需要对这些例子进行转换,解释为规则空间接受的形式,然后利用解释后的例子搜索规则空间。由于一般情况下不能一次就从规则空间中搜索到要求的规则,因此还要寻找一些新的示教例子,这个过程就是实例选择。程序会选择对搜索规则空间最有用的例子,对这些示教例子重复上述循环。如此循环多次,直到找到所要求的例子。

### 2. 归纳学习的分类

(1)归纳学习按其有无教师指导可分为示例学习及观察与发现学习。示例学习,又称实例学习或叫概念获取,是指给定关于某个概念的一系列已知的正例与反例,其任务是从中归纳出一个一般的概念描述。示例学习根据教师分类好的正反例进行学习,因此是有教师学习。观察与发现学习没有教师的帮助,目标是产生解释所有或大多数观察的规律和规则,包括概念聚类、发现定理、形成理论等,是无教师学习。

(2)归纳学习按所学习的概念的类型可以划分为单概念学习和多概念学习两类。这里,概念指用某种描述语言表示的谓词,应用于概念的正实例时,谓词为真,应用于概念的负实例时,谓词为假。从而概念谓词将实例空间划分为正、反两个子集。对于单概念学习,学习的目的是从概念空间(规则空间)中寻找某个与实例空间一致的概念;对于多概念学习任务,是从概念空间中找出若干概念描述,对于每个概念描述,实例空间中均有相应的空间与之对应。

典型的单概念学习系统包括米切尔的基于数据驱动的变型空间法,昆兰(J. R. Quinlan)的 ID3 方法,迪特里奇(T. G. Dietterich)和米哈尔斯基(R. S. Michalski)提出的基于模型驱动的 Induce 算法。典型的多概念学习方法和系统有米哈尔斯基的 AQ11、

DENDRAL 和 AM 程序等。多概念学习任务可以划分成多个单概念学习任务来完成。多概念学习与单概念学习的差别在于多概念学习方法必须解决概念之间的冲突问题。

### 6.2.2 变型空间学习

变型空间学习方法(Version Space Learning),是米切尔于 1977 年提出的一种数据驱动型的学习方法,是一种重要的有教师学习的归纳学习方法。该方法以整个规则空间或其子集为初始的假设规则集合 $H$,依据示教例子中的信息,系统对集合 $H$ 进行泛化或特化处理,逐步缩小集合 $H$,最后使得 $H$ 收敛到只含有要求的规则。由于被搜索的假设规则集合 $H$ 逐渐缩小,故称为变型空间法,$H$ 被称为假设空间。

**1. 变型空间的结构**

在变型空间中,表示规则的点与点之间存在着一种由一般到特殊(More General Than)的偏序关系,被定义为覆盖,例如,Colors$(X,Y)$ 覆盖 Colors$(ball,Z)$,于是又覆盖 Colors$(ball,red)$。

假设空间 $H$ 由两个子集 $G$ 和 $S$ 所限定,子集 $G$ 中的元素表示 $H$ 中的最一般的概念,子集 $S$ 中的元素表示 $H$ 中的最特殊的概念,假设空间 $H$ 的确切组成是:$G$ 中包含的假设,$S$ 中包含的假设以及 $G$ 和 $S$ 之间偏序结构所规定的假设。即

$$H = G \bigcup S \bigcup \{k \mid G > K > S\}$$

式中符号">"表示变型空间中的偏序关系。

作为一个简单的例子,考虑有这样一些属性和值的对象域:

$$Colors = \{red, blue\}$$
$$Shapes = \{ball, cube\}$$

这些对象可以用谓词 $G(Colors, Shapes)$ 或 $G(x,y)$ 来表示,其变型空间的偏序关系如图 6.3 所示。

在图 6.3 中,整个变型空间包含 9 个假设,假设之间的箭头表示一般到特殊的偏序关系,只要给定集合 $S$ 和 $G$,就可以列举出变型空间中的所有成员,方法是使用一般到特殊偏序结构来生成 $S$ 和 $G$ 集合之间的所有假设(见图 6.4)。

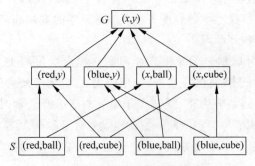

图 6.3　变型空间的偏序关系

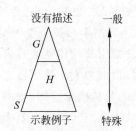

图 6.4　变型空间的排序关系

正如图 6.4 所描述的,变型空间法的初始 $G$ 集是空间中最上面的一个点(最一般的概念),初始集合 $H$ 就是整个空间,初始 $S$ 集是空间中最下面的直线的点(示教例子)。在搜

索过程中,$G$ 集逐渐下移(特化),$S$ 集不断上移(泛化),集合 $H$ 逐步缩小。最后集合 $H$ 收敛为只含有一个概念时,就发现了所要学习的概念。在变型空间中这种学习算法称为候选消除算法。

**2. 候选消除算法与算法**

**算法 6.1** 候选消除算法:

(1) 把 $H$ 初始化为整个规则空间。

这时集合 $G$ 仅包含空描述,即最一般的描述。$S$ 包含所有最特殊的概念。实际上,为避免 $S$ 集合过大,算法把 $S$ 初始化为仅包含第一个示教正例。

(2) 接受一个新的示教例子。

如果这个例子是正例,则从 $G$ 集合中删除所有不覆盖该例的概念,然后修改 $S$ 为由新正例和 $S$ 原有元素共同归纳出的最特殊的结果,也就是对 $S$ 做尽量小的泛化,这个过程称为对集合 $S$ 的修改过程。

如果这个例子是反例,则从 $S$ 集合中删去所有覆盖这个反例的概念,再对 $G$ 做尽量小的特殊化,使之不覆盖这个反例,这个过程称为对集合 $G$ 的修改过程。

(3) 重复步骤(2),直到 $G=S$,且使这两个集合都只含有一个元素为止。

(4) 输出 $H$ 中的概念(输出 $G$ 或 $S$)。

下面给出一个实例。

**例 6.1** 现假设有一个物体,用两个属性描述:大小和形状。大小只有两个值:大的(lg)或小的(sm);形状有三个值:圆的(cir)、方的(squ)或三角的(tri)。每个物体都可以用一个向量 $(x,y)$ 表示:$x$ 表示物体的大小,$y$ 表示物体的形状。初始变形空间可用图 6.5 所示。

现假设要学习的概念为"圆","即 $(x,cir)$,可以将集合 $H$ 初始化为整个规则空间,$<G_0,S_0>$:

$$G_0=\{(x,y)\}$$
$$S_0=\{(sm,squ),(sm,cir),(sm,tri),(lg,squ),(lg,cir),(lg,tri)\}$$

第一个训练例子是正例(sm cir),这表示小圆是圆。初始化 $S$ 为第一个正例,$G$ 覆盖了该例,所以不要修改。$<G_0,S_0>$ 更新为

$$G_1=\{(x,y)\}$$
$$S_1=\{(sm,cir)\}$$

新的描述空间如图 6.6 所示。

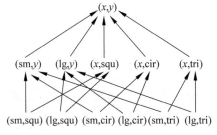

图 6.5　初始变型空间

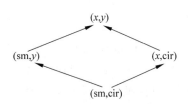

图 6.6　第一正例后的变型空间

第二个训练例子是反例(lg,tri)。这表示大三角不是圆。这时 $G$ 过于一般了,它包含了该反例,应对 $G$ 进行特化处理,使它能对此反例做正确的分类。有两个属性可以使 $G$ 特化,这里有三种可选的极小更特殊的假设。$S$ 中不包含该反例,所以不要修改。$<G_1,S_1>$ 更新为

$$G_2=\{(x,cir),(x,squ),(sm,y)\}$$
$$S_2=\{(sm,cir)\}$$

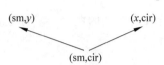

图 6.7　第二个反例后的变型空间

新的描述空间如图 6.7 所示。

第三个训练例子是正例(lg,cir),表示大圆是圆。先从 $G$ 中去掉不满足此正例的概念(sm,y),(x,squ)。再对 $S$ 依据此正例做泛化,$<G_2,S_2>$ 更新为

$$G_3=\{(x,cir)\}$$
$$S_3=\{(x,cir)\}$$

这时算法结束,输出概念 $(x,cir)$。

### 6.2.3　归纳偏置

#### 1. 归纳偏置的概念

候选消除算法收敛到描述目标概念的假设条件是:①训练样例中没有错误;②$H$ 中确实包含描述目标概念的正确假设。如果样例中存在错误或目标概念不能由假设表示方式所描述,在给定足够的训练数据的情况下,我们会发现通过对 $S$ 的泛化和对 $G$ 的特化,变型空间会收敛得到一个空集。

为了保证目标概念在假设空间中,需要提供一个假设空间,它能表达实例集 $X$ 的所有可能的子集。假设实例空间 $X$ 由 $n$ 种属性描述,$n$ 种属性的取值分别为 $m_1,m_2,\cdots,m_n$,则实例空间 $X$ 中学习实例的总数为 $K=m_1*m_2*\cdots*m_n$,因此在这个实例空间上可以定义 $2^K$ 个不同的目标概念,这就是需要学习的目标概念的数目。学习空间如此庞大,如果没有一些方法来修剪它们,基于搜索的学习就没有实用性,因此应该有一些启发式的限制,使得学习程序有效地在整个空间却是最小的域中搜索。

以上分析说明,归纳学习需要某种形式的预先假设,称为归纳偏置。严格来说,归纳偏置是指学习程序用来限制概念空间或者在这个空间中选择概念的任何标准。

#### 2. 归纳偏置的强化

归纳偏置有两个特点:

(1) 强偏置是把概念学习集中于相对少量的假设,弱偏置需要学习的假设量相对要大。

(2) 正确偏置允许概念学习选择目标概念,不正确偏置就不能选择目标概念。

可见,归纳偏置在归纳学习中非常重要,当偏置很强且正确时,概念学习能较快地选择可用的目标概念,所以经常需要把较弱的偏置变换成较强的偏置,一般有以下几种方法。

(1) 经过启发式,推荐新概念描述加到概念描述语言,以确定一个更好的偏置。

(2) 变换推荐的描述成为概念描述语言中已形式化表示的新概念描述,同化任何新概

念进入假设的限定空间,保持假设空间机制,使得新概念描述语言较前面的语言更好。

机器学习已经探索出一些表象上的偏置,具体如下。

(1) 合取偏置:限定知识的表示为合取范式的形式。

(2) 限制析取的数量:纯粹的合取偏置对于很多应用来说限制太多,可以选择限制析取的数量。

(3) 特征向量:把对象描述为特征集合的一种表示,对象之间的特征值不同。

(4) 决策树:ID3 是已经被证实有效的一种概念表示。

(5) Horn 子句:需要对蕴含式的形式加以限制,在自动推理和从实例中学习规则的大量程序都用到了蕴含式。

除此之外,很多程序运用特定领域知识来考虑域中已知或者假定的语义,也可以提供极为有效的偏置。

# 6.3　决策树学习

决策树学习是离散函数的一种树状表示,表示能力强,可以表示任意的离散函数,是一种重要的归纳学习方法。决策树是实现分治策略的数据结构,通过把实例从根结点排列到某个叶结点来分类实例,可用于分类和回归。决策树代表实例属性值约束的合取的析取式,从根结点到叶结点的每条路径对应一组属性测试的合取,树本身对应这些合取的析取。

## 6.3.1　决策树的组成及分类

### 1. 决策树的组成

决策树由一些决策结点和终端叶结点组成,每个决策结点 $m$ 实现一个具有离散输出的测试函数 $f_m(x)$ 标记分支。给定一个输入,在每个结点应用一个测试,并根据测试的输出确定一个分支。这一过程从根结点开始,并递归地重复,直至到达一个。该叶结点中的值形成输出。

每个 $f_m(x)$ 定义了一个 $d$ 维输入空间中的判别式,将空间划分成较小区域,在从根结点沿一条路径向下时,这些较小的区域被进一步划分。每个有一个输出标号,对于分类,该标号是类代码,对于回归,则是一个数值。一个叶结点定义了输入空间的一个局部区域,落入该区域的实例具有相同的输出。依据每个结点所测试的属性的个数,决策树可分为单变量树和多变量树。

### 2. 单变量树

在单变量树中,每个结点的测试值都使用一个输入维,即只测试一个属性。如图 6.8 所示,椭圆形结点是决策结点,矩形结点是叶结点。单变量的结点沿着一个轴划分,相继决策结点使用其他属性进一步把它们划分。第一次划分之后,$\{x \mid x_1 < w_{10}\}$ 已是纯的,因此不需要再划分。

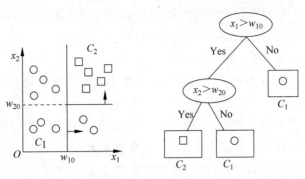

图 6.8　单变量树举例

### 3. 多变量树

传统的单变量决策树构造算法在一个结点只选择一个属性进行测试、分支,忽视了信息系统中广泛存在的属性间的关联作用,因而可能引起重复子树问题,且某些属性可能被多次检验。为此,出现了多变量归纳学习系统,即在树的各结点选择多个属性的组合进行测试,一般表现为通过数学或逻辑算子将一些属性组合起来,形成新的属性作为测试属性,因而称这样形成的决策树为多变量决策树。这种方法可以减小决策树的规模,并且对解决属性间的交互作用和重复子树问题有良好的效果。当然,这可能会导致搜索空间变大,计算复杂性增加。

根据属性组合的方式可以将结点分为线性多变量结点和非线性多变量结点。图 6.9 展示的是一个线性多变量决策树。

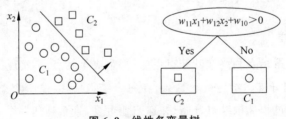

图 6.9　线性多变量树

## 6.3.2　决策树的构造算法 CLS

亨特(Hunt)于 1966 年研发了一个概念学习系统(Concept Learning System,CLS),可以学习单个概念,并用此学到的概念分类新的实例。这是一种早期的基于决策树的归纳学习系统。昆兰于 1983 年对此进行了发展,研制了 ID3 算法。该算法不仅能方便地表示概念属性-值信息的结构,而且能从大量实例数据中有效地生成相应的决策树模型。在 CLS 决策树中,结点对应于待分类对象的属性,由某一结点引出的弧对应于这一属性可能取的值,叶结点对应于分类的结果。

为构造 CLS 算法,现假设如下:给定训练集 TR,TR 的元素由特征向量及其分类结果表示,分类对象的属性表 AttrList 为 $[A_1, A_2, \cdots, A_n]$,全部分类结果构成的集合 Class 为

$\{C_1,C_2,\cdots,C_m\}$，一般 $n\geqslant1$ 和 $m\geqslant2$。对每一属性 $A_i$，其值域为 ValueType$(A_i)$。值域可以是离散的，也可以是连续的。这样，决策树 TR 的元素就可表示成$<X,C>$的形式，其中 $X=(a_1,a_2,\cdots,a_n)$，$a_i$ 对应于实例第 $i$ 个属性的取值，$C\in$ Class 为实例 $X$ 的分类结果。

记 $V(X,A_i)$ 为特征向量 $X$ 属性 $A_i$ 的值，则决策树的构造算法 CLS 可递归地描述如下。

**算法 6.2** 决策树构造算法 CLS：

(1) 如果 TR 中所有实例分类结果均为 $C_i$，则返回 $C_i$；

(2) 从属性表中选择某一属性 $A_i$ 作为检测属性；

(3) 不妨假设$|$ValueType$(A_i)|=k$，根据 $A_i$ 取值的不同，将 TR 划分为 $k$ 个训练集 $TR_1,TR_2,\cdots,TR_k$，其中：

$$TR_i=\{<X,C>\mid<X,C>\in TR 且 V(X,A) 为属性 A 的第 i 个值\}$$

(4) 从属性表中去掉已做检测的属性 $A_i$；

(5) 对每个 $i(1\leqslant i\leqslant k)$，用 $TR_i$ 和新的属性表递归调用 CLS 生成子分支决策树 $DTR_i$；

(6) 返回以属性 $A_i$ 为根，$DTR_1,\cdots,DTR_k$ 为子树的决策树。

**例 6.2** 考虑鸟是否能飞的实例，见表 6.1。

表 6.1 训练实例

| Instances | No. of Wings | Broken Wings | Living Status | area/weight | Fly |
|---|---|---|---|---|---|
| 1 | 2 | 0 | alive | 2.5 | T |
| 2 | 2 | 1 | alive | 2.5 | F |
| 3 | 2 | 2 | alive | 2.6 | F |
| 4 | 2 | 0 | alive | 3.0 | T |
| 5 | 2 | 0 | dead | 3.2 | F |
| 6 | 0 | 0 | alive | 0 | F |
| 7 | 1 | 0 | alive | 0 | F |
| 8 | 2 | 0 | alive | 3.4 | T |
| 9 | 2 | 0 | alive | 2.0 | F |

在该例中，属性表为

AttrList$=\{$No. of Wings，Broken Wings，Living Status，area/weight$\}$

各属性的值域为

ValueType(No. of Wings)$=\{0,1,2\}$

ValueType(Broken Wings)$=\{0,1,2\}$

ValueType(Living Status)$=\{$alive,dead$\}$

ValueType(area/weight)$\in$ 实数且大于或等于 0

系统分类结果集合为 Class$=\{T,F\}$，训练集共有 9 个实例。

根据 CLS 构造算法，TR 的决策树如图 6.10 所示。每个叶结点表示鸟是否能飞的描述。

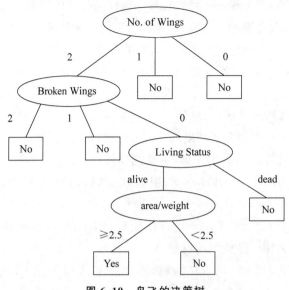

图 6.10　鸟飞的决策树

从该决策树可以看出：

Fly＝(No. of Wings＝2)∧(Broken Wings＝0)∧(Living Status＝alive)∧(area/weight≥2.5)

### 6.3.3　基本的决策树算法 ID3

#### 1. ID3 算法

大多数决策树学习算法都是核心算法的变体,采用自顶向下的贪婪搜索遍历可能的决策树空间,ID3 是这种算法的代表。基本的决策树学习算法 ID3 是通过自顶向下构造决策树来进行学习的。构造过程是从"哪个属性将在树的根结点被测试?"这个问题开始的。为了回答这个问题,使用统计测试来确定每个实例属性单独分类训练样例的能力,分类能力最好的属性被选作树的根结点来进行测试,然后为根结点属性的每个可能值产生一个分支,并把训练样例排列到适当的分支之下。然后,重复整个过程。

**算法 6.3**　基本的决策树学习算法 ID3：

ID3(Examples,Target_attribute,Attributes)/＊Examples 即训练样例集,Target_attribute 是这棵树要预测的目标属性,Attributes 是除目标属性外供学习的决策树要测试的属性列表＊/。

(1) 创建树的 Root(根)结点。

(2) 如果 Examples 都为正,那么返回 label＝＋的单结点树 Root。

(3) 如果 Examples 都为反,那么返回 label＝－的单结点树 Root。

(4) 如果 Examples 为空,那么返回单结点树 Root,label＝Examples 中最普遍的 Target_attribute 值。

(5) 否则开始：

① A←Attributes 中分类 Examples 能力最好的属性/＊具有最高信息增益(Information gain)的属性是最好的属性＊/。

② Root 的决策属性←$A$。

③ 对于 $A$ 的每个可能值 $v_i$：

a. 在 Root 下加一个新的分支对应测试 $A=v_i$。

b. 令 Examples($v_i$) 为 Examples 中满足 $A$ 属性值为 $v_i$ 的子集。

c. 如果 Examples($v_i$) 为空：在这个新分支下加一个叶子结点，结点的 label＝Examples 中最普遍的 Target_attribute 值；否则，在这个新分支下加一个子树 ID3(Examples($v_i$)，Target_attribute，attribute－{$A$})。

（6）结束。

（7）返回 Root。

ID3 算法是一种自顶向下增长树的贪婪算法，在每个结点选取能最好地分类样例的属性。继续这个过程直到这棵树能完美分类训练样例，或所有的属性都已被使用过。

那么，在决策树生成过程当中，应该以什么样的顺序来选取实例的属性进行扩展呢？可以从第一个属性开始，然后依此取第二个属性作为决策树的下一层扩展属性，如此下去，直到某一层所有窗口仅包含同一类实例为止。但是，一般来说，每一属性的重要性是不同的。那么，如何选择具有最高信息增益的属性（分类能力最好的属性）呢？

**2. 信息论简介**

为了评价属性的重要性，昆兰根据检验每一属性所得到的信息量的值，给出了下面的扩展属性的选取方法，其中与信息量和熵有关。

（1）自信息量 $I(a)$：设信源 $X$ 发出符号 $a$ 的概率为 $p(a)$，则 $I(a)$ 定义为

$$I(a) = -\log_2 p(a) \quad (单位：bit)$$

表示收信者在收到符号 $a$ 之前，对 $a$ 的不确定性，收到后获得的关于 $a$ 的信息量。

（2）信息熵 $H(X)$：设信源 $X$ 的概率分布为 $(X, p(x))$，则 $H(X)$ 定义为

$$H(X) = -\sum p(x)\log_2 p(x)$$

表示信源 $X$ 的整体不确定性，反映了信源每发出一个符号所提供的平均信息量。

（3）条件熵 $H(X|Y)$：设信源 $X$，$Y$ 的联合概率分布为 $p(x,y)$，则 $H(X|Y)$ 定义为

$$H(X \mid Y) = -\sum\sum p(x,y)\log_2 p(x \mid y)$$

表示收信者在收到 $Y$ 后对 $X$ 的不确定性估计。

设给定正负实例的集合为 $S$，构成训练窗口。ID3 算法视 $S$ 为一个离散信息系统，并用信息熵表示该系统的信息量。当决策有 $k$ 个不同的输出时，$S$ 的熵为

$$H(S) = -\sum_{i=1}^{k} P_i \log_2 P_i$$

其中，$P_i$ 表示第 $i$ 类输出所占训练窗口中总的输出数量的比例。

为了检测每个属性的重要性，可以通过属性的信息增益 Gain 来评估其重要性。对于属性 $A$，假设其值域为 $(v_1, v_2, \cdots, v_n)$，则训练实例 $S$ 中属性 $A$ 的信息增益 Gain 可以定义为

$$\text{Gain}(S, A) = H(S) - \sum_{i=1}^{n} \frac{|S_i|}{|S|} H(S_i)$$

$$= H(S) - H(S \mid A_i)$$

式中,$S_i$ 表示 $S$ 中属性 $A$ 的值为 $v_i$ 的子集;$|S_i|$ 表示集合的势。

昆兰建议选取获得信息量最大的属性作为扩展属性。这一启发式规则又称最小熵原理。因为获得信息量最大,即信息增益 Gain 最大,等价于条件熵 $H(S|A_i)$ 为最小。因此也可以以条件熵 $H(S|A_i)$ 为最小作为选择属性重要性标准。$H(S|A_i)$ 越小,说明 $A_i$ 引入的信息越多,系统熵下降得越快。ID3 算法是一种贪婪搜索(Greedy Search,GS)算法,即选择信息量最大的属性进行决策树分裂,计算中表现为使训练例子集的熵下降最快。

**例 6.3** 对于表 6.1 给出的例子,选取整个训练集为训练窗口,有 3 个正实例,6 个负实例,采用记号[3+,6−]表示总的样本数据。则 $S$ 的熵为

$$H[3+,6-] = -\frac{3}{9}\log_2(3/9) - \frac{6}{9}\log_2(6/9) = 0.9179$$

计算属性 Living Status 的信息增益,该属性的值域为(alive,dead),则

$$S = [3+,6-], \quad S_{\text{alive}} = [3+,5-], \quad S_{\text{dead}} = [0+,1-]$$

先计算 $H(S_{\text{alive}}), H(S_{\text{dead}})$ 如下:

$$H(S_{\text{alive}}) = H[3+,5-] = -\frac{3}{8}\log_2(3/8) - \frac{5}{8}\log_2(5/8) = 0.5835$$

$$H(S_{\text{dead}}) = H[0+,1-] = -\frac{0}{1}\log_2(0/1) - \frac{1}{1}\log_2(1/1) = 0$$

所以,Living Status 的信息增益为

$$\begin{aligned}
\text{Gain}(S,\text{status}) &= H(S) - \sum_{v \in \{\text{alive},\text{dead}\}} \frac{|S_v|}{|S|} H(S_v) \\
&= H(S) - \frac{|S_{\text{alive}}|}{|S|} H(S_{\text{alive}}) - \frac{|S_{\text{dead}}|}{|S|} H(S_{\text{dead}}) \\
&= 0.9179 - \frac{8}{9} \times 0.5835 = 0.3992
\end{aligned}$$

同样可计算其他属性的信息增益,然后根据最小熵原理,选取信息量最大的属性作为决策树的根结点属性,然后按照信息量由大到小的顺序依次选取其他属性作为测试属性。

ID3 算法的优点是分类和测试速度快,特别适用于大数据库的分类问题。缺点是:决策树的知识表示没有规则易于理解;两棵决策树比较是否等价问题是子图匹配问题,是 NP 完全的;不能处理未知属性值的情况;对噪声问题没有好的处理办法。

### 6.3.4 决策树的偏置

如果给定一个训练样例的集合,那么通常有很多决策树与这些样例一致,ID3 的搜索策略为选择那些信息增益高的属性离根结点较近的树,也就是优先选择较小的树。寻找最小的树实际上是决策树的重要偏置方法,在众多能够拟合给定训练例子的决策树中,树越小,其预测能力越强。树的大小用树中的结点数和决策结点的复杂性度量。

构造好的决策树的关键在于选择好的属性,属性选择依赖于信息增益、信息增益比、Gini 指数、距离度量、J-度量、最小描述长度、正交法度量等。比如,上述的 ID3 算法优先选取信息增益最大的属性作为扩展属性。

决策树还可以通过剪枝来寻找最小的树。通常,如果到达一个结点的训练实例数小于

训练集的某个百分比(如 5%),则无论是否不纯或是否有错误,该结点都不进一步分裂。因为基于过少实例的决策树导致较大方差,从而导致较大泛化误差。在树完全构造出来之前提前停止树构造,称作树的先剪枝。

得到较小树的另外的可能做法是后剪枝。树完全增长,直到所有的树叶都是纯的并且其训练误差为零之后,找出导致过分拟合的子树并剪掉它们。从最初的被标记的数据集中保留一个剪枝集,在训练阶段不使用,对于每棵子树,用一个被该子树覆盖的训练实例标记的叶结点替换它,如果该树叶在剪枝集上的性能不比该子树差,则剪掉该子树并保留叶结点,因为子树附加的复杂性是不必要的,否则保留子树。

剪枝还可以依据最小长度等其他准则。先剪枝较快,但后剪枝通常能到达更准确的树。

# 6.4  基于实例的学习

基于实例的学习采用保存实例本身的方法来表达从实例集里提取出的知识,并将类未知的新实例与现有的类已知的实例联系起来进行操作。这种方法直接在样本上工作,不需要建立规则。基于实例的学习方法包括最近邻法、局部加权回归法、基于范例的推理法等。基于实例的学习只是简单地把训练样例存储起来,从这些实例中泛化的工作被推迟到必须分类新的实例时,所以有时被称为消极学习法。

## 6.4.1  $k$-近邻算法

最近邻法通过距离函数来判定训练集中的某个实例与某位置的测试实例最靠近。一旦找到最靠近的训练实例,那么最靠近实例所属的类就被预测为测试实例的类。即实质性的工作在对新的实例进行分类时进行,通过距离衡量将每个新实例与现有实例进行比较,利用最接近的现存实例赋予新实例类别,这就是最近邻分类方法。有时使用多个最近邻实例,并且用最近的 $k$ 个邻居所属的多数类(如果类是数值型,就是经距离加权的平均值)赋予新的实例,这就是 $k$-近邻法。

基于实例的机器学习方法把实例表示为 $n$ 维欧式空间 $R^n$ 中的实数点,使用欧氏距离函数,把任意的实例 $x$ 表示为这样的特征向量:$<a_1(x),a_2(x),\cdots,a_r(x),\cdots,a_n(x)>$,那么两个实例 $x_i$ 和 $x_j$ 之间的距离定义为 $d(x_i,x_j)$,则

$$d(x_i,x_j)=\sqrt{\sum_{r=1}^n(a_r(x_i)-a_r(x_j))^2}$$

在最近邻学习中,目标函数值可以是离散值也可以是实值。针对离散目标函数 $f:R^n\rightarrow V,V=\{v_1,v_2,\cdots,v_s\}$,下面给出了逼近离散值函数 $f:R^n\rightarrow V$ 的 $k$-近邻算法。

**算法 6.4**  逼近离散值函数 $f:R^n\rightarrow V$ 的 $k$-近邻算法:

训练算法:将每个训练样例 $<x,f(x)>$ 加入列表 training_examples。

分类算法:

(1) 给定一个要分类的查询实例 $x_q$;

(2) 在 training_examples 中选出最靠近 $x_q$ 的 $k$ 个实例,并用 $x_1,x_2,\cdots,x_k$ 表示;

（3）返回

$$\hat{f}(x_q) \leftarrow \underset{v \in V}{\operatorname{argmax}} \sum_{i=1}^{k} \delta(v, f(x_i))$$

其中

$$\delta(a, b) = \begin{cases} 1, & a = b \\ 0, & a \neq b \end{cases}$$

算法返回值是对 $f(x_q)$ 的估计，它是距离 $x_q$ 最近的 $k$ 个训练样例中最普遍的 $f$ 值，结果与 $k$ 的取值相关。如果选择 $k=1$，那么"1 近邻算法"就是把 $f(x_i)$ 赋给估计值，其中 $x_i$ 是最靠近 $x_q$ 的训练实例。对于较大的 $k$ 值，这个算法返回前 $k$ 个最靠近的训练实例中最普遍的值。

离散的 $k$-近邻算法做简单修改后可用于逼近连续值的目标函数。即计算 $k$ 个最接近样例的平均值，而不是计算其中的最普遍的值，为逼近 $f: R^n \to R$，计算式如下。

$$\hat{f}(x_q) \leftarrow \frac{\sum_{i=1}^{k} f(x_i)}{k} \tag{6.1}$$

### 6.4.2 距离加权最近邻法

对 $k$-近邻算法的一个改进是对 $k$ 个近邻的贡献加权，越近的距离赋予越大的权值，比如：

$$\hat{f}(x_q) \leftarrow \underset{v \in V}{\operatorname{argmax}} \sum_{i=1}^{k} w_i \delta(v, f(x_i))$$

其中

$$w_i = \frac{1}{d(x_q, x_i)^2}$$

为了处理查询点 $x_q$ 恰好匹配某个训练样例 $x_i$，从而导致 $d(x_q, x_i)$ 为 0 的情况，令这种情况下的 $\hat{f}(x_q)$ 等于 $f(x_i)$，如果有多个这样的训练样例，我们使用它们占多数的分类。

也可以用类似的方式对实值目标函数进行距离加权，用下式替代式（6.1）中的计算式，$w_i$ 的定义与前相同

$$\hat{f}(x_q) \leftarrow \frac{\sum_{i=1}^{k} w_i f(x_i)}{\sum_{i=1}^{k} w_i} \tag{6.2}$$

$k$-近邻算法的所有变体都只考虑 $k$ 个近邻用以分类查询点，如果使用按距离加权，那么可以允许所有的训练样例影响 $x_q$ 的分类，因为非常远的实例的影响很小。考虑所有样例的唯一不足是会使分类运行得更慢。如果分类一个新实例时，考虑所有的训练样例，我们称为全局法；如果仅考虑靠近的训练样例，称为局部法。当式（6.2）应用于全局法时，称为 Shepard 法。

### 6.4.3 基于范例的学习

人们为了解决一个新问题,先是进行回忆,从记忆中找到一个与新问题相似的范例,然后把该范例中的有关信息和知识复用到新问题的求解之中。

基于范例的学习采用更复杂的符号表示,因此检索实例的方法也更加复杂。在基于范例推理(Case-Based Reasoning,CBR)中,把当前所面临的问题或情况称为目标范例(Target Case),而把记忆的问题或情况称为源范例(Base Case)。基于范例推理就是由目标范例的提示而获得记忆中的源范例,并由源范例来指导目标范例求解的一种策略。

基于范例的推理是人工智能领域中的一种重要的基于知识的问题求解和学习的方法。基于范例推理中知识表示是以范例为基础,范例的获取比规则获取要容易,大大简化了知识获取。对过去的求解结果进行复用,而不是再次从头推导,可以提高对新问题的求解效率。过去求解成功或失败的经历可以指导当前求解时该怎样走向成功或避开失败,这样可以改善求解的质量。对于那些目前没有或根本不存在可以通过计算推导来解决的问题,基于范例推理能很好发挥作用。

**1. 基于范例推理的一般过程**

1) 联想记忆

在基于范例推理中,最初是由于目标范例的某些特殊性质使我们能够联想到记忆中的源范例。但它是粗糙的,不一定正确。在最初的检索结束后,我们需证实它们之间的可类比性,这使得我们进一步检索两个类似体的更多的细节,探索它们之间的更进一步的可类比性和差异。在这一阶段,已经初步进行了一些类比映射的工作,只是映射是局部的、不完整的。这个过程结束后,获得的源范例集已经按与目标范例的可类比程度进行了优先级排序。

2) 类比映射

从源范例集中选择最优的一个源范例,建立它与目标范例之间的一致的一一对应。

3) 获得求解方案

利用一一对应关系转换源范例的完整的(或部分的)求解方案,从而获得目标范例的完整的(或部分的)求解方案。若目标范例得到部分解答,则把解答的结果加到目标范例的初始描述中,从头开始整个类比过程。若所获得的目标范例的求解方案未能给目标范例以正确的解答,则需解释方案失败的原因,调用修补过程修改所获得的方案。系统应该记录失败的原因,避免以后出现同样错误。

4) 评价

类比求解的有效性得到评价。

基于范例推理的一般结构如图 6.11 所示。基于范例推理有两种形式:问题求解型和解释型。前者利用范例给出问题的答案,后者把范例

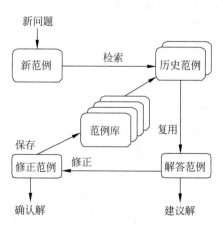

图 6.11 基于范例推理的一般结构

用作辩护的证据。

在基于范例的学习中要解决的主要问题如下。

（1）范例表示：基于范例推理方法的效率和范例表示紧密相关。范例表示涉及这样几个问题：选择什么信息存放在一个范例中；如何选择合适的范例内容描述结构；范例库如何组织和索引。对于那些数量达到成千上万而且十分复杂的范例，组织和索引问题尤其重要。

（2）分析模型：分析模型用于分析目标范例，从中识别和抽取检索源范例库的信息。

（3）范例检索：利用检索信息从源范例库中检索并选择潜在可用的源范例。基于范例推理方法和人类解决问题的方式很相近。碰到一个新问题时，首先是从记忆或范例库中回忆出与当前问题相关的最佳范例。后面所有工作能否发挥出应有的作用，很大程度上依赖于这一阶段得到的范例质量的高低，因此这步非常关键。一般情况下，范例匹配不是精确的，只能是部分匹配或近似匹配。因此，它要求有一个相似度的评价标准。该标准定义得好，会使得检索出的范例十分有用，否则将会严重影响后面的过程。

（4）类比映射：寻找目标范例与源范例之间的对应关系。

（5）类比转换：转换源范例中同目标范例相关的信息，以便应用于目标范例的求解过程，其中涉及对源范例的求解方案的修改。把检索到的源范例的解答复用于新问题或新范例之中，分别是：源范例与目标范例间有何不同之处；源范例中的哪些部分可以用于目标范例。简单的分类问题只需把源范例的分类结果直接用于目标范例，不需考虑它们之间的差别，因为实际上范例检索已经完成了这项工作。而对于问题求解之类的问题，则需要根据它们之间的不同对复用的解进行调整。

（6）解释过程：对把转换过的源范例的求解方案应用到目标范例时所出现的失败做出解释，给出失败的因果分析报告。有时对成功也同样做出解释。基于解释的索引也是一种重要的方法。

（7）范例修补：有些类似于类比转换，区别在于修补过程的输入是解方案和一个失败报告，而且也许还包含一个解释，然后修改这个解以排除失败的因素。

（8）类比验证：验证目标范例和源范例进行类比的有效性。

（9）范例保存：新问题得到了解决，则形成了一个可能用于将来情形与之相似的问题，这时有必要把它加入范例库，这是学习也是知识获取。此过程涉及选取哪些信息保留，以及如何把新范例有机集成到范例库中。修改和精化源范例库，其中包括泛化和抽象等过程。

在决定选取范例的哪些信息进行保留时，一般要考虑以下几点：和问题有关的特征描述；问题的求解结果；解答成功或失败的原因及解释。

把新范例加入范例库，需要对它建立有效的索引，这样以后才能对其做出有效的回忆。索引应使得与该范例有关时能回忆得出，与它无关时不应回忆得出。为此，可能要对范例库的索引内容甚至结构进行调整，如改变索引的强度或特征权值。

**2. 范例的表示**

我们所记忆的知识彼此之间并不是孤立的，而是通过某种内在的因素，相互之间紧密地或松散地有机联系成的一个统一的体系。我们使用记忆网来概括知识的这一特点。一个记忆网便是以语义记忆单元(SMU)为结点，以语义记忆单元间的各种关系为连接建立起来的网络。

```
SMU = { SMU_NAME slot
              Constraint slots
              Taxonomy slots
              Causality slots
              Similarity slots
              Partonomy slots
              Case slots
              Theory slots
       }
```

（1）**SMU_NAME slot**：简记作 SMU 槽。它是语义记忆单元的概念性描述，通常是一个词语或者一个短语。

（2）**Constraint slots**：简记作 CON 槽。它是对语义记忆单元施加的某些约束。通常，这些约束并不是结构性的，而只是对 SMU 描述本身所加的约束。

（3）**Taxonomy slots**：简记作 TAX 槽。它定义了与该 SMU 相关的分类体系中的该 SMU 的一些父类和子类。因此，它描述了网络中结点间的类别关系。

（4）**Causality slots**：简记作 CAU 槽。它定义了与该 SMU 有因果联系的其他 SMU，它或者是另一些 SMU 的原因，或者是另一些 SMU 的结果。因此，它描述了网络中结点间的因果联系。

（5）**Similarity slots**：简记作 SIM 槽。它定义了与该 SMU 相似的其他 SMU，描述网络中结点间的相似关系。

（6）**Partonomy slots**：简记作 PAR 槽。它定义了与该 SMU 具有部分整体关系的其他 SMU。

（7）**Case slots**：简记作 CAS 槽。它定义了与该 SMU 相关的范例集。

（8）**Theory slots**：简记作 THY 槽。它定义了关于该 SMU 的理论知识。

上述八类槽可以分成三大类。第一类反映各 SMU 之间的关系，包括 TAX 槽、CAU 槽、SIM 槽和 PAR 槽；第二类反映 SMU 自身的内容和特性，包括 SMU 槽和 THY 槽；第三类反映与 SMU 相关的范例信息，包括 CAS 槽和 CON 槽。

**3．范例组织**

范例组织由两部分组成：一是范例的内容，范例应该包含哪些有关的东西才能对问题的解决有用；二是范例的索引，它和范例的组织结构以及检索有关，反映了不同范例间的区别。

1）范例内容

（1）问题或情景描述：对要求解的问题或要理解的情景的描述，一般包括这些内容：当范例发生时推理器的目标，完成该目标所要涉及的任务，周围世界或环境与可能解决方案相关的所有特征。

（2）解决方案的内容：问题如何在某一特定情形下得到解决，可能是对问题的简单解答，也可能是得出解答的推导过程。

（3）结果：记录了实施解决方案后的结果情况，是失败还是成功。有了结果内容，CBR 在给出建议解时就能给出曾经成功的工作范例，同时也利用失败的范例来避免可能发生的问题。当对问题还缺乏足够的了解时，通过在范例的表示上加上结果部分能取得较好的效果。

2）范例索引

建立范例索引有以下三个原则。

（1）索引与具体领域有关。数据库中的索引是通用的,目的只是追求索引能对数据集合进行平衡的划分从而使得检索速度最快;而范例索引则要考虑是否有利于将来的范例检索,它决定了针对某个具体的问题哪些范例被复用。

（2）索引应该有一定的抽象或泛化程度。这样才能灵活处理以后可能遇到的各种情景,太具体则不能满足更多的情况。

（3）索引应该有一定的具体性。这样才能在以后被容易地识别出来,太抽象则各个范例之间的差别将被消除。

**4. 范例的检索**

范例检索是指从范例库（Case Base）中找到一个或多个与当前问题最相似的范例。CBR 系统中的知识库不是以前专家系统中的规则库,它是由领域专家以前解决过的一些问题组成。范例库中的每个范例包括以前问题的一般描述,即情景和解法。一个新范例并入范例库时,同时也建立了关于这个范例的主要特征的索引。当接受了一个求解新问题的要求后,CBR 利用相似度知识和特征索引从范例库中找出与当前问题相关的最佳范例,由于它所回忆的内容,即所得到的范例质量和数量直接影响着问题的解决效果,所以此项工作比较重要。范例检索通过三个子过程,即特征辨识、初步匹配、最佳选定来实现。

1）特征辨识

特征辨识指对问题进行分析,提取有关特征,特征提取方式如下。

（1）从问题的描述中直接获得问题的特征。如自然语言对问题进行描述并输入系统,系统可以对句子进行关键词提取,这些关键词就是问题的某些特征。

（2）对问题经过分析理解后导出的特征。如图像分析理解中涉及的特征提取。

（3）根据上下文或知识模型的需要从用户那里通过交互方式获取特征。系统向用户提问,以缩小检索范围,使检索的范例更加准确。

2）初步匹配

初步匹配指从范例库中找到一组与当前问题相关的候选范例。这是通过使用上述特征作为范例库的索引来完成检索的。由于一般不存在完全的精确匹配,所以要对范例之间的特征关系进行相似度估计,它可以是基于上述特征的与领域知识关系不大的表面估计,也可以通过对问题进行深入理解和分析后的深层估计,在具体做法上,则可以通过对特征赋予不同的权值体现不同的重要性。相似度评价方法有最近邻法、归纳法等。

3）最佳选定

最佳选定指从初步匹配过程中获得的一组候选范例中选取一个或几个与当前问题最相关的范例。这一步和领域知识关系密切。例如,由领域知识模型或领域知识工程师对范例进行解释,然后对这些解释进行有效测试和评估,最后依据某种度量标准对候选范例进行排序,得分最高的就成为最佳范例,比如最相关的或解释最合理的范例可选定为最佳范例。

**5. 范例的复用**

通过所给问题和范例库中范例比较得到新旧范例不同,然后确定哪些解答部分可以复用到新范例之中。对于问题求解型的 CBR 系统必须修正过去的问题解答以适应新的情况，因为过去的情况不可能与新情况完全一样。一般来说，有下列几种修正方法。

1）替换法

替换法是把旧解中的相关值做相应替换而形成新解，如重新例化、参数调整、局部搜索、查询、特定搜索、基于范例的替换等。

2）转换法

常识转换法（Common-Sense Transformation，CST）是使用明白易懂的常识性启发式从旧解中替换、删除或增加某些组成部分。模型制导修补法（Model-Guided Repair，MGR）是另一种转换法，通过因果模型来指导如何转换。故障诊断中就经常使用这种方法。

3）特定目标驱动法

特定目标驱动的修正启发式知识一般通过评价近似解作用，并通过使用基于规则的产生式系统来控制。

4）派生重演

重演方法则是使用过去的推导出旧解的方法来推导出新解，关心的是解如何求出。同前面的基于范例替换相比，派生重演使用的则是一种基于范例的修正手段。

# 6.5　强化学习

强化学习（Reinforcement Learning，RL）又称再励学习、评价学习，是一种重要的机器学习方法。根据学习方式的不同，机器学习算法分为三种类型，即非监督学习（Unsupervised Learning）、监督学习（Supervised Leaning）和强化学习。所谓强化学习就是智能系统从环境到行为映射的学习，目的是使奖励信号（强化信号）函数值最大。强化学习不同于监督学习，主要表现在教师信号上，强化学习中由环境提供的强化信号是对产生动作的好坏做一种评价（通常为标量信号），而不是告诉强化学习系统（Reinforcement Learning System，RLS）如何去产生正确的动作。由于外部环境提供的信息很少，RLS 必须靠自身的经历进行学习。通过这种方式，RLS 在行动-评价的环境中获得知识，改进行动方案，以适应环境。

强化学习要解决的问题为：主体怎样通过学习选择能达到其目标的最优动作。当主体在其环境中做出某个动作时，施教者提供奖励或惩罚信息，以表示结果状态的正确与否。例如，在训练主体进行棋类对弈时，施教者可在游戏胜利时给出正回报，在游戏失败时给出负回报，其他时候给出零回报。主体的任务是从这个非直接的、有延迟的回报中学习，以便后续动作产生最大的累积回报。

## 6.5.1　强化学习模型

强化学习的模型如图 6.12 所示。主体通过与环境的交互进行学习。主体与环境的交互包括行动、奖励和状态。交互过程可以表述为：每一步主体根据策略选择一个行动执行，然后感知下一步的状态和立即回报，通过经验再修改自己的策略。主体的目标就是最大化

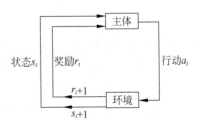

图 6.12　强化学习模型

累积奖励。

假设主体生存的环境被描述为某可能的状态集 $S$，它可以执行任意的可能动作集合 $A$。强化学习系统接受环境状态的输入 $s$，根据内部的推理机制，系统输出相应的行为动作 $a$，环境在系统动作 $a$ 下，变迁到新的状态 $s'$。系统接受环境新状态的输入，同时得到环境对于系统的立即奖惩反馈，也就是立即回报 $r$。每次在某状态 $s_t$ 下执行一动作 $a_t$，主体会收到一个立即回报 $r_t$，环境转移到新的状态 $s_t$。如此产生了一系列的状态 $s_i$，动作 $a_i$ 和立即回报 $r_i$ 的集合，如图 6.13 所示。

$$s_0 \xrightarrow[r_0]{a_0} s_1 \xrightarrow[r_1]{a_1} s_2 \xrightarrow[r_2]{a_2} \cdots$$

图 6.13　学习选择动作使 $r_0 + \gamma r_1 + \gamma^2 r_2 + \cdots (0 \leqslant \gamma < 1)$ 最大化

对于强化学习系统来讲，其目标是学习一个行为策略 $\pi: S \to A$，使系统选择的动作能够获得环境奖励的累积值最大。换言之，系统要最大化 $r_0 + \gamma r_1 + \gamma^2 r_2 + \cdots (0 \leqslant \gamma < 1)$，其中 $\gamma$ 为折扣因子。

强化学习技术的基本原理是：如果系统某个动作导致环境正的奖励，那么系统以后产生这个动作的趋势便会加强；反之，系统产生这个动作的趋势便会减弱。这和生理学中的条件反射原理是接近的。

### 6.5.2　马尔可夫决策过程

基于马尔可夫决策过程(Markov Decision Process，MDP)定义学习控制策略问题的一般形式为：主体可感知到其环境的不同状态集合 $S$，可执行的动作集合 $A$。在每个离散时间步 $t$，主体感知到当前状态 $s_t$，选择当前动作 $a_t$，环境给出回报函数 $r_t = r(s_t, a_t)$，并产生后继状态函数 $s_{t+1} = \delta(s_t, a_t)$，此函数也叫状态转移函数。在 MDP 中，函数 $\delta(s_t, a_t)$，$r(s_t, a_t)$ 只依赖于当前动作和状态，这里先考虑它们为确定性的情形。

主体的任务是学习一个策略 $\pi: S \to A$，它基于当前的状态 $s_t$ 选择下一步动作 $a_t$，即 $\pi(s_t) = a_t$，要求此策略对主体产生最大的累积回报。

**定义 6.1**　策略 $\pi$ 从初始状态 $s_t$ 获得的累积值为

$$V^\pi(s_t) = r_t + \gamma r_{t+1} + \gamma^2 r_{t+2} + \cdots$$

$$= \sum_{i=0}^{\infty} \gamma r_{t+i} \tag{6.3}$$

其中，回报序列 $r_{t+i}$ 的生成是通过由状态 $s_t$ 开始并重复使用策略来选择上述的动作 (如 $a_t = \pi(s_t)$，$a_{t+1} = \pi(s_{t+1})$ 等)实现的。这里，$0 \leqslant \gamma < 1$ 为一常量，确定了延迟回报与立即回报的相对比例。确切地讲，在未来的第 $i$ 时间步收到的回报被因子 $\gamma^i$ 以指数级折算。由式(6.3)定义的量 $V^\pi(s)$ 常被称为策略 $\pi$ 从初始状态 $s_t$ 获得的折算累积回报。

**定义 6.2**　学习控制策略的任务是，要求主体学习到一个策略 $\pi$，使得对于所有状态 $s$，$V^\pi(s)$ 为最大，此策略称为最优策略，表示为

$$\pi^* = \underset{\pi}{\arg\max} V^\pi(s), (\forall s) \tag{6.4}$$

为简化表示,最优策略的值函数 $V^{\pi^*}(s)$ 记作 $V^*(s)$。$V^*(s)$ 给出了当主体从状态 $s$ 开始时可获得的最大折算累积回报,即从状态 $s$ 开始遵循最优策略时获得的折算累积回报。

图 6.14(a) 给出了一个简单的格状环境。图中每个箭头代表主体可采取的动作,从一个状态移动到另一个。与每个箭头相关联的数值表示如果主体执行相应的状态动作转换可收到的立即回报 $r(s,a)$。注意,在这个特定环境下,所有的状态动作转换,除了导向状态 $G$,都被定义为 0。将状态 $G$ 看作目标状态,主体可接收到回报的唯一方法是进入此状态。主体一旦进入状态 $G$,它可选的动作只能留在该状态中。

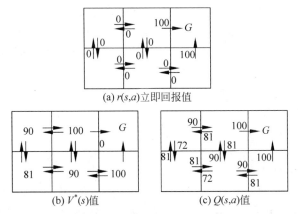

(a) $r(s,a)$ 立即回报值

(b) $V^*(s)$ 值      (c) $Q(s,a)$ 值

**图 6.14　说明 Q 学习的基本概念的一个简单的确定性世界**

图 6.14(b) 显示每个状态的 $V^*(s)$ 的值。假设 $\gamma=90$,考虑图 6.14(b) 右下角的状态。此状态的 $V^*$ 的值为 100,因为在此状态下最优策略会选择“向上”的动作,从而得到立即回报 100,然后主体会留在吸收状态,不再接到更多的回报。同样,中下方的状态 $V^*$ 的值为 90。这是因为最优策略会使主体从这里向右移动(得到为 0 的立即回报),然后向上(生成为 100 的立即回报)。当然,先向上再向右是一样的。这样,此状态的折算累积回报为

$$0+\gamma 100+\gamma^2 0+\gamma^3 0+\cdots=90$$

### 6.5.3　Q 学习

主体在任意的环境中直接学习最优策略很难,因为没有形式为 $<s,a>$ 的训练样例,作为替代,唯一可用的训练信息是立即回报序列 $r(s_i,a_i)(i=0,1,2,\cdots)$,这时更容易学习一个定义在状态和动作上的数值评估函数,然后实现最优策略。

可以将 $V^*$ 作为待学习的评估函数,由于状态 $s$ 下的最优动作是使立即回报 $r(s,a)$ 加上立即后继状态的 $V^*$ 值最大的动作 $a$,即

$$\pi^*(s)=\underset{\pi}{\mathrm{argmax}}[r(s,a)+\gamma V^*(\delta(s,a))] \tag{6.5}$$

因此,如果具有回报函数和状态转移函数的完美知识,就可以计算出任意状态下的最优动作。但在实际问题中,无法知道回报函数和状态转移函数的完美知识,这种情况下一般常用 $Q$ 函数来评估。

**1. $Q$ 函数**

**定义 6.3**　评估函数 $Q(s,a)$ 的值是从状态 $s$ 开始并使用 $a$ 作为第一个动作时的最大折

算累积回报,即为从状态 $s$ 执行动作 $a$ 的立即回报加上以后遵循最优策略的值(用 $\gamma$ 折算)。

$$Q(s,a) = r(s,a) + \gamma V^{*}(\delta(s,a)) \tag{6.6}$$

$Q(s,a)$ 正是式(6.5)中为选择状态 $s$ 上的最优动作 $a$ 应最大化的量,因此可将式(6.5)重写,即

$$\pi^{*}(s) = \underset{a}{\arg\max} \, Q(s,a) \tag{6.7}$$

式(6.7)显示,如果学习 $Q$ 函数而不是 $V^{*}$ 函数,即使在缺少回报函数和状态转移函数的知识时,主体也能选择最优动作。主体只需考虑其当前的状态 $s$ 下每个可用的动作 $a$,并选择其中使 $Q(s,a)$ 最大化的动作。

图 6.14(c)显示了每个状态和动作的 $Q$ 值。注意每个状态动作转换的 $Q$ 值等于此转换的 $r$ 值加上结果状态的 $V^{*}$ 值(用 $\gamma$ 折算)。图中显示的最优策略对应于选择有最大的 $Q$ 值的动作。

**2. Q 学习的算法**

注意到

$$V^{*}(s) = \max_{a'} Q(s,a')$$

那么式(6.5)可重写为

$$Q(s,a) = r(s,a) + \gamma \max_{a'} Q(\delta(s,a)a') \tag{6.8}$$

这个 $Q$ 函数的递归定义提供了迭代逼近 $Q$ 学习算法的基础。为了描述此算法,使用符号 $Q'$ 表示对实际 $Q$ 的估计,算法中用一个表存储所有状态-动作对的 $Q'$ 值,一般以状态为行,动作为列。一开始所有表项填充为初始的随机值,主体观察其当前的状态 $s$,选择某动作 $a$,执行此动作,然后观察结果回报 $r = r(s,a)$ 的值以及新状态 $s' = \delta(s,a)$,再利用式(6.9)更新表项,直到这些值收敛

$$Q'(s,a) \leftarrow r + \gamma \max_{a'} Q'(s',a') \tag{6.9}$$

此训练法则使用主体对新状态 $s'$ 的当前 $Q$ 值来精化其对前一状态 $s$ 的 $Q'(s,a)$ 估计。此训练规则是从式(6.8)得到的,不过此训练值考虑主体的近似 $Q'$,而式(6.8)应用的是实际的 $Q$ 函数。注意到式(6.8)以函数 $r = r(s,a)$ 和 $s' = \delta(s,a)$ 的形式描述 $Q$,但主体不需知道这些一般函数来应用式(6.9)的训练规则,相反,它在其环境中执行动作,并观察结果状态 $s'$ 和回报 $r$。这样,它可被看作在 $s$ 和 $a$ 的当前值上进行采样。

在确定性回报和动作假定下的 Q 学习算法如下。

**算法 6.5　Q 学习算法:**

对每个 $s,a$ 初始化表项
观察当前状态 $s$,一直重复做:
　　选择一个动作 $a$ 并执行它
　　接收到立即回报 $r$
　　观察新状态 $s'$
　　对 $Q'(s,a)$ 按照下式 $s \leftarrow s'$ 更新表项 $Q'(s,a) \leftarrow r + \gamma \max_{a'} Q'(s',a')$

图 6.15 是某个主体采取的一个动作和对应 $Q'$ 的更新。此例中,主体在格子环境中向右移动一个单元格,并收到此转换的立即回报为 0。然后它应用训练规则式(6.9)来对刚执行的状态-动作转换更新其 $Q'$ 的估计。按照训练规则,此转换的新 $Q'$ 估计为收到的回报 0

与用 $\gamma(0.9)$ 折算的与结果状态相关联的最高 $Q'$ 值(100)的和。

图 6.15(a)左图是主体的初始状态 $s_1$ 和初始假设中几个相关的 $Q'$ 值,例如 $Q'(s_1,$ $a_{right})=73$,其中 $a_{right}$ 指代主体向右移动的动作。主体执行动作 $a_{right}$ 后,收到立即回报为 0,并转换到下一状态 $s_2$,然后它基于其对新状态 $s_2$ 的 $Q'$ 估计更新其 $Q'(s_1,a_{right})$,这里 $\gamma=0.9$。

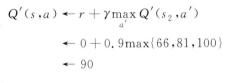

$$Q'(s,a) \leftarrow r + \gamma \max_{a'} Q'(s_2,a')$$
$$\leftarrow 0 + 0.9\max\{66,81,100\}$$
$$\leftarrow 90$$

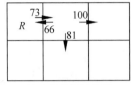 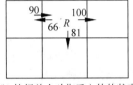

(a) 主体的初始状态　　　　　(b) 执行单个动作后主体的状态

**图 6.15 执行单个动作后对 $Q$ 的更新**

每次主体从一旧状态前进到一新状态,$Q$ 学习会从新状态到旧状态向后传播其 $Q'$ 估计值。同时,主体收到的此转换的立即回报被用于扩大这些传播的 $Q'$ 值,可以证明 $Q'$ 值在训练中永远不会下降。

$Q'$ 的演化过程如下:因为初始的 $Q'$ 值都为 0,算法不会改变任何 $Q'$ 表项,直到它恰好到达目标状态并且收到非 0 回报,这导致通向目标状态转换的 $Q'$ 值被更新。在下一个情节中,如果经过这些与目标状态相邻的状态,那么其非 0 的 $Q'$ 值会导致与目的相差两步的状态中值的变化,以此类推,最终得到一个 $Q'$ 表。

如果系统是一个确定性的 MDP,立即回报值都是有限的,主体选择动作的方式为它无限、频繁地访问所有可能的状态-动作对,那么算法 6.5 会收敛到一个等于真实 $Q$ 函数值的 $Q'$。

## 6.6 小结

机器学习是研究如何使计算机具有学习能力的一个研究领域,其最终目标是要使计算机能像人一样进行学习,并且能通过学习获取知识和技能,不断改善性能,实现自我完善。机器学习使用实例数据或过去的经验训练计算机,以优化性能标准。当人们不能直接编写计算机程序解决给定的问题,而是需要借助于实例数据或经验时,就需要机器学习。

简单的学习模型包括四部分:环境、学习单元、知识库和执行单元。从环境中获得经验,到学习获得结果,这一过程可以分为三种基本的推理策略:归纳、演绎和类比。

归纳学习中的变型空间学习可以看作变型空间中的搜索过程。决策树学习是应用信息论中的方法对一个大的例子集合做出分类概念的归纳定义,ID3 算法是基本的决策树学习算法,寻找最小的树实际上是决策树的重要偏置方法,常用的属性选择依据是信息增益。由于归纳推理通常是在实例不完全的情况下进行的,因此归纳推理是一种主观不充分置信的推理。基于范例的推理方法将人类经验以范例形式表示,并通过范例的调整和改造来获得当前问题的解。强化学习方法通过与环境的试探性交互来确定和优化动作序列,以实现序列决策任务。Q学习是一种基于时差策略的强化学习方法,累积回报函数 $Q(s,a)$ 存放在一张二维的以状态为行、操作(动作)为列的 Q 表中,其值在每个操作时步中都被修改一次。

机器学习的研究尚处于初级阶段,但是在许多领域都有非常成功的应用,比如统计学、模式识别、神经网络、信号处理与控制、数据挖掘等。机器学习是人工智能中必须大力开展研究的方向。只有机器学习的研究取得进展,人工智能和知识工程才会取得重大突破。今后机器学习的研究重点是研究学习过程的认知模型、机器学习的计算理论、新的学习算法、综合多种学习方法的机器学习系统等。

# 习题

**6.1** 什么是学习和机器学习?为什么要研究机器学习?

**6.2** 简单的学习模型是由哪几部分组成的?各部分的功能是什么?

**6.3** 到目前为止,机器学习的方法有哪些?如何对它们进行分类?

**6.4** 简述 $k$-近邻算法的原理。

**6.5** 假设有一个物体,用两个属性来描述:大小和形状。大小只有两个值:大和小;形状也有两个值:圆(Circle)、方(Square)。每个物体都可以用一个向量表示 $(x,y)$:$x$ 表示物体的大小,$y$ 表示物体的形状。初始变型空间可以用图 6.16 进行描述。用候选消除算法学习"圆"概念,即 $(x, \text{circle})$,给出学习过程。

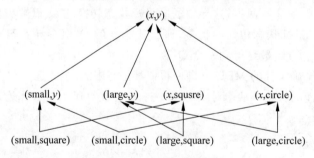

图 6.16 初始变型空间

**6.6** 设训练例子集如表 6.2 所示。

表 6.2 训练例子集

| 序号 | 属性 | | 分类 |
|---|---|---|---|
| | $x_1$ | $x_2$ | |
| 1 | T | T | + |
| 2 | T | T | + |
| 3 | T | F | − |
| 4 | F | F | + |
| 5 | F | T | − |
| 6 | F | T | − |

请用 ID3 算法完成其学习过程。

**6.7** 表 6.3 给出了一个可能带有噪声的数据集合。它有四个属性：Outlook、Temperature、Humidity、Windy。它被分为两类——P 与 N，分别为正例与反例。试构造决策树将数据进行分类。

表 6.3 可能带有噪声的数据集合

| 属性 | Outlook | Temperature | Humidity | Windy | 类 |
|---|---|---|---|---|---|
| 1 | Overcast | Hot | High | Not | N |
| 2 | Overcast | Hot | High | Very | N |
| 3 | Overcast | Hot | High | Medium | N |
| 4 | Sunny | Hot | High | Not | P |
| 5 | Sunny | Hot | High | Medium | P |
| 6 | Rain | Mild | High | Not | N |
| 7 | Rain | Mild | High | Medium | N |
| 8 | Rain | Hot | Normal | Not | P |
| 9 | Rain | Cool | Normal | Medium | N |
| 10 | Rain | Hot | Normal | Very | N |
| 11 | Sunny | Cool | Normal | Very | P |
| 12 | Sunny | Cool | Normal | Medium | P |
| 13 | Overcast | Mild | High | Not | N |
| 14 | Overcast | Mild | High | Medium | N |
| 15 | Overcast | Cool | Normal | Not | P |
| 16 | Overcast | Cool | Normal | Medium | P |
| 17 | Rain | Mild | Normal | Not | N |
| 18 | Rain | Mild | Normal | Medium | N |
| 19 | Overcast | Mild | Normal | Medium | P |
| 20 | Overcast | Mild | Normal | Very | P |
| 21 | Sunny | Mild | High | Very | P |
| 22 | Sunny | Mild | High | Medium | P |
| 23 | Sunny | Hot | Normal | Not | P |
| 24 | Rain | Mild | High | Very | N |

**6.8** 给出基于范例的学习原理和过程模型。

**6.9** 什么是范例检索？简述其主要过程。

**6.10** 试解释强化学习模型及其与其他机器学习方法的异同。

# 第7章

# 支持向量机

支持向量机(Support Vector Machines,SVM)是由瓦普尼克(V. N. Vapnik)领导的AT&T Bell实验室研究小组在1963年提出的一种新的非常有潜力的分类技术,是一种基于统计学习理论的模式识别方法,主要应用于模式识别领域。由于当时这些研究尚不十分完善,在解决模式识别问题中往往趋于保守,且数学上比较艰涩,因此这些研究一直没有得到充分的重视。直到20世纪90年代,一个较完善的理论体系——统计学习理论(Statistical Learning Theory,SLT)的实现和由于神经网络等较新兴的机器学习方法的研究遇到了一些重要的困难,比如如何确定网络结构的问题、过学习与欠学习问题、局部极小点问题等,使得SVM迅速发展和完善,在解决小样本、非线性及高维模式识别问题中表现出许多特有的优势,并能够推广应用到函数拟合等其他机器学习问题中,从此迅速发展,现在已经在许多领域(生物信息学、文本和手写识别等)都取得了成功的应用。

本章分为两大部分。首先介绍统计机器学习的基本内容,这是支持向量机的理论部分;其次介绍支持向量机的基本数学模型、SVM核函数,简单介绍SVM算法的改进算法和目前SVM的应用现状。

## 7.1 支持向量机概述

### 7.1.1 支持向量机的概念

支持向量机也称为"支持向量网络",是一种有监督的判别式机器学习算法,其基本模型是定义在特征空间上的间隔最大的线性分类器。它使用决策边界(一般称为"最优超平面")一次将数据点分为两类,其主要目标是找到此最优超平面,使得两类数据点的间隔最大。支持向量机具有双重目的,既可以用作回归(支持向量回归机),又可以用作分类(支持向量分类机)。

在被分开的两类中,每个类距离最优超平面最近的那些点就是"支持向量",每个类的任意一个支持向量到最优超平面的距离即为该类到最优超平面的间隔。

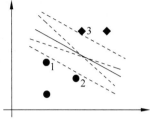

最优性可以从图7.1看出,几个分离超平面都可以把两个类分离开,但是只有一个是最优的,就是图中的实线所示,它与两个类之间最近向量的距离最大。从几何上说,支持向量就是决定最优分离超平面的样本向量的最小个数,如图7.1中的样本1、2、3就是所说的支持向量,所以这种学习机称为支持向量机。

图7.1 最优分离超平面和
非最优分离超平面

### 7.1.2 支持向量机的基本思想

基于数据的机器学习是人工智能技术中的重要方面。从观测数据(样本)出发寻找数据中的模式和数据间的函数依赖规律,利用这些模式和函数依赖对未来数据或无法观测的数据进行分类、识别和预测。其实现方法大致可以分为以下三种。

第一种方法是经典的(参数)统计估计算法。在这种方法中,参数的相关形式是已知的,训练样本用来估计参数的值。这种方法有很大的局限性,首先它需要已知样本分布形式,其次传统统计学研究的是样本数目趋于无穷大时的渐进理论,现有学习方法也多是基于此假设,但在实际问题中,样本数往往是有限的,因此一些理论上很优秀的学习方法实际中表现却可能不尽人意。

第二种方法是人工神经网络。这种方法利用已知样本建立非线性模型,克服了传统参数估计方法的困难,在过去的十几年中,神经网络受各个领域学者的广泛研究,技术上得到了很大的发展,许多神经网络结构被提出,其中常用的有多层感知器、径向基函数网络(RBF)、Hopfield网络等,也被成功地用来解决许多实际问题,如模式识别、信号处理、智能控制等。但是现在的神经网络技术研究理论基石不足,有较大的经验成分,在技术上仍存在一些不易解决的问题,如网络结构的设计问题、学习算法中局部极小问题、学习的快速性问题等。

为了克服这些难题,瓦普尼克提出了一种新的机器学习方法——支持向量机(SVM),它也是所说的第三种方法——统计学习理论。它以结构风险最小化原则为理论基础,通过适当选择函数子集及该子集中的判别函数,使学习机器的实际风险达到最小,保证了通过有限训练样本得到的小误差分类器,对独立测试集的测试误差仍然较小。SVM是统计学习理论中最年轻的内容,也是最实用的部分,它目前已经成为机器学习的研究热点之一,并已经涌现了很好的研究成果。越来越多的学者认为,关于SVM的研究将很快出现像20世纪80年代后期人工神经网络研究那样的飞速发展阶段。

SVM的基本思想是:首先把训练数据集非线性地映射到一个高维特征空间(这个高维特征空间是Hilbert空间),这个非线性映射的目的是把在输入空间中的线性不可分数据集映射到高维特征空间后,变为是线性可分的数据集;随后在特征空间建立一个具有最大隔离距离的最优分隔超平面,也相当于在输入空间产生一个最优非线性决策边界,如图7.2所示。

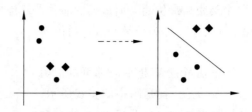

图 7.2 支持向量机的基本思想

这个特点在保证 SVM 具有较好的泛化性能的同时解决了维数灾难问题。SVM 的目标是在有限样本信息下寻求学习精度和学习能力的最优解,该问题最终转化为一个二次型寻优问题,从理论上来看,将得到全局最优解,解决了神经网络中无法避免的局部极值问题。

注意,在特征空间中 SVM 的分离超平面是最优的分离超平面,但实际上 SVM 最吸引人的地方不是支持向量思想,而是结构风险最小化思想,即上述的最优分离超平面不但能使学习机的经验风险很小,同时泛化误差很小,即结构风险最小。

在 SVM 提出的同年,瓦普尼克在 SVM 中引进一组松弛变量来度量数据点误分类的程度,同时在目标函数中增加一个分量用来惩罚非零松弛变量(代价函数),并将改进过的 SVM 命名为软间隔 SVM,即目前最常见的 SVM 形式。软间隔 SVM 通过适当放宽数据点误分类的惩罚程度来避免最优超平面过拟合,同时也可以解决在实际应用中数据集在映射后无法线性可分的问题,因此其具有非常广泛的适应性。

SVM 突出的优点表现如下。

(1) 基于统计学习理论结构风险最小化原则;

(2) VC 维理论保证了由有限的训练样本训练出的较小误差的超平面可以保证在独立的测试集上仍保持较小的误差;

(3) SVM 的求解问题对应的是一个凸优化问题,因此局部最优解一定是全局最优解;

(4) 核函数的成功应用将非线性问题转化为线性问题,使得 SVM 可以求解;

(5) 分类间隔最大化使得 SVM 具有较好的稳健性。

由于 SVM 的突出优势,其被越来越多的研究人员作为强有力的学习工具,以解决模式识别、回归预测等领域的难题。

# 7.2 统计学习理论

## 7.2.1 学习问题的表示

我们把学习问题看作利用有限数量的观测来寻找待求的依赖关系的问题。用图 7.3 所示的三部分来描述从样本学习的一般模型。

产生器(G):产生随机向量 $x \in R^n$,它们是从固定但未知的概率分布函数 $F(x)$ 中独立抽取的。

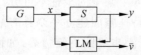

图 7.3 样本学习的一般模型

训练器(S):对每个输入向量 $x$ 都返回一个输出值 $y$,产生输出的根据是同样固定但未知的条件分布函数 $F(y|x)$。

学习机(Learning Machine,LM):它能够实现一定的函数集 $f(x,a)(a\in\Lambda)$,其中 $\Lambda$ 是参数集合。

根据样本学习的模型,在学习过程中,学习机器 LM 观察数据对 $(x,y)$(训练集)。在训练之后,学习机器必须对任意输入 $x$,使之接近训练器的响应 $y$。

### 7.2.2 期望风险和经验风险

**1. 期望风险和经验风险的定义**

为选择所能得到的对训练器响应最好的逼近,就要度量在给定输入 $x$ 下训练器响应 $y$ 与学习机器给出的响应 $f(x,a)$ 之间的损失 $L(y,f(x,a))$。我们主要介绍考虑损失的数学期望值

$$R(a)=\int L(y,f(x,a))\mathrm{d}F(x,y) \tag{7.1}$$

它就是风险泛函,即预测的期望(实际)风险。

模式识别中的损失函数可定义为

$$L(y,f(x,a))=\begin{cases}0, & y=f(x,a)\\ 1, & y\neq f(x,a)\end{cases} \tag{7.2}$$

回归估计中的损失函数可定义为

$$L(y,f(x,a))=(y-f(x,a))^2 \tag{7.3}$$

密度估计中的损失函数可定义为

$$L(p(x,a))=-\log p(x,a) \tag{7.4}$$

在实际问题中,联合概率 $f(x,y)$ 是未知的,只能利用已知样本的信息,因此期望风险无法直接计算和最小化。因此,常用的方法是用算术平均代替式(7.1)中的数学期望

$$R_{\mathrm{emp}}(a)=\frac{1}{l}\sum_{i=1}^{l}L(y_i,f(x_i,a)) \tag{7.5}$$

即用式(7.5)逼近式(7.1)称为经验风险。显然,大多数传统的方法都是基于经验风险最小化的,但是只有当样本数目趋于无穷时,$R_{\mathrm{emp}}(a)$ 才在概率意义下趋近于 $R(a)$,但是实际情况下样本的数目是有限的,而且即使样本数目很大,也不能保证 $R_{\mathrm{emp}}(a)$ 和 $R(a)$ 的最小值相近。统计学习理论是研究在样本数目有限的情况下经验风险与期望风险之间的关系,其核心内容有以下四个方面。

(1) 在经验风险最小化原则下学习一致性的条件,即在什么条件下,当样本数目趋于无穷的时候,$R_{\mathrm{emp}}(a)$ 的最优值趋于 $R(a)$ 的最优值(能够推广),其收敛的速度又如何。

(2) 在这些条件下关于统计学习方法推广性的结论,即如何从 $R_{\mathrm{emp}}(a)$ 估计出 $R(a)$ 的上界。

(3) 在以上基础上建立的小样本归纳推理原则,即在对 $R(a)$ 界估计的基础上选择预测函数的原则。

(4) 实现这些新的原则的实际方法,如 SVM。

**2. 学习过程一致性的条件**

在学习理论中,学习过程的一致性是经验风险最小化学习过程一致性的必要条件,即

使经验风险最小的学习过程在什么时候能够取得小的实际风险(能推广),而什么情况下不能。

学习过程一致性(Consistency)是指训练样本无限时,经验风险的最优值收敛于真实风险最优值(期望风险值)。其严格定义如下。

**定义 7.1** 设 $f(x,a)$ 是使式(7.5)经验风险最小化的函数,如果下面两个序列概率收敛于同一极限,即

$$R(a_l) \xrightarrow[l \to \infty]{} \inf_{a \in \Lambda} R(a) \quad \text{及} \quad R_{\text{emp}}(a_l) \xrightarrow[l \to \infty]{} \inf_{a \in \Lambda} R(a) \tag{7.6}$$

则称 ERM 原则(或方法)对函数集 $f(x,a)$,$a \in \Lambda$ 和概率分布函数 $f(x,a)$ 是一致的。如果对函数集的任意非空子集 $\Lambda(c)$,$c \in (-\infty, \infty)$,都有

$$\inf_{a \in \Lambda} R_{\text{emp}}(a_l) \xrightarrow[l \to \infty]{} \inf_{a \in \Lambda(c)} R(a) \tag{7.7}$$

则称 ERM 原则(或方法)对函数集 $f(x,a)$,$a \in \Lambda$ 和概率分布函数 $f(x,a)$ 非平凡一致。

非平凡一致性对预测函数集中的所有函数都必须满足经验风险一致地收敛于真实风险,而不是只有个别函数。下面给出学习理论的关键定理。

**定理 7.1** 对于有界损失函数,ERM 原则一致性的充分必要条件是:经验风险 $R_{\text{emp}}(a)$ 在如下意义下一致收敛于实际风险 $R(w)$。

$$\lim_{l \to \infty} P\{\sup(R(a) - R_{\text{emp}}(a)) > \varepsilon\} = 0, \quad \forall_\varepsilon > 0 \tag{7.8}$$

这种一致收敛被称作单边收敛。它与下式定义的一致双边收敛对应:

$$\lim_{l \to \infty} P\{\sup | R(a) - R_{\text{emp}}(a) | > \varepsilon\} = 0, \quad \forall_\varepsilon > 0 \tag{7.9}$$

### 7.2.3 VC 维理论

为研究学习过程的速度和推广性,统计学理论定义了函数集学习性能的指标,其中最重要的是 VC 维。VC 是取自瓦普尼克(V. N. Vapnik)和切尔冯尼基斯(A. Y. Chervonenkis)名字的首字母。

模式识别方法中 VC 维的直观定义是:对一个指示函数集,如果存在 $h$ 个样本能够被函数集中的函数按所有可能的 $2^h$ 种形式分开,则称函数集能够把 $h$ 个样本打散;若对任意数目的样本都有函数能将它们打散,则函数集的 VC 维是无穷大。有界实函数的 VC 维可以通过用一定的阈值将它转化成指示函数来定义。

设 $H$ 是函数集合 $\{f_\lambda, \lambda \in \Lambda\}$,VC 维是衡量 $H$ 分类能力的一种定量指标。粗略地说,$h$ 是能被 $H$ 中的函数任意划分的点集中的元素最多的集合的元素个数。

下面给出一个直观的例子。

**例 7.1** $n$ 维坐标空间 $Z = \{z_1, z_2, \cdots, z_n\}$ 中的线性指示函数集合 $Q(z,a) = \theta\left\{\sum_{p=1}^{n} a_p z_p + a_0\right\}$ 的 VC 维是 $h = n+1$,因为用这个集合中的函数可以最多打散 $n+1$ 个向量(见图 7.4)。

图 7.4(a)平面中直线的 VC 维为 3,因为它们能打散 3 个向量而不能打散 4 个,如在图 7.4(b)中向量 $z_2$、$z_4$ 不能被直线与向量 $z_1$、$z_3$ 分开。现考虑 $R^n$ 中的超平面,给出一个有用的定理及推论,如下所述。

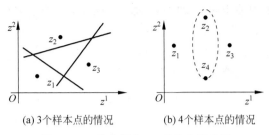

(a) 3个样本点的情况      (b) 4个样本点的情况

图 7.4 二维空间中 VC 维的直观表示

**定理 7.2** 对于 $R^n$ 中的 $m$ 个点集,选择任何一个点作为原点,$m$ 个点能被超平面打散,当且仅当剩余点的位置向量是线性独立的。

**推论** $R^n$ 中有向超平面集的 VC 维是 $n+1$,因为总能从 $n+1$ 个点中选择其中一个作为原点,剩余 $n$ 个点的位置向量是线性独立的,但不能选择 $n+2$ 个这样的点(因为在 $R^n$ 中没有 $n+1$ 是线性独立的)。

VC 维反映了函数集的学习能力,VC 维越大则学习机器越复杂(容量越大),目前尚没有通用的关于任意函数集 VC 维计算的理论,只对一些特殊的函数集知道其 VC 维。

函数集的 VC 维影响了学习机器的推广性能。这给我们克服"维数灾难"创造了一个很好的机会:用一个包含很多参数但却有较小 VC 维的函数集为基础实现较好的推广性。

### 7.2.4 推广性的界

前面已经指出,生长函数满足 $G^\wedge(l) \leqslant l\ln2$。通过进一步的研究,瓦普尼克和切尔冯尼斯基在 1968 年又发现了下面的规律。

**定理 7.3** 所有函数集的生长函数或者与样本数呈正比,即

$$G^\wedge(l) \leqslant l\ln2 \tag{7.10}$$

或者以下列样本数的某个对数函数为上界,即

$$G^\wedge(l) \leqslant h\left(\ln\frac{1}{h}+1\right), \quad l > h \tag{7.11}$$

其中,$h$ 是一个整数,它是从生长函数满足式(7.10)到满足式(7.11)的转折点,即当 $l=h$ 时,有 $G^\wedge(h)=h\ln2$ 而 $G^\wedge(h+1)=(h+1)\ln2$。

由定理 7.3 可以看出,VC 维对于一个指示函数集,如果其生长函数是线性的,则它的 VC 维为无穷大;而如果生长函数以参数为 $h$ 的对数函数为界,则函数集的 VC 维是有界的且等于 $h$。

所以,学习机器所实现的指示函数集的 VC 维有限就是 ERM 方法一致性的一个充分必要条件,这一条件不依赖于概率测度。而且,一个有限的 VC 维意味着较快的收敛速度。

基于统计的学习方法大多建立在经验风险最小化原则(Principle of Empirical Risk Minimization)基础上,其基本思想是利用经验风险 $R_{emp}(a)$ 代替期望风险 $R(a)$,用使 $R_{emp}(a)$ 最小的 $f(x,a_1)$ 来近似使 $R(a)$ 最小的 $f(x,a_0)$。这类方法有一个基本的假设,即如果 $R_{emp}(a)$ 收敛于 $R(a)$,则 $R_{emp}(a)$ 的最小值收敛于 $R(a)$ 的最小值。瓦普尼克和切尔冯尼斯基证明,该假设成立的充要条件是函数族 $\{f(x,a), a\in\Lambda\}$ 的 VC 维为有限值。

根据统计学习理论中关于函数集的推广性的结论,对于指示函数集 $f(x,a)$,如果损失函数 $L(y,f(x,a))$ 的取值为 0 或 1,则有如下定理。

**定理 7.4** 对于前面定义的两类分类问题,对指示函数集中的所有函数(当然也包括经验风险最小的函数),经验风险和实际风险之间至少以 $1-\eta$ 概率满足如下关系:

$$R(f) \leqslant R_{\text{emp}}(f) + \sqrt{\frac{h\left(\ln\frac{2l}{h}+1\right)-\ln\frac{\eta}{4}}{l}} \tag{7.12}$$

其中,$h$ 为函数族 $\{f(x,a),a\in \wedge\}$ 的 VC 维,$l$ 为训练集规模。

式(7.12)右侧第二项通常称为 VC 置信度(VC Confidence)。由式(7.12)可以看出,在学习系统 VC 维与训练集规模的比值很大时,即使经验风险 $R_{\text{emp}}(a)$ 较小,也无法保证期望风险 $R(a)$ 较小,即无法保证学习系统具有较好的泛化能力。因此,要获得一个泛化性能较好的学习系统,就需要在学习系统的 VC 维与训练集规模之间达成一定的均衡。

由于定理 7.4 所给出的是经验风险与实际风险之间误差的上界,它们反映了根据经验风险最小化原则得到的学习机器的推广能力,因此称作推广性的界。这一结论从理论上说明了学习机器的实际风险是由两部分组成的:一部分是经验风险(训练误差);另一部分称作置信范围,它和学习机器的 VC 维及训练样本数有关。可以简单地表示为

$$R(f) \leqslant R_{\text{emp}}(f) + \Phi\left(\frac{h}{n}\right) \tag{7.13}$$

式(7.13)表明,在有限的训练样本下,学习机器 VC 维越高(复杂度越高),则置信范围越大,导致真实风险与经验风险之间可能的差别越大。这就是会出现过学习现象的原因。机器学习过程不但要经验风险最小,而且要使 VC 维尽量小,以缩小置信范围,才能取得较小的实际风险,即对未来样本有较好的推广性。

需要指出的是,推广性的界是对于最坏情况的结论,在很多情况下是较轻松的,尤其是 VC 维较高时。已经知道当 $h/n>0.37$ 时,这个界肯定是松弛的,当 VC 维无穷大时,这个界就不再成立。而且,这个界只对同一类学习函数进行比较时有效,可以指导我们从函数集中选择最优的函数,在不同函数集之间比较却不一定成立。瓦普尼克指出,寻找能更好地反映学习机器能力的参数和得到更近的界是学习理论今后的研究方向之一。

## 7.2.5 结构风险最小化

从上面的结论可以看到,ERM 原则在样本有限时是不合理的,需要同时最小化经验风险和置信范围。其实,在传统方法中,选择学习模型和算法的过程就是调整置信范围的过程,如果模型比较适合现有的训练样本(相当于 $h/n$ 值适当),则可以取得较好的效果。

比如在神经网络中,需要根据问题和样本的具体情况,选择不同的网络结构维(对应不同的 VC),然后进行经验风险最小化。在模式识别中选定了一种分类器形式就确定了学习机器的 VC 维。实际上这种做法是在式(7.13)中首先通过选择模型确定 $\Phi$,然后固定 $\Phi$ 并通过经验风险最小化求最小风险。但因为缺乏理论指导,这种选择只能依赖先验知识和经验,造成了如神经网络等方法对使用者"技巧"的过分依赖。

统计学习理论提出了一种新的策略来解决这个问题,就是首先把函数集 $S=\{f(x,a),$

$a \in \Omega\}$分解为一个函数子集序列：$S_1 \subset S_2 \subset \cdots \subset S_k \subset \cdots \subset S$，使各子集能够按照$\Phi$的大小排列，也就是按照 VC 维的大小排列，即

$$h_1 \subset h_2 \subset \cdots \subset h_k \subset \cdots$$

这样，在同一子集中置信范围就相同。在每个子集中寻找最小经验风险和置信范围，取得实际风险的最小，如图 7.5 所示。

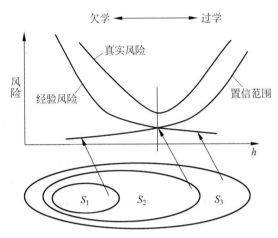

图 7.5 结构风险最小化

函数集子集：$S_1 \subset S_2 \subset S_3$。

VC 维：$h_1 < h_2 < h_3$。

风险的界是经验风险和置信范围之和。随着结构元素序号的增加，经验风险将减小，而置信范围将增加。最小的风险上界是在结构的某个适当的元素上取得的。

这种思想称作结构风险最小化（Structural Risk Minimization，SRM）原则。统计学习理论还给出了合理的函数子集结构应满足的条件及在 SRM 准则下实际风险收敛的性质。

实现 SRM 原则可以有两种思路。第一种是在每个子集中求最小经验风险，然后选择使最小经验风险和置信范围之和最小的子集。显然这种方法比较费时，当子集数目很大甚至是无穷时不可行。因此有第二种思路，即设计函数集的某种结构使每个子集中都能取得最小的经验风险（如使训练误差为 0）。然后只需选择适当的子集使置信范围最小，则这个子集中经验风险最小的函数就是最优函数。支持向量机方法实际上就是这种思想的具体实现。我们还可以讨论一些函数子集结构的例子和如何根据 SRM 准则对某些传统方法进行改进的问题。

## 7.3 支持向量机的构造

根据本章的理论，要在学习算法中执行 SRM 原则，必须在一个给定的函数集中使风险最小化，这要通过控制两个因素来完成：经验风险的值和置信范围的值。在学习的历史中，人们大多采用以下两种方法来完成学习过程。

（1）保持置信范围固定（通过选择一个适当构造的机器）并最小化经验风险。

（2）保持经验风险值固定（如等于 0）并最小化置信范围。

传统的神经网络采用的是第一种方法,关于这方面已经有大量的研究,这里不再详述。本节讨论第二种构造方法的支持向量机,下面严格按照 SRM 原则来构造这种学习机。

### 7.3.1 函数集结构的构造

由于历史的原因,SVM 中函数集的构造大部分是来自神经网络的启发,我们采用线性函数集 $f(x) = (w \cdot x) - b$ 进行学习。在模式识别中,函数集可以进一步描述为

$$(w \cdot x_i) - b \geqslant 1, \quad y_i = 1$$
$$(w \cdot x_i) - b \leqslant 1, \quad y_i = -1$$

把它写作紧凑形式

$$y_i[(w \cdot x_i) - b] \geqslant 1, \quad i = 1, 2, \cdots, l \tag{7.14}$$

也就是说,在模式识别中,数据样本可以被一个超平面 $(w \cdot x) - b = 0$ 分开。当然,在几何中距离某个超平面最近的点 $x_i$ 其 $f(x_i)$ 并不一定是 1,这里只是为了计算上的方便,进行了归一化处理。

为了构造函数集的一种结构,把式(7.14)进行处理,写为

$$y_i\left[\left(\frac{w}{\|w\|} \cdot x_i\right) - \frac{b}{\|w\|}\right] \geqslant \frac{1}{\|w\|} \tag{7.15}$$

简化为

$$y_i[(w^* \cdot x_i) - b^*] \geqslant \frac{1}{\|w\|} \tag{7.16}$$

这样根据取值范数 $\|w\|$ 的不同,就可以对函数集进行划分。

考虑函数集的一种结构,其元素 $S_k$ 包含的函数满足 $\|w\| \leqslant k$。现在给定样本数据 $(x_1, y_1), (x_2, y_2), \cdots, (x_l, y_l), x \in R^n, y \in \{+1, -1\}$,那么有下面的结论。

**定理 7.5** 设向量 $x$ 属于一个半径为 $R$ 的球,那么分类超平面集合(函数集)VC 维 $h$ 以下面的不等式为界:

$$h \leqslant \min(R^2 \|w\|^2, n) + 1 \tag{7.17}$$

因为具体问题的 $R$ 值是固定的,所以从上面的定理可以看出,无论问题如何,函数集的 VC 维是权值 $\|w\|$ 的增函数,于是上面函数集结构的划分符合 SRM 原则容许结构的定义,所以这里函数集的划分并没有依赖于具体的问题,也就是说,在样本数据出现以前我们就可以得到函数集的一个结构。现在利用构造 SRM 机的第二种策略——固定经验风险,然后最小化置信范围,从而求得最小化风险泛函的函数。

### 7.3.2 支持向量机求解

SVM 的求解可以概括为以下两点。

(1) SVM 是针对线性可分情况进行分析,对于线性不可分的情况,通过使用非线性映射算法将低维输入空间线性不可分的样本转化为高维特征空间使其线性可分,从而使得高维特征空间采用线性算法对样本的非线性特征进行线性分析成为可能。

(2) SVM 基于结构风险最小化理论,在特征空间中构建最优分割超平面,使得学习器

得到全局最优化,并且使整个样本空间的期望风险以某个概率满足一定上界。

支持向量机的目标就是要根据结构风险最小化原理,构造一个目标函数,将两类模式尽可能地区分开,通常分为两类情况来讨论:线性可分和线性不可分。

### 1. 线性可分问题

从理论上来讲,线性函数集只能处理线性可分的情况,我们也是从这种最简单的情况开始讨论。因为线性可分,经验风险始终为 0,所以只最小化置信范围即可,故问题是对于给定的样本数据 $(x_1,y_1),\cdots,(x_l,y_l)$,在保证其经验风险为 0 的前提下,选择使 $R(a)\leqslant R_{\mathrm{emp}}(a)+\Phi\left(\dfrac{l}{h}\right)$ 置信范围最小的子集。从 $R(a)\leqslant R_{\mathrm{emp}}(a)+\Phi\left(\dfrac{l}{h}\right)$ 可以看出,样本数固定时,子集的置信范围最小,也就是子集的 VC 维最小,而本函数集的子集的 VC 维只与权值 $\|w\|$ 有关,并且是 $\|w\|$ 的增函数,所以在几何上,这个问题就是用权值最小的超平面把属于两个不同类 $y\in\{+1,-1\}$ 的样本集 $(x_1,y_1),(x_2,y_2),\cdots,(x_l,y_l)$ 分开且间隔最大,这个超平面叫作最优超平面,如图 7.6 所示。若不满足间隔最大的条件,则产生的超平面为非最优超平面,如图 7.6 所示。

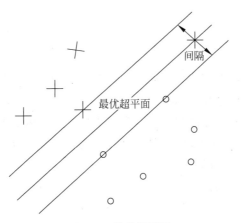

**图 7.6 最优超平面**

所以,我们也可以说最优超平面是以最大间隔将数据分开的平面,这个最大间隔意味着推广性最好。

通过上面的讨论,问题可以等价为求解下面的二次规划问题。

最小化泛函

$$\Phi(w)=\frac{1}{2}(w\cdot w) \tag{7.18}$$

约束条件为不等式类型

$$y_i[(x_i\cdot w)-b]\geqslant 1,\quad i=1,2,\cdots,l \tag{7.19}$$

这个问题的解是由下面的拉格朗日泛函的鞍点给出的:

$$L(w,b,a)=\frac{1}{2}(w\cdot w)-\sum_{i=1}^{l}a_i\{y_i[(x_i\cdot w)-b]-1\} \tag{7.20}$$

其中 $a_i$ 为拉格朗日乘子。

问题的对偶问题如下。最大化泛函

$$W(\boldsymbol{a}) = \sum_{i=1}^{l} a_i - \frac{1}{2} \sum_{i,j=1}^{l} a_i a_j y_i y_j (x_i \cdot x_j) \tag{7.21}$$

约束条件为

$$a_i \geqslant 0, \quad i = 1, 2, \cdots, l \tag{7.22}$$

$$\sum_{i=1}^{l} a_i y_i = 0 \tag{7.23}$$

这样原问题的解为

$$w = \sum_{i=1}^{l} y_i a_i x_i \tag{7.24}$$

使用对偶形式的目的有两个：一是约束条件加在拉格朗日乘子上便于处理；二是在这种形式中训练数据仅仅以内积的形式出现(这个性质很重要，后面的讨论就会看到)。

由拉格朗日可得到原问题的 Karush-Kuhn-Tucker(KKT)条件：

$$\frac{\partial L}{\partial w} = 0$$

$$\frac{\partial L}{\partial b} = 0$$

$$a_i \geqslant 0, \quad i = 1, 2, \cdots, l$$

$$y_i [(x_i \cdot w) - b] - 1 \geqslant 0, \quad i = 1, 2, \cdots, l$$

$$a_i \{ y_i [(x_i \cdot w) - b] - 1 \} = 0, \quad i = 1, 2, \cdots, l$$

根据优化理论，$(w,b)$ 是原问题的解当且仅当 $(w,b,a)$ 满足 KKT 条件。

在对偶问题或 KKT 条件中，每个训练数据 $x_i$ 都对应一个拉格朗日乘子 $a_i \geqslant 0$，其中与 $a_i > 0$ 对应的数据成为支持向量。

利用任一支持向量和 KKT 条件 $a_i \{ y_i [(x_i \cdot w) - b] - 1 \} = 0$，可求出：

$$b = (w \cdot x_i) - y_i \tag{7.25}$$

一般情况下，为了准确，常求出多个 $b$ 值，然后取平均值。或者：

$$b = \frac{1}{2} [(w \cdot x^*(1)) + (w \cdot x^*(-1))] \tag{7.26}$$

其中，$x^*(1)$ 表示属于第一类的任一支持向量，$x^*(-1)$ 表示属于第二类的任一支持向量。最后的最优超平面方程为

$$\sum_{x_i \in SV} y_i a_i (x_i \cdot x) + b = 0 \tag{7.27}$$

最终完成学习过程。

**2. 线性不可分问题**

上面的分类器是最大间隔分类器，也叫作硬间隔分类器，得到的超平面为硬间隔分类超平面，不过是理想情况下的。在真实世界中，由于噪声的存在，使得数据总是线性不可分，这样我们必须设计某种分类器，使得它能容忍一些噪声和异常值，而不会大幅改变结果的解。

最大间隔分类器是在固定经验风险为 0 的情况下通过寻找使得置信范围最小的子集来执行 SRM 原则的。在线性不可分的情况下，经验风险不为 0，因此我们从 SRM 原则的一般

性概念来构造学习机,也就是首先寻找某个子集能使得经验风险和置信范围的和最小,然后在这个子集中最小化经验风险。

首先我们引入松弛变量 $\boldsymbol{\xi}$ 来表示经验风险,将原约束条件变为

$$y_i[(x_i \cdot w) - b] \geqslant 1 - \xi_i, \quad i = 1, 2, \cdots, l \tag{7.28}$$

这样,样本数据的经验风险在一定程度上可以表示为

$$F_\sigma(\boldsymbol{\xi}) = \sum_{i=1}^l \xi_i^\sigma \tag{7.29}$$

其中,参数 $\sigma > 0$ 代表经验风险的某种度量方式。

给定样本数据 $z_1, z_2, \cdots, z_l$ 后,在允许结构的某个子集下最小化经验风险,问题可以描述为如下。

最小化泛函:

$$F_\sigma(\boldsymbol{\xi}) = \sum_{i=1}^l \xi_i^\sigma \tag{7.30}$$

约束条件为

$$y_i[(x_i \cdot w) - b] \geqslant 1 - \xi_i \tag{7.31}$$

$$(w \cdot w) < c_k \tag{7.32}$$

式(7.30)表示给定数据的经验风险,式(7.32)表示在某个子集中最小化该泛函。这个问题可以等价为在约束条件(7.31)下最小化泛函:

$$\Phi(w, \boldsymbol{\xi}) = \frac{1}{2}(w \cdot w) + C\left(\sum_{i=1}^l \xi_i^\sigma\right) \tag{7.33}$$

这里的 $C$ 是一个给定的值。

求解这个优化问题的技术与上面线性可分的情况几乎相同。原问题的对偶形式为

$$W(a) = \sum_{i=1}^l a_i - \frac{1}{2} \sum_{i,j=1}^l a_i a_j y_i y_j (x_i \cdot x_j) \tag{7.34}$$

只是约束条件变为

$$0 \leqslant a \leqslant C_i, \quad i = 1, 2, \cdots, l \tag{7.35}$$

$$\sum_{i=1}^l a_i y_i = 0 \tag{7.36}$$

这样原问题的解为

$$w = \sum_{i=1}^l y_i a_i x_i \tag{7.37}$$

其中,参数 $C$ 是一个变化的量,由用户在机器进行学习前指定。事实上,随着 $C$ 的变化,$\| w \|^2$ 会有相应的连续变化,也就是说,在特定的问题下,$C$ 的选择对应某个最好函数子集的选择,然后在这个子集中最小化 $\sum_{i=1}^l \xi_i^\sigma$。

对应线性可分情况下的硬间隔,把在线性不可分情况下得到的超平面称为软间隔分类超平面。

## 7.4 核函数

### 7.4.1 概述

在 7.3 节用 SRM 原则构造了两种学习机,分别针对线性可分和线性不可分情况。其实对于线性不可分的情况实际是针对数据有噪声的情况,因为在现实问题中都会出现这样的状况,我们通过使用软间隔解决这种情况,所以这种问题一般称为非线性可分问题。SVM 使用线性函数集,理论上只能解决线性问题,但在实际中大部分都是非线性问题(用线性函数集不能分),那么 SVM 又是如何工作的呢? 这就是本节要说的核函数。

SVM 的关键在于核函数。低维空间向量集通常难以划分,解决的方法是将它们映射到高维空间。但这个办法带来的困难就是计算复杂度的增加,而核函数正好巧妙地解决了这个问题。也就是说,只要选用适当的核函数,我们就可以得到高维空间的分类函数。在 SVM 理论中,采用不同的核函数将导致不同的 SVM 算法。

关于非线性分类器的历史在这里不加详细讨论,不过在构造非线性分类器的过程中有两类方法很流行:一种是由简单的线性分类器联结成网络,这就是神经网络;另一种是对原问题进行非线性变换,将其转化为另一个空间中的线性问题。关于第一种方法的研究已经形成了一个庞大的学习理论分支,这里不再讨论。在第二种方法中,在将原问题从非线性空间经过一个非线性映射转换到线性空间后,问题的维数会大大增加,于是会产生所谓的"维数灾难",为避免这种灾难,在传统的学习方法中通常在变换前对输入空间进行降维运算。

前面在构造 SVM 的时候,在学习过程中只包含待分类样本与训练样本中的支持向量的内积运算,同样,对于非线性问题在转换到线性空间后,用 SVM 学习只需在这个线性空间中计算内积即可。当然,这个线性空间中的维数是很高的。如果有一种技术,使得在转换后的线性空间中的内积可以用原空间中的变量直接计算,则即使变换后的线性空间的维数很高,在其中求解最优分类面的问题也并没有增加多少计算复杂度,这种技术就是核函数的思想。

首先,定义映射 $\Phi: R^d \rightarrow H, R^d$ 是输入空间,$H$ 是高维内积空间,称为特征空间,$\Phi$ 称为特征映射,然后在 $H$ 中构造最优超平面。

在特征空间中的学习过程同前面一样,对偶问题为

$$W(a) = \sum_{i=1}^{l} a_i - \frac{1}{2} \sum_{i,j=1}^{l} a_i a_j y_i y_j (\phi(x_i) \cdot \phi(x_j)) \qquad (7.38)$$

约束条件不变:

$$0 \leqslant a \leqslant C_i, \quad i = 1, 2, \cdots, l \qquad (7.39)$$

$$\sum_{i=1}^{l} a_i y_i = 0 \qquad (7.40)$$

核函数的思想是使用输入空间的变量直接计算特征空间中的内积,即

$$(\Phi(x) \cdot \Phi(x')) = k(x, x') \qquad (7.41)$$

其中,$x, x'$ 属于输入空间,函数 $k(x, x')$ 即为核函数。

这样,只要定义了核函数,就不必进行非线性变换,更没有必要知道采用的非线性变换的形式,所以只要构造输入空间的一个核函数即可。统计学习理论指出,根据 Hilbert-Schmidt 原理,任意对称函数 $k(\boldsymbol{x}, \boldsymbol{x}')$ 只要满足 Mercer 条件,就可以作为核函数使用。

**定理 7.6(Mercer 条件)** 对于任意的对称函数 $k(\boldsymbol{x}, \boldsymbol{x}')$,它是某个特征空间的内积运算的充分必要条件是,对于任意的 $\varphi(\boldsymbol{x} \neq 0)$ 且 $\int \varphi^2(\boldsymbol{x}) \mathrm{d}\boldsymbol{x} < \infty$,有

$$\iint K(\boldsymbol{x}, \boldsymbol{x}') \varphi(\boldsymbol{x}) \varphi(\boldsymbol{x}') \mathrm{d}\boldsymbol{x} \mathrm{d}\boldsymbol{x}' > 0 \tag{7.42}$$

事实上,这个条件并不难满足。

这样就可以得到输入空间中的非线性决策函数

$$f(x) = \mathrm{sgn}\Big( \sum_{\mathrm{SV}} y_i a_i K(x_i, \boldsymbol{x}) - b \Big) \tag{7.43}$$

它等价于在高维特征空间中的线性决策函数。

所以支持向量机就是构造形如式(7.41)的决策函数的学习机器,我们用这个名字来强调在解上用支持向量展开的思想。在这里,我们使用了完全不同于传统方法的思路,不是像传统方法那样首先将原输入空间降维(特征选择和特征变换),而是设法将输入空间升维,以求在高维空间中线性可分;而在升维后由于使用核函数的缘故,算法的复杂性并没有增加,并且在高维空间中学习机的推广性不受维数的影响,所以这种方法是可行的。可以看出,支持向量机由核函数和训练集完全刻画。

### 7.4.2 核函数的分类

在 SVM 中,采用不同的函数作为核函数 $K(\boldsymbol{x}, x_i)$,可以构造实现输入空间中不同类型的非线性决策面的学习机器。目前研究最多的核函数主要有以下几类。

**1. 多项式核函数**

$$K(\boldsymbol{x}, x_i) = [(\boldsymbol{x} \cdot x_i) + 1]^q \tag{7.44}$$

得到的是 $d$ 阶多项式分类器

$$f(\boldsymbol{x}, a) = \mathrm{sgn}\Big( \sum_{\mathrm{SV}} y_i a_i [(\boldsymbol{x} \cdot x_i) + 1]^d - b \Big) \tag{7.45}$$

**2. 径向基函数**

经典的径向基函数的判别函数为

$$f(x) = \mathrm{sgn}\Big( \sum_{i=1}^{n} a_i K_r(|\boldsymbol{x} - x_i|) - b \Big) \tag{7.46}$$

最通常采用的核函数为高斯函数

$$K_r(|\boldsymbol{x} - x_i|) = \exp\left\{ -\frac{(|\boldsymbol{x} - x_i|)^2}{\sigma^2} \right\} \tag{7.47}$$

在构造判定函数时,必须估计:①参数 $r$ 的值;②中心点 $a_i$ 数目 $N$;③描述中心点向量 $x_i$;④参数 $a_i$。

**3. 多层感知机**

SVM 采用 Sigmoid 函数作为内积,这时就实现了包含一个隐层的多层感知机,隐层结点数目由算法自动确定。满足 Mercer 条件的 Sigmoid 函数为

$$K(x_i, x_j) = \tanh(v(x_i^{\mathrm{T}} \cdot x_j) - c) \tag{7.48}$$

# 7.5 SVM 的算法及多类 SVM

**1. SVM 的算法**

由于 SVM 方法的理论基础和在一些领域的应用中表现出优秀的推广性能,因此许多关于 SVM 的计算方法被提出。

传统上一般利用标准二次优化技术来解决对偶问题。首先,SVM 方法需要计算和存储核函数矩阵,当样本点数目较大时,需要很大的内存。例如,当样本点数目超过 4000 时,存储核函数矩阵需要多达 128MB 内存;其次,SVM 在二次型寻优过程中要进行大量的矩阵运算,多数情况下,寻优算法是占用算法时间的主要部分。

针对传统的求解二次规划问题速度慢等问题,提出了一些改进的算法。目前 SVM 的训练算法一般采用循环迭代解决对偶寻优问题:将原问题分解成为若干子问题,按照某种迭代策略,通过反复求解子问题,最终使结果收敛到原问题的最优解。根据子问题的划分和迭代策略的不同,大致可以分为以下两类。

(1) 块算法(Chunking Algorithm)。考虑去掉拉格朗日乘子等于零的训练样本不会影响原问题的解,采用选择一部分样本构成工作样本集进行训练,剔除其中的非支持向量,并用训练结果对剩余样本进行检验,将不符合 KKT 条件的样本与此次结果的支持向量合并成为一个新的工作样本集,然后重新训练。如此重复下去直到获得最优结果,如基于此种思路的 SMO 算法。

(2) 固定工作样本集(奥苏纳(E. Osuna)等提出)。工作样本集的大小固定在算法速度可以容忍的限度内,迭代过程选择一种合适的换入换出策略,将剩余样本中的一部分与工作样本集中的样本进行等量交换,即使支持向量的个数超过工作样本集的大小,也不会改变工作样本集的规模,而只对支持向量中的一部分进行优化,譬如 SVM$^{\mathrm{light}}$ 算法。

**2. 多类问题中的 SVM**

$k$ 类模式识别问题是为 $l$ 个样本$(x_i, y_i), i=1,2,\cdots,l, x_i \in R^r, y_i \in \{1,2,\cdots,k\}$构成一个决策函数。由于 SVM 是解决两类问题的有效方法,因此用 SVM 解多类问题的方法通常将问题转化为两类问题,然后对结果进行处理。一般常用的方法有以下几种。

(1) One-against-the-rest 方法:在第 $k$ 类和其他 $k-1$ 类之间构建超平面。

(2) One-against-one 方法:为任意两个类构建超平面,共需 $k(k+1)/2$ 个支持向量机。

(3) $k$-class SVM:同时为所有的类构造一个分类超平面。

# 7.6 用于非线性回归的 SVM

考虑非线性回归模型,标量 $d$ 对向量 $x$ 的依赖可描述为

$$d = f(\boldsymbol{x}) + v \tag{7.49}$$

非线性的标量值函数 $f(x)$ 定义为在第 2 章所讨论的条件期 $E(D|x)$；$D$ 是一个随机变量，它的一次实现记为 $d$。加性噪声项 $v$ 是统计独立于输入向量 $x$ 的，函数 $f(\cdot)$ 和噪声 $v$ 的统计特性是未知的。我们所有可用的信息就是一组训练数据 $\{(x_i,d_i)\}_{i=1}^{N}$，其中 $x_i$ 是输入向量 $x$ 的一次抽样值，$d_i$ 是模型输出 $d$ 的相应值。问题是提供 $d$ 对 $x$ 的依赖的估计。

进一步假设 $d$ 的估计记为 $y$，它是由一组非线性基函数 $\{\varphi_j(x)\}_{j=0}^{m_1}$ 的扩张得到，即

$$y = \sum_{j=0}^{m_1} \omega_j \varphi_j(x) = \boldsymbol{\omega}^{\mathrm{T}} \varphi_j(x)$$

其中，$\varphi(x) = [\varphi_0(x), \varphi_1(x), \cdots, \varphi_{m_1}(x)]^{\mathrm{T}}$，$\boldsymbol{W} = [\omega_0, \omega_1, \cdots, \omega_{m_1}]^{\mathrm{T}}$。

同样假定 $\varphi_0(x)=1$，这样权值 $\omega_0$ 表示偏置 $b$，需求解的问题是极小化经验风险：

$$R_{\mathrm{emp}} = \frac{1}{N} \sum_{i=1}^{N} L_\varepsilon(d_i, y_i) \tag{7.50}$$

满足不等式

$$\|\boldsymbol{W}\|^2 \leqslant c_0 \tag{7.51}$$

式中，$c_0$ 是常数，$L_\varepsilon(d,y)$ 是 $\varepsilon$-不敏感损失函数。可以引入两组非负的松弛变量 $\{\xi_i\}_{i=1}^{N}$ 和 $\{\xi_i^1\}_{i=1}^{N}$ 重新求解这个约束优化问题。它们定义为

$$d_i - \boldsymbol{\omega}^{\mathrm{T}} \varphi(x_i) \leqslant \varepsilon + \xi_i, \quad i = 1,2,\cdots,N \tag{7.52}$$

$$\boldsymbol{\omega}^{\mathrm{T}} \varphi(x_i) + d_i \leqslant \varepsilon + \xi_i', \quad i = 1,2,\cdots,N \tag{7.53}$$

$$\varepsilon_i \geqslant 0, \quad i = 1,2,\cdots,N \tag{7.54}$$

$$\varepsilon_i' \geqslant 0, \quad i = 1,2,\cdots,N \tag{7.55}$$

松弛变量 $\varepsilon_i$ 和 $\varepsilon_i'$ 描述了 $\varepsilon$-不敏感损失函数，因此，这个约束优化问题可等价于最小化代价函数，即

$$\Phi(\boldsymbol{\omega}, \boldsymbol{\xi}, \boldsymbol{\xi}') = C \sum_{i=1}^{N} (\xi_i + \xi') + \frac{1}{2} \boldsymbol{\omega}^{\mathrm{T}} \boldsymbol{\omega} \tag{7.56}$$

满足式 (7.52)～式 (7.55) 的约束。通过式 (7.56) 的函数 $\Phi(\boldsymbol{\omega}, \boldsymbol{\xi}, \boldsymbol{\xi}')$ 结合项 $\boldsymbol{\omega}^{\mathrm{T}} \boldsymbol{\omega}/2$，不需要式 (7.52) 的不等式约束，在式 (7.56) 中的常数 $C$ 是用户给定的参数。从而可以定义拉格朗日函数为

$$J(\boldsymbol{\omega}, \boldsymbol{\xi}, \boldsymbol{\xi}', \boldsymbol{\alpha}, \boldsymbol{\alpha}^1, \boldsymbol{\gamma}, \boldsymbol{\gamma}^1) = \left( \sum_{i=1}^{N} \xi_i + \xi_i' \right) + \frac{1}{2} \boldsymbol{\omega}^{\mathrm{T}} \boldsymbol{\omega} - \sum_{i=1}^{N} [\boldsymbol{\omega}^{\mathrm{T}} \varphi(x_i) - d_i + \boldsymbol{\varepsilon} + \xi_i] -$$

$$\sum_{i=1}^{N} \alpha_i^1 [d_i - \boldsymbol{\omega}^{\mathrm{T}} \varphi(x_i) + \boldsymbol{\varepsilon} + \boldsymbol{\xi}] - \sum_{i=1}^{N} (\gamma_i \xi_i + \gamma_i^1 \xi_i') \tag{7.57}$$

其中，$\alpha_i$ 和 $\alpha_i^1$ 是拉格朗日乘子，式 (7.57) 右边包括涉及 $\gamma_i$ 和 $\gamma_i^1$ 的最后一项是为了确保拉格朗日乘子 $\alpha_i$ 和 $\alpha_i^1$ 的最优条件成为可变形式。要求关于 $\boldsymbol{W}$ 和松弛变量 $\varepsilon_i$ 和 $\varepsilon_i'$ 极小化 $J(\boldsymbol{\omega}, \boldsymbol{\xi}, \boldsymbol{\xi}', \boldsymbol{\alpha}, \boldsymbol{\alpha}^1, \boldsymbol{\gamma}, \boldsymbol{\gamma}^1)$；同时要求关于 $\alpha_i$、$\alpha_i^1$ 和 $\gamma_i$、$\gamma_i^1$ 最大化。求解这个优化，我们分别有

$$\boldsymbol{W} = \sum_{i=1}^{N} (\alpha_i - \alpha_i^1) \varphi(x_i) \tag{7.58}$$

$$\gamma_i = c - \alpha_i \tag{7.59}$$

$$\gamma_i^1 = c - \alpha_i^1 \tag{7.60}$$

刚才描述的 $J(\boldsymbol{\omega},\boldsymbol{\xi},\boldsymbol{\xi}',\boldsymbol{\alpha},\boldsymbol{\alpha}^1,\boldsymbol{\gamma},\boldsymbol{\gamma}^1)$ 的最优是回归的原问题。为了构造相应的对偶问题,将式(7.58)~式(7.60)代入式(7.57)中,从而得到凸函数(在经过化简之后)为

$$Q(\alpha_i,\alpha_i^1) = \sum_{i=1}^{N} d_i(\alpha_i - \alpha_i^1) - \boldsymbol{\varepsilon} \sum_{i=1}^{N}(\alpha_i + \alpha_i^1) -$$

$$\frac{1}{2}\sum_{i=1}^{N}\sum_{j=1}^{N}(\alpha_i - \alpha_i^1)(\alpha_j - \alpha_j^1)K(x_i,x_j) \tag{7.61}$$

其中,$K(x_i,x_j)$ 根据 Mercer 定理定义的内积核

$$K(x_i,x_j) = \boldsymbol{\varphi}^{\mathrm{T}}(x_i)\varphi(x_j)$$

我们得到优化问题的解是关于拉格朗日乘子 $\alpha_i$ 和 $\alpha_i^1$ 且满足有关常数 $C$ 的一组新约束下最大化 $Q(\boldsymbol{\alpha},\boldsymbol{\alpha}^1)$,其中 $C$ 包含在式(7.56)中函数 $\Phi(\boldsymbol{\omega},\boldsymbol{\xi},\boldsymbol{\xi}')$ 的定义内。

现在可以陈述利用支持向量机的非线性回归的对偶问题如下。

给定训练样本 $\{(x_i,d_i)\}_{i=1}^{N}$ 寻找拉格朗日乘子 $\{a_i\}_{i=1}^{N}$ 和 $\{a_i^1\}_{i=1}^{N}$ 使得极大化目标函数

$$Q(\boldsymbol{\alpha},\boldsymbol{\alpha}^1) = \sum_{i=1}^{N} d_i(\alpha_i - \alpha_i^1) - \varepsilon \sum_{i=1}^{N}(\alpha_i + \alpha_i^1) - \frac{1}{2}\sum_{i=1}^{N}\sum_{j=1}^{N}(\alpha_i - \alpha_i^1)(x_i - x_j^1)K(x_i,x_j)$$

满足下列约束:

① $$\sum_{i=1}^{N}(\alpha_i - \alpha_i^1) = 0$$

② $$0 \leqslant a_i \leqslant C, 0 \leqslant a_i^1 \leqslant C \quad (i=1,2,\cdots,N)$$

式中,$C$ 为用户给定常数。

在拉格朗日最优化的问题中,根据 $\varphi_0(\boldsymbol{x})=1$ 时偏置 $b=\omega_0$,产生了约束①。因此,获得最优的 $\alpha_i$ 和 $\alpha_i^1$ 值后,对给定之映射 $\varphi(\boldsymbol{x})$ 我们可以利用式(7.58)确定权值向量 $w$ 的最优值。注意到和模式识别问题的解一样,在式(7.58)的扩展中仅有一些系数非零,特别地,$\alpha_i \neq \alpha_i^1$ 所对应的数据点定义为机器的支持向量。

自由参数 $\varepsilon$ 和 $C$ 控制下列逼近函数的 VC 维数为

$$F(\boldsymbol{x},\boldsymbol{\omega}) = \boldsymbol{\omega}^{\mathrm{T}}\boldsymbol{x} = \sum_{i=1}^{N}(\alpha_i - \alpha_i^1)K(\boldsymbol{x},x_i) \tag{7.62}$$

$\boldsymbol{\varepsilon}$ 和 $C$ 两个都必须由用户选择。从概念上讲,$\varepsilon$ 和 $C$ 的选择提供了和模式识别中参数 $C$ 的选择一样的复杂性控制问题,但是在实际上回归的复杂性控制是一个更困难的问题,这是由于下列原因:①参数 $\varepsilon$ 和 $C$ 必须同时调整;②回归本质上比模式分类更困难。

$\boldsymbol{\varepsilon}$ 和 $C$ 的选择的原则方法仍是一个公开的研究领域。

最后,和用于模式识别的支持向量机一样,用于非线性回归的支持向量机可以用多项式学习机、径向基函数网络或两层感知器实现。

## 7.7 支持向量机的应用

目前,国际上关于支持向量机理论的讨论和深入研究逐渐广泛,我国在此领域的研究尚处在萌芽状态,需要及时学习掌握有关的理论知识,开展有效的研究工作,使我们在这个具

有重要意义的领域中尽快赶上国际水平,跟上国际发展步伐。

支持向量机法在理论上具有突出的优势,贝尔实验室率先在美国邮政手写数字库识别研究方面应用了支持向量机法,取得了较大的成功。在随后的几年内,有关支持向量机的应用研究得到了很多领域的学者的重视,在人脸检测、验证和识别、说话人/语音识别、文字/手写体识别、图像处理及其他应用研究等方面取得了大量的研究成果,从最初的简单模式输入的直接支持向量机方法研究,发展到多种方法取长补短的联合应用研究,对支持向量机方法也有了很多改进。

**1. 人脸检测、验证和识别**

奥苏纳最早将支持向量机应用于人脸检测,并取得了较好的效果。其方法是直接训练非线性 SVM 分类器完成人脸与非人脸的分类。由于 SVM 的训练需要大量的存储空间,并且非线性 SVM 分类器需要较多的支持向量,因此速度很慢。他为此提出了一种层次性结构的 SVM 分类器,它由一个线性 SVM 组合和一个非线性 SVM 组成。检测时,由前者快速排除掉图像中绝大部分背景窗口,而后者只需对少量的候选区域做出确认;训练时,在线性 SVM 组合的限定下,与"自举"(bootstrapping)方法相结合可收集到训练非线性 SVM 的更有效的非人脸样本,简化 SVM 训练的难度,大量实验结果表明这种方法不仅具有较高的检测率和较低的误检率,而且具有较快的速度。

**2. 说话人/语音识别**

说话人识别属于连续输入信号的分类问题,SVM 是一个很好的分类器,但不适合连续输入样本。为此,引入了隐式马尔可夫模型 HMM,建立了 SVM 和 HMM 的混合模型。HMM 适合处理连续信号,而 SVM 适合于分类问题;HMM 的结果反映了同类样本的相似度,而 SVM 的输出结果则体现了异类样本间的差异。为了方便与 HMM 组成混合模型,SVM 的输出形式需要改为概率输出。

**3. 文字/手写体识别**

贝尔实验室对美国邮政手写数字库进行的实验,人工识别平均错误率为 2.5%,专门针对该特定问题设计的 5 层神经网络错误率为 5.1%(其中利用了大量先验知识),而用 3 种 SVM 方法(采用 3 种核函数)得到的错误率分别为 4.0%、4.1% 和 4.2%,且是直接采用 16×16 的字符点阵作为输入,表明了 SVM 的优越性能。

**4. 图像处理**

(1)图像过滤。一般的互联网色情图像过滤软件主要采用网址库的形式来封锁色情网址或采用人工智能方法对接收到的中、英文信息进行分析甄别。于是提出了一种多层次特定类型图像过滤法,即以综合肤色模型检验,支持向量机分类和最近邻方法校验的多层系图像处理框架,达到 85% 以上的准确率。

(2)视频字幕提取。视频字幕蕴含了丰富语义,可用于对相应视频流进行高级语义标注。庄越挺等提出并实践了基于 SVM 的视频字幕自动定位和提取的方法。该方法首先将原始图像帧分割为 $N \times N$ 的子块,提取每个子块的灰度特征;然后使用预先训练好的 SVM 分类机进行字幕子块和非字幕子块的分类;最后结合金字塔模型和后期处理过程,实现视频图像字幕区域的自动定位提取。

(3)图像分类和检索。由于计算机自动抽取的图像特征和人所理解的语义间存在巨大的差异,图像检索结果难以令人满意。近年来,出现了相关反馈方法,以 SVM 为分类器,在每次反馈中都对用户标记的正例和反例样本进行学习,并根据学习所得的模型进行检索,使用由 9918 幅图像组成的图像库进行实验,结果表明,这种方法在有限训练样本情况下具有良好的泛化能力。

## 7.8 小结

本章首先讨论了支持向量机(SVM)的理论基础——统计学习理论,支持向量机的基本思想(线性和非线性),以及当今比较流行的三种核函数,即多项式核函数、径向基函数、多层感知机。

统计学习理论是研究利用经验数据进行机器学习的一种一般理论,属于计算机科学、模式识别和应用统计学相交叉与结合的范畴,其主要创立者是瓦普尼克。统计学习理论的基本内容诞生于 20 世纪 60～70 年代,到 20 世纪 90 年代中期发展到比较成熟并受到世界机器学习界的广泛重视。由于较系统地考虑了有限样本的情况,统计学习理论与传统统计学理论相比有更好的实用性,在这一理论下发展出的支持向量机方法以其有限样本下良好的推广能力而备受重视。

支持向量机是基于统计学习理论中的结构风险最小化原则的一种机器学习,解决了对非线性函数求解超平面的问题。它的主要思想可以概括为两点:①它针对线性可分情况进行分析,对于线性不可分的情况,通过使用非线性映射算法将低维输入空间线性不可分的样本映射到高维特征空间使其线性可分,从而使得高维特征空间采用线性算法对样本的非线性特征进行线性分析成为可能;②它基于结构风险最小化理论在特征空间中构建最优分割超平面,使得学习器得到全局最优化,并且使整个样本空间的期望风险以某个概率满足一定上界。

支持向量机的关键在于核函数。低维空间向量集通常难以划分,解决的方法是将它们映射到高维空间。但这个办法带来的困难就是计算复杂度的增加,而核函数正好巧妙地解决了这个问题。也就是说,只要选用适当的核函数,就可以得到高维空间的分类函数。目前我们使用的核函数有多项式核函数、径向基函数、多层感知机。

支持向量机可以有效地解决小样本、非线性及高维模式识别问题。支持向量机用于模式分类的观点可以简单地阐述为:首先,无论问题是否为线性的,选择相应的核函数,均可将输入向量映射到一个高维空间;其次,用最优化理论方法寻求最优超平面将两类分开。现在,统计学习理论和支持向量机方法尚处在发展阶段,很多方面还不完善,许多理论在算法中尚未实现;支持向量机算法的某些理论解释并非完美,支持向量机的应用目前仅是在有限的实验中观察到的现象,期待着理论证明。

## 习题

**7.1** 已知正例点 $x_1 = (1,2)^T$,$x_2 = (2,3)^T$,$x_3 = (3,3)^T$,负例点 $x_4 = (2,1)^T$,$x_5 = (3,2)^T$,试求最大间隔分离超平面和分类决策函数,并在图上画出分离超平面、间隔边界及支持向量。

**7.2** 为什么说统计学习理论是支持向量机的理论基础？表现在哪些方面？

**7.3** 比较感知机的对偶形式和线性可分支持向量机的对偶形式。

**7.4** 比较经验风险最小化原理和结构风险最小化原理。

**7.5** VC 维的含义是什么？为什么说 VC 维反映了函数集的学习能力？

**7.6** 描述支持向量机的基本思想和数学模型。

**7.7** 什么是支持向量机？

**7.8** 硬间隔 SVM 和软间隔 SVM 有何区别？

# 第8章

# 专 家 系 统

早在 20 世纪 70 年代中期,专家系统的开发已经取得了一定的成功,成为人工智能应用研究的主要领域之一。而后多年,专家系统在全世界范围内得到迅速发展和广泛使用,逐渐成为人类智能管理与决策的重要工具,在人类的智能控制决策中发挥着重要作用。

本章主要介绍专家系统的概念、特点、类型、结构等,并讨论几种常见的专家系统,然后结合例子介绍专家系统的设计开发过程。

## 8.1 专家系统概述

专家系统(Expert System,ES)属于人工智能的一个发展分支,自 1965 年费根鲍姆(E. A. Feigenbaum)与勒德贝格(J. Lederberg)等研制成功第一个专家系统 DENDEL 以来,专家系统获得了飞速的发展,并且运用于医疗、军事、地质勘探、教学、化工等领域,产生了巨大的经济效益和社会效益。

**定义 8.1** 专家系统是一种在特定领域内具有专家水平解决问题能力的程序系统。它能够有效地运用专家多年积累的有效经验和专门知识,通过模拟专家的思维过程,解决需要专家才能解决的问题。

### 8.1.1 专家系统的主要特性

专家系统具有丰富的专门知识并可以模拟相关领域专家的思维过程,以解决该领域中需要专家才能解决的复杂问题。专家系统的一般特性如下。

(1)为解决特定领域的具体问题,除需要一些公共的常识,还需要大量与所研究领域问题密切相关的知识。

(2)一般采用启发式的解题方法。

(3)在解题过程中除了用演绎方法外,有时还要求助于归纳方法和抽象方法。

（4）需处理问题具备模糊性、不确定性和不完全性。

（5）能对自身的工作过程进行推理（自推理或解释）。

（6）采用基于知识的问题求解方法。

（7）知识库与推理机分离。

专家系统在当前以及未来，都将会是人类值得信赖的高水平智能助手，是将人工智能技术运用到实际中的重要手段。

### 8.1.2  专家系统的结构与类型

#### 1. 专家系统的基本结构

专家系统的结构是指专家系统各组成部分的构造方法和组织形式。尽管不同应用领域和不同类型的专家系统的结构会存在一些差异，但是它们的基本结构大同小异。一般情况下，专家系统的基本结构由知识库、综合数据库、推理机、解释器、知识获取和人机交互界面六部分组成，如图 8.1 所示。

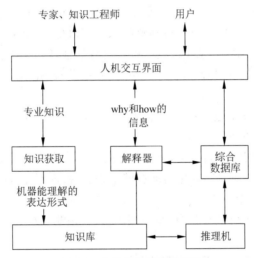

图 8.1  专家系统的基本结构

知识库用来存放专家提供的知识。专家系统的问题求解过程是通过知识库中的知识来模拟专家的思维方式，因此，知识库是专家系统质量是否优越的关键，即知识库中知识的质量和数量决定着专家系统的质量水平。一般来说，专家系统中的知识库与专家系统程序是相互独立的，用户可以通过改变、完善知识库中的知识内容来提高专家系统的性能。

解释器能够向用户解释专家系统的行为方法，包括解释推理结论的正确性以及系统输出其他候选结果的原因等。人工智能中的知识表示形式有产生式、框架、语义网络等，而在专家系统中运用得较为普遍的知识是产生式规则。产生式规则以 IF…THEN… 的形式出现，就像 BASIC 等编程语言里的条件语句一样，IF 后面跟的是条件（前件），THEN 后面的是结论（后件），条件与结论均可以通过逻辑运算 AND、OR、NOT 进行复合。在这里，产生式规则的理解非常简单：如果前提条件得到满足，就产生相应的动作或结论。

推理机针对当前问题的条件或已知信息，反复匹配知识库中的规则，获得新的结论，以得到问题求解结果。在这里,推理方式可以有正向和反向推理两种。正向推理是从条件匹配到结论,反向推理则先假设一个结论成立,看它的条件有没有得到满足。由此可见,推理机就如同专家解决问题的思维方式。

人机交互界面是系统与用户进行交互的界面。通过该界面,用户输入基本信息,系统回答提出的相关问题并输出推理结果及相关的解释等。

综合数据库专门用于存储推理过程中所需的原始数据、中间结果和最终结论,往往被用作暂时的存储区。解释器能够根据用户的提问,对结论、求解过程做出说明,因而使专家系统更具人情味。

知识获取是专家系统知识库是否优越的关键,也是专家系统设计的"瓶颈"问题,通过知识获取,可以扩充和修改知识库中的内容,也可以实现自动学习功能。

**2. 专家系统的类型**

1) 解释专家系统

解释专家系统的任务是通过对已知信息和数据的分析与解释,确定它们的含义。解释专家系统具有以下特点。

(1) 系统处理的数据量大,而且往往是不准确的、有错误的或不完全的。

(2) 系统能够从不完全的信息中得到解释,并能对数据做出某些假设。

(3) 系统推理过程复杂,要求系统具有解释自身的推理过程的能力。

解释专家系统的例子有语音理解、图像分析、系统监视、化学结构分析和信号解释等。

2) 预测专家系统

预测专家系统的任务是通过对过去和现在的已知状况的分析,推断未来可能发生的情况。预测专家系统具有以下特点。

(1) 系统处理的数据随时间变化,而且可能是不准确和不完全的。

(2) 系统需要包含适应时间变化的动态模型,能够根据不完全的、不准确的信息做出预报,并达到快速响应的要求。

预测专家系统的例子有气象预报、军事预测、人口预测等。

3) 诊断专家系统

诊断专家系统的任务是根据观察到的数据来推断某个对象出现故障的原因。诊断专家系统具有以下特点。

(1) 能够了解被诊断对象或客体各组成部分的特性以及它们之间的联系。

(2) 能够区分一种现象及其掩盖的另一种现象。

(3) 能够向用户提供测量的数据,并从不确切信息中得出尽可能正确的诊断。

诊断专家系统的例子有医疗诊断、电子机械和软件故障诊断、材料失效诊断等。

4) 设计专家系统

设计专家系统的任务是根据设计要求,得到满足设计问题约束的目标设计结果。设计专家系统具有如下特点。

(1) 善于根据多方面设计要求得到符合要求的设计结果。

(2) 系统需要搜索较大的可能解空间。

(3) 善于分析各种子问题,并处理好各个子问题间的互相作用。

(4) 能够试验性地构造出可能的设计方案,并且用户易于修改得到的设计方案。

（5）能够使用已被证明是正确的设计来解释当前的设计。

设计专家系统可用于电路设计、土木建工设计、计算机结构设计、机械产品设计和生产工艺设计等。

5）规划专家系统

规划专家系统旨在根据规划目标输出能够达到该目标的动作序列或寻找步骤。规划专家系统的特点如下。

（1）所要规划的目标可能是动态的或静态的，因而需要对未来动作做出预测。

（2）所涉及的问题可能是复杂的，要求系统能抓住重点，处理好各子目标的关系和不确定数据信息，并通过试验性动作做出可行规划。

规划专家系统可用于机器人规划、交通运输调度、工程项目论证、通信与军事指挥以及农作物管理等。

6）监视专家系统

监视专家系统的任务在于对系统、对象或过程进行不断观察，并把观察到的行为与其应当有的行为进行比较，以发现异常情况并根据情况发出警报。监视专家系统具有下列特点。

（1）具有快速反应能力，在造成事故之前及时发出警报。

（2）系统发出的警报需要有较高的准确性。

（3）系统能够随时间和条件的变化而动态地处理输入信息。

监视专家系统可用于安全监视、防空监视与警报、国家财政监控、疫情监控和农作物病虫害监控等。

7）控制专家系统

控制专家系统的任务是自适应地管理一个受控对象（或客体）的全面行为，使之满足预期要求。

控制专家系统能够解释当前的情况，预测未来可能发生的情况，诊断可能发生的问题并分析原因，不断修正计划并控制计划执行。控制专家系统具有解释、预报、诊断、规划和执行等多种功能。

8）调试专家系统

调试专家系统的任务是对矢量的对象给出处理意见和方法。调试专家系统同时具有规划、设计、预报、诊断等专家系统的功能，可以用于新产品和新系统的调试，亦可以用于设备检修。

9）教学专家系统

教学专家系统的任务是根据学生的特点、弱点和基础，以适当的教案和教学方法实现对学生的教学和辅导。

教学专家系统的特点是同时具有诊断和调试等功能，通常具有良好的人机界面。

10）修理专家系统

修理专家系统的任务是对发生故障的对象进行修复，使其恢复正常。

除了以上列出的专家系统，常用的专家系统还有数学专家系统、决策专家系统和咨询专家系统等。

## 8.2 基于规则的专家系统

基于规则的专家系统和基于框架的专家系统是两种经典的专家系统类型,在早期的研究和应用中有着非常重要的作用。本节我们首先介绍基于规则的专家系统。

### 8.2.1 基于规则的专家系统的基本结构

基于规则的专家系统包含五部分,即启发式知识库、数据库、推理引擎、解释工具和用户界面,如图 8.2 所示。

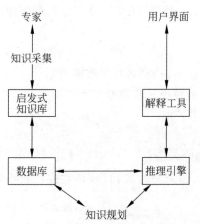

图 8.2    基于规则的专家系统的基本结构

系统的主要部分是启发式知识库和推理引擎。根据到目前为止讨论的推理系统,知识库由谓词演算和与讨论主题相关的规则构成。推理引擎由所有运用知识库来演绎用户请求的过程构成,如消解、前向链或反向链。用户接口可能包括某种自然语言处理系统,它允许用户用一个规则的自然语言形式与系统交互,也可以是用带有菜单的图形接口界面。解释子系统分析系统所执行的推理结构,并把它解释给用户。

在实际应用中,这四部分构成了一个系统。在一个专家系统结构中,一个"知识工程师"(经常是一个训练过的 AI 计算机科学家)与应用领域的一个(或几个)专家协作把专家的相关知识表示成一种规则化的形式,以使它能被输入知识库。这个过程经常由一个知识采集子系统协助,这个子系统检查不断增长的知识库中是否存在不一致、不完备信息,然后将它们表示给专家以做出决定。

### 8.2.2 基于规则的专家系统的特点

基于规则的专家系统在构建基于知识的系统时,通常被认为是最为适合的选择。这正是因为基于规则的专家系统具有以下特征。

(1) 自然语言的表达:专家系统可以用类似"在什么情况下,应当如何做"的语言来表述问题解决的过程,而此类表达可以方便地表示为 IF⋯THEN⋯产生式规则。

(2) 结构统一化:产生式的规则可以统一化为 IF⋯THEN⋯类型结构,这样可以使每条规则作为一个独立的知识单元,而产生式规则也可以让语法具有自释能力。

(3) 知识与处理的分离:基于规则的专家系统的结构为知识库和推理引擎提供了有效的分离机制。因此,能够使用同一个专家系统框架开发不同的应用,系统本身也容易扩展。在不干扰控制结构的同时添加一些规则,还能使系统更智能。

(4) 对不完整、不确定知识的处理能力:多数基于规则的专家系统都能表达和推理不完整、不确定的知识。

然而,基于规则的专家系统同样具有一些缺点,具体如下。

(1) 规则之间关系复杂:基于规则的专家系统中单条规则结构简单并且具有自释能力,但大量规则之间却具有复杂的关系,这就使在整个系统中很难分辨出单条规则所起的作用,其根本原因在于基于规则的专家系统在分层知识表达能力上的不足。

(2) 冗余搜索:推理引擎在工作的时候要对全部规则进行搜索,如果规则数量较多,系统的运行将会相当缓慢。所以基于规则的专家系统并不适用于大型的专家系统构建。

(3) 不具备自更新能力:传统的基于规则的专家系统都不具备从经验中学习并增加知识的能力,这就导致专家系统知识库的更新如规则调整和添加等,需要进行人为处理。

### 8.2.3 基于规则的专家系统举例

自 20 世纪 80 年代以来,出现了一批专家系统开发工具,如 EMYCIN、CLIPS(OPS5,OPS83)、G2、KEE 等。下面我们根据 EMYCIN 来举例介绍基于规则的专家系统。

EMYCIN 采用逆向推理的深度优先控制策略,提供了严格的规则语言表示知识,其基本规则形式为

$$(IF <前提> THEN <行为>[ELSE <行为>])$$

在上述语句中,如果"前提"为真,该规则就会把前提与一个行为相结合,否则与另一个行为相结合,并且可以用一个 $-1\sim1$ 的数字来量化其可信度。如下判定细菌类型的表述:

PREMISE:[$ AND (SAME CNTXT SITE BLOOD)]

　　　　　(NOTDEFINETE CNTXT IDENT)

　　　　　(SAME CNTXT STAIN GRAMNEG)

　　　　　(SAME CNTXT MORPH ROD)

　　　　　(SAME CNTXT BURNT)

ACTION:(CONCLUDE ENTXT IDENT PSEUDOMONTRICHATE 0.4)

上述规则的含义是:

如果培养物部位为血液

细菌类别不明

细菌的染色为革兰氏阴性

细菌的外形为杆菌

病人严重烧伤

结论为以 0.4 的可信度,即不太充分的证据,表明细菌为假单胞菌。

## 8.3 基于框架的专家系统

### 8.3.1 基于框架的专家系统简介

基于框架的专家系统建立在框架基础上,采用面向对象编程技术,框架的设计和面向对象编程共享许多特征。在设计基于框架系统时,专家系统的设计者们把对象叫作框架。

基于框架的专家系统是一个计算机程序,该程序使用一组包含在知识库内的框架对工

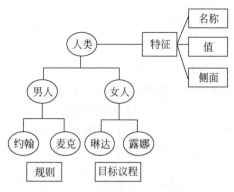

图 8.3 人类框架分层结构

作存储器内的具体问题信息进行处理,通过推理机推断出新的信息。系统采用框架而不是规则来表示知识。为了说明框架中知识的设计和表示形式,一个典型的使用类、子类和例子(物体)形式的人类框架分层结构可以表示如图 8.3 所示。

基于框架的专家系统的主要设计步骤与基于规则的专家系统相似,主要差别在于如何看待和使用知识,在设计基于框架的专家系统时,与面向对象编程的思想类似,把整个问题和每件事从框架的角度组织起来,由此构建系统。

### 8.3.2 基于框架的专家系统的继承、槽和方法

基于框架的专家系统有三个重要的概念,分别是框架的继承、槽和方法。

**定义 8.2** 继承是后辈框架呈现父辈框架特征的过程。

实例框架(也就是后辈框架)可以继承父辈框架的所有特征,包括描述性和过程性知识。这个过程可以创建出包含对象类的全部一般特征类框架,这样不需要对类级别特征进行编码就可以创建出实例。

继承的价值特征与人类的认知效率相关联。人将概念的实例共有的特征归结到这个概念,而不会在实例级别对这些特征具体归类。如人类的概念对名称做了假定,这表示这个概念的实例也具有同样的特征。

实例继承了父辈的所有属性、值和槽,同样它也可能从其父辈的父辈继承信息。

异常处理:继承是框架系统的特征之一,后辈框架会从其父辈框架继承属性值,除非这些值在框架中被故意改变了。

多重继承:在分层框架结构中,每个框架只有一个父辈并从其父辈、祖父辈等继承信息。分层结构的顶点是描述所有框架的全局类框架。

**定义 8.3** 槽是关于框架属性的扩展知识。

基于框架的专家系统使用槽来扩展知识的表示、控制框架的属性等。

槽还提供了对属性值和系统的附加控制。例如,槽可以用来设置初始属性值、定义属性类型、限制可能值。它也可以定义值获取和改变的方法。下面列举了槽扩展系统属性信息的方式。

类型:定义和属性相关值的类型;

默认:定义默认值;

文档:提供属性文档;

约束:定义约束值;

最小界限:建立属性的下限;

最大界限:建立属性的上限;

需要:制定如果需要属性值的行为;

改变：制定属性值改变时的行为。

**定义 8.4** 方法是附加在对象中的需要时执行的过程。

基于框架的专家系统的方法在一些应用程序中并不是一定执行的,它只在需要的时候才被执行,因为一些时候对象的属性值是最初设定的默认值。

### 8.3.3 基于框架的专家系统举例

下面通过一个例子来说明基于框架的专家系统的使用。货物装载专家系统采用基于框架的专家系统结构开发,我们只针对简化后的专家系统的一般特性进行讲解,并不涉及细节内容。

在进行货物运输的时候,人们要针对货物的不同特性保证航行顺利和货物安全,这需要在装载过程中了解多方面的知识。所以用到了基于框架的专家系统。首先对货物进行分类,如图 8.4 的树状结构。

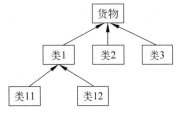

图 8.4 框架系统

树的叶结点表示具体的货物,如水果、茶等。树的结点的框架结构为

框架名

　　　　AKO VALUE <值>

　　　　PROP DEFAULT <表 1>

　　　　SF IF-NEEDED <表达式>

　　　　CONFLICT ADD <表 2>

框架名就是类名。AKO 是一个槽,VALUE 是它的侧面,通过填写<值>的内容表示这个框架的类别。PROP 槽用来记录这几点的特性,侧面 DEFAULT 表示槽内同时可默认继承。下面是它的搜索过程。

设定 F 为结点:

首先建立一个初始时只有 F 一个元素的表。如果表中第一个元素的 PROP 槽的 DEFAULT 侧面有非 NIL 值,找到一个值。然后取出表中的第一个元素 CONFLICT 槽 ADD 侧面值,加入 LIST,将第一个元素删除,并把它的 AKO 槽的 VALUE 侧面指向结点加入表末尾。如果这时候表不为 NIL,则继续取表中第一元素的 CONFLICT 槽 ADD 侧面加入 LIST,重复进行,直到表为 NIL,这时候 LIST 即为 F 结点的 CONFLICT 槽的值。

上述过程描述了框架继承的使用使信息存储简化,并通过不同的侧面来得到槽的值,具体基于框架的专家系统的开发在此不多做介绍。

## 8.4 基于模型的专家系统

### 8.4.1 基于模型的专家系统的概念

基于模型的推理方法是基于模型的专家系统的基本方法。基于模型的推理方法根据反映事物客观规律的模型进行知识推理。这里所说的模型可以是表示系统部分-整体之间关系的结构模型,也可以是表示各部分之间功能的功能模型,或者是各部分之间因果关系的因果模型等。

如果将运用启发式规则的推理称为浅层推理,那么基于模型的推理可以称为深层推理。浅层推理根据专家经验做出高效而问题解决能力较低的推理;深层推理在接触事物本质的条件下具有较强的问题解决能力,但是效率相对较差。所以有学者将浅层推理和深层推理相结合提出了第二代专家系统的概念。

下面我们介绍一个基于因果模型进行故障诊断的推理结构。因果模型,顾名思义就是根据模型各部分因果关系特性组成,一个部分特性由另一个或多个特性所决定。因果模型可以表示为网络结构,结点表示特性,连线则表示因果关系。

图8.5所示为一个简单电路图,在电路中,若接地良好,电源正常供电并且开关闭合,那么灯泡就会亮。

图8.6是这个电路模型的因果关系。电路故障的产生原因有两种可能:一种是错误地设置了外部开关或控制装置;另一种是元件的故障。专家系统应当具有分析错误原因并提出解决方案的能力。

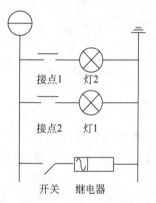

图 8.5    简单电路图示意

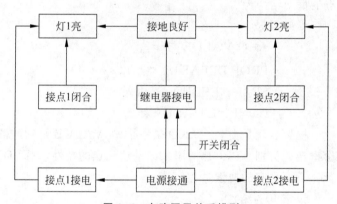

图 8.6    电路因果关系模型

我们来举例说明一种故障。如果电源接通并且接地良好,开关和接点闭合,但有一个灯不亮,那么有三种可能的故障:灯破损、相应接点未接通电源或是该接点没接到电。

由此可以看出,因果模型首先用网络将装置的各部件之间特性的因果关系表示出来,然后针对给定装置的故障,根据网络寻找对故障的解释。

### 8.4.2   基于模型的专家系统举例

这里我们以一个利用启发式规则和因果模型的专家系统为例来介绍基于模型的专家系统,这也是一个结合浅层推理和深层推理的专家系统。系统的模型采用框架结构,启发式知识用规则表示,元规则控制知识、决定推理的过程。

首先,图8.7表示了汽车启动时各部分的因果模型网络。汽车启动的三个条件分别是启动器使发动机工作、两个火花塞打火、启动器传输正常。

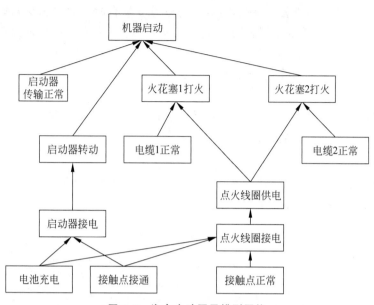

**图 8.7 汽车启动因果模型网络**

下面介绍触发后的因果模型推理过程。

启动器不旋转规则：

检验规则

    故障：灯亮

        启动器不转动

    网络：启动器

    触发器：启动器转动

假设启动器和接触点异常，而电池充电正常。深度推理从启动器不转动开始。先检测它工作异常的原因，查到启动器不能接电，并且这个特性是不可观测的，继续查找其他原因。由于电池的充电是正常的，那么不能接电的原因就可以解释为接触点的异常。

这个实例可以帮助我们理解规则推理和深层推理的不同。规则推理将推理过程透明化，直接将问题和结果联系起来，而深度推理得到这样的结论必须通过对内部关系的完全了解。专家系统将两者结合起来，在没有启发式规则存在的时候进行深度推理，增强了系统的推理能力，因此深度推理也可以看成一种启发式规则的学习机制。

# 8.5　专家系统的开发

在了解了专家系统的基本结构和相关知识以后，本节从如何构建专家系统的角度介绍专家系统的开发步骤、知识获取、开发工具及环境等。

## 8.5.1　开发步骤

专家系统作为一种程序系统，现有的软件开发技术都可以作为支撑。与此同时，专家系统作为一种基于知识的特殊程序系统,又与一般软件开发有所不同。对专家系统开发过程的划分,不同开发人员的看法不尽相同。比如,有人将专家系统的生命周期简单划分为问题确定、概念化、形式化、实现和运行五个阶段,但这种传统的划分方法无法解决专家系统建造过程在知识获取和知识的形式化方面存在的"瓶颈"。原型技术是解决瓶颈问题的一种较好方法。

采用原型技术的专家系统开发过程,可以分为设计初始知识库、原型系统开发与实验、知识库的改进与归纳三个主要步骤。

**1. 设计初始知识库**

知识库是专家系统最重要的一个组成部分,知识库的设计与建立是专家系统开发中最重要的一项任务,它主要有以下几个工作需要完成(见图8.8)。

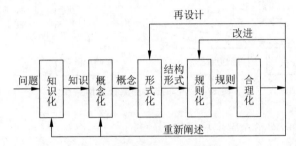

图8.8　知识库的设计与建立

(1) 问题的知识化。对要解决的领域问题,确定问题的定义方式、要完成的主要任务、包含的主要数据、子任务的分解等。

(2) 知识的概念化。概括知识表示所需要的关键概念及其关系,比如数据类型、初始条件、目标状态、控制策略等。

(3) 概念的形式化。确定用来组织知识的数据结构形式,把概念化过程所得到的有关概念用相应的知识表示方法进行表示。

(4) 形式的规则化。把形式化的知识转换为由编程语言表示的可供计算机执行的程序。

(5) 规则的合理化。确认规则化了的知识的合理性,检查规则的有效性。

**2. 原型系统的开发与实验**

当知识表示方式确定之后,即可建立原型系统。它包括整个模型的典型知识,而且只涉及与实验有关的简单的任务和推理过程。

**3. 知识库的改进和归纳**

在原型系统的基础上,对知识库和推理机反复进行改进试验,归纳出更完善的结果。如此进行下去,不断提高专家系统的水平,直到满意。

### 8.5.2　知识获取

知识获取泛指把领域专家解决问题的经验和知识变为专家系统解决问题所需要的专门

知识。虽然不同专家系统的知识获取方法存在较大的差异,但其获取方式和任务大致相同。

**1. 知识获取的方式**

按照知识获取的自动化程度,可以将其分为非自动知识获取、自动知识获取和半自动知识获取三种。非自动知识获取是一种由知识工程师完成知识获取任务的方式;自动知识获取是一种由专家系统自身完成知识获取任务的方式;半自动知识获取是一种由知识工程师和专家系统共同完成知识获取任务的方式。

知识获取任务由知识工程师负责完成的方式称为非自动知识获取。它包括三个步骤: ①知识工程师通过与领域专家的交流对相关领域进行了解,获取专家系统所需要的领域知识;②知识工程师选择一种知识表示方法将已获取的领域知识进行表示,并输入专家系统的知识库;③在专家系统开发和完善过程中,与领域专家合作进一步检测知识的性能。

知识获取任务由专家系统通过自身的知识获取和学习能力完成,这种方式称为自动知识获取。系统可以直接与领域专家进行对话,从领域专家提供的原始信息中获得专家系统需要的知识,并能从系统运行的过程中总结新知识,发现并改正错误,进行自身知识库的完善。

知识工程师和专家系统共同完成知识获取的形式称为半自动知识获取。尽管许多人工智能工作者在知识获取方面做了大量的研究,但没有一种方式可以完全替代知识工程师的作用实现自动知识获取。在实际应用中,专家系统的开发仍较多使用半自动方式,也就是说,需要知识工程师和领域专家交流来辅助专家系统的自动知识获取。

**2. 知识获取的任务**

知识获取的任务是为专家系统获取知识,建立完整的知识库,以满足领域问题的解决,它的主要工作包括抽取知识、表示知识、输入知识和检验知识等。

1) 抽取知识

专家系统知识的来源称作知识源,如领域专家、相关书籍、论文、研究实例和实践经验等。所谓知识的抽取就是指把蕴含于知识源中的知识经过识别、理解、筛选、归纳等处理后抽取出来,以便用于建立知识库。

通常来说,知识并不是以某种拿来即可用的形式存在于知识源中的,为了从知识源中抽取知识,还需要经过大量的工作。如对领域专家而言,虽然他们可以利用自己的经验解决该领域中的各种困难,但他们往往缺少对自己经验的总结与归纳,甚至有些经验难以用语言来清楚地表达。

另外,如果要求系统能够在自身的运行实践中通过机器学习功能从已有知识或实例中演绎、归纳出知识,则系统自身要有学习能力,这是对知识抽取提出的更高要求。

2) 表示知识

通常,知识源中的知识是使用自然语言、图形图像等表示的,而知识库中的知识则是用计算机能执行的形式表示的,两者存在很大差别。为使专家系统能够使用从知识源中抽取的知识,首先需要把这些知识用适当的知识表示方法表示出来,这需要知识工程师来完成。

3) 输入知识

把表示出来的知识经过编辑、编译后送入知识库的过程叫作知识输入。知识输入的途径一般有两种:一是利用计算机系统提供的编辑软件;二是利用专门的知识编辑系统。前者简单方便,无须专门的程序就可以使用;后者针对性和专业性强,更符合知识输入的条件。

4) 检验知识

在上述建立知识库的过程中,无论哪一步出现错误,都会直接影响专家系统的性能。所以知识库在投入使用之前必须进行检测,提前发现和纠正可能存在的错误。检测的主要任务是检测知识库中知识的一致性和完整性。在原型技术的专家系统开发中,这一工作同样由知识工程师和领域专家共同完成。

### 8.5.3　开发工具及环境

专家系统的开发工具与环境实际上是为高效开发专家系统而提供的高级程序系统或高级程序设计环境。使用专家系统的开发工具及环境来建造专家系统能够简化专家系统的开发过程,加快开发速度,提高专家系统的开发效率与质量。常见的专家系统开发工具及环境可分为程序设计语言、骨架型工具、语言型工具、开发环境和其他一些先进的开发工具等。

1) 程序设计语言

人工智能语言和通用程序设计语言统称为程序设计语言。这些语言是专家系统开发中最基础的工具。人工智能语言有以 LISP 为代表的函数型语言和以 PROLOG 为代表的逻辑型语言等;通用的程序设计语言就是我们常见的 C++、Java、Python 等。

LISP(LISt Processing language)语言是麦卡锡和他的研究团队在 1960 年提出的,在专家系统开发的早期,许多著名的专家系统都使用了这种语言,如 MYCIN 和 PROSPECTOR 等。

PROLOG(PROgramming in LOGic)语言是由科瓦尔斯基研究提出的,于 1972 年由科迈瑞尔及其团队开发成为一种逻辑程序设计语言。它文法简洁并具有一阶逻辑推理能力,很快被运用于多个人工智能领域。

C++语言是一种功能强大的计算机程序开发语言,具有面向对象编程能力,可以很好地运用于人工智能领域成为一种人工智能语言。现在已经有很多专家系统工具使用了 C++语言进行开发。

2) 骨架型工具

骨架型工具也称为专家系统的外壳。它是由一些已经成熟的具体专家系统演化而来的。这种演化是抽取这些特定专家系统中的具体知识,保留它们的体系结构和功能,再把领域专用的界面修改成通用界面,由此构成了开发专家系统时可以使用的外壳。在这些外壳中知识表示模式、推理机制等功能模块都是确定的。

由于专家系统的外壳已经确定,因此开发人员只需要把领域的专家知识用外壳规定的模式表示出来并填充进去。这种开发工具可以快速、高效地开发出一个新的专家系统。

外壳工具开发系统具有速度快、效率高的优点,但是缺少开发的灵活性,这是因为推理机制的固定性和知识表示的确定性。EMYCIN 和 KAS 等都是常见的专家系统外壳。

EMYCIN(Empty MYCIN)是由美国斯坦福大学的迈尔在 MYCIN 系统的基础上开发的专家系统外壳。它沿用了 MYCIN 的知识表示方式、推理机制及各种辅助的功能等,并且提供了一个用于开发知识库的环境,使得开发者可以用更接近自然语言的规则语言来表示知识,而且 EMYCIN 还可以在知识编辑和输入时进行语法、一致性等检测。它的知识采用的是产生式规则表示,不确定性采用的是可信度方法,推理过程的控制采用的是反向链深度优先搜索的控制策略。该外壳适合开发咨询、诊断及分析类专家系统,并且知识表示方法需要采用产生式规则,推理机制也要求是目标驱动机制。

KAS(Knowledge Acquisition System)是美国加州斯坦福研究院人工智能中心提出的专家系统开发工具。它原来是矿物勘探专家系统 PROSPECTOR 的知识获取系统,后把 PROSPECTOR 的具体知识抽离之后成为专家系统外壳。KAS 的知识表示主要采用产生式规则、语义网络及概念层次三种,推理采用的是正逆向混合推理,推理方向是不断改变的。KAS 同样被用来开发一些新的专家系统。

3) 语言型工具

语言型工具是一种通用性专家系统开发工具,与外壳式开发工具不同,它不依赖于任何已有专家系统,不针对具体领域,是一种完全新型的专家系统开发工具。语言型工具对比骨架系统具有更大的灵活性和通用性,并且对数据及知识的存取和查询提供了更多的控制。常用的有 CLIPS 和 OSP 等。

CLIPS(C Language Integrated Production System)是美国宇航局于 1985 年推出的一种通用产生式语言型专家系统开发工具。它具有产生式系统的特征和 C 语言的基本语法,现在已经得到了广泛的推广。OPS(Official Production System)是美国卡内基梅隆大学在 1975 年用 LISP 语言开发的一个基于规则的通用型知识工程专家系统开发工具。

4) 开发环境

专家系统的开发环境与我们常见的计算机程序开发环境的存在意义相似,是一种为了提高专家系统开发效率而设计的大型智能计算机软件系统。专家系统开发环境一般由调试辅助工具、IO 设备、解释设施和知识编辑器四个部件组成。调试辅助工具通过跟踪设施和断点程序包来跟踪和实现系统的操作,使用户在一些错误重复发生之前中断程序,并对错误进行跟踪检测;IO 设备提供系统运行期间用户与系统的对话和知识获取;解释设施为系统提供完整的解释机制,开发人员可直接使用;知识编辑器提供知识库编辑功能,例如语法检查、一致性检查和知识录用等。

随着技术的发展,专家系统的开发工具的发展越来越趋向于大型、通用和多功能。在专家系统开发环境的研究上,有两个明显趋势和途径,一是综合与集成,二是通用与开放。

综合与集成是采用多范例程序设计、多种知识表示、多种推理和控制策略、多种组合工具向系统的综合集成方向发展。由这种途径实现的专家系统开发环境又被称为专家系统开发工具箱。通用语开放是当前网络、分布式、CS 开放环境支持下,采用统一的程序设计方法(如面向对象程序设计)、统一的知识-数据表达方式(如面向对象表示方法)来开发大型、通用、开放的人工智能开发环境,即知识库和数据库一体化管理系统。它采用面向对象程序设计方法,将知识和数据都作为对象结合为一体,构成面向对象的知识库和数据库开发环境。所以这种开发环境可以说是人工智能、高级程序开发方法和数据库的集成。

上面提到的两种途径都强调了系统的通用性和开放性,主要针对专家系统本身存在的一些缺陷和开发技术的不足。在 Internet、Web、CS 等技术的支持下,通过专家系统开发环境提供统一的知识和数据表达形式以及解决访问数据库的问题,可以为多专家写作系统、多库支持的综合知识库、分布式人工智能和开放分布式环境下的多 Agent 协同工作的新应用提供环境支持。

# 8.6 专家系统设计举例

## 8.6.1 专家知识的描述

EXPERT 表达知识的方式要求系统设计过程要用到以下三个表达成分：假设或结论、观测或观察、推理或决策。不同于 EMYCIN 和 PROSPECTOR 系统，在 EXPERT 中观测和假设之间是有明显不同的，观测是观察或测量，结果的值可能是"真"或"假"、数字或是无结果等，而假设是由系统推理得到的可能结论。通常假设附有不确定性的量度。推理或决策规则表示成产生式规则。

在其他的一些系统如 MYCIN 或 PROSPECTOR 中，利用其他方法描述假设或观测。它们的假设和观测表示为对象、属性和值的组合。EXPERT 大部分逻辑命题水平比较简单，而 MYCIN 和 PROSPECTOR 包括了许多谓词逻辑的表达式。

### 1. 结论的表示

首先研究假设或由系统推理可能得到的结论。这些结论规定了所涉及的专门知识的范围。例如，在医疗系统中，这些结论可能是诊断或对治疗方法的建议。在许多其他情况下，这些结论可以表示各种建议或解释。取决于所做的观察或测量，一个假设可能附有不同程度的不确定性。在 EXPERT 中，每个假设都用简写的助记符号和自然语言写的正式说明语句来表示。助记符号用于编写决策规则时引用假设。虽然在较为复杂的系统中，可以规定假设的层次关系，最简单的形式假设是用一个列表表示。例如，汽车修理问题的列表：

FLOOD：气缸里的汽油过多，妨碍点火，气缸被淹

CHOKE：气门堵塞

EMPTY：无燃料

FILT：过滤器故障

CAB：电池电缆松脱或锈蚀

BATD：蓄电池耗尽

STRTR：启动器故障

设计过程中的一个主要目标是总结出专家的推理过程，不但以代表专家的最后结论或假设进行推理，而且以中间假设或结论进行推理，这是一个重要的过程。通常中间假设或结论是众多相关测量的总结，或者就是某个重要证据的定性概括。利用这些定义的中间假设和结论可以使推理过程更为清楚和有效。用一组比较小的中间假设进行推理比用一组大得多的包括所有可能观测的组合来推理要容易得多。如可能有许多种燃料系统方面的问题，可以建立一个中间假设 FUEL 来概括燃料系统出现的各种问题。这些中间假设在推理规则中可以加以引用。在讨论的例子中，被定义的中间假设除了 FUEL 还有表示电气系统方面的问题假设 ELEC，那么中间假设的列表如下：

FUEL：燃料系统方面问题

ELEC：电气系统方面问题

某些附加假设可以表示建议的种类，这些建议可以告诉用户如何操作。

例如,以下一些处理方法。

WAIT：等待 10min 或在启动时将风门踏板踩到底

OPEN：取下清洁器部件,手动打开气门

GAS：向油管注入更多汽油

RFILT：更换汽油过滤器

CLEAN：清洁和紧固电池电缆

NSTAR：更换启动器

CBATT：更换电池

### 2. 观测的表示

观测是指得到结论所需的观察和测量,通常可以用逻辑值、"不知道"或数字值来表示。在交互式系统中,一般包括向使用者询问信息的系统;但如果可以从仪表盘直接读取或者可以从外部程序进行输入,那将不需要使用者的介入。在向使用者进行询问得到观测的途径中,可以用有关的主题来组织观测,这样可以使询问更为有效。把问题组织成菜单的编组可以提高观测的效率。这种方法把问题按主题组织成选择对照表或用数字回答的问题,在这组问题的范围内,任何数量值的回答都是允许的。对问题只需要做 YES 和 NO 回答的是非题模式也是一种有效的询问方法。对于组织问题的主题而言,这些简单的问题结构经常是很适合的,原因在于简化了用户的操作。下面我们列举一些如何组织问题的例子。

1) 选择题

Odor of gas in carburetor(汽化器中汽油的气味)

NGAS：无气味

MGAS：正常

LGAS：气味很浓

2) 对照表

Type of problem(问题种类)

FCWS：汽车不能启动

FOTH：汽车有其他问题

3) 数字类型问题

TEMP：室外温度

4) 是非题

EGAS：油表读数空值

在某些系统中把观测按假设那样来处理,每个观测都附有一个可信度等级。例如,使用者可以说明温度为 55℃ 的可信程度为 90%,或在汽化器里汽油气味是正常的可信度为 80%。与此不同,在 EXPERT 中对问题的回答限于"真""假""不知道"或数字。即使用这种方法,对于某个重要观测,系统的设计者也可以通过建立一个新的观测来测量偏离实际结果的因素来确定可信度。例如,系统可能先询问一个仪表的读数,然后询问这个读数的可信度等。

虽然观测可以表达推理规则的前项所需的大多数信息,但是在某些情况下,系统设计者可能发现必须包括更多的过程知识。事实上,系统要调用一个子程序,这个子程序可以产生一个观测。例如,有一个观测代表汽车消耗每升汽油能前进的距离,要知道这个观测可以设立一个问题去问使用者。另外,如果利用一段程序根据实际距离和消耗燃料来计算燃油效率会更加的合理。

### 3. 推理规则的表示

通常来说,产生式规则是决策规则最为常用的表示形式。这些 IF…THEN…形式的语句用来表示编译人员凭经验的推理过程。产生式规则可以根据观测和假设之间的逻辑关系分为三类:从观测到观测的规则、从观测到假设的规则和从假设到假设的规则。

1) 从观测到观测的规则 FF

FF(Fact to Fact)规则规定那些可以从已确定的观测直接推导出来的观测真值。因为通过把观测和假设组合在一起可以描述功能更强的规则形式。一般 FF 规则知识局限于建立对问题顺序的局部控制。FF 规则规定那些真值被确定的观测与其他一些真值未确定的观测之间的可信度逻辑。利用 FF 规则,根据对先前问题的回答就可以确定对问题的解答,由此可以避免询问不必要的多余问题。在问题调查中,问题的排列顺序是从一般的问题到专门的问题。可以构建一个问题调查表,在表中将问题分组,以便严格按照顺序从头到尾地询问这些问题。也可以在任何给定的阶段,规定条件分支,这些条件分支取决于对问题调查表先前部分的回答。

如果前灯不工作的观测为假,那么和前灯不工作相关的观测,如 HEAD(车头灯)、FTURN(转向灯)和 PARK(泊车灯)不工作,也都为假。这在 EXPERT 的表示法中可以表示为以下 FF 规则:

F(FRONT,F)→F(HEAD：PARK,F)

其中,F(FRONT,F)表示观测 FRONT 是假;F(HEAD：PARK,F)表示在问题调查表中排列次序在 HEAD 到 PARK 之间的全部观测都为假。对后灯也可以构建类似规则:

F(REAR,F)→F(TAIL：BU,F)

这个例子的前提是我们已经知道前灯不亮,才会进一步询问关于前灯的专门问题。这个例子告诉我们设计问题调查表应以一种自然的方式引导询问的顺序。这种自然方式仅限于询问那些未被以前的回答排除掉的数据。

2) 从观测到假设的规则 FH

在很多用于分类的专家系统中,产生式规则被设计成可对产生式结论的可信度进行度量的形式。可信度的测量结果一般是 -1~1 的数值。对这个数值数学上的限制要比对概率测度少。数值 -1 表示结论完全不可信,1 表示完全可信,0 表示还没有决定或不知道结论的可信度。可信度测量和概率之间的主要区别在于如何划分假设的可信度陈述与假设的不可信度陈述。按概率论,一个假设的概率总是等于 1 减去这个假设的否定概率。可信度可以不必依靠对使用频率的分析,而比较自由地对规则赋予可信度。

和不用可信度测量比较,应用可信度测量的优点是可以更简洁地表示专家知识。但是也有一些应用场合不用可信度测量或只用完全肯定或否定就可以很好地解决问题。

有时对 FH(Fact to Hypothesis)规则和功能更强的 HH(从假设到假设)规则进行区分是必要的。因为如果一个规则只包括观测,那它就可以被处理得更简单有效。下列规则表示如何简单地组合一对观测推理出一个假设:

F(SCRNK,T)&F(DIM,T)→H(BATD,0.7)

这条语句表示如果启动器旋转缓慢并且车头灯暗淡,那么电池耗尽的可信度为 0.7。

一个观测及其取值可以用以下规则表示:用(n：A、B、C、D)表示,为了满足条件,几个或更多的替换观测 A、B、D、D 必须被满足,或者取真值为真。设 n=1,这使我们可以确定表的任何一个条件都是充分的。如果没有这样的表示法,那就要增加许多规则。

$$F(TEMP,0;50)\&(1;F(SCRNK,T),F(OCRNK,T))\rightarrow H(CHOKE,0.7)$$

这条语句表示,如果气温在 0~50℃并且一个或多个条件为真,启动器旋转缓慢,那么气门被堵塞的可信度为 0.7。

3)从假设到假设的规则 HH

HH(Hypothesis to Hypothesis)规则用来规定假设之间的推理。与 EMYCIN 和 PROSPECTOR 不同的是,EXPERT 中 HH 规则所规定的假设被赋予了一个固定范围的可信度。以下为 HH 规则的简单例子。

$$F(FCWS,T)\&H(FLOOD,0.2;1)\rightarrow H(WAIT,0.9)$$

这条语句表示如果汽车不能发动并已得出汽缸被淹的结论,可信度在 0.2~1,那么等待 10min 或在启动时把风门踏板踩到底(可信度为 0.9)。

这里所讨论的汽车修理咨询系统是一个试验系统,所包含的规则数量有限,但是实际的专家系统会有几百甚至上千条规则。从提高效率、实现模块化以及容易描述等实际问题考虑出发,在产生式规则中增加了描述性的成分,称作上下文。上下文把某一组规则的使用范围限制在一个专门的情况。只有当先决条件被满足时,这一组规则才能被考虑使用。在 EXPERT 的表达方式里,一组 HH 规则被分为两部分。必须先满足 IF 条件,才能考虑 THEN 中的规则。例如,只有当观测 FCWS 为真时,也就是汽车不能发动,才会进一步研究规则的 THEN 部分。

下面展示一条 HH 规则:

IF   F(FCWS,T)(如果汽车不能发动为真)

这个条件确定了研究下属这组规则需要的上下文,也就是说如果 FCWS 为假,那就没有必要向下继续研究下述规则了。

THEN

$H(FLOOD,2;1)\rightarrow H(WAIT,9)$

$H(CHOCK,2;1)\rightarrow H(OPEN,5)$

$H(EMPTY,3;1)\rightarrow H(GAS,9)$

$H(FILT,4;1)\rightarrow H(RFILT,9)$

$H(CAR,2;1)\rightarrow H(CLEAN,7)$

$H(BATD,4;1)\rightarrow H(GBATT,8)$

$H(STRTR,4;1)\rightarrow H(NSTAR,9)$

END

## 8.6.2 知识的使用

在试验性系统中有两个关于控制的问题,也是两个相互关联的目标:得到准确的结论,询问恰当的问题以帮助分析和决策。

专家系统还不是一门精确的科学,专家经常提供大量的信息,我们必须力图获取专家推理过程中的关键内容,并尽可能准确而间接地表示这些知识。因为在现有的实现产生式规则的方法之间有许多差别,所以善于选择适用于实际问题的结构和策略很重要。例如有许多表示询问策略的方法,但对于所研究的应用,询问的顺序可能并不重要或可以很容易地确定询问顺序。在以下的汽车修理咨询系统中,问题调查表可以表明这一点。在问题调查表中,很简单的机构如 FF 规则就可以进行控制。

**1. 结论分级与选择**

按评价的先后次序,把规则分成等级、选择规则是控制策略的基本部分。我们可以根据专家的意见来排列和评价规则的次序。与此同时,还必须研究规则的评价次序的影响。规则评价次序的编排应该满足无论采用什么次序,得到的结论是相同的。如果所有的产生式规则都是像 FH 那样的,那么调用规则的次序实际上不会改变结论。这是因为 FH 规则之间不会互相影响。在规则的左边只包括观测,这些观测在给定的情况下可能是真,也可能是假。但是,在大多数产生式系统中,典型的规则是像 HH 那样。这样的规则经常取决于通过应用其他规则而得到的中间结果。例如在汽车修理咨询系统中存在的一些规则:

F(FCWS,T)&H(FLOOD,0.2:1)→H(WAIT,0.9)

这个规则表示如果汽车不能发动的情况,并且这个问题以 0.2~1 的可信度得出汽缸被淹的结论,那么等待 10min 或在启动时将风门踏板踩到底。

气缸被淹这个假设必须在引用这条规则以前做出。有几种处理这类问题的方法。在 EXPERT 系统中,由系统的设计者编排规则的次序,这使得 HH 排列的顺序就是规则被评价的实际次序。在每个咨询的推理循环中,每个规则只被评价一次。当系统收到一个新的观测时,就开始新的推理循环,所有的 HH 规则被重新评价。这种方法相对来说比较简单,因此容易实现,并且不会带来固有的多义性。但这种方法的缺陷是专家必须编排规则的次序。

在产生式规则中运用可信度测量,不仅可以反映实际存在于专家知识中的不确定性,而且可以减少产生式规则的数量。如果我们以相互不相容的方式来表示观测和假设之间的所有可能组合,即一条规则只能被一种情况所满足,那么即使对一个小系统来说,所需要的规则数量也会很大。因此,希望有一种方法来减少为表示专家知识所需要的规则的数量。可信度测量可对给定的情况加权,因此对抽取专家知识是一种有用的手段。通常情况我们只对一小组规则感兴趣,这组规则对于得到所希望的结论有关键性作用,这时候就可以借助于可信度测量突出这些规则,而如果用互不相容的方式表示这些规则就相当复杂。另外,不用互不相容的方式表示规则带来的问题是在推理循环的任何阶段可能有几个规则被满足。这些规则蕴含了相同的假设,但是具有不同的可信度测量,其中有一些规则似乎是相互冲突的。我们继续举汽车修理咨询系统的例子,其中几个规则同时被满足,都可用于相同的假设:

F(NCRNK,T)&F(DIM,F)→H(STRTR,0.7)

以上规则语句表示如果启动器不转动,车头灯不暗淡,那么启动器工作不正常的可信度为 0.7。

F(GRIND,T)→H(STRTR,0.9)

以上规则语句表示如果启动器发生摩擦的噪声,那么启动器的工作不正常的可信度为 0.9。

如果以上两个规则同时被满足,就必须把两个可信度数值进行组合得到另外一个数值。在 EXPERT 系统中采用记分函数来组合可信度。例如,这两个规则的可信度都是正数,但是可信度的范围可能从-1～1,那么在计算记分函数的时候要考虑可信度在-1～1的范围这一情况。

　　EXPERT系统中所用的记分函数需要在假设所涉及的可信度中选择最大的绝对值,因此当上述两条规则都被满足时,赋予"启动器不能正常工作"假设的可信度为0.9。对负数而言,用绝对值来比较,也就是说在-1～0.9将选择-1。产生式规则从数学上来说是不完整的。它们是根据经验产生的,并不满足某种严格的逻辑数学的约束。选择什么样的记分函数要根据具体情况而定,一种记分函数适用于这种情况但并不一定适用于另一种情况。选择记分函数的问题涉及数学和统计方法综合应用于大范围推理的困难,这种困难在产生式规则的情况下更为凸显,因为它和根据严格数学公式所使用的模型并不相似。

　　虽然记分函数并不能完美地解决问题,但在很多场合它可以应用得很好。EMYCIN和PROSPECTOR系统都运用了记分函数并有着不错的效果,而其他一些系统,比如OPS,并没有使用记分函数。记分函数的目标之一是解决证据的冲突、量度单个证据的累积影响。应用记分函数带来的问题包括扩展可信度时产生的不准确性、解释如何得到扩展的可信度、解释校正所扩展的可信度应如何修改知识库。所以在一些应用中,要尽可能少地使用记分函数。

　　如果所有的观测可以同时被获取,并且所研究的只是分类问题,那么可以应用很简单的控制策略来完成。在得到所有的观测后,首先确定是否有其他的观测可以用FF规则来推理,然后调用FH规则和按次序编排的HH规则。由于规则是有次序的,所以处理只需要一个循环就可以完成。当然,有时可能希望建立一个系统,它的观测并不是一次就接受的,而是通过询问适当的问题,这就需要研究询问策略了。

**2. 询问问题的策略**

　　得到一个询问问题的最佳策略是很困难的,因为询问的质量在很大程度上取决于事先是否已经将问题组织好。如果把问题都组织成是非题形式,这些问题并不包含进一步的结构,那么在许多应用中,都难以构建一种有效的询问策略,因为这种方法没有表示出问题之间的关联性,所以系统难以定义询问操作。而对照表可以同时回答相关的问题。一个好的询问策略是使问题包含尽可能多的结构。应该根据共同的主题把问题分组。用FF规则可以在问题调查表里强制按主题进行分支化。这种方法在许多应用中很适合,尤其是一些专门的、设计主题相对有限的应用。在专家系统中只使用单个问题调查表的情况也不少见,如果系统推理所需的信息不是同时接受,那就有以下两种提问策略可选。

　　1) 固定的顺序

　　在某些条件下,专家以预先规定的序列或顺序收集所需的知识。例如,在医疗问题中根据经验或系统化过程的习惯,医生总是以固定的流程向患者问诊。

　　2) 不固定的顺序

　　非固定顺序又有几种不同的依据来进行提问。

　　(1) 先询问代价最小的问题。对每个问题进行风险评估测量,对代价小的问题首先提问。由于按照文字很难对风险代价进行评估,所以通常进行直观的近似分级。

　　(2) 先询问对当前可信度高的假设有影响的问题。

　　(3) 询问和当前记录观测有关的假设。

　　(4) 只考虑对某些假设等级有决定性作用的问题。

　　(5) 当某一个假设的可信度超过预先确定的阈值,终止询问。这种策略并不常用,因为系统往往希望问较多的问题。

### 8.6.3 决策的解释

系统的设计者和使用者都需要系统对它所做出的决策给予解释,但是它们对决策解释的要求又各不相同。我们分别介绍针对设计者和使用者的解释。

**1. 对系统设计者的解释**

如果是对系统的设计者解释决策,那么为了推论出给定假设所需满足的那组规则,就是最直接的解释。当系统应用可信度测量时,若采用复杂的记分函数,则很难清楚地解释一个假设的最后等级是如何得来的。当不使用可信度测量或应用类似取最大值这样简单的记分函数时,摘录在推理过程中所用到的单个的规则,就可以组成对决策的解释。如果这些规则也涉及其他假设,那么可以跟踪有关的假设,对这些假设也可以摘录相应的规则。以下是这种类型解释的例子,要求做出对假设电池耗尽(BATD)的解释。

电池耗尽的假设是根据下列规则得出的:

启动器的数据指示:不旋转

简单的检测:车头灯暗淡

那么电池耗尽(0.9)

这种类型的解释对设计者评价系统当前的推理方式以及修改系统的性能很有用。然而,这种类型的解释对系统的使用者来说就过于生硬。

**2. 对系统使用者的解释**

使用语句来说明结论是一种有效的对使用者解释的方法。这些语句要比单纯地声明一个结论要自然得多。系统所用的假设可能是任何形式的包含说明和建议的语句。有时系统的设计者可以预先提出某些适合给定假设的解释。例如,在汽车修理系统中,可以给出一个解释性的说明,而不是生硬地把结论分为诊断结果和处理建议两种。

### 8.6.4 MYCIN 系统

专家系统的设计与构建目前还没有一个统一的指导理论。根据应用领域的不同,专家系统所采用的设计方法可能会千差万别。例如 DENTRAL 系统是一个协助化学家分析有机化合物结构的专家系统,它采用扩展的产生式试验方法。R1 是 DEC 公司设计的评估计算机配置的专家系统,采用了综合产生式系统设计方法。HEARSAY II 是语音理解专家系统,它将理解语音需要的各种知识组织为相互作用的知识源,知识源又通过总数据库相联系。MYCIN 是用于医疗诊断的咨询专家系统,采用非精确推理来处理事实和规则的不确定性。专家系统是很复杂的程序系统,要进行完整的介绍是很困难的,本节内容以 MYCIN 为例介绍专家系统的用途、结构、知识表示、假设推理和工作过程等内容。

MYCIN 系统是斯坦福大学建立的对细菌感染疾病的诊断和治疗咨询专家系统。医生向系统输入患者信息后,MYCIN 可以进行诊断并给出治疗处方。

细菌感染疾病专家系统对病情诊断并提出处方的过程大致可分为四步。

（1）确定患者是否有重要的病菌感染需要治疗，首先判断疾病是否由病菌所引起。

（2）确定引起疾病的病菌种类。

（3）判断哪些药物可以抑制致病菌。

（4）根据患者情况选择用药。

这样的决策过程比较复杂，主要依靠医生的临床经验判断。MYCIN系统试图用产生式规则的形式体现专家的判断，模仿专家的推理过程。

系统通过和内科医生之间的对话收集患者的基本情况，如临床、症状、病例以及数据等。系统首先询问一些基本情况。内科医生在回答询问时所输入的信息被用于做出诊断。诊断过程如需要进一步的信息，系统就会做出询问。一旦可以做出系统认为合理的诊断，MYCIN就列出可能的处方，然后在与医生做进一步对话的基础上选择适合患者的处方。

在诊断引起疾病的细菌类别时，将患者的化验物样品放在适当的介质中培养，可以取得某些关于细菌生长的迹象。但要完全确定细菌类别却需要一到两天的时间或更长，而长时间的等待显然是不合理的。因此在信息不完全或不准确的情况下就需要对治疗方案进行确定，MYCIN的重要特点之一就是对不确定和不完全信息的推理。

MYCIN系统可以用英语和用户进行交流，简化了操作，力图使更多的医生愿意使用这个系统。系统具有解释能力，可以解答用户的疑问，使用户了解决策产生的过程。此外，在用户交互上MYCIN还有一些其他相对智能的设计。

MYCIN系统分为咨询子系统、解释子系统和规则获取子系统三个部分。系统的全部信息都存放在两个数据库：静态数据库存放咨询过程中用到的规则，是实际上的专家系统知识库；动态数据库存放患者的信息，以及正在进行的咨询所产生的动态数据。

MYCIN系统工作的过程是首先启动系统后进入人机对话界面。系统向用户提出必要的问题，根据得到的信息进行推理。每一次询问的问题取决于上一次用户的回答。系统只在根据已有信息无法继续进行推理的时候才进行下一次询问。如果用户对咨询的解答有疑问，可以打断咨询并向系统要求解释，而后重新回到咨询的工作过程。在咨询结束的时候，系统自动进入解释子系统。解释子系统回答用户的疑问并告知推理过程。解释的过程是系统用自然语言表示规则并说明为什么需要某一次询问，以及如何得到某种结论等。这个透明化过程可以增加用户对系统的信赖。

规则获取系统只供建立系统的工程师使用。当发现有规则被遗漏或不完善时，知识工程师可以使用这个系统进行规则修改。

MYCIN系统使用INTERLISP语言编写。最初包含了200条细菌症状规则，可以识别50种左右的细菌。后经改进，系统可以诊断和治疗多种疾病，对于某些疾病，如细菌血症和脑膜炎等，MYCIN甚至比人类专家还要高明。而MYCIN在推进专家系统发展方面做出的最大贡献是经其演变产生了EMYCIN系统——一种被广泛使用的专家系统开发工具。

## 8.7 新型专家系统

基于规则的知识库理论对于专家系统虽然具有举足轻重的意义，但是它也限制了专家系统的进一步发展。专家系统的发展不仅需要定性模型，还需要依赖人工智能和计算机学科发展的新思想和新技术。新型专家系统主要有协同式和分布式专家系统，它们具有如下共同特征。

1) 并行与分布处理

基于各种并行算法,采用各种并行推理和执行技术,适合在多处理器的硬件环境中工作,即具有分布处理的功能。

2) 多专家系统协同工作

在这种系统中,有多个专家系统协同合作。

3) 高级语言和知识语言描述

专家系统的生成系统能自动或半自动地生成所要的专家系统。

4) 具有自学习功能

新型专家系统应提供高级的知识获取与学习功能。

5) 引入新的推理机制

在新型专家系统中,除演绎推理外,还应有归纳推理,各种非标准逻辑推理,以及各种基于不完全知识和模糊知识的推理等。

6) 具有自纠错和自完善能力

为了排错,必须首先有识别错误的能力;为了完善,必须首先有鉴别优劣的标准。

7) 先进的智能人机接口

理解自然语言,实现语音、文字、图形和图像的直接输入输出。

分布式专家系统是把一个专家系统的功能经分解后分布到多个处理器上并行地工作,从而在总体上提高系统的处理效率。它可以工作在紧耦合的多处理器系统环境中,也可工作在松耦合的计算机网络环境里,所以其总体结构在很大程度上依赖于其所在的硬件环境。设计和实现分布式专家系统有以下几个关键问题。

(1) 功能分布。即如何把分解得到的系统各部分功能或任务合理均衡地分配到各处理结点上去。

(2) 知识分布。即根据功能分布的情况把有关知识经合理划分并分配到各处理结点上。

(3) 接口设计。各部分之间的接口设计旨在实现各部分之间互相通信和同步,在能保证完成总的任务的前提下,要尽可能使各部分之间互相独立。

(4) 系统结构。系统的结构一方面依赖于应用的环境与性质,另一方面也依赖于所处的硬件环境。

(5) 驱动方式。如何驱动各模块的相互协作,通常有以下几种方式可以选择。

① 控制驱动。当需要某模块工作时,就直接将控制转到该模块,或将它作为一个过程直接调用它,使它立即工作。

② 数据驱动。一般一个系统的模块功能都是根据一定的输入,启动模块进行处理以后,给出相应的输出。

③ 需求驱动。这种驱动方式亦称"目的驱动",是一种自顶向下的驱动方式。与此同时,又按数据驱动的原则让数据(或其他条件)具备的模块工作,输出相应的结果并送到各自该去的模块。

④ 事件驱动,即当且仅当模块的相应事件集合中所有事件都已发生时,才能驱动该模块开始工作。否则只要其中有一个事件尚未发生,模块就要等待。

协同式专家系统也称作"群专家系统",表示能综合若干个相近领域或一个领域多个方面的子专家系统互相协作、共同解决一个更广领域问题的专家系统。系统更强调子系统之间的协同合作,而不着重处理过程的分布和知识的分布。一般专家系统解题的领域面很窄,单个专家系统的应用局限性很大,很难获得满意的应用,协同式专家系统可以很好地解决这一困难。设计一个协同式专家系统需要解决以下几个问题。

1）任务分解

根据领域知识,将确定的总任务分解成几个分任务,分别由几个分专家系统来完成。

2）公共知识导出

把解决各分任务所需知识的公共部分抽离出来形成一个公共知识库,可以被各子专家系统共享。对解决各分任务专用的知识则分别存放在各子专家系统的专用知识库中。

3）讨论方式

目前很多设计者提出采用"黑板"作为各分系统进行讨论的"园地"。为了保证在多用户环境下黑板中数据或信息的一致性,需要采用管理数据库的一些手段来管理和使用,因此黑板有时也称作"中间数据库"。

4）裁决问题

裁决问题的解决方式一般依赖于问题本身的性质。

5）驱动方式

驱动方式与分布数据库中要考虑的相应问题一致。尽管协同式多专家系统和各子系统可能工作在一个处理机上,但仍然有以什么方式将各子系统根据总的要求激活执行的问题,也就是所谓的驱动方式问题。

## 8.8 小结

专家系统是一种在特定领域内具有专家水平解决问题能力的程序系统。它能够有效地运用专家多年积累的有效经验和专门知识,通过模拟专家的思维过程,解决专家才能解决的问题。本章介绍了专家系统的概念及几种常用的专家系统。虽然专家系统作为一种复杂的计算机系统,其开发过程比较复杂,但通过一定规则的开发流程,可以得到可扩展、功能相对完备的系统。此外,随着深度学习的发展,基于深度神经网络的推理模型、解释模型与决策模型被广泛地开发和应用于各类场景,基于深度学习的专家系统也逐渐成为专家系统研究的一个重要方向。

## 习题

**8.1** 什么是专家系统？专家系统具有哪些特点？

**8.2** 简述专家系统的构成及各部分的作用。

**8.3** 什么是基于规则的专家系统和基于框架的专家系统？它们各自有何特点？

**8.4** 基于模型的专家系统在结构上有何特点？

**8.5** 简述专家系统开发的一般方法步骤。

**8.6** 新型专家系统有何特点？什么是分布式专家系统和协同式专家系统？

# 第9章

# 神 经 计 算

神经计算也叫神经网络,主要研究人工神经元的模型和学习算法。自 20 世纪 80 年代中期以来,世界上许多国家都掀起了神经网络的研究热潮。从 1985 年开始,专门讨论神经网络的学术会议规模逐步扩大。1987 年在美国召开了第一届神经网络国际会议,并发起成立了国际神经网络学会(International Neural Network Society,INNS)。为了推动神经网络的研究,出版了几种专门的学术刊物,著名的杂志有 *Neural Networks*、*Connection Science*、*IEEE*、*Transactions on Neural Networks*、*Neural Computation* 等。目前,以深度神经网络为代表的深度学习方法逐渐成为机器学习的主流方法。

在国际研究潮流的推动下,我国在神经网络这个新兴的研究领域取得了一些研究成果,几年来形成了一支多学科的研究队伍,组织了不同层次的讨论会。1986 年中国科学院召开了"脑工作原理讨论会"。1989 年 5 月在北京大学召开了"识别和学习国际学术讨论会"。1990 年 10 月,中国自动化学会、中国计算机学会、中国心理学会、中国电子学会、中国生物物理学会、中国自动化学会、中国物理学会、中国通信学会八个学会联合召开"中国神经网络首届学术大会"。会议内容涉及脑功能及生物神经网络模型、神经生理与认知心理模型、人工神经网络模型、神经网络理论、新的学习算法、神经计算机、VLSI 及光学实现、联想记忆、神经网络与人工智能、神经网络与信息处理、神经网络与模式识别、神经网络与自动控制、神经网络与组合优化、神经网络与通信。1992 年 11 月,国际神经网络学会、IEEE 神经网络学会、中国神经网络学会等联合在中国北京召开了神经网络国际会议。为了培养神经计算方面的研究人才,不少高等院校开设了《神经计算》《人工神经网络》及其有关的课程。

## 9.1 人工神经元模型

所谓人工神经元模型,实际上就是生物神经元的抽象和模拟。所谓抽象模型是由数学得到的,即数学模型;所谓模拟模型是由结构和功能得到的,即拓扑模型。通常,一个人工神经元的拓扑模型可以用图 9.1 所示的结构图来表示。从该图可见,这是一个多输入单输出(当然也有多输出的,但是,每个输出值均相同)的非线性阈值器件。

为了给出上述形式神经元的数学模型,可做如下假设:设 $x_1, x_2, \cdots, x_n$ 为某一神经元的 $n$ 个输入;$w_{ji}$ 为第 $j$ 个神经元与第 $i$ 个神经元的突触连接强度,使用连接权值来量化;$A_j$ 为第 $j$ 个神经元的输入总和——相当于生物神经元的膜电位,称为激活函数,其值称为激活值或整合值;$\theta_j$ 表示第 $j$ 个神经元的阈值,用于模拟生物神经元的阈值膜电位;$y_j$ 表示第 $j$ 个神经元的输出。在上述假定条件下,人工神经元的输出可描述为

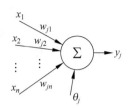

图 9.1 人工神经元模型

$$y_i = f(A_j), \quad A_j = \sum_{i=1}^{n} w_{ji} x_i - \theta_j \tag{9.1}$$

上式即为人工神经元的通用型数学模型,其中 $f(A_j)$ 是人工神经元从输入到输出的映射函数,称为激活函数或传递函数。根据作用函数的不同,人工神经元可以分为以下几种基本类型。

1) M-P 模型

M-P 模型于 1943 年由美国心理学家麦卡洛克(W. McCulloch)和数学家皮茨(W. H. Pitts)共同提出,故常称为 M-P 模型。

M-P 模型神经元是一种二值型神经元,这是最简单的一类人工神经元。M-P 模型神经元的输出状态取值为 1 或 0,为 1 则表示神经元处于兴奋状态,为 0 则表示神经元处于抑制状态。某一时刻神经元所处的状态(神经元的输出 $y_j$)是由激活函数 $A_j$ 决定的。显然,M-P 模型神经元的作用函数是一个阶跃函数。

该作用函数如式(9.2)所示,如果 $A_j > 0$,神经元的所有加权输入总和超过某个阈值 $\theta_j$(该神经元的激活值大于零),那么第 $j$ 个神经元将被激活,其状态为 1;如果 $A_j < 0$,神经元的所有加权输入总和未超过某个阈值 $\theta_j$(该神经元的激活值不大于零),那么第 $j$ 个神经元将不被激活,其状态为 0。

综上所述,M-P 模型神经元的作用函数的数学表达式为

$$y_j = f(A_j) = \begin{cases} 1, & A_j \geqslant 0 \\ 0, & A_j < 0 \end{cases} \tag{9.2}$$

M-P 模型神经元的权值 $w_{ij}$ 可在 $(-1, +1)$ 区间连续取值(实际上,数值的取值并不仅仅限于 $(-1, +1)$ 区间,大些或小些均可),其中取“-”表示“抑制”两神经元之间的连接强度,取“+”表示“增强”两神经元之间的连接强度。

2) S 型神经元

这是一种常用的连续型神经元模型,其输出值是在某个范围内连续取值的,常用的作用函数有对数、指数(Sigmoid 函数)和双曲正切等 S 型函数。如

$$y_j = f(A_j) = \frac{1}{1 + e^{-A_j}} \tag{9.3}$$

或

$$y_j = f(A_j) = \frac{1}{2}\left[1 + \tanh\left(\frac{A_j}{A_0}\right)\right] \qquad (9.4)$$

S型作用函数反映了神经元的连续型的非线性输出特性,其曲线如图 9.2(b)所示。S型函数是各种连续型神经元采用的主要作用函数,与 M-P 模型神经元一样,它们都是人工神经网络中最主要的作用函数。

3) 伪线性神经元

这实际上反映的是一种分段线性的非线性输入-输出特性,其输出表达式为

$$y_i = \begin{cases} 1, & A_j \leqslant 0 \\ CA_j, & 0 < A_j \leqslant A_C \\ 1, & A_C \leqslant A_j \end{cases} \qquad (9.5)$$

其中,$C$ 和 $A_C$ 均表示常量;$C$ 为斜率;$A_C$ 为分段边界值。其曲线如图 9.2(c)所示。

4) 概率型神经元

与以上三种神经元模型都不同,这是一类二值型随机神经元模型,其输出状态为 0 或为 1 是根据激活函数值的大小,按照一定的概率来确定的。

假设神经元状态(神经元的输出)为 1 的概率为

$$P(S_j = 1) = \frac{1}{1 + e^{-A_j/T}} \qquad (9.6)$$

则状态为 0 的概率为

$$P(S_j = 0) = 1 - P(S_j = 1) \qquad (9.7)$$

式(9.6)中的 $T$ 表示一个随机变量。

5) 线性整流函数(ReLU)

线性整流函数(Rectified Linear Unit,ReLU)又称修正的线性单元,是当前人工神经网络中常用的激活函数,尤其是在深度神经网络中,广义上来说,ReLU 也可认为是指代以斜坡函数及其变种为代表的非线性函数。

比较常用的非线性整流函数有斜坡函数 $f(A_j) = \max(0, A_j)$ 以及其变体带泄露整流函数(Leaky ReLU),其中 $A_j$ 为神经元的输入。线性整流被认为有一定的生物学原理,并且由于在实践中通常有着比其他常用激活函数(譬如逻辑函数)更好的效果(计算和求导的复杂度低),而被深度神经网络广泛使用于诸如图像识别等计算机视觉领域。

在图 9.2 中展示了四种常用的激活函数,其中(b)代表的 Sigmoid 激活函数和(d)代表的 ReLU 函数是目前神经网络中应用较广泛的激活函数。

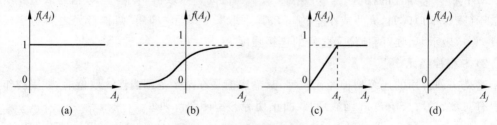

图 9.2    四种常用的激活函数

## 9.2 感知器

感知器(Perceptron)是由美国学者罗森布拉持(F. Rosenblatt)于1958年提出的,其重要贡献是提出了一种感知器的训练算法,并将该感知器成功应用于模式分类问题。

### 9.2.1 感知器的结构

感知器的拓扑结构如图9.3所示,图中输入层也称为感知层,有 $n$ 个神经元结点,这些结点只负责引入外部信息,自身无信息处理能力(因此在有些教材中输入层不计入神经网络的层数统计),每个结点接收一个输入信号,$n$ 个输入信号构成输入列向量 $X$。在感知器中输出层也称为处理层,有 $m$ 个神经元结点,每个结点均具有信息处理能力,$m$ 个结点向外部输出处理信息,构成输出列向量 $O$。两层之间的连接权值用权值列向量 $W_j$ 表示,$W_j$ 是输出单元 $j$ 与输入层之间的权值向量,$m$ 个权向量构成单层感知器的权值矩阵 $W$。

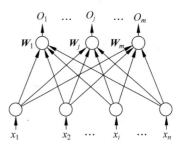

图 9.3  感知器的拓扑结构

### 9.2.2 感知器学习算法

感知器的学习算法的基本原理来源于著名的 Hebb 学习律,其基本思想是:逐步地将集中的样本输入网络,根据输出结果与理想输出之间的差别来调整网络中的权矩阵。感知器的学习是一种监督学习,采用比较简单的 $\delta$ 学习规则,其权值的修正算法为

$$w_{ji}(k+1) = w_{ji}(k) + \eta \delta_j x_i(k) \tag{9.8}$$

$$\delta_j = d_j - y_j(k) \tag{9.9}$$

$$y_j(k) = f\left(\sum_{i=1}^{n} w_{ji} x_i - \theta_j\right) \tag{9.10}$$

式(9.8)中的 $\eta$ 为学习率系数,取值范围为 $[0,1]$;式(9.9)中,$d_j$ 为期望输出(监督信号),$y_j$ 为实际输出,$\delta_j$ 是期望输出与实际输出之差;式(9.8)和式(9.10)中,$x_i$ 为输入信号的大小。$d_j$、$y_j$、$x_i$ 的取值为 0 或 1。由权值修正算法可以看出,当网络的输出和期望输出一致,即 $\delta_j = 0$ 时,权值不进行修正,当 $\delta_j \neq 0$ 时,权值可以增大或减小。通过对数据集中的样本多次重复的学习,最后可得到正确的学习结果。学习系数 $\eta$ 的取值一般不宜太小或太大,太大使学习不易收敛,而太小又会使学习过程较长,一般可通过实验来调整,其初始值一般与数据集相关,需要根据数据集适当调整。

下面以例9.1来说明单层感知器的学习过程。

**例9.1**  试用单个感知器神经元完成下列分类,写出其训练的迭代过程,画出最终的分类示意图。已知:

$$\left\{P_1 = \begin{bmatrix} 2 \\ 2 \end{bmatrix}, t_1 = 0\right\}; \left\{P_2 = \begin{bmatrix} 1 \\ -2 \end{bmatrix}, t_2 = 1\right\}; \left\{P_3 = \begin{bmatrix} -2 \\ 2 \end{bmatrix}, t_3 = 0\right\}; \left\{P_4 = \begin{bmatrix} -1 \\ 0 \end{bmatrix}, t_4 = 1\right\}$$

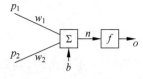

图 9.4 例 9.1 中的感知
器神经元

**解**：据题意,神经元有两个输入量,传输函数为阈值型函数。于是以图 9.4 所示感知器神经元完成分类。

(1) 初始化：$\boldsymbol{W}(0)=\begin{bmatrix}0 & 0\end{bmatrix}, b(0)=0$。

(2) 第一次迭代：

$$a=f(n)=f\left[\boldsymbol{W}(0)\boldsymbol{P}_1+b(0)\right]=f\left(\begin{bmatrix}0 & 0\end{bmatrix}\begin{bmatrix}2\\2\end{bmatrix}+0\right)=f(0)=1$$

$$e=t_1-a=0-1=-1$$

因为输出 $a$ 不等于目标值 $t_1$,所以调整权值和阈值：

$$\boldsymbol{W}(1)=\boldsymbol{W}(0)+e\boldsymbol{P}_1^T=\begin{bmatrix}0 & 0\end{bmatrix}+(-1)\begin{bmatrix}2 & 2\end{bmatrix}=\begin{bmatrix}-2 & -2\end{bmatrix}$$

$$b(1)=b(0)+e=0+(-1)=-1$$

(3) 第二次迭代。以第二个输入样本作为输入向量,以调整后的权值和阈值进行计算：

$$a=f(n)=f\left[\boldsymbol{W}(1)\boldsymbol{P}_2+b(1)\right]=f\left(\begin{bmatrix}-2 & -2\end{bmatrix}\begin{bmatrix}1\\-2\end{bmatrix}+(-1)\right)=f(1)=1$$

$$e=t_2-a=1-1=0$$

因为输出 $a$ 等于目标值 $t_2$,所以无须调整权值和阈值：

$$\boldsymbol{W}(2)=\boldsymbol{W}(1)=\begin{bmatrix}-2 & -2\end{bmatrix}$$

$$b(2)=b(1)=-1$$

(4) 第三次迭代。以第三个输入样本作为输入向量,以 $\boldsymbol{W}(2),b(2)$ 进行计算：

$$a=f(n)=f\left[\boldsymbol{W}(2)\boldsymbol{P}_3+b(2)\right]=f\left(\begin{bmatrix}-2 & -2\end{bmatrix}\begin{bmatrix}-2\\2\end{bmatrix}+(-1)\right)=f(-1)=0$$

$$e=t_3-a=0-0=0$$

因为输出 $a$ 等于目标值 $t_3$,所以无须调整权值和阈值：

$$\boldsymbol{W}(3)=\boldsymbol{W}(2)=\begin{bmatrix}-2 & -2\end{bmatrix}$$

$$b(3)=b(2)=-1$$

(5) 第四次迭代。以第四个输入样本作为输入向量,以 $\boldsymbol{W}(3),b(3)$ 进行计算：

$$a=f(n)=f\left[\boldsymbol{W}(3)\boldsymbol{P}_4+b(3)\right]=f\left(\begin{bmatrix}-2 & -2\end{bmatrix}\begin{bmatrix}-1\\0\end{bmatrix}+(-1)\right)=f(1)=1$$

$$e=t_4-a=1-1=0$$

因为输出 $a$ 等于目标值 $t_4$,所以无须调整权值和阈值：

$$\boldsymbol{W}(4)=\boldsymbol{W}(3)=\begin{bmatrix}-2 & -2\end{bmatrix}$$

$$b(4)=b(3)=-1$$

(6) 以后各次迭代又从第一个输入样本开始,作为输入向量,以前一次的权值和阈值进行计算,直到调整后的权值和阈值对所有的输入样本,其输出的误差为零为止。进行第五次迭代：

$$a=f(n)=f\left[\boldsymbol{W}(4)\boldsymbol{P}_1+b(4)\right]=f\left(\begin{bmatrix}-2 & -2\end{bmatrix}\begin{bmatrix}2\\2\end{bmatrix}+(-1)\right)=f(-9)=0$$

$$e=t_1-a=0-0=0$$

因为输出 $a$ 等于目标值 $t_5$，所以无须调整权值和阈值：

$$\boldsymbol{W}(5) = \boldsymbol{W}(4) = \begin{bmatrix} -2 & -2 \end{bmatrix}$$

$$b(5) = b(4) = -1$$

可以看出 $\boldsymbol{W} = \begin{bmatrix} -2 & -2 \end{bmatrix}, b = -1$ 对所有的输入样本，其输出误差为零，所以为最终调整后的权值和阈值。

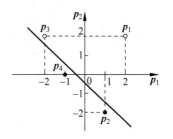

图 9.5　例 9.1 分类示意

（7）因为 $n > 0$ 时，$a = 1$；$n \leqslant 0$ 时，$a = 0$，所以将 $n = 0$ 作为边界。于是可以根据训练后的结果画出分类示意图，如图 9.5 所示。

其边界由下列直线方程（边界方程）决定：

$$n = \boldsymbol{WP} + b = \begin{bmatrix} -2 & -2 \end{bmatrix} \begin{bmatrix} p_1 \\ p_2 \end{bmatrix} + (-1) = -2p_1 - 2p_2 - 1 = 0$$

例 9.1 是一个典型的感知器的训练过程，值得注意的是，虽然感知器能够实现样本的分类任务，但是该模型的决策边界是一条直线，仅适用于线性可分的样本数据集，这种性质与激活函数的形式无关。为了解决这个问题，反向传播算法和多层神经网络被提出。

# 9.3　反向传播网络

误差反向传播（Error Back-Propagation）的思想最早由布莱森（A. E. Bryson）等于 1969 年在 *Applied Optimal Control* 一书中提出。之后温伯斯（P. Werbos）于 1974 年，帕克（D. B. Parker）于 1985 年，鲁梅尔哈特（D. E. Rumelhart）等于 1986 年相继提出了误差反向传播的思想和算法。布莱森、温伯斯、帕克和鲁梅尔哈特等各自独立地完成了自己的工作。然而，布莱森、温伯斯和帕克等的工作被忽视了。直到 1986 年鲁梅尔哈特及其研究小组在 *Nature* 杂志上发表其研究成果时，BP 网络和 BP 算法才得到人们的关注。

反向传播（Back-Propagation，BP）学习算法简称为 BP 算法，采用 BP 算法的前馈型神经网络简称为 BP 网络。作为一种前馈型神经计算模型，BP 网络与多层感知器没有本质的区别。然而，有了 BP 算法，BP 网络便有了强大的计算能力，可表达各种复杂映射从而处理非线性可分的数据的分类问题。BP 网络自出现以来一直是神经计算科学中最为流行的神经计算模型，得到了极其广泛的应用。

## 9.3.1　BP 网络的结构

BP 网络实际上是一个多层感知器，因而具有典型的前馈型神经网络的体系结构。图 9.6 表示一个具有两个隐藏层和一个输出层的 BP 网络的结构图。该网络是全连接的，也就是说，在任意层上的一个神经元与它之前层上的所有神经元都连接起来。

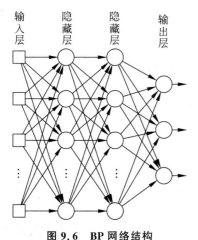

图 9.6　BP 网络结构

### 9.3.2 BP网络的学习算法

令在第 $n$ 次迭代中输出端的第 $j$ 个单元的实际输出为 $y_j(n)$，则该单元的误差信号为 $e_j(n)=d_j(n)-y_j(n)$，其中 $d_j(n)$ 表示第 $n$ 次迭代中输出端的第 $j$ 个单元的期望输出，又称目标输出。定义单元 $j$ 的平方误差为 $0.5e_j^2(n)$，则输出端总的平方误差的瞬时值为 $E(n)=0.5\sum_{j\in C}e_j^2(n)$，其中 $C$ 为所有输出单元的集合，设训练集中样本总数为 $N$，则平方误差的均值为 $E_A=1/N\sum_{n=1}^{N}E(n)$，$E_A$ 为学习的目标函数，学习的目的是使 $E_A$ 达到最小，$E_A$ 是网络所有权值和阈值以及输入信号的函数。下面就逐个样本学习的情况推导 BP 算法。图 9.7 所示为第 $j$ 个单元接收到前一层信号并产生误差信号的过程。图中，$w_{ji}(n)$ 为单元 $i$ 到单元 $j$ 的连接权值，$\phi(\cdot)$ 为激活函数。

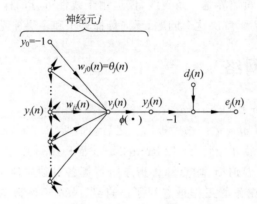

**图 9.7 单元 $j$ 的信号流**

记输出单元 $j$ 的加权和 $v_j(n)=\sum_{i=0}^{p}w_{ji}(n)y_i(n)$，其中，$p$ 为加到单元 $j$ 前输入的个数，则 $y_j(n)=\phi(v_j(n))$，$E(n)$ 对 $w_{ji}(n)$ 的梯度为

$$\frac{\partial E(n)}{\partial w_{ji}(n)}=\frac{\partial E(n)}{\partial e_j(n)}\frac{\partial e_j(n)}{\partial y_j(n)}\frac{\partial y_j(n)}{\partial v_j(n)}\frac{\partial v_j(n)}{\partial w_{ji}(n)} \qquad (9.11)$$

由于 $\frac{\partial E(n)}{\partial e_j(n)}=e_j(n)$，$\frac{\partial e_j(n)}{\partial y_j(n)}=-1$，$\frac{\partial y_j(n)}{\partial v_j(n)}=\phi'(v_j(n))$，$\frac{\partial v_j(n)}{\partial w_{ji}(n)}=y_j(n)$，所以：

$$\frac{\partial E(n)}{\partial w_{ji}(n)}=-e_j(n)\phi'(v_j(n))y_j(n) \qquad (9.12)$$

权值 $w_{ji}$ 的修正量为

$$\Delta w_{ji}(n)=-\eta\frac{\partial E(n)}{\partial w_{ji}(n)}=-\eta\delta_j(n)y_j(n) \qquad (9.13)$$

其中，负号表示修正量按梯度下降方向，$\delta_j(n)=e_j(n)\phi'(v_j(n))$ 称为局部梯度。下面分两种情况进行讨论。

（1）单元 $j$ 是一个输出单元：

$$\delta_j(n) = (d_j(n) - y_j(n))\phi'(v_j(n)) \tag{9.14}$$

（2）单元 $j$ 是隐层单元，如图 9.8 所示。

$$\delta_j(n) = -\frac{\partial E(n)}{\partial y_j(n)} \phi'(v_j(n)) \tag{9.15}$$

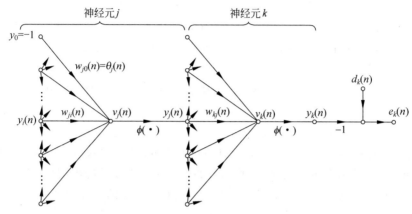

图 9.8 单元 $j$ 与下一层单元间的信号流

当 $k$ 为输出单元时，有

$$E(n) = \frac{1}{2} \sum_{k \in C} e_k^2(n) \tag{9.16}$$

将此式对 $y_j(n)$ 求导，得

$$\frac{\partial E(n)}{\partial y_j(n)} = \sum_{k \in C} e_k(n) \frac{\partial e_k(n)}{\partial y_j(n)} = \sum_{k \in C} e_k(n) \frac{\partial e_k(n)}{\partial v_k(n)} \frac{\partial v_k(n)}{\partial y_j(n)} \tag{9.17}$$

因为 $e_k(n) = d_k(n) - y_k(n) = d_k(n) - \phi(v_k(n))$，$d_k(n)$ 为常数，所以：

$$\frac{\partial e_k(n)}{\partial v_k(n)} = -\phi'(v_k(n)) \tag{9.18}$$

而 $v_k(n) = \sum_{j=0}^{q} w_{kj}(n) y_j(n)$，其中 $q$ 为单元 $k$ 的输入数。上式对 $y_j(n)$ 求导，可得：

$$\frac{\partial v_k(n)}{\partial y_j(n)} = w_{kj}(n) \tag{9.19}$$

$$\frac{\partial E(n)}{\partial y_j(n)} = -\sum_k e_k(n)\phi'(v_k(n))w_{kj}(n) = -\sum_k \delta_k(n)w_{kj}(n) \tag{9.20}$$

于是有：

$$\delta_j(n) = \phi'(v_j(n)) \sum_k \delta_k(n) w_{kj}(n) \tag{9.21}$$

$\delta_j(n)$ 的计算有如下两种情况。

（1）当 $j$ 是一个输出单元时，$\delta_j(n)$ 为 $\phi'(v_j(n))$ 与误差信号 $e_j(n)$ 之积。

（2）当 $j$ 为一个隐层单元时，$\delta_j(n)$ 是 $\phi'(v_j(n))$ 与后面一层的 $\delta$ 的加权和之积。

在实际应用中，学习时要输入训练样本，训练过程每遍历一次全部训练样本称为一个训练周期，学习要一个周期接一个周期地进行，直到目标函数达到最小值或小于某一给定值。

用 BP 算法训练网络时有三种方式。第一种是每输入一个样本修改一次权值,第二种是批处理方式。即将组成一个训练周期的全部样本都依次输入后计算总的平均误差 $E_A = 1/(2N)\sum_{j=1}^{N}\sum_{j\in C}e_j^2(n)$,再求:

$$\Delta w_{ji} = -\eta\frac{\partial E_A}{\partial w_{ji}} = \frac{\eta}{N}\sum_{n=i}^{N}e_j(n)\frac{\partial e_j(n)}{\partial w_{ji}} \tag{9.22}$$

第三种是随机梯度下降法(Stochastic Gradient Descend,SGD),SGD 每一次从总样本中选出一小块样本(Mini-batch),根据这一个数据块计算梯度、更新权值。

标准 BP 算法其步骤可归纳如下:

(1) 初始化,选定一结构合理的网络,置所有可调参数(权和阈值)为均匀分布的较小数值。

(2) 对每个输入样本做如下计算。

① 前向计算,在该回合中设一个训练样本$(\boldsymbol{x}(n),\boldsymbol{d}(n))$,输入向量 $\boldsymbol{x}(n)$ 指向感知结点的输入层和期望响应向量 $\boldsymbol{d}(n)$ 指向计算结点的输出层。不断地经由网络一层一层地前进,可以计算网络的诱导局部域和函数信号。在层 $l$ 的神经元 $j$ 的诱导局部域 $v_j^{(l)}(n)$ 为

$$v_j^{(l)}(n) = \sum_{i=0}^{m_0}w_{ij}^{(l)}(n)y_i^{(l-1)}(n) \tag{9.23}$$

这里 $y_i^{(l-1)}(n)$ 迭代 $n$ 时前面第 $l-1$ 层的神经元 $i$ 的输出信号,而 $w_{ji}^{(l)}(n)$ 是从第 $l-1$ 层神经元 $i$ 指向第 $l$ 层的神经元 $j$ 的权值。当 $i=0$,则 $y_0^{(l-1)}(n)=1$,并且 $w_{j0}^{(l)}(n) = b_j^{(l)}(n)$ 是第 $l$ 层的神经元 $j$ 的偏置。第 $l$ 层的神经元 $j$ 的输出信号为 $y_j^{(l)} = \phi(v_j(n))$,如果神经元 $j$ 是在第一隐层($l=1$),则置 $y_j^{(0)}(n) = x_j(n)$,其中 $x_j(n)$ 是输入向量 $\boldsymbol{x}(n)$ 的第 $j$ 个元素。如果神经元 $j$ 在输出层(即 $l=L$),则令 $y_j^{(L)}(n) = o_j(n)$,计算误差信号 $e_j(n) = d_j(n) - o_j(n)$,这里 $d_j(n)$ 是期望响应向量 $\boldsymbol{d}(n)$ 的第 $j$ 个向量。

② 反向计算,计算网络的 $\boldsymbol{\delta}$(即局部梯度),定义为

$$\boldsymbol{\delta}_j^{(l)}(n) = \begin{bmatrix} e_j^{(L)}(n)\phi'(v_j^{(L)}(n)) & \text{对输出层 } L \\ \phi'(v_j^{(l)}(n))\sum_k\delta_k^{(l+1)}(n)w_{kj}^{(l+1)}(n) & \text{对隐层 } l \end{bmatrix} \tag{9.24}$$

这里 $\phi'(\cdot)$ 是指对自变量的微分。根据广义 delta 规则调节网络第 $l$ 层的突触权值:

$$w_{ji}^{(l)}(n+1) = w_{ji}^{(l)}(n) + \eta\delta_j^{(l)}(n)y_i^{(l-1)}(n) \tag{9.25}$$

其中,$\eta$ 为学习率。

(3) $n=n+1$,输入新的样本(或新一周期样本),直至 $E_A$ 达到预定要求,训练时各周期中样本的输入顺序要重新随机排序。

# 9.4 自组织映射神经网络

在人脑的感觉通道上,一个很重要的组织原理是神经元有序地排列着,并且往往可以反映出所感觉到的外在刺激物理特性。例如,在听觉通道的每一个层次上,其神经元与神经纤维在结构上的排列与频率之间的关系十分密切。对于某个频率,相应的神经元具有很大的

响应,这种听觉通道上神经元的有序排列一直延续到听觉皮层。尽管很多低层次上的神经元是预先排列好的,但高层次上的神经组织则通过学习自组织地形成。

科霍宁(Teuvo Kohonen)根据大脑神经的这种特性提出了自组织特征映射(Self-Organizing Map,SOM),他认为一个神经网络接受外界输入模式时,将会分成不同区域,各区域对输入模式具有不同的响应特征,同时这一过程是自动完成的。各神经元的连接权值具有一定的分布,最邻近的神经元相互刺激,而较远的神经元则相互抑制,更远一些又具有较弱的刺激作用。因此,自组织特征映射算法是一种无监督学习的聚类方法。

### 9.4.1 SOM 网络结构

SOM 网络结构一般由输入层和竞争层构成,没有隐藏层,两层之间的神经元实现双向连接。与基本竞争网络的不同之处是其竞争层可以由一维或二维网格矩阵方式组成,且权值修正的策略也不同。

一维网络结构与基本竞争学习网络相同。二维网络结构如图 9.9 所示,由输入层和竞争层组成,输入层由 $n$ 个神经元组成,竞争层由 $m$ 个输出神经元组成,且形成一个二维阵列。输入层与竞争层各神经元之间实现全互连接,竞争层之间实行侧向连接。网络根据其学习规则,对输入模式进行自动分类,即在无监督信息情况下,通过对

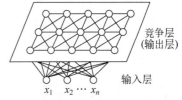

图 9.9 SOM 网络结构

输入模式的自组织学习,抽取各个输入模式的特征,在竞争层将分类结果表示出来。

### 9.4.2 SOM 网络的学习算法

自组织特征映射的目标是神经元中突触内部连接权矢量试图模仿输入信号。在网络训练开始时,规定了二维平面上相邻的结点能对实际模式分布中相近的模式类做出特别的反应。这样,当某类数据模式输入时,对其某一输出结点给予“最大的”刺激,以指示该类模式的所属区域,而同时对获胜结点周围的一些结点则给予“较大的”刺激。当输入模式从一个模式区域移到相邻模式区域时,二维平面上的获胜结点也从原来的结点移到其相邻的结点。不但能判断输入模式所属的类别,并使输出结点代表某一类模式,而且能够得到整个数据区域的大体分布情况,即从样本数据中寻找并掌握到所有数据分布大体上的本质特征。

在图 9.9 所示的 SOM 网络结构中,令输入信号为 $\boldsymbol{x}=[x_1,x_2,\cdots,x_p]^{\mathrm{T}}$,输出单元 $j$ 的权向量为 $\boldsymbol{w}_j=[w_{j1},w_{j2},\cdots,w_{jp}]^{\mathrm{T}}$,$j=1,2,\cdots,N$,设输入信号 $\boldsymbol{x}$ 按顺序一个一个地输入,每输入一个向量(模式)时,首先寻找其权向量 $\boldsymbol{w}_j$ 与 $\boldsymbol{x}$ 有最佳匹配的单元 $i$,设神经元的阈值都是一样的,则应求 $\boldsymbol{w}_j^{\mathrm{T}}\boldsymbol{x}$ 的最大值,如果 $\boldsymbol{w}_j$ 都已归一化到固定的欧式范数,则更简单的做法是找两个向量($\boldsymbol{x}$ 和 $\boldsymbol{w}_j$)间欧氏距离最小者,即求:

$$i(x)=\operatorname*{argmin}_{j}\parallel x-w_j\parallel,\quad j=1,2,\cdots,N \tag{9.26}$$

然后确定最佳匹配单元(或称胜利单元)的邻域,此邻域是随迭代次数 $t$ 变化的,所以叫作邻域函数 $N_g(t)$,最后确定一个在 $N_g(t)$ 内的单元的权值修改公式。而直接使用 Hebb

规则是不稳定的,会导致权值向一个方向变化。为此可加入一个"遗忘"项——$g(y_j)w_j$,其中 $g(y_j)$ 应是单元 $j$ 的输出的正的标量函数,并满足:

$$当 \ y_j = 0 \ 时, \quad g(y_j) = 0, \quad \forall j \tag{9.27}$$

这样,权值的学习可用下面微分方程表示:

$$\frac{\mathrm{d}\boldsymbol{w}_j}{\mathrm{d}t} = \eta y_j x - g(y_j)w_j, \quad j = 1, 2, \cdots, N \tag{9.28}$$

学习的目的是在最佳匹配单元周围形成"气鼓",可以取:

$$y_j = \begin{cases} 1, & 单元 \ j \ 在邻域 \ N_g(y_j) \ 内 \\ 0, & 其他 \end{cases}$$

由式(9.27),有:

$$g(y_j) = \begin{cases} \alpha, & 单元 \ j \ 激活, \alpha \ 为一正的常数 \\ 0, & 单元 \ j \ 不激活 \end{cases}$$

代入式(9.28)有:

$$\frac{\mathrm{d}\boldsymbol{w}_j}{\mathrm{d}t} = \begin{cases} \eta x - \alpha w_j, & 单元 \ j \in 邻域 \ N_g(t) \\ 0, & 其他 \end{cases}$$

为进一步简化,取 $\alpha = \eta, \eta$ 为学习步长:

$$\frac{\mathrm{d}\boldsymbol{w}_j}{\mathrm{d}t} = \begin{cases} \eta(x - w_j), & 单元 \ j \in 邻域 \ N_g(t) \\ 0, & 其他 \end{cases}$$

对于离散情况:

$$\boldsymbol{w}_j(t+1) = \begin{cases} w_j(t) + \eta(t)[x - w_j(t)], & j \in N_g(t) \\ w_j(t), & 其他 \end{cases}$$

SOM 算法的步骤可以归纳如下。

(1) 权值初始化,用小的随机数对各权向量赋初值 $w_j(0)$,各结点权值应取为不一样的。

(2) 在样本集中随即选一个样本 $x$ 作为输入。

(3) 在时刻 $t$,选择最佳匹配单元 $i$(竞争过程)。

(4) 确定邻域 $N_g(t)$(协作过程)。

(5) 修正权值

$$\boldsymbol{w}_j(t+1) = \begin{cases} w_j(t) + \eta(t)[x - w_j(t)], & j \in N_g(t) \\ w_j(t), & 其他 \end{cases} \tag{9.29}$$

(6) $t = t+1$ 返回(2)。直到形成有意义的映射图。

学习步长 $\eta(t)$ 和邻域函数 $N_g(t)$ 都应随 $n$ 变化,它们的确定对学习效果是很关键的,遗憾的是,尚没有合适的理论指导,只有一些原则可供参考,在简单的情况下可以按如下方法。

(1) 一般来说,在开始的约 1000 次迭代中 $\eta(t)$ 可取为接近于 1,然后逐渐减少,但仍应在 0.1 以上,具体 $\eta(t)$ 的减少规律并不非常重要,可随 $t$ 线性变化或指数变化。通常是在初始阶段会形成某种排序,所以称之为排序阶段,此后的阶段是收敛阶段,它一般比较长,是对映射图的细调。在此阶段 $\eta(t)$ 应较小(如小于 0.01)。

(2) 在二维情况下,邻域 $N_g(t)$ 可取为方形或六角形等。通常开始时 $N_g(t)$ 较大,可包含全部神经元,然后逐步收缩,在初始的约 1000 次迭代中,可随 $t$ 线性缩小直到包含 $i$ 周围 1～2 个最近邻域,在收敛阶段,$N_g(t)$ 保持只含最近邻,最后收缩到只含 $i$ 本身。

# 9.5 Hopfield 网络

Hopfield 网络是由美国加州工学院物理学家约翰·霍普菲尔德(J. Hopfield)教授于 1982 年提出的一种具有相互连接的反馈型神经网络模型。Hopfield 网络分为离散型 (Distribute Hopfield Neural,DHNN)和连续型 (Continues Hopfield Neural,CHNN)两种网络模型。本节主要讨论离散 Hopfield 网络的结构和学习算法。

### 9.5.1 离散 Hopfield 网络的结构

离散 Hopfield 网络是在非线性动力学的基础上,由若干基本神经元构成的一种单层全互连网络,其任意神经元之间均有连接,是一种对称连接结构。一个典型的由 3 个神经元组成的离散 Hopfield 网络结构如图 9.10 所示。

在图 9.10 中,第 0 层仅仅是作为网络的输入,它不是实际神经元,所以该层没有计算功能;而第一层神经元是实际神经元,故而执行对输入信息和权系数累加和,并由传递函数处理后产生输出信息。

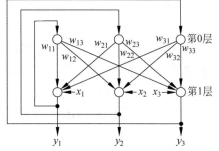

**图 9.10　由 3 个神经元组成的离散 Hopfield 网络结构**

离散 Hopfield 网络模型是一个离散时间系统,每个神经元只有 0 和 1 两种状态,分别表示该神经元处于激活和抑制状态。神经元 $i$ 和 $j$ 之间连接权值为 $w_{ij}$,由于神经元之间为对称连接,且神经元自身无连接,因此有:

$$w_{ji} = \begin{cases} w_{ji}, & i \neq j \\ 0, & i = j \end{cases} \tag{9.30}$$

由该连接权值所构成的矩阵是一个零对角的对称矩阵。

如果用 $y(t)$ 表示输出神经元 $j$ 在时刻 $t$ 的状态,则该神经元在下一时刻 $(t+1)$ 的状态由式(9.31)确定:

$$y_j(t+1) = \text{sgn}\left(\sum_{i=1}^n w_{ij} y_i(t) - \theta_j\right) = \begin{cases} 1, & \sum_{t=1}^n w_{ij} x_i(t) - \theta_j > 0 \\ 0(\text{或} -1), & \sum_{t=1}^n w_{ij} x_i(t) - \theta_j \leqslant 0 \end{cases}$$

$$\tag{9.31}$$

其中，$n$ 表示输出神经元的个数；函数 sgn( ) 为符号函数；$\theta_j$ 为神经元 $j$ 的阈值。

离散 Hopfield 网络中的神经元与生物神经元的差别较大，因为神经元的输入输出是连续的，并且生物神经元存在延时。为此，霍普菲尔德教授后来又提出了一种连续时间的神经网络，即连续 Hopfield 网络模型。在该模型中，神经元的状态可以取 0~1 的任一实数值。

离散 Hopfield 网络有串行和并行两种工作方式：在串行方式中，任意时刻只有一个神经元(一般随机选择)改变状态，其余单元状态不变；在并行方式中，任意时刻所有神经元同时改变状态。不管哪种运行方式，在达到稳定后，网络的状态就不再发生变化。

### 9.5.2 离散 Hopfield 网络的稳定性

在如图 9.10 所示的网络结构中，网络的输出要反复地作为输入重新送到输入层，这就使得网络的状态在一种不断变化中，因而需要考虑网络的稳定性问题。所谓一个网络是稳定的，是指从某一时刻开始，网络的状态不再改变。

设用 $x(t)$ 表示网络在时刻 $t$ 的状态，例如，当 $t=0$ 时，网络的状态就是由输入模式确定的初始状态。如果从某一时刻 $t$ 开始，存在一个有限的时间段 $\Delta t$，使得从这一时刻开始，神经网络的状态不再发生变化，即：

$$x(t+\Delta t)=x(t), \quad \Delta t > 0 \tag{9.32}$$

则称该网络是稳定的。

如果将神经网络的稳定状态当作记忆，则神经网络由任一初始状态向稳定状态的变化过程实质上就是寻找记忆的过程。因此，稳定状态的存在是实现联想记忆的基础。

### 9.5.3 离散 Hopfield 网络的学习算法

离散 Hopfield 网络的学习过程是在系统向稳定性转化的过程中自然完成的。其学习方法如下。

(1) 设置互连权值：

$$w_{ij}=\begin{cases} \sum_{s=1}^{m} x_i^s x_j^s, & i \neq j \\ 0, & i=j, i \geqslant 1, j \leqslant n \end{cases} \tag{9.33}$$

其中，$x_s^i$ 为 S 型样例的第 $i$ 个分量，它可以为 1 或 0，样例类别数为 $m$，结点数为 $n$。

(2) 对未知类别的样例初始化：

$$y_i(t)=x_i, \quad 1 \leqslant i \leqslant n \tag{9.34}$$

其中，$y_i(t)$ 为结点 $i$ 在时刻 $t$ 的输出，当 $t=0$ 时，$y_i(0)$ 就是结点的初始值；$x_i$ 为输入样本的第 $i$ 个分量。

(3) 迭代运算：

$$y_i(t+1)=f\left(\sum_{i=1}^{n} w_{ij} y_i(t)\right), \quad 1 \leqslant j \leqslant n \tag{9.35}$$

其中,函数 $f$ 为阈值型。重复这一步骤,直到新的迭代不能再改变结点的输出即收敛为止。这时,各结点的输出与输入样例达到最佳匹配。

(4) 转第(2)步继续。

# 9.6 脉冲耦合神经网络

近年来,随着生物神经网络的研究和发展,埃克霍恩(R. Eckhorn)等通过对小型哺乳动物大脑神经视觉皮层神经系统工作机理的仔细研究,提出了一种崭新的网络模型——脉冲耦合神经网络(Pulse Coupled Neural Network,PCNN)模型。PCNN 来源于对哺乳动物猫的视觉皮层神经细胞的研究成果,具有同步脉冲激发现象、阈值衰减及参数可控性等特性。由于具有广阔的应用前景、以空间邻近和亮度相似集群的特点,因此 PCNN 在数字图像处理等领域中具有广阔的应用前景。将 PCNN 的最新研究理论成果与其他新技术相结合,开发出具有实际应用价值的新算法,是当今神经网络的主要研究方向之一。

## 9.6.1 PCNN 的结构

PCNN 也称为第三代人工神经网络,它是在生物视觉皮层模型启发下产生由若干神经元互连而构成的反馈型网络。一般地,PCNN 每一神经元由三部分组成:接收部分(包括链接域和馈送域)、调制部分和脉冲产生部分,如图 9.11 所示。

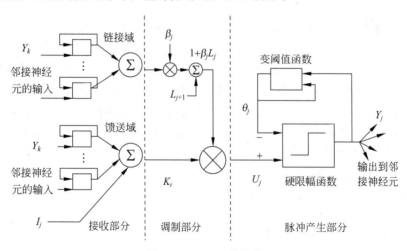

图 9.11  PCNN 的结构

## 9.6.2 PCNN 的学习算法

PCNN 的学习算法主要由以下数学公式实现:

$$F_{ij}[n] = e^{-\alpha_F \delta_n} \cdot F_{ij}[n-1] + S_{ij} + V_F \sum_{kl} \boldsymbol{M}_{ijkl} Y_{kl}[n-1] \qquad (9.36)$$

$$L_{ij}[n] = e^{-\alpha_L \delta_n} \cdot L_{ij}[n-1] + V_L \sum_{kl} \boldsymbol{W}_{ijkl} Y_{kl}[n-1] \tag{9.37}$$

$$U_{ij}[n] = F_{ij}[n] \cdot (1 + \beta L_{ij}[n]) \tag{9.38}$$

$$Y_{ij}[n] = \begin{cases} 1, & U_{ij}[n] > \theta_{ij}[n-1] \\ 0, & \text{其他} \end{cases} \tag{9.39}$$

$$\theta_{ij}[n] = e^{-\alpha_\theta \delta_n} \cdot \theta_{ij}[n-1] + V_\theta \cdot Y_{ij}[n] \tag{9.40}$$

其中,$F_{ij}$ 为馈送输入;$L_{ij}$ 为链接输入;$S_{ij}$ 为相应神经元的外部刺激;$U_{ij}$ 为内部激活,即前突触势;$\theta_{ij}$ 为动态阈值;$\boldsymbol{M}$ 和 $\boldsymbol{W}$ 为连接权矩阵;$V_F$、$V_L$、$V_\theta$ 为幅度系数;$\alpha_F$、$\alpha_L$、$\alpha_\theta$ 为相应的衰减系数;$\delta n$ 为时间常数;$\beta$ 为链接系数;$n$ 为迭代次数;$Y_{ij}$ 为输出。

PCNN 的学习算法循环计算式(9.36)~式(9.40),直到用户决定停止结束。目前 PCNN 自身还没有自动停机的机制。

PCNN 的数字图像处理模型由脉冲耦合神经元构成的二维单层神经元阵列组成,网络中神经元数目与像素数目相一致,每个神经元与每个像素一一对应;每一个神经元处在一个 $n \times n$(一般为 3×3 或 5×5)连接权值矩阵 $\boldsymbol{M}_{ijkl}$ 和 $\boldsymbol{W}_{ijkl}$ 的重心,其相邻像素为该矩阵中对应神经元,每一神经元与其相邻神经元相连权值可以有多种选择,其中使用较多的为相连神经元的欧几里得距离平方倒数。

# 9.7　面向时序数据的神经网络

在实际生活与应用场景中,在理解一句话的意思时孤立地理解这句话的每个词是不够的,需要处理这些词连接起来的整个序列;当处理视频的时候,也不能只单独地去分析每一帧,而要分析这些帧连接起来的整个序列。这类在不同时间点收集、用于所描述现象随时间变化的情况的数据被称为时间序列数据,常用的时序数据包括语音数据、文本序列、视频、负载数据等,其处理一直以来都是人工智能领域研究的重点和热点。随着人工智能技术的发展,目前越来越多的机器学习方法被应用于时序数据的处理,早期常用的模型包括马尔可夫模型、条件随机场等,随着神经网络的发展,越来越多的神经网络模型被提出并应用到时序数据的处理中,例如循环神经网络(Recurrent Neural Network,RNN)、长短时记忆神经网络(Long Short-Term Memory,LSTM)。

### 9.7.1　循环神经网络及其学习算法

循环神经网络(RNN)从结构上看包括输入层、隐藏层和输出层,一个典型的两层 RNN 的结构如图 9.12 所示。其中,$U$ 是输入层到隐藏层的权值矩阵;$y$ 表示输出层的值;$V$ 是隐藏层到输出层的权值矩阵;$W$ 是可学习的权值。RNN 的隐藏层的值 $h^{(t)}$ 不仅取决于当前时间步 $t$ 的输入 $x^{(t)}$,还取决于上一个时间步的隐藏层的值 $h^{(t-1)}$。因此,RNN 的隐藏层和输出层状态值的计算公

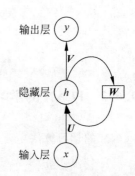

图 9.12　一个典型的两层 RNN 的结构

式可以表示为

$$y^{(t)} = \mathrm{Sigmoid}(\boldsymbol{V}h^{(t)} + b_y) \tag{9.41}$$

$$h^{(t)} = \mathrm{Sigmoid}(\boldsymbol{U}x^{(t)} + \boldsymbol{W}h^{(t-1)} + b_h) \tag{9.42}$$

其中,$b$ 表示所在层的偏置。由此可以计算 RNN,实现时序数据的建模,RNN 模型的训练可以采用 BP 算法的变体 Back Propagation Through Time(BPTT)算法。对于 RNN,由于在序列的每个位置都有损失函数(每个 $x^{(t)}$ 对应一个 $y^{(t)}$ 对应一个损失 $L^{(t)}$),将 Label 定义为标签,那么最终的损失 $L$ 为

$$L = \sum_{t=1}^{T} L^{(t)} \tag{9.43}$$

$$L^{(t)} = \| y^{(t)} - \mathrm{Label}^{(t)} \|^2 \tag{9.44}$$

接下来分别讨论损失 $L$ 对参数 $\boldsymbol{V}$、$\boldsymbol{U}$、$\boldsymbol{W}$ 的求导过程(对应偏置的求导过程类似),RNN 的损失 $L$ 关于 $\boldsymbol{V}$ 的求导过程相对简单,因为 $\boldsymbol{V}$ 仅涉及单个时间片的计算(由 $y^{(t)}$ 经过 $\boldsymbol{V}$ 到 $L^{(t)}$):

$$\frac{\partial L}{\partial \boldsymbol{V}} = \sum_{t=1}^{T} \frac{\partial L^{(t)}}{\partial \boldsymbol{V}} = \sum_{t=1}^{T} \frac{\partial L^{(t)}}{\partial y^{(t)}} \frac{\partial y^{(t)}}{\partial \boldsymbol{V}} \tag{9.45}$$

而关于参数 $\boldsymbol{U}$ 和 $\boldsymbol{W}$ 的计算则相对复杂,需要考虑多个时间片,以 2 个时间片为例,求导过程可以表示为

$$\frac{\partial L}{\partial \boldsymbol{W}} = \left( \frac{\partial L^{(2)}}{\partial y^{(2)}} \frac{\partial y^{(2)}}{\partial h^{(2)}} \frac{\partial h^{(2)}}{\partial \boldsymbol{W}} + \frac{\partial L^{(2)}}{\partial y^{(2)}} \frac{\partial y^{(2)}}{\partial h^{(2)}} \frac{\partial h^{(2)}}{\partial h^{(1)}} \frac{\partial h^{(1)}}{\partial \boldsymbol{W}} \right) + \frac{\partial L^{(1)}}{\partial y^{(1)}} \frac{\partial y^{(1)}}{\partial h^{(1)}} \frac{\partial h^{(1)}}{\partial \boldsymbol{W}}$$

$$\tag{9.46}$$

因此,推广到 $T$ 个时间片,有

$$\frac{\partial L}{\partial \boldsymbol{W}} = \sum_{t=1}^{T} \mathrm{diag}\,(1-(h^{(t)})^2)\delta^{(t)} h^{(t-1)}, \quad \delta^{(t)} = \boldsymbol{V}(y'^{(t)} - y^{(t)}) \tag{9.47}$$

$$\frac{\partial L}{\partial \boldsymbol{U}} = \sum_{t=1}^{T} \mathrm{diag}\,(1-(h^{(t)})^2)\delta^{(t)} x^{(t)}, \quad \delta^{(t)} = \boldsymbol{V}(y'^{(t)} - y^{(t)}) \tag{9.48}$$

尽管 RNN 可以通过 BPTT 算法来进行有效的训练,但是 RNN 本身也存在一些问题,如其网络结构的特殊性存在梯度消失、难以建模长期依赖关系的问题(随着时间的推移,早期学习的特征容易丢失),为解决这些问题,长短时记忆神经网络(Long Short-Term Memory,LSTM)被提出。

## 9.7.2 长短时记忆神经网络

从直观上来看,LSTM 可以看作一种复杂化的 RNN 模型。LSTM 的关键是细胞(Cell)状态,如图 9.13 所示,表示细胞状态的这条线水平地穿过图的顶部。

LSTM 具有删除或添加信息到细胞状态的能力,这个能力是由被称为门(Gate)的结构所赋予的。门(Gate)是一种可选地让信息通过的方式。它由一个 Sigmoid 神经网络层和一个点乘法运算组成。其中 $\sigma$ 表示 Sigmoid 函数。Sigmoid 神经网络层输出 $0 \sim 1$ 的数字,这

个数字描述每个组件有多少信息可以通过，0 表示不通过任何信息，1 表示全部通过。门可以表示为图 9.14。

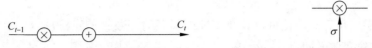

图 9.13　LSTM 细胞状态变化　　　　　图 9.14　LSTM 门结构的示意

LSTM 有三个门，用于保护和控制细胞的状态。LSTM 的第一步是决定要从细胞状态中丢弃什么信息，由被称为"遗忘门"的 Sigmoid 层实现。它的输入包括两部分：$h^{t-1}$（前一个输出）和 $x^t$（当前输入），得到的输出表示为 $f^t$，并由 $f^t$ 为单元格状态 $C^{t-1}$（上一个状态）提供一个二值的状态值，其中 1 代表完全保留，而 0 代表彻底删除。这个状态值用于更新细胞 $C$ 的状态（见图 9.15）。

输入门的计算公式为

$$f^t = \text{Sigmoid}(W_f[h^t, x^t] + b_f) \tag{9.49}$$

在此基础上，需要计算在细胞状态中存储的：使用一个 tanh 层创建候选向量 $\widetilde{C}^t$，该向量将会被加到细胞的状态中（见图 9.16）。

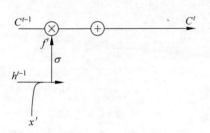

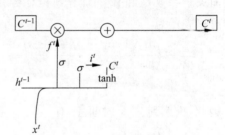

图 9.15　LSTM 的输入门　　　　　图 9.16　LSTM 的细胞状态计算

图 9.16 中的 $\widetilde{C}^t$ 和 $i^t$ 的计算公式可分别表示为

$$\widetilde{C}^t = \tanh(W_c[h^{t-1}, x^t] + b_c) \tag{9.50}$$

$$i^t = \text{Sigmoid}(W_i[h^{t-1}, x^t] + b_i) \tag{9.51}$$

接下来更新上一个状态值 $C_{t-1}$ 到 $C_t$。具体而言，将上一个状态值 $C_{t-1}$ 乘以 $f_t$，以此表达期待忘记的部分。之后将得到的值加上 $i_t\widetilde{C}_t$（上一步输入门的两个值），由此可以得到新的候选值。由此，当前时刻的细胞状态值可以根据 $f_t$ 和 $i_t\widetilde{C}_t$ 来确定（见图 9.17）。

细胞的更新方式可以表示为

$$C^t = f^t C^{t-1} + i^t \widetilde{C}^t \tag{9.52}$$

最后，是 LSTM 的"输出门"，此输出将基于细胞状态。首先运行一个 Sigmoid 层，它决定了要输出的细胞状态的哪些部分。然后通过 tanh 激活函数将细胞的状态规则化到 $-1$ 和 1 之间，并将其乘以 Sigmoid 门的输出，至此 LSTM 只输出了我们决定的那些部分（见图 9.18）。

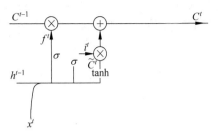

图 9.17 LSTM 的细胞状态更新

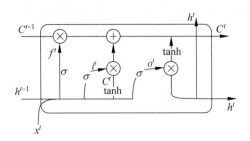

图 9.18 LSTM 的结构

LSTM 的隐藏层输出表示为

$$o^t = \text{Sigmoid}(W_o[h^{t-1}, x^t] + b_o)$$

$$h^t = o^t \tanh(C^t) \tag{9.53}$$

由此,整个 LSTM 的信息处理过程介绍完毕。LSTM 不仅可以通过遗忘机制筛选输入信息,还可以保留必要的记忆,由此克服了 RNN 存在的问题。目前,LSTM 已经被广泛地应用于时序数据的处理。同样在时序数据处理中大放异彩的模型还有后来的 Transformer 模型,在 9.8 节中,我们会从深度神经网络引入,介绍此类模型。

## 9.8 深度神经网络

BP 算法和多层神经网络的提出在很大程度上推动了神经计算的发展,但是受制于当时研究的硬件限制和理论局限性,BP 神经网络很快迎来了其在当时环境下难以克服的问题。首先,BP 神经网络由于其结构的全连接性导致网络模型即使层数不多,其参数量也非常惊人,一方面给模型的训练带来了困难,受制于当时计算机的算力,BP 神经网络的训练非常耗时、效率低下;另一方面,过量的参数导致了模型容易出现过拟合现象。所谓过拟合现象指的是模型过度拟合于训练数据,导致模型学习到了训练数据中包含的噪声,从而导致模型在训练中未见过的测试数据上表现非常差。其次,BP 神经网络在当时缺少理论的依据,其参数调节过程过度依赖一些人为设置的超参数且难以将一类训练好的模型推广到其他的数据上。最后,BP 神经网络在堆叠多层的过程中还出现了梯度消失问题,梯度消失指的是随着误差函数梯度在反向传播的过程中,神经网络的最初几层得到的梯度数量级远小于其参数的数量级,导致参数更新陷入停滞。由于这些难以解决的问题,神经网络的研究再次进入了低谷期。

在 2006 年,BP 算法的提出者、"深度学习之父"G. E. Hinton 教授在受限制的玻尔兹曼机基础上提出了一种多层的神经网络结构深度置信网,很大程度上提高了多层神经网络在图像分类和图像生成任务中的效果。随着理论研究和计算机硬件的发展,2012 年,在著名的 ImageNet 图像识别大赛中,G. E. Hinton 教授领导的小组采用深度学习模型 AlexNet 一举夺冠。AlexNet 采用 ReLU 激活函数,在极大程度上缓解了梯度消失问题,并采用 GPU 极大地提高了模型的运算速度。自此以后,深度学习的概念逐渐被确立,大量的深度神经网络被提出,例如引入残差结构的 ResNet、在医学图像分割中大放异彩的深度神经网络 U-Net、在图像生成任务中不断刷新纪录的生成对抗网络(Generative Adversarial

Network,GAN)、在机器翻译中极为有效的深度神经网络 Transformer 和 BERT 等,深度学习逐渐成为机器学习领域的主流方法。这些常用模型的基础是卷积神经网络和注意力机制,下面我们从这两个基础模型开始介绍。

### 9.8.1　卷积神经网络

卷积神经网络(Convolutional Neural Network,CNN)是一种特殊形式的人工神经网络,最初的神经网络是一种全连接形式的模型结构,但是全连接形式的神经网络的训练存在比较大的问题。首先,模型的参数非常多,这将导致计算的复杂度非常高。其次,模型由于全连接结构存在大量的参数,在训练过程中出现过拟合问题。以图像数据为例,全连接形式的多层神经网络每一层网络都和相邻层全部连接。但是这样并没有考虑到图像中像素的空间分布,不管两个像素距离很近还是非常远,全连接形式的多层神经网络都以同样的方式进行处理,这种处理方式对结构化的数据而言是不合理的。为了解决上述问题,卷积神经网络被提出,它考虑到了输入的空间分布,通过一些人工设定的特性(例如共享权值等)使得它非常容易训练,可以堆叠为更多层的神经网络结构,拥有更好的识别效果。

基础的 CNN 由卷积(convolution)、激活(activation)、池化(pooling)三种结构组成。CNN 输出的结果是每幅图像的特定特征空间。以处理图像分类任务为例,通常会把 CNN 输出的特征空间作为全连接层或全连接神经网络(fully connected neural network,FCN)的输入,用全连接层来完成从输入图像到标签集的映射,即分类。目前主流的卷积神经网络(CNNs),比如 VGG,ResNet,都是由简单的 CNN 调整、组合而来的。

**1. 输入层**

CNN 的输入层可以处理多维数据,一维卷积神经网络的输入层接收一维或二维数组,其中一维数组通常为时间或频谱采样;二维数组可能包含多个通道,二维卷积神经网络的输入层接收二维或三维数组。由于卷积神经网络在计算机视觉领域应用较广,我们以图像数据为例介绍其结构,即假设数据为平面上的二维像素点和 RGB 通道(数据的三个维度分别是图像的高、图像的宽、图像的通道)。

CNN 使用梯度下降算法进行学习,通常其输入需要进行标准化处理。在将学习数据输入卷积神经网络前,需在通道或时间/频率维对输入数据进行归一化,若输入数据为像素,也可将分布于[0,255]的原始像素值归一化至区间[0,1]。

**2. 隐藏层**

一般的 CNN 模型的隐藏层包含卷积层、池化层和全连接层三类,卷积层中的卷积核包含权值,而池化层不包含权值。卷积层中最重要的概念是卷积核。

**3. 卷积核**

卷积层的功能是对输入数据进行特征提取,其内部包含多个卷积核(convolutional kernel),组成卷积核的每个元素都对应一个权值和一个偏置。卷积层内每个神经元都与前一层中固定大小的区域中多个神经元相连,区域的大小取决于卷积核的大小,通常这个区域被称为"感受野"(receptive field),其定义源自视觉皮层细胞的感受野的概念。卷积核在工作时,会有规律地扫过输入(如果图像坐标原点在图像的左上角,那么顺序为自左至右、自上而下），在感受野内对输入数据做元素乘法、求和并累加偏置：

$$Z^{l+1}_{(i,j)}=[Z^l \otimes w^{l+1}]_{(i,j)}+b=\sum_{k=1}^{K_l}\sum_{x=1}^{f}\sum_{y=1}^{f}[Z_k^l(si+x,sj+y)w_k^{l+1}(x,y)]+b$$

(9.54)

其中，$(i,j)\in\{0,1,2,\cdots,L_{l+1}\}$，$L_{l+1}=(L_l+2p-f)/s+1$，$b$ 为偏置，$Z^l$ 表示第 $l$ 层的输出以及第 $l+1$ 层的输入（除输入层外，$Z$ 也被称为特征图（feature map）），$K$ 为特征图的通道数，$f$ 是卷积核的大小、$s$ 表示卷积的步长、$p$ 表示填充层数。一步卷积过程可以形象地表示为图 9.19 的形式。

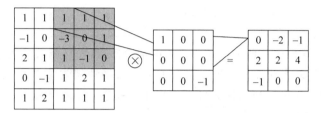

**图 9.19　一步卷积过程**

### 4. 激活函数

卷积层中包含激活函数（activation function）以协助表达复杂特征，其表示形式为

$$A_{i,j,k}^l=f(Z_{i,j,k}^l)$$

(9.55)

类似于其他深度学习算法，CNN 通常使用 ReLU 激活函数，在 ReLU 出现以前，Sigmoid 函数和双曲正切函数（hyperbolic tangent）也有被使用，激活函数通常用在卷积核之后。

### 5. 池化层

在卷积层进行特征提取后，输出的特征图会被传递至池化层（pooling layer）进行特征选择和信息过滤。池化层包含预设定的池化函数，池化层选取池化区域与卷积核扫描特征图步骤相同，由池化大小、步长和填充控制。Lp 池化是一类受视觉皮层内阶层结构启发而建立的池化模型，其一般表示形式为

$$A_{i,j,k}^l(i,j)=\left[\sum_{x=1}^{f}\sum_{y=1}^{f}A_k^l(si+x,sj+y)^p\right]^{\frac{1}{p}}$$

(9.56)

其中，步长 $s$、像素$(i,j)$的含义与卷积层相同；$p$ 是预指定参数。当 $p=1$ 时，Lp 池化在池化区域内取均值，被称为均值池化（average pooling）；当 $p\to\infty$ 时，Lp 池化在区域内取极大值，被称为极大池化（max pooling）。均值池化和极大池化是在卷积神经网络的设计中被长期使用的池化方法，二者以损失特征图的部分信息或尺寸为代价保留图像的背景和纹理信息。

### 6. 全连接层

CNN 中的全连接层（fully-connected layer）等价于传统前馈神经网络中的隐藏层。全连接层位于 CNN 网络隐藏层的最后部分，并只向其他全连接层传递信号。特征图在全连接层中会失去空间拓扑结构，被展开为向量并通过激励函数。

### 7. 输出层

CNN 中输出层的上游通常是全连接层,因此其结构和工作原理与传统前馈神经网络中的输出层相同。对于图像分类问题,输出层使用逻辑函数或归一化指数函数(softmax function)输出分类标签。在物体识别(object detection)问题中,输出层可设计为输出物体的中心坐标、大小和分类。在图像语义分割中,输出层直接输出每个像素的分类结果。

## 9.8.2 注意力机制

视觉注意力机制是人类视觉所特有的大脑信号处理机制。人类视觉通过快速扫描全局图像,获得需要重点关注的目标区域,也就是一般所说的注意力焦点,而后对这一区域投入更多注意力资源,以获取更多所需要关注目标的细节信息,而抑制其他无用信息。

深度学习中的注意力机制从本质上讲和人类的选择性视觉注意力机制类似,核心目标也是从众多信息中选择出对当前任务目标更关键的信息。最初提出的注意力机制模型建立在 Encoder-Decoder 模型框架下。

Encoder-Decoder 框架可以看作一种深度学习领域的研究模式,应用场景异常广泛。

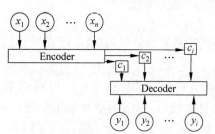

**图 9.20 典型的 Encoder-Decoder 模型**

图 9.20 是文本处理领域里常用的 Encoder-Decoder 框架最抽象的一种表示,由编码→特征→解码的形式构成,如果编码的源是中文,解码的目标是英文,那么 Encoder-Decoder 便成为翻译问题,如果编码的源是一段文字,解码的目标是一句话,那么 Encoder-Decoder 便成为知识抽取问题。

图中,$x$ 是源输入;$y$ 是目标;$c_i$ 是注意力编码;$c_i$ 与 $y_i$ 是一一对应的:$y_i = f(y_{i-1}, c_i, s_i)$,其中,$s_i = g(y_{i-1}, c_i, s_{i-1})$,对于 $y_i$ 的计算,实际上就是一个解码输出的过程。$s_i$ 综合了 $s_{i-1}$ 和 $c_i$,而 $c_i$ 是注意力机制的核心。$c_i = \sum_{j=1}^{T_x} \alpha_{ij} h_j$,其中,$T_x$ 表示源的句子长度,$\alpha_{ij}$ 表示在目标输出第 $i$ 个单词时源输入句子中第 $j$ 个单词的注意力分配稀疏,$h_j$ 表示源输入句子第 $j$ 个单词的隐式表达,而 $\alpha_{ij}$ 计算如下:

$$\alpha_{ij} = \frac{\exp(e_{ij})}{\sum_{k=1}^{T_x} \exp(e_{ij})} \tag{9.57}$$

其中,$e_{ij}$ 表示相似性,表示为

$$e_{ij} = \begin{cases} h_i^{\mathrm{T}} h_j, & \text{点积} \\ h_i^{\mathrm{T}} h_j / (\| h_i \| \| h_j \|), & \text{余弦函数} \\ \mathrm{MLP}(h_i, h_j), & \text{神经网络} \end{cases} \tag{9.58}$$

其中,$i$ 表示目标的输出的第 $i$ 个单词;$j$ 则是源输入句子的第 $j$ 个单词;$h_i$ 和 $h_j$ 也可以表示为:Query 和 $\text{Key}_j$,Query 表示希望输出的单词的表示,$\text{Key}_j$ 表示源端单词 $j$ 的表示,之

所以采用隐式表示的形式是因为在目标的元素和源中所有元素之间。注意力机制的具体计算过程见图9.21。

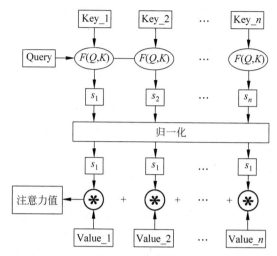

图 9.21 注意力机制的具体计算过程

在基础的注意力机制之上,自注意力机制被提出,基于自注意力机制,Transformer 以及 BERT 模型被提出并应用于多类任务中。

## 9.9 小结

本章主要介绍了人工神经元模型、感知器、BP 网络、SOM 网络、Hopfield 网络和脉冲耦合神经网络的结构和学习算法,最后对深度神经网络做了简单的介绍。

人工神经网络模型主要考虑网络连接的拓扑结构、神经元的特征、学习规则等。根据连接的拓扑结构,神经网络模型可以分为:①前向网络。网络中各个神经元接受前一级的输入,并输出到下一级,网络中没有反馈。感知器、BP 网络是一种典型的前向网络。②反馈网络。网络内神经元间有反馈,可以用一个无向的完备图表示。Hopfield 网络、玻尔兹曼机属于这种类型。实际应用较多的是 BP 网络和 Hopfield 网络。当前,深度神经网络已经被广泛地应用于各个领域。

感知器是第一个从理论和实践上都被证明了可行性的人工神经网络,是第一种具有训练算法的网络,对后来的神经网络的理论和应用研究有着重大的影响。掌握感知器神经网络的基本知识是学习其他神经网络模型的基础。但是,感知器只能用于解决线性可分的问题,甚至无法解决像"异或"这样最简单的非线性可分的问题。

BP 神经网络的学习过程是由信息的正向传播和误差的反向传播两个过程组成的。输入层各神经元负责接收来自外界的输入信息,并传递给中间层各神经元;中间层是内部信息处理层,负责信息变换;输出层向外界输出信息处理结果。当实际输出与期望输出不符时,进入误差的反向传播阶段。误差通过输出层,按误差梯度下降的方式修正各层权值,向隐层、输入层逐层反传。周而复始的信息正向传播和误差反向传播过程,是各层权值不断调整的过程,也是 BP 神经网络学习训练的过程,此过程一直进行到网络输出的误差减少到可以接受的程度,或者预先设定的学习次数为止。

SOM 自组织映射神经网络是典型的自组织神经网络,它建立在一维、二维或三维的神经元网络上,用于捕获包含在输入模式中感兴趣的特征,描述在复杂系统中从完全混乱到最终出现整体有序的现象。

Hopfield 网络是由一种典型的反馈型神经网络模型,分为离散型和连续型两种网络模型,本章主要讨论了离散 Hopfield 网络的结构和学习算法。当前,Hopfield 网络广泛地应用于优化计算和联想记忆,取得了很好的效果。

脉冲耦合神经网络是 20 世纪 90 年代形成和发展的与传统人工神经网络有着根本不同的新型神经网络模型,具有较强的生物学背景。PCNN 的这个生物学背景使它在图像处理中具有先天的优势,有着与传统方法进行图像处理所无法比拟的优越性。目前,PCNN 被广泛应用于图像分割、图像融合、图像去噪、图像压缩和图像阴影处理等图像处理领域。

时序数据的神经网络模型和深度学习模型不仅为当前数据提供了更加高效的处理方式,LSTM、CNN、Attention 等已经被广泛地应用于图像、时频、语音、文本数据的处理中,当前大量深度神经网络模型被提出,例如胶囊网络、图神经网络等。

人工神经网络是对大脑系统的简化、抽象和模拟,是由大量的简单处理单元经互连形成的一种网络系统。人们试图通过对它的研究最终揭开人脑的奥秘,使计算机能够像人脑那样进行信息处理。当前对人工神经网络的研究主要集中在神经网络模型的结构、权值的调整以及学习训练算法等。

## 习题

**9.1** 感知器的一个基本缺陷是不能执行异或(XOR)函数,解释造成这个局限的原因。

**9.2** 试用单个感知器神经元完成下列分类,写出其训练的迭代过程,画出最终的分类示意图。已知

$$\left\{ \boldsymbol{P}_1 = \begin{bmatrix} 0 \\ 2 \end{bmatrix}, t_1 = 1 \right\}; \left\{ \boldsymbol{P}_2 = \begin{bmatrix} 0 \\ 1 \end{bmatrix}, t_2 = 1 \right\}; \left\{ \boldsymbol{P}_3 = \begin{bmatrix} 0 \\ -2 \end{bmatrix}, t_3 = 0 \right\}; \left\{ \boldsymbol{P}_4 = \begin{bmatrix} 2 \\ 0 \end{bmatrix}, t_4 = 0 \right\}$$

**9.3** 简述 BP 神经网络的基本学习算法。

**9.4** 利用下述输入模式训练竞争网络:

$$\boldsymbol{P}_1 = \begin{bmatrix} 1 \\ -1 \end{bmatrix}, \quad \boldsymbol{P}_2 = \begin{bmatrix} 1 \\ 1 \end{bmatrix}, \quad \boldsymbol{P}_3 = \begin{bmatrix} -1 \\ -1 \end{bmatrix}$$

(1) 使用 SOM 学习规则,其中学习率初值 $\eta_0 = 0.5$,试将输入模式训练一遍(每个输入按给定顺序提交一次)。假设初始权值矩阵为

$$\boldsymbol{W} = \begin{bmatrix} \sqrt{2} & 0 \\ 0 & \sqrt{2} \end{bmatrix}$$

(2) 训练一遍输入模式之后,模式如何聚类(哪些输入模式被归入同一类中)? 如果输入模式以不同顺序提交,结果会改变吗? 解释其原因。

(3) 用 $\eta_0 = 0.5$ 重复(1),这种改变对训练有何影响?

**9.5** 简述离散 Hopfield 网络的学习算法。

**9.6** 简述神经网络存在过拟合现象的原因。

# 第10章

# 进化计算

　　进化算法(Evolutionary Algorithms,EA)是基于自然选择和自然遗传等生物进化机制的一种搜索算法,包括遗传算法(Genetic Algorithms,GA)、进化规划(Evolutionary Programming,EP)、进化策略(Evolution Strategies,ES)及遗传编程(Genetic Programming,GP)。它们都是借鉴生物界中进化与遗传的机理,广泛应用于组合优化、机器学习、自适应控制、规划设计和人工生命等领域。

## 10.1　进化计算概述

　　地球上的生物都是经过长期进化而形成的。根据达尔文的自然选择学说,地球上的生物具有很强的繁殖能力。在繁殖过程中,大多数生物通过遗传,使物种保持相似的后代;部分生物由于变异,后代具有明显差别,甚至形成新物种。正是由于生物的不断繁殖后代,生物数目大量增加,而自然界中生物赖以生存的资源却是有限的。因此,为了生存,生物需要竞争。生物在生存竞争中,根据对环境的适应能力,适者生存,不适者灭亡。自然界中的生物,就是根据这种优胜劣汰的原则,不断地进行进化。进化算法就是借用生物进化的规律,通过繁殖⇒竞争⇒再繁殖⇒再竞争,实现优胜劣汰,一步一步地逼近问题的最优解。

　　生物的主要遗传方式是复制。遗传过程中,父代的遗传物质 DNA 分子被复制到子代,以此传递遗传信息。生物在遗传过程中还会发生变异。变异方式有三种:基因重组、基因突变和染色体变异。基因重组是控制物种性状的基因发生重新组合。基因突变是指基因分子结构的改变。染色体变异是指染色体在结构上或数目上的变化。

　　进化算法中,仿效生物的遗传方式,主要采用选择(复制)、交叉(交换/重组)、变异(突变)这三种遗传操作,衍生下一代的个体。进化算法都是从一组随机生成的初始群体出发,经过选择、交叉、变异等操作,并根据适应度大小进行个体的优胜劣汰,提高新一代群体的质量,再经过多次反复迭代,逐步逼近最优解。从数学角度讲,进化算法实质上是一种搜索寻优的方法。

进化算法和传统的搜索寻优方法有很大的不同,它不要求所研究的问题是连续、可导

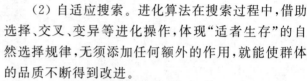

图 10.1 进化算法流程

的,但是却可以很快地得出所要求的最优解。图 10.1 表示进化算法的流程。

进化算法的搜索方式具有以下特点。

(1) 有指导搜索。进化算法的搜索策略既不是盲目搜索,也不是穷举搜索,指导进化算法执行搜索的依据是适应度,也就是它的目标函数。在适应度的驱动下,进化算法逐步逼近目标值。

(2) 自适应搜索。进化算法在搜索过程中,借助选择、交叉、变异等进化操作,体现"适者生存"的自然选择规律,无须添加任何额外的作用,就能使群体的品质不断得到改进。

(3) 并行式搜索。进化算法每一代运算都是针对一组个体同时进行,而不是只针对单个个体。因此,进化算法是一种多点齐头并进的并行算法。

(4) 全局最优解。进化算法由于采用多点并行搜索,而且每次迭代借助交叉和变异产生新个体,不断扩大搜索范围,因此进化算法容易搜索出全局最优解而不是局部最优解。

(5) 黑箱式结构。从某种意义讲,进化算法只研究输入与输出的关系,并不深究造成这种关系的原因,因此便于处理因果关系不明确的问题。

(6) 通用性强。传统的优化算法,需要将所解决的问题用数学函数表达,而且要求该数学函数的一阶导数或二阶导数存在。进化算法只用某种编码方式表达问题,然后根据适应度区分个体优劣,其余的进化操作都是统一的。虽然如此,进化算法的编码问题以及合适的进化操作算子的选择是需要针对具体问题进化分析,有时难以构造与选择。

# 10.2 遗传算法

遗传算法(Genetic Algorithms,GA)是由密歇根大学的约翰·亨利·霍兰德(J. H. Holland)和他的同事于 20 世纪 60 年代在对细胞自动机(cellular automata)进行研究时率先提出的。在 20 世纪 80 年代中期之前,对于遗传算法的研究还仅仅限于理论方面,直到在匹兹堡召开了第一届世界遗传算法大会。随着计算能力的发展和实际应用需求的增多,遗传算法逐渐进入实际应用阶段。1989 年,纽约时报作者约翰·马科夫(John Markoff)写了一篇文章描述第一个商业用途的遗传算法——进化者(Evolver)。之后,越来越多不同种类的遗传算法出现并被用于许多领域中,很多企业用它进行时间表安排、数据分析、未来趋势预测、预算以及解决很多其他组合优化问题。

## 10.2.1 遗传算法的基本原理

在遗传算法里,优化问题的解被称为个体(Individual),它表示为一个参数列表,叫作染色体(Chromosome)或者基因串。染色体一般被表达为简单的数字串,不过也有其他表示

方法适用,这一过程称为编码(Encode)。一开始,算法随机生成一定数量的个体,有时候操作者也可以对这个随机产生过程进行干预,播下已经部分优化的种子。在每一代中,每一个个体都被评价,并通过计算适应度函数得到一个适应度数值。种群(Population)中的个体按照适应度(Fitness)排序,适应度高的在前面。

下一步是产生下一代个体并组成种群。这个过程是通过选择(Select)、交叉(Crossover)、变异(Mutation)完成的。选择是根据新个体的适应度进行的,适应度越高,被选择的机会越高。初始的数据可以通过这样的选择过程组成一个相对优化的群体。之后,被选择的个体进行交叉,一般的遗传算法都有一个交叉概率,每两个个体通过交叉产生两个新个体,代替原来的"老"个体,而不交叉的个体则保持不变。

接着是变异,通过变异产生新的"子"个体。一般遗传算法都有一个固定的变异常数,通常是0.1或更小,这代表变异发生的概率。

根据这个概率,新个体的染色体随机的突变,通常就是改变染色体的一个位(0变到1,或者1变到0)。

经过这一系列的过程(选择、交叉和变异),产生的新一代个体不同于初始的个体,并一代一代向增加整体适应度的方向发展,因为最好的个体总是更多地被选择去产生下一代,而适应度低的个体逐渐被淘汰掉。这样的过程不断地重复,直到终止条件满足为止。

基本遗传算法的流程如下。

**算法 10.1** 基本遗传算法。

```
初始化群体
LOOP until 得到满意结果
    FOR 群体中所有个体
        每个个体都被评价,并通过计算适应度函数得到适应度
    END FOR
    FOR 群体中所有个体
        种群中的个体按照适应度排序,适应度高的在前面
    END FOR
    LOOP until 产生新群体
        DO this twice
            FOR 群体中所有个体
                IF rand(0,1) > 被选择概率
                THEN 被选择
            END FOR
        END
        IF rand(0,1) <交叉概率
        THEN 每两个个体通过交叉产生两个新个体,代替原来的"老"个体,而不交叉的个体则保持
            不变
    END loop
    FOR 群体中所有个体
        IF rand(0,1) <变异概率
            THEN 变异
        END FOR
    END loop
NOW 得出最佳解决方案
```

其主要特点如下。

（1）可直接对结构对象进行操作。

（2）利用随机技术指导对一个被编码的参数空间进行高效率搜索。

（3）采用群体搜索策略，易于并行化。

（4）仅用适应度函数值来评估个体，并在此基础上进行遗传操作，使种群中个体之间进行信息交换。

### 10.2.2 遗传算法的应用示例

本节将使用遗传算法进行函数极值的求解，以此来演示遗传算法的基本流程。设目标函数是 $f(x)=x^2$，约束条件为 $x=0,1,\cdots,31$，求解 $f(x)$ 的最大值。此问题很容易用其他方法求解，但用此简单问题的意义在于说明遗传算法的流程。

#### 1. 编码

遗传算法的工作对象是字符串，因此编码是一项基础性工作。从生物学角度看，编码相当于选择遗传物质，每个字符串对应一个染色体。遗传算法大多采用二进制的 0/1 字符编码。如果问题比较简单，每位 0/1 变量就代表一个性质。当问题的性质要用数值描述，则涉及二进制数与十进制数的转换。对于长度（位数）为 $L$ 的 0/1 字符串，按数学的排列组合计算，它可以表达 $2^L$ 个数，十进制数与二进制数有如下关系：

$$x = x_{\min} + \frac{x_{\max} - x_{\min}}{2^L - 1} \text{Dec}(y) \qquad (10.1)$$

其中，$x_{\min}$、$x_{\max}$ 为最小及最大的十进制数，$y$ 为对应于 $x$ 的二进制数，$\text{Dec}()$ 表示将二进制数转化为十进制数。在这种换算关系下，二进制表示法的精度 $\delta$ 为

$$\delta = \frac{x_{\max} - x_{\min}}{2^L - 1} \qquad (10.2)$$

由上式可算得所需的位数，进而可得知两相邻十进制数的间隔。例如，如果 $x_{\min}=-1$，$x_{\max}=1$，$L=3$，可得间隔 $\delta$ 为 2/7，则求解空间中有 8 个实数，即

$$-1, -1+\frac{2}{7}, \cdots, -1+\frac{12}{7}, 1$$

兼有多种性质的问题可以将描述各种性质的字符串组合在一起，用一长字符串表达。例如，可选 25 位 0/1 字串表示物体的体积、重量及材质，其中前 10 位数表示体积量，中间 10 位表示重量，后 5 位表示材质。

上述都针对二进制编码（Binary Encoding），遗传算法也可以采用实数编码（Real Encoding），即不需将原始数据变化为二进制数，以原始数据表示染色体即可，最简单的染色体就可仅用一个实数表示。二进制编码的缺陷是在限定码长的情况下能表示的精度不够，容易导致进化不收敛；而如果要满足一定的精度约束，则必须增加编码长度，搜索空间也将相应增大，从而影响整个进化过程的速度。实数编码优点是直观，且克服了二进制编码的弊端，这样做的代价是需要重新设计遗传操作，因为原来针对二进制的交叉、变异策略不再适用。

本节提出的问题（求 $f(x)=x^2$ 的最大值），其编码较为简单，需要 5 个二进制位来表示自变量。

### 2. 产生初始群体

初始群体是遗传算法搜索寻优的出发点。群体规模 $M$ 越大,搜索的范围越广,但是每代的遗传操作时间越长。反之,$M$ 越小,每代的运算时间越短,然而搜索空间也越小。初始群体中的每个个体是按随机方法产生的。根据串的长度 $L$,随机产生 $L$ 个 0/1 字符组成初始个体。本节的问题可以令 $M=4$,一个可能的初始种群是 01101、11000、01000、10011。

### 3. 计算适应度

适应度是衡量个体优劣的标志,它是执行遗传算法"优胜劣汰"的依据。因此,适应度也是驱使遗传算法向前发展的动力。通常,遗传算法中个体的适应度也就是所研究问题的目标函数。但是,有时适应度是目标函数转换后的结果。

为了讨论的方便,本节的遗传算法只研究目标变量 $x>0$ 的最大值问题。对于最小值问题,其适应度可以按下式转换:

$$f(x) = \begin{cases} C_{\max} - g(x), & g(x) < C_{\max} \\ 0, & \text{其他} \end{cases} \tag{10.3}$$

其中,$f(x)$ 为转换后的适应度,$g(x)$ 为原适应度,$C_{\max}$ 为足够大的常数。

本节的问题中,由于是二进制编码,所以首先要有一个解码(Decode)的过程,即将二进制串解码为十进制的实数,这也被称为从基因型(Genotype)到表现型(Phenotype)的转换,01101→13、11000→24、01000→8、10011→19。根据目标函数 $f(x)=x^2$,可以计算种群中 4 个个体的适应度为:13→169、24→576、8→64、19→361。

### 4. 选择

在遗传算法中通过选择,将优良个体插入下一代新群体,体现"优胜劣汰"的原则。选择优良个体的方法,通常采用轮盘法。轮盘法的基本思想是个体被选中的概率取决于个体的相对适应度:

$$p_i = f_i \bigg/ \sum_{i=1}^{m} f_i \tag{10.4}$$

其中,$p_i$ 为个体 $i$ 被选中的概率;$f_i$ 为个体 $i$ 的适应度。

显然,个体适应度越高,被选中的概率越大。但是,适应度小的个体也有可能被选中,以便增加下一代群体的多样性。从统计意义讲,适应度大的个体,其刻度长,被选中的可能性大。

本节的问题中,4 个个体被选择的概率依次为 $p_1=169/1170=0.14$,$p_2=576/1170=0.49$,$p_3=64/1170=0.06$,$p_4=361/1170=0.31$。具体的选择算法在 10.1 节中有详细的描述。

### 5. 交叉

在遗传算法中,交叉是产生新个体的主要手段。它类似于生物学的杂交,使不同个体的基因互相交换,从而产生新个体。单点交叉操作如下:

$$01101, 11000 \rightarrow 01100, 11001$$
$$10011, 11000 \rightarrow 10000, 11011$$

分别为两对染色体的交叉,第一对染色体的随机交叉位置为 4,第二对染色体的随机交叉位置为 2。一对染色体之间是否进行交叉操作,取决于交叉概率。

除了单点交叉,还有多点交叉、均匀交叉(Uniform Crossover)。单点交叉可看作多点交叉的特例,上述交叉算子同时适用于二进制编码和实数编码。除此之外,针对实数编码的还有中间交叉(Intermediate Crossover)、启发式交叉(Heuristic Crossover)等。

中间交叉表述如下:若干个父代个体为 $x$,则 $x_i' = \alpha_1 x_{1i} + \alpha_2 x_{2i} + \cdots$,其中,$\sum \alpha_i = 1$,$x_i'$ 为新的个体,$x_{1i}, x_{2i}, \cdots$ 则为选择的若干个父代个体,这意味着采用遗传算法有时候父代个体不局限于 2 个。

启发式交叉是指,若个体 $x_2$ 适应度不低于个体 $x_1$,那么 $x_i' = \mu(x_2 - x_1) + x_2$,其中 $\mu$ 是一个均匀分布于 $[0,1]$ 的随机数。

### 6. 变异

变异是遗传算法产生新个体的另一种方法,对于二进制编码就意味着某位由 1 变为 0 或由 0 变为 1。变异有局部变异和全局变异之分,局部变异是指从种群中随机选取一个个体中的一位进行取反操作,全局变异则指种群的每一个位都有一个取反的概率(变异概率),或者是每个个体随机选择一个位置进行变异。

针对本节的问题,一次可能的变异过程如下:

$$01100, 11001, 10000, 11011$$
$$01101, 11001, 00000, 11011$$

即在第 1 个染色体的第 5 位,第 3 个染色体的第 1 位发生变异。这样,经过一轮的选择、交叉、变异操作之后,新一代的个体为 01101→13、11001→25、00000→0、11011→27。

### 7. 终止

算法在迭代若干次后终止,一般终止条件有:进化次数限制;计算耗费的时间限制;一个个体已经满足最优值的条件,即最优值已经找到;适应度已经达到饱和,继续进化不会产生适应度更好的个体;人为干预;以上两种或更多种的组合。

## 10.2.3 模式定理

### 1. 模式

我们在分析字符串时,常常只关心某一位或某几位字符,而不关心其他字符。换句话讲,我们只关心字符串的某些特定形式,如 1****,或 11***,这种特定的形式就叫作模式(Schema)。模式是指字符串中具有类似特征的子集,表示基因串中某些特征位相同的结构,因此模式也可能解释为相同的构形,是一个串的子集。

在二进制编码中,模式是基于三个字符集{0,1,*}的字符串,符号 * 代表 0 或 1。例如,*1* 表示四个元的子集{010 011 110 111}。

对于二进制编码串,当串长为 $L$ 时,共有 $3^L$ 个不同的模式。

串长 $L=3$,则其模式有{ *** *1* *0* **1 **0 1** 0** *10 *00 *01 1*1 1*0 0*1 0*0 *11 10* 01* 00* 111 110 101 011 001 010 100 000 }。

图 10.2 描述了模式的几何意义。8 个顶点表示 8 个明确的 011 字符串,12 条边表示只有 1 个 * 符号的模式,6 个平面表示含 2 个 * 号的模式。至于含有 3 个 * 号的模式,则是立

方体本身。对于位数大于 3 的字符串,要用超平面的几何概念解释模式。

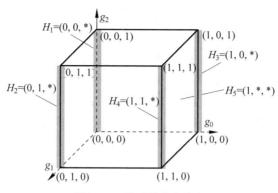

图 10.2　模式的几何意义

### 2. 模式的阶和定义距

模式的阶(Order):模式 $H$ 中确定位置的个数为模式 $H$ 的阶,记作 $O(H)$,如 $O(011**1**0)=5$。

模式的定义距/长度(Defining Length):模式中第一个确定位置和最后一个确定位置之间的距离,记作 $\delta(H)$,如 $\delta(011**1**0)=8$,$\delta(001**1***)=5$。

模式的定义距代表该模式在今后遗传操作(交叉、变异)中被破坏的可能性。模式长度越短,被破坏的可能性越小。例如,长度为 0 的模式最难被破坏。

对于二进制的字符串,若字符串长度为 $L$,某种模式的阶为 $O(H)$,则在 $L$ 个字符中取 $O(H)$ 个字符的可能组合方式为 $C_L^{O(H)}$,而在 $O(H)$ 个字符中具体取 0 或 1 的可能性为 $2^{O(H)}$。于是,组成 $H$ 的各种字符串数目最多为 $C_L^{O(H)}*2^{O(H)}$。

### 3. 模式定理

假定在第 $t$ 代,种群 $A(t)$ 中有 $m$ 个个体属于模式 $H$,记作 $m=m(H,t)$,即第 $t$ 代时有 $m$ 个个体属于 $H$ 模式。在再生阶段(种群个体的选择阶段),每个串根据其适应值进行选择,一个串 $A_i$ 被复制(选中)的概率为 $p_i=f_i/\sum_{i=1}^{M}f_i$,因此复制后在下一代 $A(t+1)$ 中,群体 $A$ 内属于模式 $H$ 的个体数目 $m=m(H,t+1)$ 可用平均适应度按下式近似计算:

$$m(H,t+1)=m(H,t)\cdot n\cdot f(H)/\sum_{i=1}^{M}f_i \tag{10.5}$$

其中,$f(H)$ 表示在 $t$ 代属于模式 $H$ 的平均适应度;$n$ 为种群中的个体数目。

若用 $\bar{f}=\sum_{i=1}^{n}f_i/n$ 表示种群平均适应度,则前式可表示为

$$m(H,t+1)=m(H,t)\cdot f(H)/\bar{f} \tag{10.6}$$

式(10.6)表明,一个特定的模式按照其平均适应度值与种群的平均适应度值之间的比率生长,也就是说,那些适应度值高于种群平均适应度值的模式,在下一代中将会有更多的代表串处于 $A(t+1)$ 中,因为在 $f(H)>\bar{f}$ 时有 $m(H,t+1)>m(H,t)$。

假设从 $t=0$ 开始,某一特定模式适应度比种群平均适应度高出 $c\bar{f}$,$c$ 为常数,则模式

选择生长方程为

$$m(H, t+1) = m(H, t) \frac{\bar{f} + c\bar{f}}{\bar{f}} = (1+c) \cdot m(H, t) \tag{10.7}$$

从 $t=0$ 开始,若模式 $H$ 以常数 $c$ 繁殖到第 $t+1$ 代,其个体数目为

$$m(H, t+1) = (1+c)^t \cdot m(H, 0) \tag{10.8}$$

式(10.8)表明,在种群平均值以上的模式将按指数增长的方式被复制。

下面讨论交叉对模式 $H$ 的影响。例如,对串 $A$ 分别在下面指定点上与 $H_1$ 模式和 $H_2$ 模式进行交叉:

$A$    0111000

$H_1$    *1****0   $\left(\text{被破坏概率:}\frac{\delta(H)}{L-1} = \frac{5}{7-1} = \frac{5}{6}, \text{生存率:} 1/6\right)$

$H_2$    ***10**   $\left(\text{被破坏概率:}\frac{\delta(H)}{L-1} = \frac{1}{7-1} = \frac{1}{6}, \text{生存率:} 5/6\right)$

显然 $A$ 与 $H_1$ 交叉后,$H_1$ 被破坏,而与 $H_2$ 交叉时,$H_2$ 不被破坏。一般地,模式 $H$ 被破坏的概率为 $\frac{\delta(H)}{L-1}$,故交叉后模式 $H$ 生存的概率为 $1 - \frac{\delta(H)}{L-1}$。

考虑到交叉本身是以随机方式进行的,即以概率 $P_c$ 进行交叉,故对于模式 $H$ 的生存概率可用下式表示:

$$P_s = 1 - P_c \frac{\delta(H)}{L-1} \tag{10.9}$$

这表明模式定义距 $\delta(H)$ 的大小对模式的存亡有很大影响,$\delta(H)$ 越大,$H$ 存活的可能性越小。

下面再考察变异操作对模式的影响。变异操作是以概率 $P_m$ 随机地改变一个位上的值,为了使得模式 $H$ 可以生存下来,所有特定的位必须存活。因为单个等位基因存活的概率为 $1 - P_m$,并且由于每次变异都是统计独立的,因此当模式 $H$ 中 $O(H)$ 个确定位都存活时,这时模式 $H$ 才能被保留下来,存活概率为

$$(1 - P_m)^{O(H)} \approx 1 - O(H) \cdot P_m (\Theta P_m \ll 1) \tag{10.10}$$

式(10.10)表明,模式的阶 $O(H)$ 越低,模式 $H$ 存活的可能性越大。

由此我们可得到:

$$m(H, t+1) = m(H, t) \frac{f(H)}{\bar{f}} \left[ 1 - P_c \frac{\delta(H)}{L-1} - O(H) P_m \right] \tag{10.11}$$

式(10.11)是遗传算法的基本理论公式,它说明所有长度短、阶次低、平均适应度高于群体平均适应度的模式 $H$ 在遗传算法中呈指数形式增长。相反,凡是长度长、阶次高、平均适应度低于群体平均适应度的模式将呈指数形式衰减。这个结论很重要,以至于人们称之为模式定理(Schema Theorem)。模式定理深刻地阐明遗传算法中发生"优胜劣汰"的原因。在遗传过程中能存活的模式都是定义距短、阶次低、平均适应度高于群体平均适应度的优良模式。遗传算法正是利用这些优良模式逐步进化到最优解。

### 4. 积木块假设

遗传算法通过短定义距、低阶以及高适应度的模式(积木块),在遗传操作作用下相互结

合,最终接近全局最优解。满足这个假设的条件有两个：①表现型相近的个体基因型类似；②遗传因子间相关性较低。

积木块假设(Building Block Hypothesis)指出,遗传算法具备寻找全局最优解的能力,即积木块在遗传算子作用下,能生成低阶、短定义距、高平均适应度的模式,最终生成全局最优解。

模式定理存在以下缺点：模式定理只对二进制编码适用；模式定理只是指出具备什么条件的木块会在遗传过程中按指数增长或衰减,无法据此推断算法的收敛性；没有解决算法设计中控制参数选取问题。

## 10.2.4　遗传算法的改进

### 1. 编码

根据模式定理,二进制编码具有明显的优越性。因为二进制字符串所表达的模式多于十进制,在执行交叉及变异时可以有更多的变化。近年来,遗传算法中常常采用格雷码(Gray Code)。格雷码是一种循环的二进制字符串,它与普通二进制数的转换如下式所示(由标准二进制码 $a_i$ 转换到格雷码 $b_i$)：

$$b_i = \begin{cases} a_i, & i=1 \\ a_{i-1} \oplus a_i, & i>1 \end{cases} \tag{10.12}$$

其中,$\oplus$ 表示以 2 为模的加运算。

相邻两个格雷码只有一个字符的差别。通常,相邻两个二进制字符串中字符不同的数目称作海明距离(Hamming Distance)。格雷码的海明距离总是 1。这样,在进行变异操作时,格雷码某个字符的突变很有可能使字符串变为相邻的另一个字符串,从而实现顺序搜索,避免无规则的跳跃式搜索。有人做过试验,采用格雷码后遗传算法的收敛速度只提高 $10\%\sim20\%$,作用不明显,但有人宣称格雷码能明显提高收敛速度。

### 2. 适应度

在遗传算法初始阶段,各个个体的性态明显不同,其适应度大小差别很大。个别优良个体的适应度有可能远远高于其他个体,从而增加被选择的次数。反之,个别适应度很低的个体,尽管本身含有部分有利的基因,但却会被过早舍弃。这种不正常的取舍对于个体数目不多的群体尤为严重,会把遗传算法的搜索引向误区,过早地收敛于局部最优解。这时,需要将适应度按比例缩小,减少群体中适应度的差别。另外,当遗传算法进行到后期,群体逐渐收敛,各个个体的适应度差别不大,为了更好地优胜劣汰,希望适当地放大适应度,突出个体之间的差别。无论是缩小还是放大适应度,都可用下式变换适应度：

$$f' = af + b \tag{10.13}$$

其中,$f'$ 为缩放后的适应度；$f$ 为缩放前的适应度；$a$、$b$ 为系数。

此为线性缩放,调整适应度的另一种方法是方差缩放技术,它根据适应度的离散情况进行缩放。对于适应度离散的群体,调整量要大一些。反之,调整量减少。具体调整方法如下：

$$f' = f + (\bar{f} - C\delta) \tag{10.14}$$

其中，$\bar{f}$ 为适应度的均值；$\delta$ 为群体适应度的标准差；$C$ 为系数。

也有人建议采用指数缩放方法，即：

$$f' = f^k \tag{10.15}$$

上述调整适应度的各种方法目的都是修改各个体性能的差距，以便体现"优胜劣汰"的原则。例如，如果我们想多选择一些优良个体进入下一代，则尽量加大适应度之间的差距。

### 3. 混合遗传算法

梯度法、模拟退火法等一些优化算法具有很强的局部搜索能力，另外含有问题相关的启发知识的启发式算法的运行效率也比较高。如果融合这些优化方法的思想，构成一个新的混合遗传算法(Hybrid GA)，将是提高遗传算法运行效率和求解质量的一个有效手段。目前，混合遗传算法体现在两个方面：一是引入局部搜索过程；二是增加编码变叉操作过程。

# 10.3　进化规划

1962 年，美国的福格尔(L. J. Fogel)首先提出进化规划(Evolutionary Programming，EP)，当时并未得到足够的重视。30 多年后，其子大卫·福格尔(D. B. Fogel)改善了这种方法，从而使进化规划作为进化算法的一个分支得以广泛应用。1992 年在美国圣迭戈举行第一届进化规划年度会议(First Annual Conference on Evolutionary Programming)，以后每年举行一次。

## 10.3.1　标准进化规划及其改进

进化规划用传统的十进制实数表达问题。在标准进化规划(Standard EP，SEP)中，个体的表达形式为

$$x'_i = x_i + \sqrt{f(X)}\,N_i(0,1) \tag{10.16}$$

其中，$x_i$ 表示旧个体 $X$ 的第 $i$ 个分量；$x'_i$ 表示新个体 $X'$ 的第 $i$ 个分量，$f(X)$ 表示旧个体 $X$ 的适应度；$N_i(0,1)$ 是针对第 $i$ 分量发生的随机数，它服从标准正态分布。

式(10.16)表明，新个体是在旧个体的基础上添加一个随机数，随机数的大小与个体的适应度有关：适应度大的个体随机数也大。

根据这种表达方式，进化规划首先产生 $\mu$ 个初始个体，变异出 $\mu$ 个新个体，再从 $\mu$ 个旧个体及 $\mu$ 个新个体($2\mu$ 个个体)中根据适应度挑选出 $\mu$ 个个体，组成新群体。如此反复迭代，直至得到满意结果。进化规划的工作流程类似于遗传算法，同样经历产生初始群体→变异→计算个体适应度→选择→组成新群体，然后反复迭代，一代一代地进化，直至达到最优解。应该指出，进化规划没有交叉算子，它的进化主要依赖变异。在标准进化规划中这种变异十分简单，它只需参照个体适应度添加一个随机数。很明显，标准进化规划在进化过程中的自适应调整功能主要依靠适应度 $f(X)$ 实现。

**算法 10.2　标准进化规划。**

初始群体(产生 $\mu$ 个初始个体)

**LOOP** until 得到满意结果

　　**FOR** 群体中所有个体

　　　　变异出 $\mu$ 个新个体

　　**END FOR**

　　从 $\mu$ 个旧个体及 $\mu$ 个新个体($2\mu$ 个个体)中,根据适应度挑选出 $\mu$ 个个体,组成新群体

**END** loop

**NOW** 得出最佳解决方案

为了增加进化规划在进化过程中的自适应调整功能,人们在变异中添加方差的概念。在进化规划中,个体的表达采用下述方式:

$$\begin{cases} x'_i = x_i + \sqrt{\sigma_i}\,N_i(0,1) \\ \sigma'_i = \sigma_i + \sqrt{\sigma_i}\,N_i(0,1) \end{cases} \tag{10.17}$$

其中,$\sigma_i$ 为旧个体第 $i$ 个分量的标准差;$\sigma'_i$ 为新个体第 $i$ 个分量的标准差。

从式(10.17)可以看出,新个体也是在旧个体的基础上添加一个随机数,该随机数取决于个体的方差,而方差在每次进化中也进行自适应调整。这种进化方式已成为进化规划的主要手段,被称为元进化规划(Meta EP,MEP)。还有人使用下述方式来进行个体的变异操作:

$$\begin{cases} x'_i = x_i + \eta_i N_i(0,1) \\ \eta'_i = \eta_i \exp(\tau' N(0,1) + \tau N_i(0,1)) \end{cases} \tag{10.18}$$

其中,$\tau'$ 通常设为 $(\sqrt{2n})^{-1}$;$\tau$ 通常设为 $(\sqrt{2\sqrt{n}})^{-1}$;$n$ 为个体中所含分量的个数。这种方法称为经典进化规划(Classical EP,CEP)。

Yao X. 提出了一种快速进化规划(Fast EP,FEP)。即使用柯西变异代替高斯变异:

$$\begin{cases} x'_i = x_i + \eta_i \delta_i \\ \eta'_i = \eta_i \exp(\tau' N(0,1) + \tau N_i(0,1)) \end{cases} \tag{10.19}$$

其中,$\delta_i$ 为 $t=1$ 的柯西随机数。

柯西分布的密度函数为

$$f_t(x) = \frac{1}{\pi} \frac{t}{t^2 + x^2} \tag{10.20}$$

其中,$t$ 为缩放系数。

相应的分布函数为

$$F_t(x) = \frac{1}{2} + \frac{1}{\pi} \arctan\left(\frac{x}{t}\right) \tag{10.21}$$

理论分析和实验都证明,柯西变异在当前搜索位置离全局最优很远时表现更佳(见图 10.3)。从概率密度函数看,柯西分布类似正态分布,但在垂直方向上的分布较小,而在水平方向上的分布越靠近水平轴变得越宽,可视作是无限的。因此,采用柯西分布进行变异,使个体的变化更宽广,更容易跳出局部最优解。当然,柯西分布的中央部分较小又是它的一个弱点。

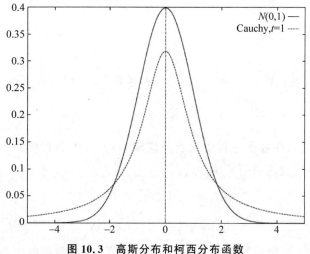

**图 10.3 高斯分布和柯西分布函数**

## 10.3.2 进化规划的基本技术

**1. 编码**

和其他进化算法一样,进化规划也是一种反复迭代、不断进化的过程。进化规划采用十进制的实型数表达问题。每个个体的目标变量 $X$ 可以有 $n$ 个分量,即 $X = (x^1, x^2, \cdots, x^n)$。相应地,每个个体的控制因子 $\sigma_i$ 和 $x_i$ 是一一对应的,$n$ 个 $x_i$ 要有 $n$ 个 $\sigma_i$。由 $X$ 和 $\sigma$ 组成的二元组 $(X, \sigma)$ 是进化规划最常用的表达形式。

**2. 产生初始群体**

进化规划从可行解中随机选择 $\mu$ 个个体,作为进化算法的出发点。

**3. 计算适应度**

进化规划采用十进制实数表达问题,计算适应度简单、直观。

**4. 变异**

变异是进化规划产生新群体的唯一方法,不采用交叉算子。

在 SEP 中,若个体 $X$ 的适应度 $f(x)$ 很大,直接用 $f(x)$ 乘 $N_i(0,1)$ 会使 $x_i'$ 远离 $x_i$,在算法的后期无法平稳收敛。为此,采用 $\sqrt{f(x)}$ 或按比例缩小的方法变换适应度。不过,即使采用 $\sqrt{f(x)}$,目标变量 $X$ 的变动还是比较剧烈,很难准确地收敛在最优点上,这是标准进化规划的致命弱点。对于 MEP,这种进化规划增加一个控制因子——方差,它使 $x$ 可以在小范围内变动,有利于算法的收敛。需要使方差大于 0。为此要经常检查,及时予以纠正,即

**IF** $\sigma_i <= 0$

**THEN** $\sigma_i = \xi$

其中,$\xi$ 为大于 0 的数值。

**5. 选择**

进化规划中没有交叉算子,变异之后便执行选择。在进化规划中,新群体的个体数目 $\lambda$ 又等于旧群体的个体数目 $\mu$,即 $\lambda=\mu$。选择便是在 $2\mu$ 个个体中选择 $\mu$ 个个体,组成新群体。进化规划的选择采用随机型的 $q$ 竞争选择法。在这种选择方法中,为了确定某个个体 $i$ 的优劣,我们从新、旧群体的 $2\mu$ 个个体中任选 $q$ 个个体,组成测试群体。然后将个体的适应度与 $q$ 个个体的适应度进行比较,记录个体 $i$ 优于 $q$ 个个体的次数,此数便是个体 $i$ 的得分 $W_i$。上述得分测试分别对 $2\mu$ 个个体进行,每次测试时重新选择 $q$ 个个体组成新的测试群体。最后,按个体的得分选择分值高的 $\mu$ 个个体组成下一代新群体。

$q$ 竞争选择法是一种随机选择,总体上讲,优良个体入选的可能性较大。但是测试群体 $q$ 每次都是随机选择的,当 $q$ 个个体都不是很好时,有可能使较差的个体因得分高而入选。这正是随机选择的本意。$q$ 竞争选择法中 $q$ 的大小是一个重要参数。若 $q$ 很大,设 $q=2\mu$,则选择变为确定性选择。反之,若 $q$ 很小,则选择的随机性太大,不能保证优良个体入选。通常 $q$ 可取 $0.92\mu$。

**6. 终止**

进化规划在进化过程中,每代都执行变异、计算适应度、选择等操作,不断反复执行,使群体素质得到改进,直至取得满意的结果。进化规划的终止准则有最大进化代数、最优个体与期望值的偏差、适应度的变化趋势、最优适应度与最差适应度之差等。

# 10.4 进化策略

1963 年,德国柏林技术大学的雷兴贝格(I. Rechenberg)和施韦费尔(H. P. Schwefel)为了研究风洞中的流体力学问题,提出了进化策略(Evolution Strategies,ES)。当时提出的这种优化方法只有一个个体,并由此衍生同样仅为一个的下一代新个体,故称为(1+1)-ES。

## 10.4.1 进化策略及其改进

**1.（1+1）-ES**

进化策略中的个体用十进制实型数表示,即 $X^{t+1}=X^t+N(0,\sigma)$,其中 $X^t$ 为第 $t$ 代个体的数值,$N(0,\sigma)$ 为服从正态分布的随机数,均值为 0,标准差为 $\sigma$。因此,进化策略中的个体含有两个变量,为二元组 $<X,\sigma>$。若新个体的适应度优于旧个体,则用新个体代替旧个体;否则舍弃性能欠佳的新个体,重新产生下一代新个体。在进化策略中,个体这种进化方式称作变异。很明显,变异产生的新个体与旧个体性态差别不大,这符合生物进化的基本状况:生物的微小变化多于急剧变化。

（1+1）-ES 仅仅使用一个个体,进化操作只有变异一种,亦即用独立的随机变量修正旧个体,以求提高个体素质。

**2.（$\mu$+1）-ES**

早期的(1+1)-ES 没有体现群体的作用,只是单个个体在进化,具有明显的局限性。随后,雷兴贝格又提出($\mu$+1)-ES,在这种进化策略中,父代有 $\mu$ 个个体($\mu>1$),并且引入重组算子,使父代个体组合出新的个体。在执行重组时,从 $\mu$ 个父代个体中用随机的方法任选两个个体,然后从这两个个体中组合新个体(均匀交叉)。对重组产生的新个体执行变异操作,变异方式及 $\sigma$ 的调整与 $(1+1)-ES$ 相同。将变异后的个体与父代 $\mu$ 个个体相比较,若优于父代最差个体,则代替后者成为下一代种群的新成员;否则重新执行重组和变异产生另一新个体,如此循环。

$(\mu+1)-ES$ 和 $(1+1)-ES$ 都只产生一个新个体,$(\mu+1)-ES$ 使用了群体搜索策略,增添了重组算子,从父代继承信息构成新个体,$(\mu+1)-ES$ 有了明显的改进。

**3. $(\mu+\lambda)-ES$ 和 $(\mu,\lambda)-ES$**

1975 年,施韦费尔首先提出 $(\mu+\lambda)-ES$,随后又提出 $(\mu,\lambda)-ES$。这两种进化策略都采用含有 $\mu$ 个个体的父代群体,并通过重组和变异产生 $\lambda$ 个新个体。它们的差别仅仅在于下一代群体的组成。$(\mu+\lambda)-ES$ 在原有 $\mu$ 个个体及新产生的 $\lambda$ 个新个体中(共 $\mu+\lambda$ 个个体)再择优选择 $\mu$ 个个体作为下一代群体。$(\mu,\lambda)-ES$ 则是只在新产生的 $\lambda$ 个新个体中择优选择 $\mu$ 个个体作为下一代群体,这时要求 $\lambda>\mu$。总之,在选择子代新个体时,若需要根据父代个体的优劣进行取舍,则使用"+"号,如 $(1+1)$、$(\mu+1)$、$(\mu+\lambda)$;否则,改用逗号分隔,如 $(\mu,\lambda)$。

这两种进化策略中,都采用重组、变异、选择三种算子,其中重组算子类似于 $(\mu+\lambda)-ES$,而变异算子有了新的发展,标准差 $\sigma$ 可自适应地调整,即:

$$\begin{cases} \sigma' = \sigma \cdot e^{N(0,\Delta\sigma)} \\ X' = X + N(0,\sigma') \end{cases} \tag{10.22}$$

其中,$(X,\sigma)$ 为父代个体;$(X',\sigma')$ 为子代新个体;$N(0,\sigma')$ 为独立的服从正态分布的随机变量,其均值为 0,标准差为 $\sigma'$。近年来,$(\mu,\lambda)-ES$ 得到了广泛的应用,这是由于这种进化策略使每个个体的寿命只有一代,更新进化很快,特别适合于目标函数有噪声干扰或优化程度明显受迭代次数影响的问题。

## 10.4.2 进化策略的基本技术

鉴于进化规划与进化策略十分相似,并且随着进化计算的发展,此二者之间的差距逐渐缩小,在此仅叙述适应度的计算、重组、变异、选择。

**1. 计算**

进化策略中对于约束条件的处理,主要是采用重复试凑法。每当新个体生成,将其代入约束条件中检验是否满足约束条件。若满足,则接纳新个体;否则舍弃该新个体,借助重组、变异,再产生另一个新个体。由于进化策略采用实数编码,这种检验比较直观和简单易行。

当采用 $(\mu,\lambda)-ES$ 时,旧群体不参加选择,因此初始个体可以略去适应度计算,直接执行重组、变异等操作,然后再计算新群体的适应度。然而对于 $(\mu+\lambda)-ES$,旧群体参与选择,则需要计算初始群体的适应度。

**2. 重组**

进化策略中的重组算子相当于遗传算法的交叉,它们都是以两个父代个体为基础进行信息交换。进化策略中,重组方式主要有三种:离散重组(均匀交叉)、中值重组、混杂

(Panmictic)重组。

离散重组先随机选择两个父代个体,然后将其分量进行随机交换,构成子代新个体的各分量。

中值重组先随机选择两个父代个体,然后将父代个体各分量的平均值作为子代新个体的分量,这时新个体的各个分量兼有两个父代个体信息。

混杂重组的特点在于父代个体的选择上。混杂重组时先随机选择一个固定的父代个体,然后针对子代个体每个分量再从父代群体中随机选择第二个父代个体。也就是说,第二个父代个体是经常变化的。至于父代两个个体的组合方式,既可以采用离散方式,也可以采用中值方式,甚至可以把中值重组中的 1/2 改为[0,1]的任一权值。

**3. 变异**

可参见 EP 的变异,与 EP 不同的是,有的 ES 会引入旋转因子。

**4. 选择**

进化策略中的选择是确定型操作,严格根据适应度的大小,将劣质个体完全淘汰。选择中不采用轮盘法,而是将优良个体全部保留,劣质个体全部淘汰。这是进化策略不同于遗传算法的主要特征之一。

进化策略的选择有两种:一为$(\mu+\lambda)$选择;二为$(\mu,\lambda)$选择。粗略地看,似乎$(\mu+\lambda)$选择更好,它可以保证最优个体存活,使群体的进化过程呈单调上升趋势。但是,深入分析后发现$(\mu+\lambda)$选择具有下述缺点。

(1) $(\mu+\lambda)$选择保留旧个体,它有时会是过时的可行解,妨碍算法向最优方向发展。$(\mu,\lambda)$选择全部舍弃旧个体,使算法始终从新的基础上全方位进化。

(2) $(\mu+\lambda)$选择保留旧个体,有时是局部最优解,从而误导进化策略收敛于次优解而不是最优解。$(\mu,\lambda)$选择舍弃旧的优良个体,容易进化至全局最优解。

(3) $(\mu+\lambda)$选择在保留旧个体的同时,也将进化参数 $\sigma$ 保留下来,不利于进化策略中的自适应调整机制。$(\mu,\lambda)$选择则恰恰相反,可促进这种自适应调整。

**5. 终止**

终止准则可参照遗传算法的终止准则。针对进化策略,施韦费尔提出用最优个体和最差个体之比较来决定算法是否终止。一旦最优适应度与最差适应度的差值小于某阈值,令算法终止。

# 10.5 GA、EP、ES 的异同

## 10.5.1 GA、ES 的异同

### 1. 相同

GA 和 ES 都是从随机产生的初始可行解出发,经过进化择优,逐渐逼近最优解的。另外,两者都是渐进式搜索寻优,经过多次的反复迭代,不断扩展搜索范围,最终找出全局最优解。两种进化算法都采用群体的概念。同时驱动多个搜索点,体现并行算法的特点。此外,两种算法在自适应搜索、有指导的搜索、全局式寻优、黑箱结构等方面都很相似。

**2. 差别**

(1) 表达方式的差别。进化策略采用十进制的实型数表达问题,便于处理连续的优化计算类课题。遗传算法常采用二进制编码表达问题,更适合处理离散型问题。进化策略源于函数优化处理,它是一种类似于爬山问题的优化方法。遗传算法起源于自适应搜索,强调全方位探查。

(2) 算子的差别。进化策略的重组算子不仅可以复制父代个体的部分信息,还可以通过中值计算产生新的信息。变异是进化策略和遗传算法都采用的算子名称,然而实际应用上有明显差别。进化策略的变异是在旧个体基础上添加一个正态分布的随机数,从而产生新个体。此外,变异是进化策略的主要进化手段,每个新个体都经历变异。在遗传算法中,仅仅某些个体的个别位发生变异,它不如复制、交叉那样重要。

(3) 选择是进化策略和遗传算法差别最明显的一种操作。进化策略从 $\lambda$ 个新个体或从 $\lambda+\mu$ 个个体中挑选 $\mu$ 个个体组成新群体,而且挑选方法是确定型的。遗传算法的选择体现在复制中,它从旧群体中择优插入新群体,而且挑选方法是随机的轮盘法,优良个体入选概率高。

(4) 执行顺序的差别。进化策略的进化顺序是先执行重组,随之为变异,最后才是选择。遗传算法最先执行选择及复制,其次为交叉,最后是变异。进化策略的重组和变异都是针对同一旧个体依次进行的。遗传算法的交叉和变异不一定会发生在同一旧个体上。

**3. 相互借鉴**

进化策略和遗传算法作为进化算法的两个分支,是独立出现及平行发展的,在长期实践中它们又相互借鉴,不断完善。在问题的表达方式上,遗传算法已从原来的二进制编码扩展为用十进制实数表达问题,并相应改变变异等算子。在算子方面,最早的进化策略只有变异算子,然后才添加重组算子。对于变异算子,遗传算法不如进化策略那样重视,通常变异概率 $P_m$ 的取值都很小,近年来不少人提高变异概率。遗传算法的交叉算子也有向进化策略的重组算子靠拢的迹象。在参数的自适应调整方面,进化策略的这一特征也开始渗透到遗传算法中。例如,遗传算法中的群体规模、变异概率已不再是常数,它们可随时间而变化。

## 10.5.2 EP 和 ES 的异同

进化规划和进化策略分别在美国和德国单独出现,随后又各自平行发展。这两种进化算法既有差别又有相似。进化规划和进化策略的差别主要表现在:进化规划没有重组算子,只依靠变异产生新个体。进化策略采用重组和变异两种手段产生新个体。关于重组和变异的作用一直存在争论,有人强调变异的作用,有人重视重组,还有人主张兼容二者。随着二者的不断发展,进化策略与进化规划的差异逐渐不明显。

# 10.6 小结

本章介绍了进化算法的基本流程和特点,然后介绍了遗传算法、进化规划、进化策略的基本原理和改进方法,对其理论依据和使用的基本技术进行了阐述,最后讨论了这三种进化算法的共同点和不同点。

进化算法的核心思想源于这样的基本认识：生物进化过程（从简单到复杂、从低级向高级）本身是一个自然的、并行发生的、稳健的优化过程。这个优化过程的目标是对环境的自适应性，生物种群通过"优胜劣汰"及遗传变异来达到进化。依据达尔文的自然选择和孟德尔的遗传变异理论，生物的进化是通过繁殖、变异、竞争和选择这四种基本形式实现的。因而，如果把待解决的问题理解为对某个目标函数的全局优化，那么进化计算即是建立在模拟上述生物进化过程基础上的随机搜索优化技术。根据这个观点，遗传算法、进化规划和进化策略等均可解释为进化计算的不同执行策略，分别从基因的层次和种群的层次实现对生物进化的模拟。

由于具有鲜明的生物背景和适用于任意函数类等特点，因此进化计算自 20 世纪 60 年代中期以来引起了普遍关注，并被广泛应用于机器学习、程序自动生成、专家系统的知识库维护等超大规模、高度非线性、不连续、多峰函数的优化。

进化作为从生命现象中抽取的重要的自适应机制已经为人们所普遍认识和广泛应用，然而现有的进化模型存在共同的不足，即未能很好地反映一个普遍存在的事实：大多数情况下，整个系统复杂的自适应进化过程事实上是多个子系统局部相互作用的协同进化过程，也就是说，是大规模协同动力学系统，人们对此了解甚少，而以前的工作大多从算法的角度认识问题，因此对进化计算的认识机理了解还不多。如何反映进化的多样性、多层次性、系统性、自适应性、自组织过程、相变与混沌机理等是有待解决的问题，也是真正了解进化机理的困难和关键所在。

## 习题

**10.1** 解释格雷编码并说明其相对于二进制编码的优势。

**10.2** 简述遗传算法、进化规划和进化策略的不同。

**10.3** 使用进化算法解决问题，是否需要知道确切的目标函数？解释你的答案。

**10.4** 试述遗传算法的求解步骤。

**10.5** 试解释模式定理。

**10.6** 随机初始化的群体是否总是产生有效的解？

**10.7** 实现 GA 最小化函数 $f(x_1, x_2) = x_1^2 + x_2$，$-1024 \leqslant x_i \leqslant 1023$，要求使用二进制编码、单点交叉、赌轮选择法。

**10.8** 实现 CEP 和 FEP。

**10.9** 在变异操作时，变异后的值超过了范围怎么办？如何避免这个问题？

# 第11章

# 模 糊 计 算

1965 年,扎德(L. A. Zadeh)发表的著名论文《模糊集合》在科学界引发了爆炸性的反响,这篇文章的出现被认为是模糊集合论(Fuzzy Set)的诞生标志。随后,他又将模糊集合论应用于近似推理方面,形成了可能性理论。近似推理的基础是模糊逻辑,建立在模糊集合论的基础之上,是一种处理不精确描述的软计算。

本章将简要介绍模糊集合的基本概念、运算法则、模糊逻辑推理和模糊判决等,这些内容构成模糊逻辑的基础知识。简言之,模糊计算就是以模糊逻辑为基础的计算。

## 11.1　模糊集合的概念

在经典集合中,论域中的任何元素,或者属于某一集合,或者不属于该集合,两者必居且仅居其一。然而在现实世界中,有许多概念并无明确的外延,例如"天气好""山高""水清"等都是模糊的概念。由于模糊概念无法简单地用属于或者不属于来描述,即无法用经典集合来描述,所以只能通过属于的程度来刻画。进一步说,论域中的元素符合某一概念不能简单地用$\{0,1\}$表示,而要借助介于 0～1 的实数表示。

### 11.1.1　模糊集合的定义

**定义 11.1**　设 $x$ 为论域 $U$ 中的元素,$A$ 为 $U$ 上的逻辑子集,若

$$A = \{\mu_A(x)/x, x \in U\} \tag{11.1}$$

则称 $\mu_A(x)$ 为 $A$ 的隶属函数,它满足:

$$\mu_A : U \to M \tag{11.2}$$

这里,$M$ 称为"隶属空间"。

最常见的隶属空间为区间$[0,1]$。由定义可以推出,模糊集合实际上是论域 $U$ 到隶属空间 $M$ 的一个映射。

隶属函数 $u_A(x)$ 用于刻画元素 $x$ 对模糊集合 $A$ 的隶属程度,即"隶属度"。所以模糊集合 $A$ 的每个元素 $\mu_A(x)/x$ 都能明确地表示出 $x$ 的隶属等级。$\mu_A(x)$ 的值越大,$x$ 的隶属程度就越高。

当隶属函数 $\mu_A(x)$ 的值域为集合 $\{0,1\}$ 时,模糊集合 $A$ 就退化为经典集合,隶属函数等同于特征函数。由此可知,经典集合是模糊集合的特例,模糊集合是经典集合的扩展。

## 11.1.2 模糊集合的表示方法

集合 $U=\{x_1,x_2,x_3,x_4\}$ 表示宿舍的 4 名同学,用某种方法对他们的聪明程度做出的评价依次为 $0.51,0.64,0.87,0.75$。

### 1. 序偶表示法(也称向量表示法)

模糊集合 $A=\{(x_1,0.51),(x_2,0.64),(x_3,0.87),(x_4,0.75)\}$。

### 2. 扎德方法

当 $U$ 为可数集合时,即 $U=\{x_1,x_2,\cdots,x_n\}$,有:

$$U=\sum_{i=1}^{n}\mu_A(x_i)/x_i \tag{11.3}$$

当 $U$ 为无穷集合时,即 $U=\{x_1,x_2,\cdots\}$,有:

$$U=\sum_{i=1}^{\infty}\mu_A(x_i)/x_i \tag{11.4}$$

当 $U$ 为不可数集合时,有:

$$U=\int_U \mu_A(x_i)/x_i \tag{11.5}$$

注意,这里仅仅借用了算术符号 $\sum$、$/$ 和 $\int$,并不表示分式求和运算、除运算和积分运算,而只是描述 $A$ 中有哪些元素,以及各元素的隶属度值。

对于上例,用扎德方法记为

$$A=\frac{0.51}{x_1}+\frac{0.64}{x_2}+\frac{0.87}{x_3}+\frac{0.75}{x_4}$$

### 3. 隶属函数方法

当论域为实数集合中的某个区间时,有时将模糊集合的隶属函数用解析式表达很方便。

**例 11.1** 令 $R$ 为实数集合,$A$ 表示"比 10 大得多的实数",则:

$$A=\{(x,A(x))\mid x\in R\}$$

其中:

$$A(x)=\begin{cases}0, & x<10 \\ [1+(x-10)^{-2}]^{-1}, & x\geqslant 10\end{cases}$$

在模糊数学中,隶属函数的构造本身就具有一定的模糊性,所以目前还没得到较为科学的方法,但是在实际的应用中,已经提出了不少方法。下面是常用的几种方法。

1) 例证法

例证法是扎德1972年首先提出的方法,其主要思想是:从已知的隶属值 $A(x)$ 中估计论域 $U$ 上的模糊集合 $A$ 的隶属函数。例如,当论域为"水",则 $A$ 是 $U$ 中的模糊集合"清水"。如何确定 $A(x)$ 呢? 当考虑"水清度为 $v$ 是否算清水"时,可分为"真""大致真""似真似假""大致假""假"5种选择,并且分别对应1、0.75、0.5、0.25、0。当水清度取不同样本值时,便可得到 $A(x)$ 的离散表示。

2) 模糊统计法

模糊统计法是用统计学的方法来确定隶属函数。其主要思想是:模糊数学的模糊性是一种不确定性,类似随机试验,因此可以通过模糊统计实验,然后得出一定的统计规律,即隶属频率的稳定性。

模糊统计实验的基本原理是:设 $A$ 是论域 $U$ 中的模糊集合,现考虑 $x \in U$ 对模糊集合 $A$ 的隶属度。假设进行了 $n$ 次模糊统计实验,其中有 $m$ 次 $x \in A$,则 $m$ 与 $n$ 之比称为 $x$ 对模糊集合 $A$ 的隶属频率,即 $\mu_n(A) = m/n$。事实证明,随着实验次数 $n$ 的增加,$x$ 对 $A$ 的隶属频率将趋于稳定。这个稳定值可以作为 $x$ 对模糊集合 $A$ 的隶属度 $A(x)$,即 $A(x) = \lim\limits_{n \to \infty} \mu_n(A)$。

3) 蕴涵解析定义法

它是根据微积分的理论来确定隶属函数。假设隶属函数是连续可微的,则可用微分的方法来计算 $A(x)$。

4) 二元对比法

采用对比的方法来确定隶属值,常用于实际工作中不易量化的指标。例如,对于在"人"论域中考虑"聪明"模糊集合 $A$,若 $x_1$ 较 $x_2$ 聪明,则规定 $A(x_1) > A(x_2)$。这种方法根据具体问题可分为比较法、对比平均法、择优比较法和优先关系定序法。

5) 三分法

三分法类似于模糊统计法,也是用随机区间的思想来处理模糊性的实验模型。

6) 模糊分布法

在模糊数学中已经针对有关的变量建立了一些隶属函数,我们可以根据所研究的问题,选择其中的某个分布作为隶属函数。

下面给出实数集上常见的三类隶属函数。

(1) 偏小型。

$$\mu_A(x) = \begin{cases} \{1 + [a(x-c)]^b\}^{-1}, & x > c \\ 1, & x \leqslant c \end{cases}$$

其中,$c \in U$ 是任一点;$a$ 和 $b$ 是两个大于零的参数($a > 0$,$b > 0$),如图11.1所示。

常用的偏小型隶属函数如下。

① 降半矩形分布。

$$\mu_A(x) = \begin{cases} 1, & x \leqslant a \\ 0, & x > a \end{cases}$$

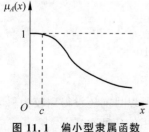

图 11.1  偏小型隶属函数

② 降半 $\Gamma$ 形分布。

$$\mu_A(x) = \begin{cases} 1, & x \leqslant a \\ \mathrm{e}^{-k(x-a)}, & x > a, k > 0 \end{cases}$$

③ 降半正态分布。

$$\mu_A(x) = \begin{cases} 1, & x \leqslant a \\ \mathrm{e}^{-k(x-a)^2}, & x > a, k > 0 \end{cases}$$

④ 降半柯西分布。

$$\mu_A(x) = \begin{cases} 1, & x \leqslant b \\ 1/[1+a(x-b)^c], & x > b, a > 0, c > 0 \end{cases}$$

⑤ 降半梯形分布。

$$\mu_A(x) = \begin{cases} 1, & x \leqslant a \\ (b-x)/(b-a), & a < x \leqslant b \\ 0, & x > b \end{cases}$$

⑥ 降岭形分布。

$$\mu_A(x) = \begin{cases} 1, & x \leqslant a \\ \dfrac{1}{2} - \dfrac{1}{2}\sin\dfrac{\pi}{b-a}\left(x - \dfrac{a+b}{2}\right), & a < x \leqslant b \\ 0, & x > b \end{cases}$$

（2）偏大型。

$$f(x) = \begin{cases} 0, & x < c \\ \{1+[a(x-c)]^{-b}\}^{-1}, & x \geqslant c \end{cases}$$

其中，$c \in U$ 是任一点；$a$ 和 $b$ 是两个大于零的参数（$a > 0, b > 0$），如图 11.2 所示。

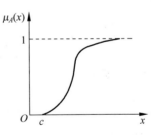

图 11.2 偏大型隶属函数

常用的偏大型隶属函数如下。

① 升半矩形分布。

$$\mu_A(x) = \begin{cases} 0, & x \leqslant a \\ 1, & x > a \end{cases}$$

② 升半 $\Gamma$ 形分布。

$$\mu_A(x) = \begin{cases} 0, & x \leqslant a \\ 1 - \mathrm{e}^{-k(x-a)}, & x > a, k > 0 \end{cases}$$

③ 升半正态分布。

$$\mu_A(x) = \begin{cases} 0, & x \leqslant a \\ 1 - \mathrm{e}^{-k(x-a)^2}, & x > a, k > 0 \end{cases}$$

④ 升半柯西分布。

$$\mu_A(x) = \begin{cases} 0, & x \leqslant b \\ 1/[1+a(x-b)^c], & x > b, a > 0, c > 0 \end{cases}$$

⑤ 升半梯形分布。

$$\mu_A(x)=\begin{cases}0, & x\leqslant a\\ (x-a)/(b-a), & a<x\leqslant b\\ 1, & x>b\end{cases}$$

⑥ 降岭形分布。

$$\mu_A(x)=\begin{cases}0, & x\leqslant a\\ \dfrac{1}{2}-\dfrac{1}{2}\sin\dfrac{\pi}{b-a}\Big(x-\dfrac{a+b}{2}\Big), & a<x\leqslant b\\ 1, & x>b\end{cases}$$

（3）中间型。

$$f(x)=e^{-k(x-c)^2}$$

其中，$c\in U$；$k$ 是大于零的参数$(k>0)$，如图 11.3 所示。

常用的中间型隶属函数如下。

① 矩形分布。

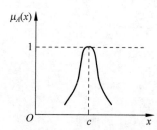

图 11.3　中间型隶属函数

$$\mu_A(x)=\begin{cases}0, & x\leqslant a-b\\ 1, & a-b<x\leqslant a+b\\ 0, & x>a+b\end{cases}$$

② 尖 Γ 分布。

$$\mu_A(x)=\begin{cases}e^{k(x-a)}, & x\leqslant a\\ e^{-k(x-a)}, & x>a\end{cases}$$

③ 正态分布。

$$\mu_A(x)=e^{-k(x-a)^2}, \quad x>0$$

④ 柯西分布。

$$\mu_A(x)=1/[1+a(x-b)^c], \quad a>0, c \text{ 为正偶数}$$

⑤ 梯形分布。

$$\mu_A(x)=\begin{cases}0, & x\leqslant a-c\\ (c+x-a)/(c-b), & a-c<x\leqslant a-b\\ 1, & a-b<x\leqslant a+b\\ (c-x+a)/(c-b), & a+b<x\leqslant a+c\\ 0, & x\geqslant a+c\end{cases}$$

⑥ 岭形分布。

$$\mu_A(x)=\begin{cases}0, & x\leqslant -b\\ \dfrac{1}{2}+\dfrac{1}{2}\sin\dfrac{\pi}{b-a}\Big(x-\dfrac{a+b}{2}\Big), & -b<x\leqslant -a\\ 1, & -a<x\leqslant a\\ \dfrac{1}{2}-\dfrac{1}{2}\sin\dfrac{\pi}{b-a}\Big(x-\dfrac{a+b}{2}\Big), & a<x\leqslant b\\ 0, & x>b\end{cases}$$

**定义 11.2** 如果模糊集是论域 $U$ 中所有满足 $\mu_A(x)>0$ 的元素 $x$ 构成的集合,则称该集合为模糊集 $A$ 的支集。当 $x$ 满足 $\mu_A(x)=1.0$ 时,称此模糊集为模糊单点。

**定义 11.3** 一个语言变量可以定义为多元组 $(x,T(x),U,G,M)$,其中,$x$ 为变量名,$T(x)$ 为 $x$ 的词集,即语言名称的集合;$U$ 为论域;$G$ 是产生语言值名称的语法规则;$M$ 是与各语言值含义有关的语法规则。语言变量的每个语言值对应一个定义在论域 $U$ 中的模糊数。语言变量基本词集把模糊概念与精确值联系起来,实现对定性概念的量化以及定量数据的定性模糊化。

## 11.2 模糊集合的代数运算

模糊集合的代数运算事实上是相应的隶属函数进行特定的运算,并且由此得到新的隶属函数,从而确定出新的模糊集合,即运算结果。

**定义 11.4** 令 $A$、$B$ 为论域 $U$ 中的模糊集合,对于 $U$ 中任意元素 $x$:

(1) $A=\varnothing$,当且仅当 $\mu_A(x)\equiv0$;$A=U$,当且仅当 $\mu_A(x)\equiv1$。

(2) $A\subseteq B$,当且仅当 $\mu_A(x)\leqslant\mu_B(x)$。

(3) $A$ 与 $B$ 相等,当且仅当 $\mu_A(x)=\mu_B(x)$。

令 $A$、$B$ 为论域 $U$ 中的模糊集合,对于任意 $U$ 中元素 $x$:

① $A$ 与 $B$ 之并集,记作

$$A\bigcup B=\int_{x\in U}[A(x)\vee B(x)]/x$$

即模糊集合 $A\bigcup B$ 的隶属函数 $\mu_{A\cup B}(x)=\max(\mu_A(x),\mu_B(x))$,记作 $\mu_A(x)\vee\mu_B(x)$。

② $A$ 与 $B$ 之交集,记为

$$A\bigcap B=\int_{x\in U}[A(x)\wedge B(x)]/x$$

即模糊集合 $A\bigcap B$ 的隶属函数 $\mu_{A\cap B}(x)=\min(\mu_A(x),\mu_B(x))$,记作 $\mu_A(x)\wedge\mu_B(x)$。

③ $A$ 的补集(又称余集),记为

$$\overline{A}=\int_{x\in U}[1-A(x)]/x$$

即模糊集合 $\overline{A}$ 的隶属函数 $\mu_{\overline{A}}(x)=1-\mu_A(x)$ 或记为 $1-A(x)$。

**定义 11.5** 上述模糊集合并、交运算还可以推广至任意多个。设 $A_i$ 为模糊集合,且 $i\in I$($I$ 为某种下标集合),则有如下情况。

(1) 令 $A=\bigcup\limits_{i\in I}A_i$,则定义:

$$\mu_A(x)=\bigcup_{i\in I}\mu_{A_i}(x)$$

(2) 令 $A=\bigcap\limits_{i\in I}A_i$,则定义:

$$\mu_A(x)=\bigcap_{i\in I}\mu_{A_i}(x)$$

由模糊集合及其隶属度函数概念不难得出:

$$0\leqslant\mu_A(x)\vee\mu_B(x)\leqslant1$$
$$0\leqslant\mu_A(x)\wedge\mu_B(x)\leqslant1$$

$$0 \leqslant 1 - \mu_A(x) \leqslant 1$$

**例 11.2** 设 $A = \{x_1, x_2, x_3, x_4\}$ 为 4 人集合,$U$ 上的模糊集合 $A$ 表示"$x$ 是高个子",则:

$$A = \{(x_1, 0.6), (x_2, 0.5), (x_3, 1), (x_4, 0.4)\}$$

模糊集合 $B$ 表示"$x$ 是胖子",则:

$$B = \{(x_1, 0.5), (x_2, 0.6), (x_3, 0.3), (x_4, 0.4)\}$$

模糊集合"$x$ 或高或胖"为

$$A \bigcup B = \{(x_1, 0.6 \vee 0.5), (x_2, 0.5 \vee 0.6), (x_3, 1 \vee 0.3), (x_4, 0.4 \vee 0.4)\}$$
$$= \{(x_1, 0.6), (x_2, 0.6), (x_3, 1), (x_4, 0.4)\}$$

模糊集合"$x$ 又高又胖"为

$$A \bigcap B = \{(x_1, 0.6 \wedge 0.5), (x_2, 0.5 \wedge 0.6), (x_3, 1 \wedge 0.3), (x_4, 0.4 \wedge 0.4)\}$$
$$= \{(x_1, 0.5), (x_2, 0.5), (x_3, 0.3), (x_4, 0.4)\}$$

模糊集合"$x$ 个子不高"为

$$\overline{A} = \{(x_1, 1-0.6), (x_2, 1-0.5), (x_3, 1-1), (x_4, 1-0.4)\}$$
$$= \{(x_1, 0.4), (x_2, 0.5), (x_3, 0), (x_4, 0.6)\}$$

经典集合的许多运算特性对模糊集合也同样成立。

**定义 11.6** 设模糊集合 $A, B, C \in U$,则其并、交和补运算满足下列基本规律:

(1) 幂等律。

$$A \bigcup A = A, \quad A \bigcap A = A \tag{11.6}$$

(2) 交换律。

$$A \bigcup B = B \bigcup A, \quad A \bigcap B = B \bigcap A \tag{11.7}$$

(3) 结合律。

$$(A \bigcup B) \bigcup C = A \bigcup (B \bigcup C) \tag{11.8}$$
$$(A \bigcap B) \bigcap C = A \bigcap (B \bigcap C) \tag{11.9}$$

(4) 分配率。

$$A \bigcup (B \bigcap C) = (A \bigcup B) \bigcap (A \bigcup C) \tag{11.10}$$
$$A \bigcap (B \bigcup C) = (A \bigcap B) \bigcup (A \bigcap C) \tag{11.11}$$

(5) 吸收率。

$$A \bigcup (A \bigcap B) = A, \quad A \bigcap (A \bigcup B) = A \tag{11.12}$$

(6) 同一律。

$$A \bigcap E = A, \quad A \bigcup E = E$$
$$A \bigcap \varnothing = \varnothing, \quad A \bigcup \varnothing = A \tag{11.13}$$

其中,$\varnothing$ 为空集;$E$ 为全集,即 $\varnothing = \overline{E}$。

(7) 德摩根律(对偶律)。

$$\overline{A \bigcup B} = \overline{A} \bigcap \overline{B} \tag{11.14}$$
$$\overline{A \bigcap B} = \overline{A} \bigcup \overline{B} \tag{11.15}$$

（8）复原率。

$$\overline{\overline{A}} = A \tag{11.16}$$

（9）互补率不成立，即

$$\overline{A} \cup A \neq E, \quad \overline{A} \cap A \neq \varnothing \tag{11.17}$$

这些运算性质都可以直接通过它们的隶属度证明。下面以德摩根律中的第一式为例给出证明。

**证明：**

$$\begin{aligned}
(\overline{A \cup B})(x) &= 1 - (A \cup B)(x) \\
&= 1 - [\mu_A(x) \vee \mu_B(x)] \\
&= [1 - \mu_A(x)] \wedge [1 - \mu_B(x)] \\
&= \mu_{\overline{A}}(x) \wedge \mu_{\overline{B}}(x) \\
&= (\overline{A} \cap \overline{B})(x)
\end{aligned}$$

故

$$\overline{A \cup B} = \overline{A} \cap \overline{B}$$

**定义 11.7**　设 $A$ 为论域 $U$ 上的模糊集合，$\lambda \in [0,1]$，定义 $A$ 的"$\lambda$ 截集"为集合：

$$A_\lambda = \{x \mid \mu(x) \geqslant \lambda\} \tag{11.18}$$

实数 $\lambda$ 称为"阈值"（又称为"置信水平"）。特别地，集合 $A'_\lambda = \{x \mid \mu(x) > \lambda\}$ 称为 $A$ 的"$\lambda$ 强截集"。

## 11.3　正态模糊集和凸模糊集

**定义 11.8**　设 $A$ 为实数域 $R$ 上的模糊集合，若其隶属函数满足：

$$\max_{x \in R} \mu_A(x) = 1 \tag{11.19}$$

则称 $A$ 为正态模糊集。

**定义 11.9**　设 $A$ 为实数域 $R$ 上的模糊集合，对于任何实数 $x \leqslant y \leqslant z$，若关系式：

$$\mu_A(y) \geqslant \min\{\mu_A(x), \mu_A(z)\} \tag{11.20}$$

恒成立，则称 $A$ 为"凸模糊集"。若 $A$ 既是正态的又是凸的，则称 $A$ 为一模糊数。

凸模糊集的特点为，其隶属函数曲线是凸的，如图 11.4 所示。

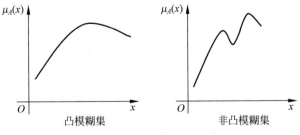

图 11.4　模糊集合

## 11.4 模糊关系

### 11.4.1 模糊关系的概述

**定义 11.10** 若 $A_1, A_2, \cdots, A_n$ 分别是论域 $U_1, U_2, \cdots, U_n$ 中的模糊集合,则这些集合的直积是乘积空间 $U_1 \times U_2 \times \cdots \times U_n$ 中的一个模糊集合,其隶属函数为

$$\mu_{A_1 \times A_2 \times \cdots \times A_n}(x_1, x_2, \cdots, x_n) = \min\{\mu_{A_1}(x_1), \cdots, \mu_{A_n}(x_n)\}$$
$$= \mu_{A_1}(x_1)\mu_{A_2}(x_2)\cdots\mu_{A_n}(x_n) \tag{11.21}$$

**定义 11.11** 若 $U$ 和 $V$ 是两个非空模糊集合,则其直积 $U \times V$ 中的一个模糊子集 $R$ 称为从 $U$ 到 $V$ 的模糊关系,可表示为

$$U \times V = \{[(x, y), \mu_R(x, y)] \mid x \in U, y \in V\} \tag{11.22}$$

模糊关系 $R$ 的隶属函数 $R(x, y)$ 是 $U \times V$ 到实数区间 $[0, 1]$ 的一个映射。特别地,当 $V = U$ 时,称 $R$ 为"论域 $U$ 中的模糊关系"。事实上,对于任意 $x \in U, y \in V$,隶属函数 $R(x, y)$ 表示 $x, y$ 之间存在关系 $R$ 的程度。

**例 11.3** 设 $U$、$V$ 均为实数集合,对于任意 $x \in U, y \in V$,"$x$ 远大于 $y$"是 $U$ 到 $V$ 的一个模糊关系 $R$,它的隶属函数可以表述为

$$R(x, y) = \begin{cases} 0, & x \leqslant y \\ [1 + 100/(x - y^2)]^{-1}, & x > y \end{cases}$$

**定义 11.12** 若 $Q$ 和 $R$ 分别为 $U \times V$ 和 $V \times W$ 中的模糊关系,则 $Q$ 和 $R$ 的复合 $Q \circ R$ 是一个从 $U$ 到 $W$ 的模糊关系,记为

$$Q \circ R = \{[(x, z); \sup_{\forall y \in V}(\mu_Q(x, y) * \mu_R(y, z))] \ x \in U, y \in V, z \in W\} \tag{11.23}$$

其隶属度函数为

$$\mu_{Q \circ R}(x, z) = \bigvee_{\forall y \in V}[\mu_Q(x, y) \wedge \mu_R(y, z)], \quad (x, z) \in (U \times W)$$

式(11.23)中的 $*$ 号可以为三角范式内的任意一种算子,包括模糊交、代数积、有界积和直积等。

模糊关系与自身的合成运算又称"幂"运算,即

$$R^2 = R \cdot R$$
$$R^n = R \cdot R^{n-1}$$

**定义 11.13** 令 $Q$、$R$ 和 $S$ 为任意的模糊关系,则模糊关系的合成运算具有如下的性质。

(1) 结合律。

$$R \cdot (Q \cdot S) = (R \cdot Q) \cdot S \tag{11.24}$$

(2) 对 $\bigcup$ 的分配率。

$$R \cdot (Q \bigcup S) = (R \cdot Q) \bigcup (R \cdot S)$$
$$(Q \bigcup S) \cdot R = (Q \cdot R) \bigcup (S \cdot R) \tag{11.25}$$

(3) 对 $\bigcap$ 的分配率。

$$R \cdot (Q \bigcap S) \subseteq (R \cdot Q) \bigcup (R \cdot S)$$

$$(Q \cap S) \circ R \subseteq (Q \circ R) \cap (S \circ R) \tag{11.26}$$

（4）若 $R \subseteq Q$，且 $S \circ R$ 和 $S \circ Q$ 均有意义，则：

$$S \circ R \subseteq S \circ Q \tag{11.27}$$

（5）若 $R \subseteq Q$，且 $R \circ S$ 和 $Q \circ S$ 均有意义，则：

$$R \circ S \subseteq Q \circ S \tag{11.28}$$

### 11.4.2　模糊关系的性质

模糊关系的三大性质如下。

（1）设 $R$ 为论域 $U$ 上的模糊关系，若对于 $U$ 中的任意元素 $x$，恒有：

$$R(x,x) = 1$$

则 $R$ 具有自反性，并称 $R$ 为 $U$ 上的"自反模糊关系"；若对于 $U$ 中的任意元素 $x$ 恒有：

$$R(x,x) = 0$$

则 $R$ 具有反自反性，并称 $R$ 为 $U$ 上的"反自反模糊关系"。

（2）设 $R$ 为论域 $U$ 上的模糊关系，若对于 $U$ 中的任意元素 $x,y$，恒有：

$$R(x,y) = R(y,x)$$

则称 $R$ 具有对称性，并称 $R$ 为 $U$ 上的"对称模糊关系"。

（3）设 $R$ 为论域 $U$ 上的模糊关系，若对于 $U$ 中的任意元素 $x,y,z$，以及区间 $[0,1]$ 上的任意元素 $\lambda$，$R(x,y) \geqslant \lambda$ 且 $R(y,z) \geqslant \lambda$，若有：

$$R(x,z) \geqslant \lambda$$

则 $R$ 具有传递性，并称 $R$ 为 $U$ 上的"传递模糊关系"。

# 11.5　模糊判决

通过模糊推理得到的结果是一个模糊集合或者隶属函数，但在实际应用中，必须用一个明确的值。在推理得到的模糊集合中取一个相对最能代表这个模糊集合的单值过程就称为解模糊或者模糊判决。

### 1. 重心法

重心法就是取模糊隶属函数曲线与横坐标轴所围成面积的重心作为代表点，即：

$$u = \frac{\int_x x\mu_N(x)\mathrm{d}x}{\int_x \mu_N(x)\mathrm{d}x} \tag{11.29}$$

但这只是理论上的，因为输出范围内一系列连续点的重心会花费太多的时间，因此实际上是计算输出范围内整个采样点的重心，即：

$$u = \frac{\sum\limits_i x_i\mu_N(x_i)}{\sum\limits_i \mu_N(x_i)} \tag{11.30}$$

理论上，重心法是比较合理的，但是计算比较复杂，在实时性要求较高的系统中不采用这种方法。

**2. 最大隶属度法**

最大隶属度法最简单,只要在推理结论的模糊集合中取隶属度最大的那个元素作为输出量即可。但是,要求这种情况下隶属函数曲线一定是正规凸模糊集合。如果该曲线具有一个平顶,那么具有最大隶属度的元素就可能不止一个,就要对所有取最大隶属度的元素求平均值。

最大隶属度法的特点是能够突出主要信息,并且比较简单直观。但是因为它不考虑其他所有的次要信息,所以这种判决法比较粗糙。

**3. 系数加权平均法**

系数加权平均法的输出执行量由下式决定:

$$u = \frac{\sum\limits_i k_i x_i}{\sum\limits_i k_i} \tag{11.31}$$

其中,系数 $k_i$ 的选择要根据实际情况而定。这种方法具有一定的灵活性。

**4. 隶属度限幅元素平均法**

用所确定的隶属度值 $\lambda$ 对隶属度函数曲线进行切割,再对切割后等于该隶属度的所有元素($\lambda$ 截集中的所有元素)进行平均,用这个平均值作为输出执行量,这种方法就称为隶属度限幅元素平均法。

# 11.6 模糊数学在模式识别中的应用

目前,用于一些人工智能问题的工具有时太精确,不能处理现实世界中的模糊性。因此,模糊数学和人工智能的结合将具有十分广阔的前景。前面我们已经介绍了模糊计算的基本理论,下面我们将介绍模糊计算在模式识别中的具体应用。

根据给定的某个模型特征来识别它所属的类型问题称为模式识别。例如,给定一个手写字符,然后根据标准字模来判别它。模式识别通常采用统计方法、语言方法和模糊识别方法。本节主要介绍模糊识别方法。

具有"模糊模式"的模式识别问题,可以用"模糊模式识别"方法来处理,模糊模式识别的方法主要分为直接方法和间接方法两种。

## 11.6.1 模糊模式识别的直接方法

**定义 11.14** 设 $U$ 是给定的待识别对象的全体的集合,$U$ 中的每个对象 $u$ 具有 $p$ 个特性指标 $u_1, u_2, \cdots, u_p$。每个特性指标代表对象 $u$ 的某个特征,则 $p$ 个特性指标确定的每一个对象 $u$,记作 $u = (u_1, u_2, \cdots, u_p)$,此式称为特性向量。

**定义 11.15** 设识别对象集合 $U$ 可分为 $n$ 个类别,且每一个类别均是 $U$ 上的一个模糊集,记作 $A_1, A_2, \cdots, A_n$,则称它们为模糊模式。

模糊模式识别直接方法,就是要把对象 $u = (u_1, u_2, \cdots, u_p)$ 划归一个与其相似的类别

$A_i$ 中；当一个识别算法作用与对象 **u** 时,产生一组隶属度 $A_1(u),A_2(u),\cdots,A_n(u)$,它们分别表示对象 **u** 隶属于 $A_1,A_2,\cdots,A_n$ 的程度;根据最大隶属原则对对象 **u** 进行识别判断。

**定义 11.16**　设 $A_1,A_2,\cdots,A_n$ 是论域 $U$ 中的 $n$ 个模糊集合。对于给定待识别的对象 $u\in U$,如果存在一个 $k\in\{1,2,\cdots,n\}$,使得 $A_k(u)=\max\limits_{1\leqslant i\leqslant n}\{A_i(u)\}$,则认为 $u$ 优先属于模糊模式 $A_i$。

**例 11.4**　将人分为老、中、青三代,他们分别对应三个模糊集合 $A_1$、$A_2$、$A_3$,其隶属函数分别为

$$A_1(x)=\begin{cases}0, & x\leqslant 50\\ 2[(x-50)/20]^2, & 50<x\leqslant 60\\ 1-2[(x-70)/20]^2, & 60<x\leqslant 70\\ 1, & x>70\end{cases}$$

$$A_2(x)=\begin{cases}0, & x\leqslant 20\\ 2[(x-20)/20]^2, & 20<x\leqslant 30\\ 1-2[(x-40)/20]^2, & 30<x\leqslant 50\\ 1-2[(x-50)/20]^2, & 50<x\leqslant 60\\ 2[(x-70)/20]^2, & 60<x\leqslant 70\\ 1, & x>70\end{cases}$$

$$A_3(x)=\begin{cases}1, & x\leqslant 20\\ 1-2[(x-20)/20]^2, & 20<x\leqslant 30\\ 2[(x-40)/20]^2, & 30<x\leqslant 40\\ 0, & x>40\end{cases}$$

(1) 现有某人 45 岁,因 $A_1(45)=0,A_2(45)=7/8,A_3(45)=0$,故有:
$$\max\{A_1(45),A_2(45),A_3(45)\}=A_2(45)$$
即此人应该属于中年人。

(2) 当 $x=30$ 岁,有 $A_1(30)=0,A_2(30)=1/2,A_3(30)=1/2$,故有:
$$\max\{A_1(30),A_2(30),A_3(30)\}=A_2(30)=A_3(30)$$
即对于 30 岁的人,既可以认为是青年人,也可以认为是中年人。

## 11.6.2　模糊模式识别的间接方法

当待识别的对象不是确定的单个元素,而是论域 $U$ 上的模糊子集,且已知模式也是论域 $U$ 上的模糊子集,对于此类模糊识别问题,需要采用间接方法进行处理。

**定义 11.17**　设 $U$ 是给定的待识别对象的全体的集合,$U$ 可分为 $n$ 个模糊模式 $A_1$,$A_2,\cdots,A_n$,$U$ 中的每一对象具有 $p$ 个特性指标,每个特性指标代表对象的某个特征。如果 $U$ 中的每个对象是以模糊集 $B$ 的形式给出,模糊识别的间接方法就是根据择近原则将对象

$B$ 划归到一个与其相似的类别 $A_i$ 中。

**定义 11.18** 设 $A_1, A_2, \cdots, A_n$ 是论域 $U$ 中的 $n$ 个模糊集合,对于给定的待识别对象 $B \in U$,若存在 $k \in \{1, 2, \cdots, n\}$,使得 $\sigma(B, A_k) = \max\limits_{1 \leqslant i \leqslant n} \{\sigma(B, A_i)\}$,则认为模糊对象 $B$ 优先属于模糊模式 $A_i$,其中 $\sigma(B, A_i)$ 表示 $B$ 对 $A_i$ 的贴近度,表示两个模糊子集间互相靠近的程度。

$$\sigma(B, A_i) = \frac{\sum\limits_{x \in U} [\mu_B(x) \wedge \mu_{A_i}(x)]}{\sum\limits_{x \in U} [\mu_B(x) \vee \mu_{A_i}(x)]} \tag{11.32}$$

**例 11.5** 设 $U$ 为 6 个元素的集合,并设标准模型由以下模糊向量组成:

$$A_1 = (1, 0.8, 0.5, 0.4, 0, 0.1)$$
$$A_2 = (0.5, 0.1, 0.8, 1, 0.6, 0)$$
$$A_3 = (0, 1, 0.2, 0.7, 0.5, 0.8)$$
$$A_4 = (0.4, 0, 1, 0.9, 0.6, 0.5)$$
$$A_5 = (0.8, 0.2, 0, 0.5, 1, 0.7)$$
$$A_6 = (0.5, 0.7, 0.8, 0, 0.5, 1)$$

先给定一个待识别的模糊向量:

$$B = (0.7, 0.2, 0.1, 0.4, 1, 0.8)$$

问:$B$ 与哪个标准模型最相近?

这里我们采用如下公式计算 $\sigma(B, A_i)$,$p$ 表示特性指标:

$$\sigma(B, A_i) = \frac{\sum\limits_{x \in U} [\mu_B(x) \wedge \mu_{A_i}(x)]}{\sum\limits_{x \in U} [\mu_B(x) \vee \mu_{A_i}(x)]} = \frac{\sum\limits_{j=1}^{p} \min[B(x_j), A_i(x_j)]}{\sum\limits_{j=1}^{p} \max[B(x_j), A_i(x_j)]}$$

则:

$$\sigma(B, A_1) = 0.3333$$
$$\sigma(B, A_2) = 0.3778$$
$$\sigma(B, A_3) = 0.4545$$
$$\sigma(B, A_4) = 0.4348$$
$$\sigma(B, A_5) = 0.8824$$
$$\sigma(B, A_6) = 0.4565$$

其中,$\sigma(B, A_5) = 0.8824$ 的值最大,依照择近原则,可知 $B$ 与 $A_5$ 最相似。

## 11.7 模糊综合评判

模糊综合评判也称为多目标决策,它是模糊系统分析的基本方法之一。当面对多种复杂的方案、褒贬不一的人才、众说纷纭的成果时,应用传统的数学方法难以解决,引用模糊数学实现模糊决策是一个重要发展。

模糊综合评判法是运用模糊集理论对某一考核系统进行综合评价的方法,对多个方案或候选对象,用没有明确界限的各种指标,根据不同政策加权,给出不同的等级,进行全面评价,为找出它们的先后顺序做参考。

模糊综合评判步骤如下。

(1) 确定评价因素(指标)集;

(2) 确定评价因素的权重集;

(3) 建立评级档次集(评定集);

(4) 进行单因素模糊评判 $\boldsymbol{R}_i = (r_{i1}, r_{i2}, \cdots, r_{im})$;

(5) 建立多因素模糊矩阵 $\boldsymbol{R}(r_{ij})$;

(6) 进行模糊综合评判决策。

模糊综合评判的优缺点如下。

优点:①通过精确的数字手段处理模糊的评价对象,能对蕴藏信息呈现模糊性的资料做出比较科学、合理、贴近实际的量化评价;②评价结果是一个向量,而不是一个点值,包含的信息比较丰富,既可以比较准确地刻画被评价对象,又可以进一步加工,得到参考信息。

缺点:①计算复杂,对指标权重向量的确定主观性较强;②当指标集 $U$ 较大,即指标集元素较多时,在权重向量和为 1 的条件约束下,相对隶属度权系数往往偏小,权重向量与模糊矩阵 $\boldsymbol{R}$ 不匹配,结果会出现超模糊现象,分辨率很差,无法区分谁的隶属度更高,甚至造成评判失败。

**例 11.6**　对教师的教学效果进行评价,评价统计见表 11.1。

表 11.1　教学效果评价统计

| 指标 | 级别 | | | | | | | |
|---|---|---|---|---|---|---|---|---|
| | 好 $V_1$ | | 一般 $V_2$ | | 差 $V_3$ | | 极差 $V_4$ | |
| | 人数 | 比率/% | 人数 | 比率/% | 人数 | 比率/% | 人数 | 比率/% |
| 生动有趣 | 4 | 20 | 4 | 20 | 6 | 30 | 6 | 30 |
| 教材熟练 | 4 | 20 | 4 | 20 | 4 | 20 | 8 | 40 |
| 内容新颖 | 2 | 10 | 2 | 10 | 6 | 30 | 10 | 50 |
| 能力培养 | 2 | 10 | 2 | 10 | 8 | 40 | 8 | 40 |

(1) 确定评价指标集。

$$U = \{生动有趣, 教材熟练, 内容新颖, 能力培养\}$$

(2) 确定评价指标权重集。

$$\boldsymbol{A} = (0.3, 0.1, 0.2, 0.4)$$

(3) 确定评价档次集。

$$V = (好, 一般, 差, 极差)$$

(4) 进行单因素模糊评判。

$$生动有趣, \boldsymbol{R}_1 = (0.2, 0.2, 0.3, 0.3)$$

$$教材熟练,\boldsymbol{R}_2 = (0.2, 0.2, 0.2, 0.4)$$

$$内容新颖,\boldsymbol{R}_3 = (0.1, 0.1, 0.3, 0.5)$$

$$能力培养,\boldsymbol{R}_4 = (0.1, 0.1, 0.4, 0.4)$$

(5) 建立多因素模糊矩阵。

$$\boldsymbol{R} = \begin{bmatrix} 0.2, 0.2, 0.3, 0.3 \\ 0.2, 0.2, 0.2, 0.4 \\ 0.1, 0.1, 0.3, 0.5 \\ 0.1, 0.1, 0.4, 0.4 \end{bmatrix}$$

(6) 进行模糊综合评判(矩阵乘积采用最大最小原则)。

$$\boldsymbol{B} = \boldsymbol{A} \circ \boldsymbol{R}$$

$$= (0.3, 0.1, 0.2, 0.4) \circ \begin{bmatrix} 0.2, 0.2, 0.3, 0.3 \\ 0.2, 0.2, 0.2, 0.4 \\ 0.1, 0.1, 0.3, 0.5 \\ 0.1, 0.1, 0.4, 0.4 \end{bmatrix}$$

$$= (0.2, 0.2, 0.4, 0.4)$$

$$= \left( \frac{0.2}{1.2}, \frac{0.2}{1.2}, \frac{0.4}{1.2}, \frac{0.4}{1.2} \right) = (0.17, 0.17, 0.33, 0.33)$$

综合评判结果表明,66%的人的结论是差和极差,表明该教师教学效果不好。

# 11.8   小结

本章主要讨论了模糊计算问题,模糊计算主要建立在模糊逻辑推理的基础上。本章首先介绍了模糊集合的概念以及计算,进而导出模糊逻辑推理和模糊判决,最后将模糊计算运用到实际问题中。

本章首先讨论了模糊集合的定义以及表示方法,并着重介绍了模糊集合的表示方法,主要有序列表示法、扎德表示法以及隶属函数法,其中隶属函数又用得最为广泛,常用的隶属函数主要分为偏大型、偏小型和中间型。

接着讨论了模糊集合的计算,其实质就是两个模糊集合的隶属函数进行相关的计算得到新的隶属函数,进而得到新的模糊集合。

然后介绍了正态模糊集和"凸模糊集"概念,并分析了模糊关系,模糊关系主要有三大性质,即自反性、对称性和传递性。

在实际应用中通过模糊推理得到的一个模糊集合需要一个明确的值控制伺服机构,如何从推理得到的模糊集合中得到这个值就是模糊判决的过程,这主要有四种方法,即重心法、最大隶属度法、系数加权平均法、隶属度限幅元素平均法。

具有"模糊模式"的模式识别问题,可以用"模糊模式识别"方法处理,模糊模式识别的方法主要分为直接方法和间接方法两种。

本章的最后介绍了模糊综合评判,分析了模糊综合评判的步骤及其优缺点。

尽管模糊集合在数学理论上不是很严密,但是它使人类对世界的认识在数学上有了确切的定义,因此模糊计算在人工智能方面得到了很广泛的应用。

## 习题

**11.1** 设论域 $U=\{x_1,x_2,x_3\}$ 在 $U$ 定义模糊集 $A=\dfrac{0.9}{x_1}+\dfrac{0.5}{x_2}+\dfrac{0.1}{x_3}$ 表示"质量好"，

$B=\dfrac{0.1}{x_1}+\dfrac{0.2}{x_2}+\dfrac{0.9}{x_3}$ 表示"质量差"。

（1）写出模糊集"质量不好"的表达式。

（2）分析"质量好"与"质量差"是否为相同的模糊集。

**11.2** 已知：

$$\boldsymbol{R}=\begin{bmatrix}1 & 0.2 & 0.5\\ 0.2 & 1 & 0.8\\ 0.5 & 0.8 & 1\end{bmatrix}$$

（1）证明：$\boldsymbol{R}$ 不是等价的模糊关系。

（2）将 $\boldsymbol{R}$ 改造成等价的模糊关系。

**11.3** 证明德摩根律第二式：

$$\overline{A\bigcap B}=\bar{A}\bigcup\bar{B}$$

**11.4** 已知年轻人的模糊集的隶属函数为 $A_1$，老年人的模糊集的隶属函数为 $A_2$，现有某人 55 岁，问：他相对来讲是老年人还是年轻人？

$$A_1=\begin{cases}1, & x\leqslant 25\\ \left[1+\left(\dfrac{x-25}{5}\right)^2\right]^{-1}, & 25<x\leqslant 100\end{cases}, \quad A_2=\begin{cases}0, & x\leqslant 50\\ \left[1+\left(\dfrac{x-50}{5}\right)^{-2}\right]^{-1}, & 50<x\leqslant 100\end{cases}$$

**11.5** 茶叶质量分类如表 11.2 所示，论域为"茶叶"，标准有 5 种，待识别茶叶为 $B$，反映茶叶质量的 6 个指标为：条索，色泽，净度，汤色，香气，滋味。确定 $B$ 属于哪种茶。

表 11.2 茶叶质量分类

| 指标 | 质量 | | | | | |
|---|---|---|---|---|---|---|
| | $A_1$ | $A_2$ | $A_3$ | $A_4$ | $A_5$ | $B$ |
| 条索 | 0.5 | 0.3 | 0.2 | 0 | 0 | 0.4 |
| 色泽 | 0.4 | 0.2 | 0.2 | 0.1 | 0.1 | 0.2 |
| 净度 | 0.3 | 0.2 | 0.2 | 0.2 | 0.1 | 0.1 |
| 汤色 | 0.6 | 0.1 | 0.1 | 0.1 | 0.1 | 0.4 |
| 香气 | 0.5 | 0.2 | 0.1 | 0.1 | 0.1 | 0.5 |
| 滋味 | 0.4 | 0.2 | 0.2 | 0.1 | 0.1 | 0.3 |

**11.6** 考虑一个服装的评判问题，其中以 $U=\{$花色，样式，耐穿程度，价格$\}$ 作为评价指标集，以 $V=\{$很欢迎，较欢迎，不太欢迎，不欢迎$\}$ 作为评价档次集，根据个人喜好，定义评价指标权重值，对评价指标分别进行单因素模糊评判，建立多因素模糊矩阵，进行模糊综合评判。

# 第12章

# 群　智　能

　　随着人工智能应用领域的全方位扩展,传统的人工智能方法面临越来越多的挑战。群智能(Swarm Intelligence,SI)优化算法通过模拟自然界中的昆虫、鸟群、鱼群等"社会性"生物群体的行为特征,利用群体性生物能够不断学习自身经验与其他个体经验的特性,在寻优过程中不断获取和积累寻优空间的知识,自适应地进行搜索寻优,从而得到最优解或准优解。群智能优化算法作为一种新兴的演化计算技术,具有较强的自学习性、自适应性、自组织性等智能特征,算法结构简单、收敛速度快、全局收敛性好,在旅行商问题、图着色问题、车间调度问题、数据聚类问题等领域得到了广泛的应用。

## 12.1　群智能概述

### 12.1.1　群智能优化算法定义

　　自然界中的群体生物,具有惊人的完成复杂行为的能力,群智能优化算法就是国内外研究学者受到群体生物的社会行为启发而提出的。其中提出时间最早、应用最为广泛的群智能优化算法主要是模拟蚂蚁觅食行为的蚁群优化算法(Ant Colony Optimization,ACO)和模拟鸟类觅食行为的粒子群优化算法(Particle Swarm Optimization,PSO)。

　　群智能优化算法主要源于对自然界中群体生物觅食等行为的模拟,每个具有经验和智慧的个体通过相互作用机制形成强大的群体智慧来解决复杂问题。其主要算法流程如下。

　　(1)将寻优过程模拟成生物个体的觅食等行为过程,用搜索空间中的点模拟自然界中的生物个体;

　　(2)将求解问题的目标函数量化为生物个体对环境的适应能力;

　　(3)将生物个体觅食等行为过程类比为传统寻优方法用较优的可行解取代较差可行解

的迭代过程,从而演化成为一种具有"生成＋检验"特征的迭代搜索算法,是一种求解极值问题的自适应人工智能技术。

群智能优化算法的实质是将实际工程优化问题转化为函数优化问题,建立问题的目标函数,求目标函数的最优解。其表达形式如下：

$$X_i = (X_1, X_2, \cdots, X_n)^T, \quad i = 1, 2, \cdots, n$$
$$\min \ f(X)$$
$$\text{s. t.} \ \ g_j(X) \leqslant 0, \quad j = 1, 2, \cdots, m$$
$$X \in \Omega$$

其中,$X_i$ 为设计变量；$f(X)$ 为被优化的目标函数；$g_j(X) \leqslant 0$ 为约束函数；$\Omega$ 为设计变量的可行域。

### 12.1.2　群智能优化算法原理

自然界中的昆虫、鸟群、鱼群等一些生物具有群体性的行为特征,计算机图形学家雷诺兹(C. Reynolds)认为以群落形式生存的生物在觅食时一般遵循以下三个规则。

(1) 分隔规则：尽可能避免与周边生物个体距离太近,造成拥挤。

(2) 对准规则：尽可能与周边生物个体的平均移动方向保持一致,向目标方向移动。

(3) 内聚规则：尽可能向周边生物个体的中心移动。

上述规则中,分隔规则体现出生物的个体信息特征,即个体根据自身当前状态进行决策；对准规则和内聚规则体现生物的群体信息特征,即个体根据群体状态进行决策。除个体信息与群体信息特征,生物行为还具有适应性、盲目性、自治性、突现性、并行性等特征。

群智能优化算法就是利用雷诺兹模型模拟整个生物群体的行为,算法在迭代过程中不断利用个体最优值与群体最优值进行寻优搜索,完成个体信息与群体信息的交互。在群智能优化算法中,个体最优值的随机性使得算法搜索方向具有多样性,能够避免算法收敛过早陷入局部最优；群体最优值能够把握全局寻优方向,提高算法的全局寻优能力,及时收敛。因此,群智能优化算法具有自学习性、自适应性、自组织性等特征。

### 12.1.3　群智能优化算法特点

群智能优化算法主要用来求解一些复杂的、难以用传统算法解决的问题。与传统优化算法不同,群智能优化算法是一种概率搜索算法,具有以下几个特点。

(1) 具有较强的稳健性,群体中相互作用的个体是分布式的,没有直接的控制中心,不会因少数个体出现故障而影响对问题的求解。

(2) 结构简单,易于实现,每个个体只能感知局部信息,个体遵循的规则简单。

(3) 易于扩充,开销较少。

(4) 具有自组织性,群体表现出的智能复杂行为由简单个体交互而来。

## 12.2 蚁群优化算法

### 12.2.1 蚁群优化算法概述

蚁群优化算法,又称为蚂蚁算法,于1992年由多里戈(M. Dorigo)受自然界中真实蚁群的群体觅食行为启发提出,是最早的群智能优化算法,起初被用来求解旅行商(Total Suspended Particulate,TSP)问题。

蚂蚁是一种社会性生物,在寻找食物时,会在经过的路径上释放一种信息素,一定范围内的蚂蚁能够感觉到这种信息素,并移动到信息素浓度高的方向,因此蚁群通过蚂蚁个体的交互能够表现出复杂的行为特征。蚁群的群体性行为能够看作是一种正反馈现象,因此蚁群行为又可以被理解成增强型学习系统(Reinforcement Learning System)。

下面引用多里戈所举的例子说明蚁群发现最短路径的原理和机制,如图12.1所示。

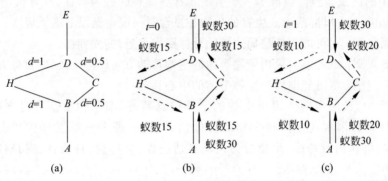

图 12.1 蚁群路径搜索实例

假设 $D$-$H$、$B$-$H$、$B$-$D$(通过 $C$,$C$ 位于 $B$-$D$ 的中央)的距离为1,如图12.1(a)所示。在等间隔等离散时间点$(t=0,1,\cdots,n)$情况下,假设每单位时间有30只蚂蚁从 $A$ 行走到 $B$,另有30只蚂蚁从 $E$ 行走到 $D$,行走速度都为1,且在行走时,一只蚂蚁可在时刻 $t$ 留下浓度为1的信息素。为简化计算模型,设信息素在时间区间$(t+1,t+2)$的中点 $t+1.5$ 时刻瞬时全部挥发。$t=0$ 时刻,分别有30只蚂蚁在 $B$、30只蚂蚁在 $D$ 等待出发,无任何信息素。出发时它们随机进行路径选择,在两个结点上蚁群各自一分为二,向两个方向出发。$t=1$ 时刻,从 $A$ 行走到 $B$ 的30只蚂蚁在通向 $H$ 的路径上,如图12.1(b)所示,发现有15只从 $B$ 走向 $H$ 的先行蚂蚁留下来的浓度为15的信息素;在通向 $C$ 的路径上,如图12.1(c)所示,发现有15只走向 $B$、$C$ 的路径的蚂蚁和15只从 $D$ 经 $C$ 到达 $B$ 留下的浓度为30的信息素,由于信息素的浓度不同,此时选择路径的概率就有了指向性,选择向 $C$ 走的蚂蚁数量将是向 $H$ 走的蚂蚁数量的2倍。从 $E$ 走向 $D$ 的蚂蚁同样依照这个原理。

该过程将一直持续下去,直到所有的蚂蚁都选择了最短路径为止。

因此,蚁群优化算法的基本思想可以理解为:如果在给定点,一只蚂蚁要在多条路径中进行选择,信息素留存浓度较高、被先行蚂蚁大量选择的路径被选中的概率就更大,路径中的信息素浓度越高意味着距离越短,最短的路径也就是问题的最优答案。

### 12.2.2 蚁群优化算法的数学模型

蚁群优化算法的数学模型可做如下描述：假设蚂蚁总数量为 $m$，点 $i$ 和点 $j$ 之间的距离用 $d_{ij}(i,j=0,1,\cdots,n-1)$ 表示，$t$ 时刻点 $i$ 与 $j$ 连线 $ij$ 上的信息素浓度用 $\tau_{ij}(t)$ 表示。初始时刻，各路径上的初始信息素浓度相等，随机放置 $m$ 只蚂蚁。那么在 $t$ 时刻，蚂蚁 $k$ 从点 $i$ 移动到点 $j$ 的状态转移概率为

$$p_{ij}^k = \begin{cases} \dfrac{\tau_{ij}^\alpha(t)\eta_{ij}^\beta(t)}{\displaystyle\sum_{j\in \mathrm{allowed}_k(i)} \tau_{ij}^\alpha(t)\eta_{ij}^\beta(t)}, & j\in \mathrm{allowed}_k(i) \\ 0, & \text{其他} \end{cases} \tag{12.1}$$

其中，$\mathrm{allowed}_k(i)=\{c\text{-}\mathrm{tabu}_k\}$ 表示蚂蚁 $k$ 下一步可以选择的所有点，$\mathrm{tabu}_k(k=1,2,\cdots,m)$ 用来保存蚂蚁 $k$ 当前已走过的所有点；$\alpha$ 为信息素启发式因子，表示轨迹的相对重要程度，用来反映路径上的信息素对蚂蚁选择路径时的影响程度，$\alpha$ 值越大，说明蚂蚁间的协作性就越强；$\beta$ 表示期望启发式因子，表示能见度的相对重要程度；$\eta_{ij}$ 是一种启发函数，通常取 $\eta_{ij}=1/d_{ij}$，表示蚂蚁由点 $i$ 转移到点 $j$ 的期望程度。

在蚂蚁运动过程中，为减少路径上的信息素残留，保留启发信息，在每只蚂蚁遍历完成后，需要对残留信息进行更新。其中蚂蚁完成一次循环，各路径上的信息素浓度挥发规则如式(12.2)所示，蚁群的信息素浓度更新规则如式(12.3)所示。

$$\tau_{ij}(t+1)=(1-\rho)\times\tau_{ij}(t)+\Delta\tau_{ij}(t) \tag{12.2}$$

$$\Delta\tau_{ij}(t)=\sum_{k=1}^m \Delta\tau_{ij}^k(t) \tag{12.3}$$

其中，$1-\rho$ 表示信息素残留因子；常数 $\rho\in(0,1)$ 为信息素挥发因子，表示路径上信息素的损耗程度；$\rho$ 的大小关系到算法的全局搜索能力和收敛速度；$\Delta\tau_{ij}(t)$ 表示一次寻优结束后路径 $(i,j)$ 的信息素增量，在初始时刻 $\Delta\tau_{ij}(0)=0$；$\Delta\tau_{ij}^k(t)$ 表示第 $k$ 只蚂蚁在完成本次遍历后留在路径 $(i,j)$ 的信息素增量。

根据信息素不同更新策略，多里戈提出了 3 种基本蚁群优化算法模型求解 $\Delta\tau_{ij}^k(t)$，分别为"蚁周系统"(Ant-Cycle System)模型、"蚁量系统"(Ant-Quantity System)模型和"蚁密系统"(Ant-Density System)模型。

1) "蚁周系统"模型

$$\Delta\tau_{ij}^k(t)=\begin{cases} \dfrac{Q}{L_k}, & \text{第 } k \text{ 只蚂蚁在 } t \text{ 和 } t+1 \text{ 之间走过 } ij \\ 0, & \text{其他} \end{cases} \tag{12.4}$$

2) "蚁量系统"模型

$$\Delta\tau_{ij}^k(t)=\begin{cases} \dfrac{Q}{d_k}, & \text{第 } k \text{ 只蚂蚁在 } t \text{ 和 } t+1 \text{ 之间走过 } ij \\ 0, & \text{其他} \end{cases} \tag{12.5}$$

3) "蚁密系统"模型

$$\Delta\tau_{ij}^k(t)=\begin{cases} Q, & \text{第 } k \text{ 只蚂蚁在 } t \text{ 和 } t+1 \text{ 之间走过 } ij \\ 0, & \text{其他} \end{cases} \tag{12.6}$$

这三种模型的主要区别是:"蚁量系统"模型和"蚁密系统"模型利用的是局部信息,蚂蚁每行走一步都要更新路径中的信息素浓度;而"蚁周系统"模型应用的是整体信息,蚂蚁完成一个循环后才更新路径中的信息素浓度。通过对标准测试问题求解得出"蚁周系统"模型的性能优于"蚁量系统"模型和"蚁密系统"模型。

蚁群优化算法描述如下。

**算法 12.1** 求解组合优化问题的蚁群优化算法

```
设置参数,初始化信息素浓度
WHILE(不满足条件时)DO
    FOR 蚁群中的每只蚂蚁
        FOR 每个解构造步骤(直到构造出完整的可行解)
            1)蚂蚁按照信息素及启发因子构造下一步问题的解
            2)进行信息素局部更新(可选)
        END FOR
    END FOR
    1)以已获得的解为起点进行局部搜索(可选)
    2)根据已获得的解的质量进行全局信息素更新。
END WHILE
END
```

## 12.2.3 蚁群优化算法的改进

为提高蚁群优化算法性能,诸多研究学者对蚁群优化算法进行了改进,其中主要包括蚂蚁-Q 系统(Ant-Q System)、蚁群系统(Ant Colony System,ACS)、最大-最小蚂蚁系统(Max-Min Ant System,MMAS)、自适应蚁群优化算法。

### 1. 蚂蚁-Q 系统

1995 年,意大利学者卢卡(M. Luca)、甘巴德拉(L. M. Gambardella)、多里戈在 ACO 算法的基础上进行了创新,提出了蚂蚁-Q 系统。其主要创新为:①在解构造过程中提出了伪随机比例状态迁移规则;②在信息素的局部更新规则中引入了强化学习中的 Q 学习机制;③在信息素的全局更新中采用了精英策略。

其概率分布计算、AQ 值更新规则分别为式(12.7)、式(12.8)。

$$P_k(i,j) = \begin{cases} \dfrac{\mathrm{HE}(i,j)^\alpha \mathrm{AQ}(i,j)^\beta}{\displaystyle\sum_{j \in \mathrm{allowed}_k(i)} [\mathrm{HE}(i,u)^\alpha \mathrm{AQ}(i,u)^\beta]}, & j \in \mathrm{allowed}_k(i) \\ 0, & \text{其他} \end{cases} \tag{12.7}$$

$$\mathrm{AQ}(i,j) \leftarrow (1-\alpha)\mathrm{AQ}(i,j) + \alpha\Big[\Delta\mathrm{AQ}(i,j) + \gamma \times \max_{j \in \mathrm{allowed}_k(i)} \mathrm{AQ}(i,u)\Big] \tag{12.8}$$

其中:

$$\Delta\mathrm{AQ}(i,j) = \begin{cases} \dfrac{w}{L_k}, & \text{蚂蚁 } k \text{ 从 } i \text{ 走向 } j \\ 0, & \text{其他} \end{cases}$$

### 2. 蚁群系统

1996 年,甘巴德拉和多里戈又在蚂蚁-Q 算法的基础上提出了蚁群系统,蚁群系统是蚂蚁-$Q$ 算法的一种特例。其主要创新如下。

（1）相比 ACO 算法，蚁群系统中的蚂蚁在下一步移动之前，增加一次随机实验，将选择情况分成"利用已知信息"和"探索"两类。

（2）提出了精英策略（Elitist Strategy）。

（3）设置精英蚂蚁数目的最优范围：若低于该范围，增加精英蚂蚁数目，以便能够较快地发现最优路径；若高于该范围，精英蚂蚁会在搜索初期迫使寻优过程停留在次优解附近，降低算法性能。其状态转移规则为

$$S_k = \begin{cases} \text{argmax}\{[\tau(r,s)]^\alpha [\eta(r,s)]^\beta\}, & q \leqslant q_0 \\ S, & \text{其他} \end{cases} \tag{12.9}$$

其中，$S_k$ 表示蚂蚁 $k$ 所选中的下一个结点；$q$ 是一个随机变量，$q_0$ 为设定阈值。

**3. 最大-最小蚂蚁系统**

1997 年，德国学者施蒂茨勒（T. Stutzle）提出了最大-最小蚂蚁系统。其主要创新如下。

（1）为了避免算法收敛过早，陷入局部最优，将各条路径的信息素浓度限制到 $[\tau_{\min}, \tau_{\max}]$ 区间范围内。

（2）采用了平滑机制，路径上信息素浓度的增加与 $\tau_{\max}$ 和当前浓度 $\tau(i,j)$ 之差成正比，即：

$$\tau(i,j) = \rho \times \tau(i,j) + \Delta\tau(i,j)^{\text{best}} \tag{12.10}$$

其中，$0 < \delta < 1$。

**4. 自适应蚁群优化算法**

自适应蚁群优化算法能够根据搜索结果进行信息素浓度更新，如果算法陷入局部最优，自适应调整陷入局部最优的蚂蚁所经过路径中的信息素和信息素强度 $Q$，使得算法能够较快地跳出局部最优，避免算法"早熟"，同时自适应蚁群优化算法限定所有路径上的信息素范围，有利于提高算法全局搜索能力。

## 12.2.4 蚁群优化算法的应用示例

蚁群优化算法最早被用来解决旅行商问题，随后陆续被用于解决图着色问题、二次分配问题、大规模集成电路设计、通信网络中的路由问题以及负载平衡问题、车辆调度问题、数据聚类问题、武器攻击目标分配和优化问题、区域性无线电频率自动分配问题等。

旅行商问题描述如下：假设 $G = (V, E)$ 为一个加权图，$V = \{1, 2, \cdots, n\}$ 为顶点集，$E = \{e_{ij} = \{(i,j) | i, j \in V, i \neq j\}$ 为边集。$d_{ij}(i, j \in V, i \neq j)$ 为顶点 $i$ 到顶点 $j$ 的距离，其中 $d_{ij} \geqslant 0$ 且 $d_{ij} \neq \infty$，同时 $d_{ij} = d_{ji}(i, j \in V)$，则经典 TSP 的数学模型为

$$\min F = \sum_{i \neq j} d_{ij} x_{ij} \tag{12.11}$$

$$\text{s.t. } x_{ij} = \begin{cases} 1, & \text{边 } e_{ij} \text{ 在最优路径上} \\ 0, & \text{边 } e_{ij} \text{ 不在最优路径上} \end{cases} \tag{12.12}$$

$$\sum_{i \neq j} x_{ij} = 1 (i \in V) \qquad (12.13)$$

$$\sum_{i \neq j} x_{ij} = 1 (j \in V) \qquad (12.14)$$

$$\sum_{i,j \in s} |s| \qquad (s \text{ 是 } G \text{ 的子图}) \qquad (12.15)$$

其中，$|s|$ 是图 $s$ 的顶点数。

式(12.11)为 TSP 问题的目标函数，用来求解经过所有顶点的回路的最小距离；式(12.12)~式(12.14)用来限定回路上每个顶点仅有一条入边和一条出边；式(12.15)用来限定在回路中不出现子回路。

实际问题可以描述如下。

一行人要去 27 个城市旅行，其中城市坐标如表 12.1 所示，该人从一城市出发，使用蚁群优化算法计算，应如何选择行进路线，以使总的行程最短。

表 12.1 城市坐标

| 城市 | 坐标 | | 城市 | 坐标 | | 城市 | 坐标 | |
| --- | --- | --- | --- | --- | --- | --- | --- | --- |
| | 行值 | 列值 | | 行值 | 列值 | | 行值 | 列值 |
| 1 | 304 | 312 | 10 | 386 | 570 | 19 | 780 | 212 |
| 2 | 639 | 315 | 11 | 107 | 970 | 20 | 676 | 578 |
| 3 | 177 | 244 | 12 | 562 | 756 | 21 | 329 | 838 |
| 4 | 712 | 399 | 13 | 788 | 491 | 22 | 263 | 931 |
| 5 | 488 | 535 | 14 | 381 | 676 | 23 | 429 | 908 |
| 6 | 326 | 556 | 15 | 332 | 695 | 24 | 507 | 367 |
| 7 | 238 | 229 | 16 | 715 | 678 | 25 | 394 | 643 |
| 8 | 196 | 104 | 17 | 918 | 179 | 26 | 439 | 201 |
| 9 | 312 | 790 | 18 | 161 | 370 | 27 | 935 | 240 |

解答：应用基本蚁群优化算法进行建模，可计算得出行程最短路径为：城市 19→城市 4→城市 2→城市 24→城市 26→城市 8→城市 7→城市 3→城市 18→城市 1→城市 5→城市 10→城市 6→城市 25→城市 14→城市 15→城市 9→城市 21→城市 22→城市 11→城市 23→城市 12→城市 16→城市 20→城市 13→城市 27→城市 17。

# 12.3 粒子群优化算法

### 12.3.1 粒子群优化算法基本思想

粒子群优化算法(Particle Swarm Optimization，PSO)源于对鸟群社会系统的研究，由美国普渡大学的埃伯哈特(J. Eberhart)和肯尼迪(R. Kennedy)于 1995 年提出。其核心思想是利用个体的信息共享促使群体在问题解空间从无序进行有序演化，最终得到问题的最优解。

我们可以利用如下经典描述直观理解粒子群优化算法。

设想这么一个场景:一群鸟在寻找食物,在远处有一片玉米地,所有的鸟都不知道玉米地到底在哪里,但是它们知道自己当前的位置距离玉米地有多远。那么找到玉米地的最优策略就是搜寻目前距离玉米地最近的鸟群的所在区域。粒子群优化算法就是从鸟群食物的觅食行为中得到启示,从而构建形成的一种优化方法。

粒子群优化算法将每个问题的解类比为搜索空间中的一只鸟,称为"粒子",问题的最优解对应为鸟群要寻找的"玉米地"。每个粒子设定一个初始位置和速度向量,根据目标函数计算当前所在位置的适应度值(Fitness Value),可以将其理解为距离"玉米地"的距离。粒子在迭代过程中,根据自身的"经验"和群体中的最优粒子的"经验"进行学习,确定下一次迭代时飞行的方向和速度。通过逐步迭代,整个群体逐步趋于最优解。

## 12.3.2 粒子群优化算法基本框架

粒子群优化算法将每个个体初始化为 $n$ 维搜索空间中一个没有体积质量以一定速度飞行的粒子,其中速度决定粒子飞行的方向和距离,目标函数决定粒子的适应度值,通过迭代寻优获取问题的最优解。其数学模型描述如下。

在 $n$ 维连续搜索空间中,$x^i(k)=[x_1^i,x_2^i,\cdots,x_n^i]^T$ 表示搜索空间中粒子 $i$ 的当前位置;$v^i(k)=[v_1^i,v_2^i,\cdots,v_n^i]^T$ 表示该粒子 $i$ 的速度向量;$p^i(k)=[p_1^i,p_2^i,\cdots,p_n^i]^T$ 表示粒子 $i$ 当前经过的局部最优位置(Pbest);$p^g(k)=[p_1^g,p_2^g,\cdots,p_n^g]^T$ 表示所有粒子当前经过的全局最优位置(Gbest),则早期的粒子群优化算法速度和位置向量更新公式如下。

速度向量公式:
$$v_j^i(k+1)=v_j^i(k)+c_1r_1(p_j^i(k)-x_j^i(k))+c_2r_1(p_j^g(k)-x_j^i(k)) \quad (12.16)$$
位置向量公式:
$$x_j^i(k+1)=x_j^i(k)+v_j^i(k+1) \quad (12.17)$$
其中,$i=1,2,\cdots,m$;$j=1,2,\cdots,n$;$c_1$、$c_2$ 为速度因子,均为非负值;$r_1$ 和 $r_2$ 为 $[0,1]$ 范围内的随机数。

在式(12.16)中由于 $v_j^i(k)$ 的更新过于随机,使得粒子群优化算法具有较强的全局寻优能力,但是局部寻优能力较差。为保证算法具有全局寻优能力的同时,提高其局部寻优能力。1998 年,Shi Yuhui 和埃伯哈特在算法中引入惯性权重(Inertia Weight)系数 $w$,修正了速度向量更新公式:
$$v_j^i(k+1)=wv_j^i(k)+c_1r_1(p_j^i(k)-x_j^i(k))+c_2r_2(p_j^g(k)-x_j^i(k)) \quad (12.18)$$
其中,参数 $w$ 取值范围为 $[0,1]$,与物理中的惯性相似;$w$ 反映了粒子历史运动状态对当前运动的影响。如果 $w$ 取值较小,历史运动状态对当前运动影响较小,粒子的速度能够很快地改变;相反,如果 $w$ 取值较大,虽然提高了搜索空间范围,但是粒子运动方向不易改变,难于向较优位置收敛。因此,$w$ 取值较大时,能够提高算法全局寻优能力;$w$ 取值较小时,又能够加快算法局部寻优。实际工程应用中 $w$ 可采取自适应取值方式。

粒子群优化算法流程如下。

(1)算法初始化,随机设置每个粒子的初始位置和速度。

(2)根据目标函数,计算每个粒子的适应度值。

(3)计算每个粒子的局部最优值 $p^i$。将每个粒子当前的适应度值与其历史最优值 $p^i$

进行比较,将二者最佳结果作为该粒子的局部最优值 $p^i$。

(4) 计算群体的全局最优值 $p^g$。将每个粒子局部最优值 $p^i$ 与群体的历史最优值 $p^g$ 进行比较,将二者最佳结果作为该粒子的局部最优值 $p^g$。

(5) 分别根据式(12.17)、式(12.18)更新粒子的速度和位置。

(6) 检查算法终止条件。如果未达到设定误差范围或者迭代次数,则返回(2)。

**算法 12.2** 基本粒子群优化算法。

以求解问题最小值为例:

```
PROCEDURE PSO
    FOR 每个粒子 i
        初始化每个粒子 i,随机设置每个粒子的初始位置 xⁱ 和速度 vⁱ
        计算每个粒子 i 的目标函数,Gbest = xⁱ
    END FOR
    Gbest = min{Pbestᵢ}
    WHILE not stop
        FOR i = 1 to m
            更新粒子 i 的速度和位置
            IF fit(xⁱ) < fit(Pbestᵢ)
                Pbestᵢ = xⁱ;
            IF fit(Pbestᵢ) < fit(Gbest)
                Gbest = Pbestᵢ;
        END FOR
    END WHILE
    print Gbest
END PROCEDURE
```

### 12.3.3 粒子群优化算法参数分析与改进

**1. 粒子群优化算法参数分析**

由式(12.18)可知,粒子群优化算法中主要参数如下。

1) 种群规模 $m$

种群规模通常设置为 $20\sim40$,可根据不同问题进行自定义。

2) 惯性权重 $w$

惯性权重能够保持粒子运动惯性,扩展搜索空间,搜索新的区域。

3) 最大速度 $V_{\max}$

最大速度 $V_{\max}$ 决定当前位置与最优位置之间的区域的精度。若 $V_{\max}$ 过大,粒子可能跨过最优位置;若 $V_{\max}$ 过小,粒子无法在局部最优值之外进行足够的探索,易陷入局部最优。限制最大速度可以有效防止计算溢出、决定问题空间搜索的粒度。

4) 迭代次数 $G_{\max}$

迭代次数 $G_{\max}$ 根据工程应用具体问题决定。

5) 学习因子 $c_1$、$c_2$

式(12.6)中等式右边可分为 3 部分。第 1 部分是粒子在前一时刻的速度;第 2 部分为个体"认知"分量,表示粒子自身的思考,将当前位置和历史最优位置相比。第3部分是群体"社会"(Social)分量,表示粒子间的信息共享与相互合作。

学习因子$c_1$、$c_2$分别控制个体认知分量和群体社会分量相对贡献的学习率。

(1) 当$c_1=0$、$c_2=0$时,只有第1部分,粒子保持当前速度飞行,直到到达边界,只能搜索有限的区域,无法找到最优解。

(2) 当$w=0$时,没有第1部分,速度没有记忆性,只取决于粒子当前位置和其历史最优位置。

(3) 当$c_1=0$时,没有第2部分,粒子没有认知能力,只有"社会模型"。在粒子的相互作用下,有能力达到新的搜索空间,但是复杂问题容易陷入局部最优。

(4) 当$c_2=0$时,没有第3部分,粒子间没有社会共享信息,只有"认知模型"。个体间没有交互,群体中所有个体独立搜索,因此无法得到最优解。

**2. 粒子群优化算法的改进**

粒子群优化算法具有收敛速度快的优点,但是在算法运行初期,算法存在精度较低、易发散等缺点。因此国内外诸多研究人员致力于提高粒子群优化算法的性能,现阶段主要侧重理论研究改进、拓扑结构改进、混合改进算法、参数优化等。

### 12.3.4 粒子群优化算法的应用示例

粒子群优化算法自提出至今,被广泛地应用于神经网络训练、机器人、经济、通信、医学等多种领域。本节示例为粒子群优化算法在车辆路径问题(Vehicle Routing Problem,VRP)中的应用。

配送中心最多可以用$k(k=1,2,\cdots,K)$辆车对$L(i=1,2,\cdots,L)$个客户进行运输配送,$i=0$表示仓库。每个车辆载重为$b_k(k=1,2,\cdots,K)$,每个客户的需求为$d_i(i=1,2,\cdots,L)$,客户$i$到客户$j$的运输成本为$c_{ij}$(可以是距离、时间、费用等)。

定义如下变量:

$$y_{ik}=\begin{cases}1, & \text{客户}\ i\ \text{由车辆}\ k\ \text{配送}\\ 0, & \text{其他}\end{cases} \tag{12.19}$$

$$x_{ijk}=\begin{cases}1, & \text{车辆}\ k\ \text{从}\ i\ \text{访问}\ j\\ 0, & \text{其他}\end{cases} \tag{12.20}$$

解答如下。

(1) 建立车辆路径问题的数学模型如下。

$$\min \sum_{k=1}^{K}\sum_{i=0}^{L}\sum_{j=0}^{L}c_{ij}x_{ijk}$$

每辆车的能力约束:

$$\sum_{i=1}^{L}d_i y_{ik} \leqslant b_k, \quad \forall k$$

保证每个客户都被服务:

$$\sum_{k=1}^{K}y_{ik}=1, \quad \forall i$$

保证客户是仅被一辆车访问：

$$\sum_{j=1}^{L} x_{ijk} = y_{jk}, \quad \forall j,k$$

保证客户是仅被一辆车访问：

$$\sum_{j=1}^{L} x_{ijk} = y_{ik}, \quad \forall i,k$$

消除子回路：

$$\sum_{i,j \in S \times S} x_{ijk} \leqslant |S| - 1, \quad S \in \{1,2,\cdots,L\}, \quad \forall k$$

表示变量的取值范围：

$$x_{ijk} = 0 \text{ 或 } 1, \quad \forall i,j,k$$

表示变量的取值范围：

$$y_{ik} = 0 \text{ 或 } 1, \quad \forall i,k$$

(2) 编码与初始种群。

对这类组合优化问题,编码方式、初始解的设置对问题的求解都有很大的影响。

本问题采用常用的自然数编码方式。对于 $K$ 辆车和 $L$ 个客户的问题,用从 1 到 $L$ 的自然数随机排列来产生一组解 $X = (x_1, x_2, \cdots, x_L)$,然后分别用节约法或者最近插入法构造初始解。

(3) 实验结果(见表 12.2)。

粒子群优化算法的各个参数设置如下：种群规模 $m = 50$,迭代次数 $G_{\max} = 1000$,$w$ 的初始值为 1,随着迭代的进行,线性减小到 0,$c_1 = c_2 = 1.4$,$|V_{\max}| \leqslant 100$。

表 12.2　优化结果及其比较

| 实例 | PSO | | GA | |
|---|---|---|---|---|
| | best | dev/% | best | dev/% |
| A-$n$32-$k$5 | 829 | 5.73 | 818 | 4.34 |
| A-$n$33-$k$5 | 705 | 6.65 | 674 | 1.97 |
| A-$n$34-$k$5 | 832 | 6.94 | 821 | 5.52 |
| A-$n$39-$k$6 | 872 | 6.08 | 866 | 5.35 |
| A-$n$44-$k$6 | 1016 | 8.49 | 991 | 5.76 |
| A-$n$46-$k$7 | 977 | 6.89 | 957 | 4.7 |
| A-$n$54-$k$7 | 1205 | 3.26 | 1203 | 3.08 |
| A-$n$60-$k$9 | 1476 | 9.01 | 1410 | 4.13 |
| A-$n$69-$k$9 | 1275 | 10 | 1243 | 7.24 |
| A-$n$80-$k$10 | 1992 | 12.98 | 1871 | 6.12 |

## 12.4　其他群智能优化算法

随着蚁群优化算法、粒子群优化算法的广泛应用,各类群智能优化算法蜂拥而至。其中较为典型的几种包括人工鱼群算法(Artificial Fish Swarm Algorithm,AFSA)、细菌觅食算法（Bacterial Foraging Optimization，BFO）、混合蛙跳算法（Shuffled Frog Leaping Algorithm，SFLA）、果蝇优化算法（Fruit Fly Optimization Algorithm，FOA）等。

## 12.4.1　人工鱼群算法

### 1. 人工鱼群算法基本概念

人工鱼群算法（Artificial Fish Swarm Algorithm，AFSA），由李晓磊博士于 2001 年提出，是一种源于鱼群自治行为的群智能优化算法，通过构造人工鱼来模仿鱼群的觅食、聚群、追尾和随机行为，从而实现寻优，具有较快的收敛速度，可以用于解决有实时性要求的问题。

人工鱼（Artificial Fish，AF）是对真实鱼的模拟，用来分析和说明问题。如图 12.2 所示，人工鱼封装了参数数据和一系列行为，能够通过感官获取周边环境的刺激信息，并通过控制尾鳍做出应激反应。

人工鱼所处的环境主要是目标问题的解空间和其他人工鱼的状态，其下一步行为主要取决于当前自身状态和环境状态，同时通过自身活动影响环境，进而影响其他人工鱼的活动。人工鱼对环境的感知主要依赖视觉完成，为便于描述，应用如下方法模拟人工鱼的视觉。

如图 12.3 所示，假设人工鱼当前状态为 $\boldsymbol{X}$，Visual 代表其视野范围，$\boldsymbol{X}_v$ 表示某时刻其视点所在位置。若该位置的状态优于当前状态，向当前位置方向前进一步到达状态 $\boldsymbol{X}_{\text{next}}$；若状态 $\boldsymbol{X}_v$ 比当前状态差，继续巡视视野内的其他位置。巡视的次数越多，对视野范围内的信息了解越全面，就越能够全方位立体感知周围的环境，有助于对目标问题做出相应的判断和决策。当然，对于范围较大或者无限制的环境不需要全部遍历，允许人工鱼进行一些不确定性的局部搜索，从而有助于全局最优。

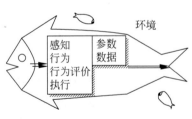

图 12.2　人工鱼的结构图

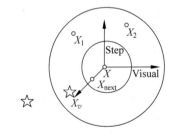

图 12.3　人工鱼视觉的概念

其中，状态 $\boldsymbol{X}=(x_1,x_2,\cdots,x_n)$，状态 $\boldsymbol{X}_v=(x_{1v},x_{2v},\cdots,x_{nv})$，则该过程可以表示为

$$\boldsymbol{X}_v = \boldsymbol{X} + \text{Visual} \times \text{rand}(1,n) \tag{12.21}$$

$$\boldsymbol{X}_{\text{next}} = \boldsymbol{X} + \frac{\boldsymbol{X}_v + \boldsymbol{X}}{\parallel \boldsymbol{X}_v + \boldsymbol{X} \parallel} \times \text{Step} \times \text{rand} \tag{12.22}$$

其中，rand 函数用来产生[0,1]的随机数；Step 为移动步长。

人工鱼群算法采用面向对象的技术重构人工鱼的模型，将人工鱼封装成变量和函数两部分。

其中变量部分包括人工鱼的总数 $N$，人工鱼个体的状态 $\boldsymbol{X}=(x_1,x_2,\cdots,x_n)(i=1,$

$2, \cdots, n, x_i$ 为待寻优的变量),人工鱼移动的最大步长 Step,人工鱼的视野 Visual,尝试次数 Try_number,拥挤度因子 $\delta$,人工鱼个体 $i, j$ 之间的距离 $d_{ij} = |\boldsymbol{X}_i - \boldsymbol{X}_j|$;函数部分包括人工鱼当前所处位置的食物浓度 $Y = f(\boldsymbol{X})$($Y$ 为目标函数值)、人工鱼的各种行为函数(觅食行为 Prey(·)、聚群行为 Swarm(·)、追尾行为 Follow(·)、随机行为 Move(·)以及行为评价函数 Evaluate(·))。通过封装,人工鱼的状态能够被其他同伴感知。

**2. 人工鱼的四种基本行为算法描述**

由于鱼类不具备复杂逻辑推理能力和综合判断能力,它们只能通过简单行为达到目的。因此通过模拟鱼类的四种行为——觅食行为、聚群行为、追尾行为和随机行为——使鱼类活动在周围的环境。

1) 觅食行为

觅食行为是人工鱼趋向食物源的一种基本行为,一般通过视觉或味觉感知水中的食物数量或浓度,进行趋向选择。

行为描述:设人工鱼 $i$ 当前状态为 $\boldsymbol{X}_i$,在其感知范围内随机选择一个状态 $\boldsymbol{X}_j$,则

$$\boldsymbol{X}_j = \boldsymbol{X}_i + \text{Visual} \times \text{rand} \qquad (12.23)$$

其中,rand 是一个$[0,1]$的随机数,在求解问题极大值时,若 $Y_i < Y_j$,则向 $\boldsymbol{X}_j$ 方向前进一步:

$$\boldsymbol{X}_i^{t+1} = \boldsymbol{X}_i^t + \frac{\boldsymbol{X}_j - \boldsymbol{X}_i^t}{\parallel \boldsymbol{X}_j - \boldsymbol{X}_i^t \parallel} \times \text{Step} \times \text{rand} \qquad (12.24)$$

反之,再次随机选择状态 $\boldsymbol{X}_j$,判断是否满足前进条件,若反复尝试 Try_number 次后仍不满足前进条件,则随机移动一步:

$$\boldsymbol{X}_i^{t+1} = \boldsymbol{X}_i^t + \text{Visual} \times \text{rand} \qquad (12.25)$$

2) 聚群行为

鱼类在游动过程中会自然地聚集成群,聚群行为是鱼类为躲避危害、保障群体生存而形成的一种生活习性。一般认为鸟类和鱼类聚群的形成并不需要一个领头者,只需鸟类和鱼类个体遵循一定的局部相互作用机制,然后聚群现象作为整体模式从个体的相互作用机制中突现出来。

在人工鱼群算法中规定每条人工鱼尽量向邻近伙伴的中心移动,同时避免过分拥挤。

行为描述:设人工鱼当前状态为 $\boldsymbol{X}_i$,当前搜索范围内 $d_{ij} < \text{Visual}$,伙伴数目为 $n_f$,中心位置为 $\boldsymbol{X}_c$。若 $Y_c/n_f > \delta Y_i$,表明伙伴中心食物较多且不存在过分拥挤,则向伙伴中心位置方向前进一步:

$$\boldsymbol{X}_i^{t+1} = \boldsymbol{X}_i^t + \frac{\boldsymbol{X}_c - \boldsymbol{X}_i^t}{\parallel \boldsymbol{X}_c - \boldsymbol{X}_i^t \parallel} \times \text{Step} \times \text{rand} \qquad (12.26)$$

否则执行觅食行为。

3) 追尾行为

鱼群在游动过程中,当其中一条鱼或几条鱼发现食物时,其邻近的伙伴会尾随其快速达到食物点。

行为描述:追尾行为是一种向邻近适应度值最高的人工鱼追逐的行为,即向附近的最优个体前进的过程。设人工鱼 $i$ 当前状态为 $\boldsymbol{X}_i$,当前搜索范围内 $d_{ij} < \text{Visual}$,$\boldsymbol{X}_j$ 为适应

度值最优的伙伴，其适应度值为 $Y_j$。若 $Y_j/n_f > \delta Y_i$，表明伙伴 $\boldsymbol{X}_j$ 附近食物浓度较高，且周围不够拥挤，则向 $\boldsymbol{X}_j$ 的方向前进一步：

$$\boldsymbol{X}_i^{t+1} = \boldsymbol{X}_i^t + \frac{\boldsymbol{X}_j - \boldsymbol{X}_i^t}{\parallel \boldsymbol{X}_j - \boldsymbol{X}_i^t \parallel} \times \text{Step} \times \text{rand} \tag{12.27}$$

否则执行觅食行为。

4) 随机行为

鱼类在水中自由地游来游去，表面看是随机的，目的也是为了在更大范围内寻找食物或伙伴。

行为描述：随机行为是觅食行为的一个默认行为，是在视野中随机选择一个状态，然后向该方向移动。

人工鱼四种行为能够在不同的条件下进行相互转换，通过行为评价函数对行为进行评价，选取执行当前最优行为，寻找食物浓度最高的位置。对行为的评价是用来反映鱼自主行为的一种方式。在解决目标问题时，可以选用两种简单的评价方式：一种是选择执行当前最优行为；另一种是选择较优方向前进。任选一种行为，只要能向目标较优的方向前进即可。

**3. 人工鱼群算法流程**

通过以上人工鱼的行为描述可知，在人工鱼群算法中，觅食行为确保了算法收敛性，群聚行为提高了算法收敛的稳定性，追尾行为提高了算法收敛的快速性和全局性，行为分析保障了算法收敛的速度和稳定性。

**算法 12.3** 人工鱼群算法

```
算法初始化；
WHILE 未达到满意结果 DO
    SWITCH(人工鱼群行为选择)
        CASE value1:
            觅食行为；
        CASE value2:
            聚群行为；
        DEFAULT:
            追尾行为；
        END SWITCH
        随机行为；
        get_result();
    END WHILE
  END 人工鱼群算法
END WHILE
END
```

## 12.4.2 细菌觅食算法

**1. 细菌觅食算法基本概念**

细菌觅食算法(Bacterial Foraging Optimization, BFO)由帕西诺(K. M. Passino)于

2002年提出,是一种模拟大肠杆菌(E. coli)在生物肠道内觅食行为的新型群智能优化算法。在细菌觅食算法中,一个细菌代表一个解,具有简单、高效的特点。

大肠杆菌的觅食行为可以描述为:首先对潜在的食物源存在区域进行搜索,判断并决定是否进入该搜索区域。进入搜索区域后对食物源继续进行搜索,找到一定数量的食物源或者搜索一定的时间后再次进行判断,是否继续搜索该区域或者更换食物源搜索区域。细菌觅食算法模拟的就是大肠杆菌在生物肠道内觅食过程中所体现出的群体智能行为,在对优化问题进行求解过程中,可将细菌分布在目标函数曲面,这些细菌就是最优解或者准优解的潜在测试解。

**2. 细菌觅食算法流程**

细菌觅食算法是基于细菌觅食行为过程而提出的一种仿生随机搜索算法,该算法主要通过模拟细菌群体的趋化、繁殖、驱散行为,实现对目标问题的优化。

细菌觅食算法主要包括三层循环,外层是驱散操作,中间层是繁殖操作,内层是趋化操作。内层的趋化性操作是算法的核心,对应细菌在寻找食物过程中采取的方向选择策略,与算法的收敛性息息相关。

1)趋化操作

趋化操作主要模拟细菌的游动和翻转两个主要的运动过程,细菌随机游动一步进行翻转运动,观察其适应度值是否得到改善,若得到改善,则细菌沿同一方向进行游动,直至适应度值无法继续改善或达到设定的游动步数。

2)繁殖操作

繁殖操作主要模拟细菌个体优胜劣汰的繁殖过程,根据适应度值对所有细菌进行排序,将适应度值较差的一半细菌进行清除,保留较好的一半进行复制,最终细菌总量不发生改变。

3)驱散操作

驱散操作的目的是为了提高算法的全局寻优能力,当问题的解空间存在多个极值点时,细菌的群聚性使得多样性降低,算法易陷入局部最优。驱散操作过程是按照一定的概率 P 用新的个体来代替原有的个体,当某细菌个体满足驱散条件时,将其随机分配到解空间。

具体算法可以描述为:假设大肠杆菌种群数量为 $S$,最大游动步数用 $N_s$ 表示,用 $m$ 进行计数。将大肠杆菌 $i$ 信息用 $\theta^i=(\theta_1^i,\theta_2^i,\cdots,\theta_D^i)$ 表示,$i=1,2,\cdots,S$;$\theta^i(j,k,l)$ 表示细菌 $i$ 的当前位置,每个位置代表目标函数一个潜在解;$D$ 表示向量维数;$j$ 代表第 $j$ 代趋化操作,$k$ 代表第 $k$ 代繁殖操作,$l$ 代表第 $l$ 代驱散操作。

细菌觅食算法的更新公式为

$$\theta^i(j+1,k,l)=\theta^i(j,k,l)+c(i)\,\boldsymbol{\phi}(i) \tag{12.28}$$

$$\boldsymbol{\phi}(i)=\frac{\Delta(i)}{\sqrt{\Delta^{\mathrm{T}}(i)\Delta(i)}} \tag{12.29}$$

式中,$c(i)>0$ 表示细菌的游动步长单位;$\Delta(i)$ 表示细菌 $i$ 变向过程中生成的任意方向的向量;$\boldsymbol{\phi}(i)$ 表示细菌 $i$ 进行方向调整后选定的单位步长向量。

细菌觅食算法具体步骤如下。

(1)算法参数初始化,包括细菌个数 $S$、趋化操作次数 $N_c$、最大游动步数 $N_s$、繁殖操作次数 $N_{re}$、驱散操作次数 $N_{ed}$ 以及细菌个体驱散概率 $P$、随机生成单个细菌的位置。

（2）种群位置初始化，计算每个细菌初始适应度值，$j=0,k=0,l=0$。

（3）驱散操作循环 $l=l+1$。

（4）繁殖操作循环 $k=k+1$。

（5）趋化操作循环 $j=j+1$，每个细菌个体进行趋化操作。

（6）若 $j<N_c$，则回到（5）。

（7）繁殖操作，适应度值排在前 $S/2$ 的个体进行繁殖，替换适应度值较小的另一半细菌。

（8）若 $k<N_{re}$，则转到（4）。

（9）驱散操作。当细菌 $i$ 满足驱散概率，随机生成新的细菌替换细菌 $i$。

（10）若 $l<N_{ed}$，则转到（3）；否则，算法结束，输出问题最优结果。

### 12.4.3 混合蛙跳算法

**1. 混合蛙跳算法基本概念**

混合蛙跳算法（Shuffled Frog Leaping Algorithm，SFLA）由尤瑟夫（M. M. Eusuff）和兰西（K. E. Lansey）于 2003 年提出，是一种全新的启发式群体智能算法，结合了模因演算（Memetic Algorithm，MA）和粒子群优化算法两种算法的优点，具有高效的计算效率和良好的全局寻优能力。

混合蛙跳算法可以描述为：在一片空间区域内生活着一群青蛙，为了寻找食物较多的地方，蛙群首先按照一定的规则确定每只青蛙的初始位置。随后，每只青蛙利用个体信息在初始位置附近搜索食物更多的区域，跳跃完成个体位置更新。主要搜索规则为，蛙群利用青蛙的自组织性行为，组成多个子种群，子种群中的青蛙个数基本相同，由子种群中的局部精英个体带领其他个体进行组团搜索。子种群完成一次搜索后，蛙群中的所有个体进行重新混合分组，继续执行组团。组团搜索与蛙群混合迭代进行，直至到达食物最丰富的位置。

混合蛙跳算法中，每只青蛙个体可作为一个候选解，青蛙种群的初始化过程对应算法的初始化流程。子种群的组团搜索过程对应算法中子种群的划分和局部搜索流程，子种群的划分和局部搜索是混合蛙跳算法中最关键的步骤，实现了青蛙个体位置的更新。子种群的混合过程对应算法中的混合运算，形成蛙群全局信息交互。在蛙群全局信息交互和局部信息的相互作用下，混合蛙跳算法能够跳出局部最优实现全局优化。

**2. 混合蛙跳算法基本流程**

混合蛙跳算法首先从可行域中随机产生一组初始解，每个解对应一只青蛙，形成初始种群；根据目标函数，计算每个青蛙的适应度值，进行由大到小排列；以一定的规则将蛙群划分为一定数量的子种群，每个子种群进行局部搜索，子种群内最差的青蛙根据更新策略向局部最优位置靠近；子种群完成一次局部搜索后，各子种群进行混合实现信息的交互；反复进行局部搜索和混合运算直至达到停止条件。

混合蛙跳算法求解问题时，一般分为四个步骤。

（1）初始化。

从可行域中随机产生 $F$ 个解 $\{x^1, x^2, \cdots, x^F\}$ 作为初始种群。

（2）子种群划分。

根据目标函数,计算每个解的适应度值 $f(x^i),i=1,2,\cdots,F$,将计算结果按照降序排列,并将适应度最优值记为 $x^g$ 作为整个种群的最优解。根据排序结果开始子种群划分,第 1 个解进入子种群 $Y_1$,第 2 个解进入子种群 $Y_2$,直至第 $m$ 个解进入子种群 $Y_m$,然后第 $m+1$ 个解进入 $Y_1$,以此类推,直至所有的解分配完毕。最终可将蛙群等量划分为 $m$ 个子种群 $Y_1$,$Y_2,\cdots,Y_m$,其中每个子种群包含 $n$ 个解。每个子种群中,适应度值最佳和最差的解分别记为 $x^b$ 和 $x^w$。

（3）局部搜索。

在局部迭代过程中,各子种群只更新适应度值最差的解 $x^w$,其更新公式为

$$D_i = \text{rand} \times (x^b - x^w) \tag{12.30}$$

$$x^w = x^w + D_i \tag{12.31}$$

其中,$i=1,2,\cdots,m$;rand 为取值范围 $[0,1]$ 的随机数;$D_i$ 为青蛙的移动步长,$-D_{\max} \leqslant D_i \leqslant D_{\max}$,$D_{\max}$ 表示允许青蛙移动的最大距离。式(12.31)完成对适应度值最差的青蛙 $x^w$ 的位置更新。

如果更新后得到比 $x^w$ 更好的解,则用更新后的解替代最差解;否则用 $x^g$ 代替式(12.30)中的 $x^b$,再次利用式(12.30)、式(12.31)计算新解;若仍得不到比 $x^w$ 更优的解,则随机产生一个新解去替换最差解,直到局部迭代过程结束,完成对子种群中青蛙位置更新。此时子种群的一轮局部搜索过程结束。

（4）子种群混合。

将各子种群 $Y_1,Y_2,\cdots,Y_m$ 重新混合为 $X$,即 $X=\{Y_1 \cup Y_2 \cup Y_3 \cup \cdots \cup Y_m\}$,将 $X$ 重新按适应度值进行降序排列,用整个种群中最优的青蛙位置更新 $x^g$,重新划分子种群,开始下一轮的局部搜索。

经过上述四步就完成了混合蛙跳算法的一次迭代,问题解的位置得到了更新,反复进行子种群划分、局部搜索和混合运算直至满足算法停止条件得到问题最优解。

### 12.4.4 果蝇优化算法

#### 1. 果蝇优化算法基本概念

果蝇优化算法(Fruit fly Optimization Algorithm,FOA)由潘文超博士于 2011 年提出,是一种模拟果蝇觅食行为寻求全局最优的新方法。果蝇具有强大的嗅觉与视觉器官,其嗅觉器官能感知远达 40km 以外的食物源。果蝇在觅食过程中首先通过嗅觉搜寻食物源,到达食物附近后,利用视觉确定食物和群体聚集位置,最终飞往该方向。

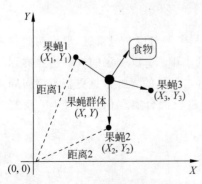

图 12.4　果蝇群体觅食行为

#### 2. 果蝇优化算法流程

根据果蝇群体寻找食物的过程(见图 12.4),将果蝇优化算法归纳为如下步骤。

（1）初始化果蝇群体位置 $(X_0,Y_0)$。

（2）设定果蝇个体利用嗅觉器官搜寻食物的随机方向和距离。

$$X_i = X_0 + \text{rand} \tag{12.32}$$

$$Y_i = Y_0 + \text{rand} \tag{12.33}$$

（3）由于具体食物位置无法确定，先估计果蝇个体与原点的欧氏距离 $\text{Dist}_i$，再计算味道浓度判定值 $S_i$，$S_i$ 为距离 $\text{Dist}_i$ 的倒数。

$$\text{Dist}_i = \sqrt{X_i^2 + Y_i^2} \tag{12.34}$$

$$S_i = \frac{1}{\text{Dist}_i} \tag{12.35}$$

（4）将味道浓度判定值 $S_i$ 代入味道浓度判定函数 $\text{Function}(\cdot)$，得出果蝇个体位置的味道浓度 $\text{Smell}_i$。

$$\text{Smell}_i = \text{Function}(S_i) \tag{12.36}$$

（5）找出该果蝇群体中的味道浓度值最高（求解极大值问题）/最低（求解极小值问题）的果蝇。

$$[\text{bestSmell}, \text{bestIndex}] = \max(\text{Smell}) / \min(\text{Smell}) \tag{12.37}$$

（6）保留当前最佳味道浓度值与位置，果蝇群体利用视觉器官向该位置飞去。

$$\text{Smellbest} = \text{bestSmell} \tag{12.38}$$

$$X_{\text{best}} = X(\text{bestIndex}) \tag{12.39}$$

$$Y_{\text{best}} = Y(\text{bestIndex}) \tag{12.40}$$

（7）进行迭代寻优，重复执行步骤（2）～（5），并判断当前味道浓度值是否优于上一代味道浓度值，若是则执行（6）。

## 12.5　小结

本章首先介绍了群智能优化算法的基本流程和特点，然后介绍了蚁群优化算法、粒子群优化算法的基本原理和改进方法，对其理论依据和使用的基本技术进行了阐述；最后简要介绍了人工鱼群算法、细菌觅食算法、混合蛙跳算法、果蝇优化算法等其他群智能优化算法。

群智能优化算法的核心思想来源于人类对生物启发式计算的研究，自然界中的蚂蚁、鸟类等社会性动物，虽然个体行为简单，但在群体协作过程中却能"突现"出极其复杂的行为特征。基于群体生物"社会性"特性，国内外研究学者相继提出了多种群智能优化算法，例如蚁群优化算法、粒子群优化算法、混合蛙跳算法、果蝇优化算法等，广泛应用于各种领域。

与传统的计算方法相比，群智能优化算法具有无集中控制、多代理机制、隐含并行性、算法结构简单、易理解和易实现等优点，有效促进了其快速发展。但是由于群智能来源于对群体生物"社会性"特性的模拟，算法中的各种参数设置主要依赖经验，缺少数学理论基础作为支撑依据。与当前各种较为成熟的计算智能方法相比，群智能研究还处于初级阶段，下一步需要加强对各种群智能优化算法理论的分析，明确与算法原理相关的重要定义，扩展群智能与其他各种先进技术的融合。

## 习题

**12.1** 解释群智能优化算法的主要流程。

**12.2** 解释群智能优化算法的特点。

**12.3** 群智能优化算法应用领域有哪些?

**12.4** 简述蚁群系统(Ant Colony System,ACS)与基本蚁群优化算法的区别。

**12.5** 粒子群算法有哪些主要参数?

**12.6** 已知函数 $y=f(x_1,x_2)=x_1^2+x_2^2$,其中$-10<x_1,x_2<10$,用粒子群优化算法求解 $y$ 的最小值。

**12.7** 选择一种编程语言,利用粒子群算法求解旅行商问题,分析其收敛曲线。

# 第13章

# 争论与展望

人工智能自从 1956 年问世以来,经历了一条坎坷曲折的发展道路。其间,专家系统的出现曾使人工智能获得蓬勃的生机,并在 20 世纪 80 年代初达到了一个高潮。但好景不长,专家系统因其固有的缺陷而停滞不前,人工智能也随之转入低潮。在这种情况下,近年来国际人工智能界的学者不得不对人工智能的基本问题进行反思,这导致了关于人工智能基础问题的一场争论。各派各持己见,争论不休。一方面,社会上对人工智能的科学性有所怀疑,或者对人工智能的发展产生恐惧,一些国家甚至曾把人工智能视为反科学的异端邪说;另一方面,学术界内部对人工智能也表示怀疑。

同时,人工智能一直处于计算机技术的前沿,其研究的理论和方法在很大程度上将决定信息技术的发展方向。今天,已经有很多人工智能研究的成果进入人们的日常生活。21 世纪,我们正沿着信息高速公路迈向智能时代的入口,以智能科学技术为核心、生命科学为主导的高科技,将引领一次新的高科技革命——智能技术革命。特别是智能技术、生物技术与纳米相结合,研制具有生物特征的智能机器,将是 21 世纪高技术革命的突破口。

## 13.1 争论

### 13.1.1 对人工智能理论的争论

迄今为止,人工智能尚未形成一个统一的理论体系,甚至统一的定义也没有。各人工智能学派对于人工智能的基本理论问题,诸如定义、基础、核心、要素、认知过程、科学体系等,均有不同观点。

符号主义学派认为,人的认知基元是符号,而且认知过程即符号操作过程;人是一个物理符号系统,计算机也是一个物理符号系统,因此我们就能够用计算机来模拟人的智能行为,即用计算机的符号操作来模拟人的认知过程;知识是信息的一种形式,是构成智能的基础,人工智能的核心问题是知识表示、知识推理和知识运用。知识可用符号表示,也可用符号进行推理,因而有可能建立起基于知识的人类智能和机器智能的统一理论体系。

连接主义学派认为,人的思维基元是神经元,而不是符号处理过程,对物理符号系统假设持反对意见,认为人脑不同于计算机,并提出连接主义的大脑工作模式,用于取代符号操作的计算机工作模式。

行为主义学派认为,智能取决于感知和行动(所以被称为行为主义),提出智能行为的"感知-动作"模式;智能不需要知识、不需要表示、不需要推理,人工智能可以像人类智能一样逐步进化(所以又称为进化主义),智能行为只能在现实世界中与周围环境交互作用而表现出来;符号主义(还包括连接主义)对真实世界客观事物的描述及其智能行为工作模式是过于简化的抽象,因而不能真实地反映客观存在。

### 13.1.2　对人工智能方法的争论

不同人工智能学派对人工智能的研究方法问题也有不同的看法。这些问题涉及:人工智能是否一定采用模拟人的智能的方法?若要模拟,又该如何模拟?对结构模拟和行为模拟、感知思维和行为,对认知与学习以及逻辑思维和形象思维等问题,是否应分别研究?是否有必要建立人工智能的统一理论系统?若有,又应以什么方法为基础?

符号主义认为,人工智能的研究方法应为功能模拟方法。通过分析人类认知系统所具备的功能和机能,然后用计算机模拟这些功能,实现人工智能。符号主义力图用数学逻辑方法来建立人工智能的统一理论体系,但遇到不少暂时无法解决的困难,并受到其他学派的否定。

连接主义主张,人工智能应着重于结构模拟,即模拟人的生理神经网络结构,并认为功能、结构和智能行为是密切相关的。不同的结构表现出不同的功能和行为,已经提出多种人工神经网络结构和众多的学习算法。

行为主义认为,人工智能的研究方法应采用行为模拟方法,功能、结构和智能行为也是不可分的。不同的行为表现出不同的功能和不同的控制结构。行为主义的研究方法也受到其他学派的怀疑与批判,认为行为主义最多只能创造出智能昆虫行为,而无法创造出人的智能行为。

### 13.1.3　对人工智能技术路线的争论

如何在技术上实现人工智能系统、研制智能机器和开发智能产品(即沿着什么样的技术路线和策略来发展人工智能)人们为此产生了不同的派别,即不同的路线。

人工智能技术路线主要有如下几种。

1) 专用路线

专用路线强调研制与开发专用的智能计算机、人工智能软件、专用开发工具、人工智能语言和其他专用设备。

2) 通用路线

通用路线是指,通用的计算机硬件和软件能够对人工智能开发提供有效的支持,并能够解决广泛的和一般的人工智能问题；强调人工智能应用系统和人工智能产品的开发，应与计算机立体技术和主流技术相结合，并把知识工程视为软件工程的一个分支。

3）硬件路线

硬件路线认为，人工智能的发展主要依靠硬件技术。智能机器的开发研制主要依赖于各种智能硬件、智能工具及固化技术。

4）软件路线

软件路线强调，人工智能的发展主要依靠软件技术，智能机器的研制主要在于开发各种智能软件、工具及其应用系统。

通过以上的讨论我们可以看到，在人工智能的基本理论、研究方法和技术路线等方面，存在几种不同的学派，有着不同的论点，对其中某些观点的争论是十分激烈的。

## 13.1.4 对强弱人工智能的争论

强人工智能观点认为，有可能制造出真正能推理（Reasoning）和解决问题（Problem solving）的智能机器，并且这样的机器被认为是有知觉的，有自我意识的。强人工智能可以有两类。

（1）类人的人工智能，即机器的思考和推理就像人的思维一样。

（2）非类人的人工智能，即机器产生了和人完全不一样的知觉和意识，使用和人完全不一样的推理方式。

弱人工智能认为，不可能制造出能真正推理（Reasoning）和解决问题（Problem solving）的智能机器，这些机器只不过看起来像是智能的，但是并不真正拥有智能，也不会有自主意识。

主流科研集中在弱人工智能上，并且一般认为这一研究领域已经取得可观的成就。强人工智能的研究则处于停滞不前的状态。

"强人工智能"一词最初是约翰·罗杰斯·希尔勒针对计算机和其他信息处理机器创造的，其定义为：计算机不仅是用来研究人的思维的一种工具，只要运行适当的程序，计算机本身就是有思维的。这是指使计算机从事智能的活动。在这里，"智能"的含义是多义的、不确定的。利用计算机解决问题时，必须知道明确的程序。可是，人即使在不清楚程序时，根据发现法而设法巧妙地解决了问题的情况也是不少的。如识别书写的文字、图形、声音等，所谓认识模型就是例子。此外，解决的程序虽然是清楚的，但是实行起来需要很长时间，对于这样的问题，人类能在很短的时间内找出相当好的解决方法，如竞技类比赛等就是其例。还有，计算机在没有接受充分的合乎逻辑的正确信息时，就不能理解它的意义，而人类在仅接受不充分、不正确的信息的情况下，根据适当的补充信息，也能抓住它的意义。

关于强人工智能的争论不同于更广义的一元论和二元论（dualism）的争论，争论要点是：如果一台机器的唯一工作原理就是对编码数据进行转换，那么这台机器是不是有思维的？希尔勒认为，这是不可能的。他举了个中文房间的例子来说明，如果机器仅仅是对数据进行转换，而数据本身是对某些事情的一种编码表现，那么在不理解这一编码和这一实际事情之间的对应关系的前提下，机器不可能对其处理的数据有任何理解。基于这一论点，希尔勒认为即使有机器通过了图灵测试，也不一定说明机器就真的像人一样有思维和意识。

也有哲学家持不同的观点。丹尼尔·丹尼特(Daniel C. Dennett)在其著作
*Consciousness Explained* 中认为,人也不过是一台有灵魂的机器,为什么我们认为人可以
有智能而普通机器就没有呢?他认为,像上述的数据转换机器是有可能有思维和意识的。

有的哲学家认为,如果弱人工智能是可实现的,那么强人工智能也是可实现的。比如,
Simon Blackburn 在其哲学入门教材 *Think* 中说到,一个人看起来是"智能"的并不能真正
说明这个人就真的是智能的。我永远不可能知道另一个人是否真的像我一样是智能的,或
者说他仅仅看起来是智能的。基于这个论点,既然弱人工智能认为可以令机器看起来像是
智能的,那就不能完全否定该机器真的是智能的。Blackburn 认为这是一个主观认定的
问题。

需要指出的是,弱人工智能并非和强人工智能完全对立,也就是说,即使强人工智能是
可能的,弱人工智能仍然是有意义的。至少,今日的计算机能做的事,像算术运算等,在一百
多年前被认为是很需要智能的。

## 13.2　展望

人工智能的近期研究目标在于建造智能计算机,用以代替人类从事脑力劳动,即使现有
的计算机更聪明、更有用。正是根据这一近期研究目标,我们才把人工智能理解为计算机科
学的一个分支。人工智能还有它的远期研究目标,即探究人类智能和机器智能的基本原理,
研究用自动机模拟人类的思维过程和智能行为。这个长期目标远远超出计算机科学的范
畴,几乎涉及自然科学和社会科学的所有学科。

### 13.2.1　更新的理论框架

无论是近期目标还是远期目标,人工智能研究都存在不少问题,这主要表现在以下几个
方面。

1) 宏观与微观隔离

一方面是哲学、认知科学、思维科学和心理学等学科所研究的智能层次太高、太抽象,另
一方面是人工智能逻辑符号、神经网络和行为主义所研究的智能层次太低。这两方面之间
相距太远,中间还有许多层次未予研究,无法把宏观与微观有机地结合起来和相互渗透。

2) 全局与局部割裂

人类智能是脑系统的整体效应,有着丰富的层次和多个侧面。但是,符号主义只抓住人
脑的抽象思维特性,连接主义只模仿人的形象思维特性,行为主义则着眼于人类智能行为特
性及其进化过程。它们存在明显的局限性。必须从多层次、多因素、多维和全局观点来研究
智能,才能克服上述局限性。

3) 理论和实际脱节

大脑的实际工作,在宏观上我们已知道得不少,但是智能的千姿百态、变幻莫测,复杂得
难以理出清晰的头绪。在微观上,我们对大脑的工作机制却知之甚少,似是而非,使我们难
以找出规律。在这种背景下提出的各种人工智能理论,只是部分人的主观猜想,能在某些方
面表现出"智能"就算相当成功了。由于技术原因,这种脱节现象将长期存在。

上述存在问题说明,人脑的结构和功能要比人们想象的复杂得多,人工智能研究面临的困难要比我们估计的大得多,人工智能研究的任务要比我们讨论的艰巨得多。同时,要从根本上了解人脑的结构和功能,解决面临的难题,完成人工智能的研究任务,需要寻找和建立更新的人工智能框架和理论体系,打下人工智能进一步发展的理论基础。

到底未来的新型人工智能理论是什么,现在我们难以预料。不过,人们已经在这方面进行了有益的探讨,提出了一些别具匠心的新思想。例如,钱学森教授提出的"开放的复杂巨系统"概念,认为人脑也是一个开放的复杂巨系统,他主张采用"从定性到定量的综合集成技术",把人的思维和思维的成果、人的知识和智慧以及各种信息和资料统统集合起来,并通过"从定性到定量的综合集成体系",把世界上千百万人的聪明才智和已经作古的前人的智慧都综合起来,形成一个工程领域,即集中人类智慧的工作体。钱先生把这个领域称为"大成智慧工程"。这一思想和主张已引起普遍关注。

我们至少需要经过几代人的持续奋斗,进行多学科联合协作研究,才可能基本上解开"智能"之谜,使人工智能理论达到一个更高的水平。

## 13.2.2　更好的技术集成

上面提到的钱学森等的"从定性到定量的综合集成技术"是一种"人机结合集成",是在高层次上包括宏观世界和微观世界的"集大成"。这里我们将讨论另一种集成技术——多学科智能集成技术。

人工智能技术是其他信息处理技术及相关学科技术的集成。实现这种集成面临许多挑战,如创造知识表示和传递的标准形式,理解各个子系统间的有效交互作用,以及开发数值模型与非数值知识综合表示的新方法,也包括定量模型与定性模型的结合,以便以较快速度进行定性推理。

要集成的信息技术除数字技术外,还包括计算机网络、远程通信、数据库、计算机图形学、语音与听觉、机器人学、过程控制、并行计算、光计算和生物信息处理等技术。除了信息技术外,未来的智能系统还要集成认知科学、心理学、社会学、语言学、系统学和哲学等。

智能系统、认知科学和知识技术基本科学的发展,必将对未来工业和未来社会产生不可估量的影响。我们需要对人类文明及其相关知识过程做进一步的了解。智能技术既是社会进步的成果,也是一个重要的不断发展的过程。了解人类自身的社会文化发展过程,是开发智能系统的一个基本目标。

## 13.2.3　更成熟的应用方法

人工智能的实现固然需要硬件的保证,然而软件应是人工智能的核心技术。许多人工智能应用问题需要开发复杂的软件系统,这有助于促进软件工程学科的出现与发展。软件工程能为一定类型的问题求解提供标准化程序,知识软件则能为人工智能问题求解提供有效的编程手段。由于人工智能应用问题的复杂性和广泛性,传统的软件设计方法显然是不够用和不适用的。人工智能软件所要执行的功能很可能随着系统的开发而变化。人工智能方法必须支持人工智能系统的开发实验,并允许系统有组织地从一个较小的核心原型逐渐发展为一个完整的应用系统。

我们应当有信心研究出通用而有效的人工智能开发方法。更高级的人工智能通用语言、更有效的人工智能专用语言与开发环境或工具、人工智能开发专用机器将会不断出现及更新,为人工智能研究和开发提供有力的工具。在应用人工智能时,还需要寻找与发现问题分类与求解的新方法。已有的方法很不完善,也不够用。通过开发和设计专家系统的新工具和新程序,已使我们确信,最终定能研究出使人工智能成功地应用于更多的领域和更成熟的方法。

在当前的人工智能应用方法研究中,有几个引人注目的课题,即多种方法混合技术、多专家系统技术、机器学习(特别是神经网络学习)方法、硬件软件一体化技术、并行分布处理技术等。其中,有人认为对人脑机理和分布式人工智能的研究确立了第六代计算机的基础。

随着人工智能应用方法的日渐成熟,人工智能的应用领域必将不断扩大。除了工业、商业、医疗和国防等领域外,人工智能已在交通运输、农业、航空、通信、气象、文化、教学、航天技术和海洋工程、管理与决策、博弈与竞技、情报检索等部门以及家庭生活中开始获得应用。从基础研究到新产品开发,都有人工智能用武之地。我们可以预言,人工智能、智能机器和智能系统比现在的电子计算机一定会有广泛得多的应用领域。哪里有人类活动,哪里就将应用到人工智能技术。

### 13.2.4 脑机接口

脑机接口 (Brain-Computer Interface,BCI)是人脑、动物脑和外界建立联系的接口,但是这个联系不是正常的、正规的人脑跟外界的联系,而是通过特殊途径跟外界的联系,是通过特殊途径跟外界交互。例如,从编码刺激人工耳蜗到外信号指挥老鼠走迷宫,从猴子用机械手拿香蕉再到脑电波指挥计算机,有人认为生命的本质是信息,人工脑与生物脑的本质都是信息,在信息处理上机理一致,只需加上接口即可交流。信息本质上的统一,将对计算机的发展、人机结合、人工脑的进化带来巨大的变化。

美国麻省理工学院、贝尔实验室和神经信息学研究所的科学家已经研制成功了一个可以模拟人类神经系统的微芯片,并成功植入大脑,利用仿生学的原理对人体神经进行修复,它与大脑协作,发出复杂的指令给电子装置,监测大脑的活动,取得了很好的效果。剑桥大学的翰福瑞斯认为,在不久的将来,人们将可以在脑中放入增加记忆的微芯片,使人类有一个备用的大脑。

美国生物计算机领域的研究人员利用取自动物脑部的组织细胞与计算机硬件进行结合,这样研制而成的机器就称为生物电子人或是半机械人。如果芯片与神经末梢相吻合,就可将芯片通过神经纤维和身体上脑神经系统连接起来,从而提高人的大脑功能。

美国南加州大学的勃格(T. Berger)和列奥(J. Liaw)于1999年提出了动态突触神经回路模型,并于2003年研制出大脑芯片,能够代替海马功能。大脑芯片在活体小白鼠上试验成功,证明该回路模型与活体鼠脑中的信息处理是一致的。该项目是美国心智-机器合成(Mind-Machine Merger)计划的一部分,其研究成果取得了突破性进展。

## 13.3 小结

本章从人工智能理论、方法、技术路线以及强弱人工智能等方面对当今人工智能存在的争论做出了分析与评论,同时对人工智能的未来问题进行了展望。

对人工智能各种问题的争论可能还要持续几十年甚至几百年。尽管未来的人工智能系统很可能是集各家之长的多种方法之结合,但是单独研究各种方法仍然是必要的和有价值的。在努力实现某种主要目标之前,很可能有几种方法相互竞争和角逐。人工智能的研究者们已经开发和编制出许多表演系统和实用系统,这些系统显示出有限领域内的优良智能水平,有的系统甚至已具有商业价值。然而,已实现的人工智能系统仍远未达到人类所具有的那些几乎是万能的认知技巧。研究工作按照许多不同的途径和方法继续进行,每种方法都有热烈的支持者和实践者。也许终有一天,人们将携起手来,并肩开创人工智能的新世界。

人工智能的研究一旦取得突破性进展,将会对信息时代和人类文明产生重大影响。科学发展的今天,一方面是高度分化,学科在不断细分,新学科、新领域不断产生;另一方面是学科的高度融合,更多地呈现交叉和综合的趋势,新兴学科和交叉学科不断涌现。大学科交叉的这种普遍趋势,在人工智能学科方面表现得尤其突出。由脑科学、认知科学、人工智能等共同研究智能的本质和机理,形成交叉学科和智能科学。学科交叉将催生更多的研究成果。人工智能学科要有所突破,需要多个学科合作协同,在交叉学科研究中实现创新。

对人工智能的研究,我国科学技术工作者已经从跟踪学习进入自主研究重大科学问题、独立进行重大科学创新的新阶段,已经取得了一系列令人鼓舞的成果,包括几何定理证明的吴方法、开放复杂巨系统理论、仿生模式识别、云模式、开放逻辑、广义智能理论、泛逻辑学、信息-知识-智能的转化理论、仿人智能控制、变论域模糊控制、主体网格智能理论等,表现出了旺盛的创新能力。在充满机遇和挑战的未来,中国必将对智能革命做出更大的贡献。

## 习题

**13.1** 目前人们主要在人工智能的哪些方面存在争论?

**13.2** 人工智能研究的技术路线有哪些?

**13.3** 强、弱人工智能的主要区别是什么?

**13.4** 人工智能研究目前存在哪些问题?

# 参考文献

[1] 丁世飞.人工智能[M].北京:清华大学出版社,2011.

[2] 丁世飞.人工智能[M].2版.北京:清华大学出版社,2015.

[3] 丁世飞.高级人工智能[M].徐州:中国矿业大学出版社,2015.

[4] 丁世飞.孪生支持向量机:理论、算法与拓展[M].北京:科学出版社,2017.

[5] 丁世飞,靳奉祥,赵相伟.现代数据分析与信息模式识别[M].北京:科学出版社,2013.

[6] 史忠植.知识发现[M].2版.北京:清华大学出版社,2011.

[7] 史忠植.智能科学[M].3版.北京:清华大学出版社,2019.

[8] 史忠植.高级人工智能[M].2版.北京:科学出版社,2006.

[9] 史忠植.高级人工智能[M].3版.北京:科学出版社,2011.

[10] 史忠植,王文杰.人工智能[M].北京:国防工业出版社,2007.

[11] 史忠植.人工智能[M].北京:机械工业出版社,2016.

[12] 史忠植,王文杰,马慧芳.人工智能导论[M].北京:机械工业出版社,2020.

[13] 史忠植.神经网络[M].北京:高等教育出版社,2009.

[14] 王万良.人工智能及其应用[M].4版.北京:高等教育出版社,2020.

[15] 王万良.人工智能及其应用[M].3版.北京:高等教育出版社,2016.

[16] 王万良.人工智能导论[M].5版.北京:高等教育出版社,2020.

[17] 王万良.人工智能导论[M].4版.北京:高等教育出版社,2017.

[18] 王万森.人工智能原理及其应用[M].4版.北京:电子工业出版社,2018.

[19] 金聪,郭京蕾.人工智能原理与应用[M].北京:清华大学出版社,2009.

[20] 陆汝钤.人工智能[M].北京:科学出版社,2000.

[21] 李德毅,杜鹢.不确定性人工智能[M].2版.北京:国防工业出版社,2014.

[22] 李德毅.人工智能导论[M].北京:中国科学技术出版社,2018.

[23] 马少平,朱小燕.人工智能[M].北京:清华大学出版社,2004.

[24] 王宏生,孟国艳.人工智能及其应用[M].北京:国防工业出版社,2009.

[25] 蔡自兴,徐光祐.人工智能及其应用(研究生用书)[M].北京:清华大学出版社,2004.

[26] 王士同,陈慧萍,等.人工智能教程[M].北京:电子工业出版社,2006.

[27] 张仰森.人工智能原理与应用[M].北京:高等教育出版社,2004.

[28] 鲁斌,刘丽,李继萍,等.人工智能及应用[M].北京:清华大学出版社,2017.

[29] 贾可荣,张彦铎.人工智能[M].3版.北京:清华大学出版社,2018.

[30] RUSSELL S J, NORVIG P.人工智能:一种现代的方法[M].3版.殷建平,祝恩,刘越,等译.北京:
清华大学出版社,2013.

[31] LUCCI S, KOPEC D.人工智能[M].2版.林赐,译.北京:人民邮电出版社,2018.

[32] 傅京孙,蔡自兴,徐光祐.人工智慧及其应用[M].台北:台湾儒林图书出版公司,1992.

[33] 冯国华,尹靖,伍斌.数字化[M].北京:清华大学出版社,2019.

[34] SIMON H.神经网络原理[M].叶世伟,史忠植,译.北京:机械工业出版社,2004.

[35] VAPNIK V N.统计学习理论的本质[M].张学工,译.北京:清华大学出版社,2000.

[36] VAPNIK V N.统计学习理论[M].许建华,张学工,译.北京:电子工业出版社,2004.

[37] 陈洪.统计机器学习:误差分析与应用[M].武汉:武汉大学出版社,2017.

[38] 雷英杰,路艳丽,王毅,等.模糊逻辑与智能系统[M].西安:西安电子科技大学出版社,2016.

[39] BEYELER M.机器学习:使用 OpenCV 和 Python 进行智能图像处理[M].王磊,译.北京:机械工业出版社,2018.

[40] 戴汝为.人工智能[M].北京:化学工业出版社,2002.

[41] 戴汝为.语义、句法模式识别及其应用[M].西安:西安交通大学出版社,2011.

[42] 钱学森,戴汝为.论信息空间的大成智慧:思维科学、文学艺术与信息网络的交融[M].上海:上海交通大学出版社,2007.

[43] LEVESQUE H.人工智能的进化[M].王佩,译.北京:中信出版集团,2018 .

[44] 焦李成,杜海峰,刘芳,等.免疫优化计算、学习与识别[M].北京:科学出版社,2006.

[45] 焦李成,赵进,杨淑媛,等.深度学习、优化与识别[M].北京:清华大学出版社,2017.

[46] 胡慧.不确定非线性系统神经网络自适应跟踪控制[M].天津:天津科学技术出版社,2018.

[47] 李洪兴,汪培庄.模糊数学[M].北京:国防工业出版社,1994.

[48] 徐泽水.基于语言信息的决策理论与方法[M].北京:科学出版社,2008.

[49] 陈栋梁.支持向量机训练算法研究[D].合肥:合肥工业大学,2007.

[50] 陈孝国.模糊复分析及 FCM 理论应用[M].哈尔滨:东北林业大学出版社,2013.

[51] 陈国良,王煦法,庄镇泉,等.遗传算法及其应用[M].北京:人民邮电出版社,1996.

[52] 陈守煜.模糊聚类循环迭代理论与模型[J].模糊系统与数学,2004,18(2):57-61.

[53] 曲福恒,崔广才,李岩芳,等.模糊聚类算法及应用[M].北京:国防工业出版社,2011.

[54] 马义德,李廉,绽琨,等.脉冲耦合神经网络与数字图像处理[M].北京:科学出版社,2008.

[55] 彭博.卷积神经网络[M].北京:机械工业出版社,2018.

[56] 李玉鉴,张婷,单传辉,等.深度学习:卷积神经网络从入门到精通[M].北京:机械工业出版社,2018.

[57] 钟珞,饶文碧,邹承明.人工神经网络及其融合应用技术[M].北京:科学出版社,2007.

[58] CIABURRO G,VENKATESWARAN B.神经网络[M].李洪成,译.北京:机械工业出版社,2018.

[59] 邓乃扬,田英杰.支持向量机——理论、算法与拓展[M].北京:科学出版社,2009.

[60] 苗夺谦,王国胤,刘清,等.粒计算:过去、现在与展望[M].北京:科学出版社,2007.

[61] 苗夺谦,卫志华,王睿智.粒计算中的不确定性分析[M].北京:科学出版社,2019.

[62] 王国俊.非经典数理逻辑与近似推理[M].北京:科学出版社,2008.

[63] 王小平,曹立明.遗传算法:理论、应用与软件实现[M].西安:西安交通大学出版社,2002.

[64] 袁梅宇.机器学习基础:原理、算法与实践[M].北京:清华大学出版社,2018.

[65] 汪培庄.模糊集合论及其应用[M].上海:上海科学技术出版社,1983.

[66] 尹朝庆,尹皓,彭德巍.人工智能方法与应用[M].武汉:华中科技大学出版社,2007.

[67] 薛少华.人工智能[M].北京:科学普及出版社,2017.

[68] 阎平凡,张长水.人工神经网络与模拟进化计算[M].2 版.北京:清华大学出版社,2005.

[69] 张铃,张铍.问题求解理论及应用——商空间粒度计算理论及应用[M].2 版.北京:清华大学出版社,2007.

[70] 张文修,梁怡.遗传算法的数学基础[M].西安:西安交通大学出版社,2000.

[71] 张学工.关于统计学理论与支持向量机[J].自动化学报,2000,26(1):32-42.

[72] 王建国,张文兴.支持向量机建模及其智能优化[M].北京:清华大学出版社,2015.

[73] 吴青.拓展支持向量机算法研究[M].北京:科学出版社,2015.

[74] 姚海鹏,王露瑶,刘韵洁.大数据与人工智能导论[M].北京:人民邮电出版社,2017.

[75] 朱福喜,朱三元,伍春香.人工智能基础教程[M].北京:清华大学出版社,2006.

[76] 张晓庆,王玉良,王景涛,等.统计学[M].2 版.北京:清华大学出版社,2018.

[77] 赵建喆,谭振华.大数据背景下不确定性人工智能中的知识表达、知识获取及推理[M].沈阳:东北大学出版社,2016.

[78]　BENGIO Y.人工智能中的深度结构学习[M].俞凯,吴科,译.北京:机械工业出版社,2017.

[79]　杨健,崔振,许春燕.人工智能模式识别[M].北京:电子工业出版社,2020.

[80]　李侃.人工智能:机器学习理论与方法[M].北京:电子工业出版社,2020.

[81]　DAVID P,ALAN M.人工智能:计算 Agent 基础[M].董红斌,译.北京:机械工业出版社,2015.

[82]　HANDEL J.人工智能＋:AI 与 IA 如何重塑未来[M].张臣雄,译.北京:机械工业出版社,2018.

[83]　周志华.机器学习[M].北京:清华大学出版社,2016.

[84]　周志华,王魏,高尉,等.机器学习理论导引[M].北京:机械工业出版社,2020.

[85]　AUMANN R.博弈论讲义[M].周华任,等译.北京:中国人民大学出版社,2017.

[86]　NEUMANN V,MORGENSTEM O.博弈论与经济行为:60 周年纪念版[M].王建华,顾玮琳,译.北京:北京大学出版社,2018.

# 图 书 资 源 支 持

感谢您一直以来对清华版图书的支持和爱护。为了配合本书的使用，本书提供配套的资源，有需求的读者请扫描下方的"书圈"微信公众号二维码，在图书专区下载，也可以拨打电话或发送电子邮件咨询。

如果您在使用本书的过程中遇到了什么问题，或者有相关图书出版计划，也请您发邮件告诉我们，以便我们更好地为您服务。

**我们的联系方式：**

地　　址：北京市海淀区双清路学研大厦 A 座 714

邮　　编：100084

电　　话：010-83470236　　010-83470237

客服邮箱：2301891038@qq.com

QQ：2301891038（请写明您的单位和姓名）

**资源下载：** 关注公众号"书圈"下载配套资源。

资源下载、样书申请

书圈

获取最新书目

观看课程直播